普通高等教育“十二五”系列教材

普通高等教育“十一五”国家级规划教材

山东省高等学校优秀教材一等奖

工程流体力学

（第二版）

主编　杜广生

编写　田　瑞　王国玉　刘丽萍

主审　赵振兴　槐文信

中国电力出版社

CHINA ELECTRIC POWER PRESS

内 容 简 介

本书在内容、理论体系方面贯彻了“加强基础、淡化专业”的思想，以流体力学自身发展规律和认知规律指导编写，在兼顾理论体系完整性的同时注重了教学实用性，着力培养学生运用流体力学的基本理论、基本方法分析和解决问题的能力。主要内容包括：流体静力学，流体运动学，流体动力学基础，相似原理与量纲分析，管道阻力计算，气体一维定常流动，理想流体的有旋、无旋流动，平面势流叠加，黏性流体多维流动基础，气体流动的膨胀波和激波。

本书可作为能源动力类的能源与动力工程、核工程类的核工程与核技术、机械类的机械设计制造及其自动化、土建类的建筑环境与设备工程、环境与安全类的环境工程等专业相关课程的本科教材，并兼顾了其他相近专业的需要，同时也可作为其他专业研究生的流体力学基础课程教学用书。

图书在版编目（CIP）数据

工程流体力学/杜广生主编. —2版. —北京：中国电力出版社，2014.8（2021.7重印）

普通高等教育“十二五”规划教材 普通高等教育“十一五”国家级规划教材

ISBN 978-7-5123-6208-6

Ⅰ.①工… Ⅱ.①杜… Ⅲ.①工程力学—流体力学—高等学校—教材 Ⅳ.①TB126

中国版本图书馆CIP数据核字（2014）第155488号

中国电力出版社出版、发行

（北京市东城区北京站西街19号 100005 http://www.cepp.sgcc.com.cn）

北京雁林吉兆印刷有限公司印刷

各地新华书店经售

*

2007年8月第一版

2014年8月第二版 2021年7月北京第二十二次印刷

787毫米×1092毫米 16开本 16.25印张 390千字

定价 **32.00** 元

前　言

本书第一版2005年出版，为中国电力出版社普通高等教育“十五”规划教材，2006年被列为普通高等教育“十一五”国家级规划教材。出版后得到各使用学校师生的好评，2011年获山东省优秀教材一等奖。教材经历11次印刷和近十年的使用，考虑到教育、教学实际情况的变化，依据教育部高等学校力学教学指导委员会力学基础课程教学指导分委员会新修订的《高等学校理工科非力学专业力学基础课程教学基本要求》，参考使用本教材院校师生的反馈意见，进行了修订。

第二版保持了第一版的理论体系，内容涵盖了《高等学校理工科非力学专业基础课程教学基本要求》规定的内容。修订的指导思想依然贯彻流体力学课程本身的规律，避免刻意追求为专业服务的机能，本着“宜广不宜深”的原则，避免较长篇幅的数学推导，着重物理概念和现象的叙述。

本教材主要修订部分如下：

（1）在第五章紊流部分增加了紊流模型简介。近年来随着计算数学的进步和计算机技术的迅速发展，以前难以实现的数值模拟问题现在可轻易完成，所以计算流体力学已经发展成为一门较完善的流体力学分支。尤其是很多商业计算软件的出现对计算流体力学的应用起到了巨大的推动作用，很多学校理工科本科学生的毕业论文也有了数值模拟的算例。在此形势下，本次修订增加了紊流模型的简单介绍。

（2）编者根据多年的经验和使用本书的师生的反馈意见，对书中的思考题做了必要的修改，提高了教材的教学适用性。

（3）在重新演算的基础上对部分习题做了必要修改，并修正了部分习题答案。

本书第一～三章、第五章、第六章由杜广生编写；第四章和第七章的部分章节由田瑞编写；第五章中的紊流模型简介，第七章第二、四、十二、十三节，第五章和第六章的习题以及全书的思考题由刘丽萍编写；第八、九章由王国玉编写。本书由杜广生担任主编。山东大学流体机械专业的研究生演算了本书的习题，在此表示感谢。

本教材配套多媒体课件，详情请登录 http：//jc. cepp. sgcc. com. cn。

编　者

2014年7月于山东大学

第一版前言

本书为普通高等教育"十一五"国家级规划教材。书中贯彻了教育部普通高等学校力学教学指导委员会非专业类力学基础课程分委员会于2005年定稿的"工程流体力学教学基本要求"，突出了普通高等教育"加强基础，淡化专业"的思想，淡化为专业服务机能，着重学生在流体力学素质方面的培养要求，按照流体力学课程自身的规律编写本教材，适当扩大了本教材的适用专业面。本书内容以能源动力类的热能与动力工程、核工程与核技术、机械类的机械设计制造及其自动化、土建类的建筑环境与设备工程、环境与安全类的环境工程等专业的需要为主，同时兼顾其他相近专业的需要，也可作为其他专业研究生的流体力学基础课程教学用书。

为加强对学生在创新能力和素质方面的培养，本教材本着"宜广不宜深"原则编写，尽量避免篇幅较长的数学推导，着重物理概念和现象的叙述，适当增加流体力学在工程应用方面的典型范例。本书重视理论与工程实际的结合，在例题和习题、思考题的选取上，尽量与工程实际相结合。

贯彻少而精的原则，在教材内容的选取上体现实用性；在基本概念，基本理论叙述上做到层次清楚、简洁无误；文字上表述确切，简明通顺，图文并茂，文图密切结合。

本书第一～第三章、第五章、第六章由杜广生编写；第四章、第七章由田瑞编写；第八章、第九章由王国玉编写；刘丽萍编写了全书的思考题和第五章、第六章的习题及第七章第二节、第四节、第十二节和第十三节。杜广生担任主编，负责统稿。本书由河海大学赵振兴教授和武汉大学槐文信教授审稿，他们学术造诣精深、教学经验丰富，给书稿提出了许多宝贵意见和建议，对提高书稿质量大有裨益。

本书配套多媒体教学课件，详情请登录 http：//jc. cepp. sgcc. com. cn。由于水平所限，书稿中难免有不足之处，恳请各位读者批评指正。

编　者

2007年6月于山东大学

主要符号表

A　面积，m^2
a　加速度，m/s^2
a_V　温度膨胀系数，1/℃
b　弦长，m
c　声速，m/s
c_p　比定压热容，J/（kg·K）；压强系数
c_V　比定容热容，J/（kg·K）
C_D　阻力系数
C_f　摩擦阻力系数
C_L　升力系数
d　相对密度；直径，m
D　当量直径，m
f　单位质量力，N/kg
F_D　阻力，N
F_L　升力，N
g　重力加速度，m/s^2
h　比焓，J/kg
h_f　沿程损失，m
h_J　局部损失，m
h_w　总能量损失，m
J　旋涡强度
k　微压计系数
K　体积弹性模量，Pa
l　长度，m
m　收缩系数
M　力矩，N·M
M_*　速度系数
n　转速，r/min
p　压强，Pa
p_a　大气压强，Pa
p_e　计示压强，Pa
p_v　真空，Pa
q_m　质量流量，kg/s
q_V　体积流量，m^3/s；点源、点汇强度
R　气体常数，J/（kg·K）；水力半径，m
r　半径，m
s　比熵，J/（kg·K）
t　摄氏温度，°；时间，s
T　热力学温度，K
u　比热力学能，J/kg
v　速度，m/s
V　体积，m^3
x　坐标轴，m；湿周，m
y　坐标轴，m
z　坐标轴，m；位置水头，m
α　动能修正系数；攻角，°
β　动量修正系数；激波角，°
Γ　速度环量，m^2/s
δ　边界层厚度，m；黏性底层厚度，m
δ_1　位移厚度，m
δ_2　动量损失厚度，m
ε　绝对粗糙度，m
θ　角度，°
κ　等熵指数；角变形速度之半
λ　沿程损失系数
ζ　局部损失系数
ν　运动黏度，m^2/s
v　比体积，m^3/kg
μ　动力黏度，Pa·s；流量系数
ρ　密度，kg/m^3
σ　表面张力，Pa
τ　切应力，Pa
τ_w　壁面切应力，Pa
φ　势函数；流速系数
ψ　流函数
Ω　涡量
ω　旋转角速度，1/s
Eu　欧拉数
Fr　弗劳德数
Re　雷诺数
Sr　斯特劳哈尔数
Ma　马赫数
We　韦伯数

目　录

第一章　概　　述

第一节　流体力学的研究内容和方法

流体力学是力学的一个重要分支，是研究流体平衡和运动规律及其应用的一门技术科学。

根据研究问题侧重点的不同，流体力学可分为理论流体力学（统称为流体力学）和应用流体力学（统称为工程流体力学）。前者采用数学推理的方法，强调逻辑性、准确性和严密性，偏重于对流体力学理论的研究。后者采用对工程实际问题作近似处理的方法得出结果、结论，而不去追求数学上的严密性。

流体力学的基本任务在于建立及求解描述流体运动和平衡的基本方程，以获得流体流过各种通道和绕流不同物体时的速度和压强分布规律、能量转换的关系以及各种损失的确定方法，解决在运动和平衡状态下流体和固体之间的相互作用力问题。

一般流体力学以气体和液体作为研究对象，它们具有各自的特性，在某些方面又具有共性。气体没有一定的体积，不存在自由液面，易于压缩。液体具有一定的体积，有自由液面，不易压缩。但当气流速度较低时可以忽略其压缩性，气体和液体就具有不可压缩的共性；而在研究水下爆炸、水击等问题时必须考虑水的压缩性，这时气体和液体就具有可压缩的共性。在具有上述共性的流体中运动的物体的受力情况将是一样的。流体力学研究的是大量流体分子的平均物理属性和宏观机械运动，而不考虑孤立分子的具体运动。

流体力学研究的内容可包括静力学和动力学。前者研究流体的平衡规律以及在平衡状态下流体和固体的作用力问题，后者研究流体的运动规律以及运动状态下流体和固体的作用力。本教材主要讲述流体力学的基本概念、基本理论及其在实际中的应用问题。

流体力学借鉴了一般力学的研究方法，即理论分析、实验研究和数值计算的方法。

理论分析的方法以实际问题为对象建立模型，进行严密的数学推导求解。通过对流体物理性质和流动特性的科学抽象，确立合理的理论模型。该理论模型为根据流体宏观机械运动的普遍规律建立的闭合方程组，将原来的具体流动问题转化为数学问题，在相应的边界条件和初始条件下求解。理论研究方法的关键在于如何确立理论模型，并能运用数学方法求出理论结果，达到揭示流体运动规律的目的。流体力学和一般力学相比，也有其自身的一些特殊的理论分析方法，例如微分体积法、速度势法、保角变换法等，根据这些方法，运用数学工具可以解决一些重要的流体力学理论问题和应用问题。由于数学上的困难，许多实际流动问题还难以用理论分析的方法精确求解。但有些问题用理论分析的方法得到了比较理想的结果，如圆管中的层流、理想流体绕流圆柱体、势流等问题就是用理论分析的方法解决的。理论分析的方法优点在于各种影响因素清晰、结果具有普遍性，是实验研究和数值模拟计算的理论基础。

实验研究方法一般要对实际流体力学问题的影响因素分清主次，抓住主要因素，根据相似原理建立实验模型，选择流动介质；通过实验测定有关相似准则数中的物理量，实验设备可以是水槽、水洞、水池、风洞、激波管、测试管系、水电比拟以及有关测试仪器等；将实验数据整理成相似准则数，并通过对实验数据的拟合找出准则方程式，便可推广应用于相似的流动。该方法更加接近实际，只要实验模型的设计合理，即模型流场与实际流场相似，测量无误，准则方程的拟合精确度高，实验结果是可靠的；如果由于模型尺寸、流动介质等的限制，设计模型时只能使主要相似准则数相等，实验结果只是近似的；另外还有许多流体力学问题，诸如大气环流、碳酸岩油田的渗流、可控热核聚变中的高温等离子体流动等，无法在实验室内进行实验研究，只能进行观察、实测或用数值计算方法进行研究，再者实验研究需要投入人力和物力，但是，它是佐证理论研究和数值模拟计算结果的必要手段。

数值计算方法一般按照抽象物理模型、选取合理的数学模型，在此基础上合理选用计算方法，它们可以是有限差分方法、特征线方法、有限元方法、边界元方法、谱方法等；通过编制计算程序或者用商业计算软件上机计算，得到近似解，分析答案，以确定是否符合精确度要求。该方法的优点是，过去许多用数学解析方法不能求解的流体力学问题，用电子计算机通过数值计算便可得到解决。从一定意义上讲，它是理论分析方法的延伸和拓宽。此外，在电子计算机上用数值计算方法可以很好地模拟流体力学实验，计算结果可以在计算机上显示，并给出丰富的流动信息，可观察到各种流动细节，并可对多个实验研究方案进行比较和优选，从而可大大节省实验研究的时间和经费。特别是，在某些无法进行实验或实验耗资巨大的工程领域中，数值计算方法更能显现突出的优越性。但数值计算方法也有它的局限性，它的数学模型的确立必须以理论分析和实验研究为基础，而且往往难于包括实际流动的所有物理特性。有时物理模型的尺度和计算方法还受到计算机性能方面的制约。

第二节　流体力学的发展简史及工程应用

流体力学作为经典力学的一个重要分支，其发展和数学、普通力学的发展密不可分，也是人类长期和自然界斗争的结果，是人类智慧的结晶。

人类最早对流体力学的认识是从治水、灌溉、航行等方面开始的。四千多年前的大禹治水说明，我国古代已有大规模的治河工程。秦代，在公元前256—前210年间便修建了都江堰、郑国渠、灵渠三大水利工程，特别是李冰父子领导修建的都江堰，既有利于岷江洪水的疏排，又能常年用于灌溉农田，并总结出“深淘滩，低作堰”、“遇弯截角，逢正抽心”的治水原则。其设计思想之巧妙，至今仍为国内外游人称道。这说明，那时对明槽水流和堰流流动规律的认识已经达到相当水平。西汉武帝（公元前156—前87）时期，为引洛水灌溉农田，在黄土高原上修建了龙首渠，创造性地采用了井渠法，即用竖井沟通长十余里的穿山隧洞，有效地防止了黄土的塌方。在古代，以水为动力的简单机械也有了长足的发展，例如用水轮提水，或通过简单的机械传动去碾米、磨面等。东汉杜诗任南阳太守时（公元37年）曾创造水排（水力鼓风机），利用水力，通过传动机械，使皮制鼓风囊连续开合，将空气送入冶金炉，比西欧约早了1100年。古代的铜壶滴漏（铜壶刻漏）——计时工具，就是利用孔口出流使铜壶的水位变化来计算时间的。这说明，那时对孔口出流已有相当的认识。北宋（960—1126）时期，在运河上修建的真州船闸与14世纪末荷兰的同类船闸相比，约早三百多年。明朝的水利家潘季顺（1521—1595）提出了“筑堤防溢，建坝减水，以堤束水，以水攻沙”和“借清刷黄”的治黄原则，并著有《两河管见》、《两河经略》和《河防一揽》。史实说明，15世纪以前，我国的科学技术在世界上处于领先地位；近几百年来，由于封建统治阶级轻视科学，将其贬为雕虫小技，严重地阻碍了我国科学技术的发展，致使我国的科学技术基本上处于经验的定性的阶段，而未能上升为严密的系统的科学理论。

西方有记载的最早从事流体力学研究的是古希腊学者阿基米德（Archimedes，公元前287—212），其《流体静力学》和《论浮体》是人类最早的流体力学专著。他第一个阐明了相对密度的概念，发现了各种不同的物体有不同的比重——比重原理；发现了流体静力学的基本原理——浮力定律。他证明了任何一种液体的液面，在静止时与地球表面呈同一曲面，此曲面的中心即地心。他的这些著名论断至今还是流体静力学的重要基础。

在此后的一段较长的历史时期中，没有有关流体力学发展情况的记载。

直到15世纪末和16世纪初著名物理学家和艺术家列奥纳德·达·芬奇（Leonardo da-Vinci，1452—1519）在米兰附近设计建造了一个小的水渠，系统地研究了沉浮、孔口出流、物体的运动阻力等问题，促进了这一时期水力学和流体力学的发展。

1687年牛顿（Newton，1642—1727）在他的《原理》一书中讨论了流体的阻力、波浪运动等问题，有了与近代较接近的流体力学理论。

伯努利（Daniel Bernoulli 1700—1783）1738年在其名著《流体动力学》一书中最早引用流体力学的名字。该书首先建立了流体位置高度、压强和动能之间的普遍关系——伯努利方程。

欧拉（Leonard Euler，1707—1783）可称为理论流体力学的奠基人，1755年在其《流体运动的一般原理》一书中提出了速度势的概念，建立了连续性方程和理想流体的运动微分方程，并将其应用于人体的血液流动；他在《航海科学》、《船舶制造和结构全论》与《论船舶的左右及前后摇晃》等著作中，系统地论述了船型、船的平衡、船的摇晃、风力作用下的运动等问题。

拉格朗日（Lagrange，1736—1813）在前人的基础上进一步发展了流体力学的解析方法，严格地论证了速度势的存在，并提出了流函数的概念，运用这些概念可将复杂的流体力学问题转化为纯数学问题。

法国学者达朗伯（d'Alembert，1717—1783）1744年提出了达朗伯疑题，即在理想流体的假定下，在流体中运动的物体既没有升力也没有阻力，从反面说明了理想流体假定的局限性。

这一时期伽利略（Galileo，1564—1642）在他的论文中建立了沉浮的基本理论；帕斯卡（Pascal，1623—1662）证明了流体中压力传递的基本定律；牛顿建立了内摩擦定律；19世纪初纳维尔（Navier）和斯托克斯（Stokes）先后提出了黏性流体的运动微分方程即著名的N—S方程，使流体力学得到空前的发展。由于理论解析研究方法方面的局限性，有些问题的解决必须依靠实验来完成，所以从这一时期开始在流动问题的研究中出现了两个体系。一种是依靠数学理论的严密推导，力求从理论上解决问题，常称之为“经典流体力学”或“理论流体力学”；另一种是以实验为主，侧重于解决工程实际问题，称为“水力学”。在水力学的研究中实验占主导地位，依靠实验得出的经验和半经验公式指导实际工程设计，由于其采用了大量的系数，所以又称其为“系数科学”。在这一时期还派生出另一门重要的学科——“空气动力学”。

随着人类社会的进步和生产力的发展，大大加速了“流体力学”和“水力学”的发展，同时由于数学、实验手段的进步和实际工程问题的需要加速了两者结合的进程，使两者逐渐结合起来，在这一过程中量纲分析和相似原理起了重要作用。

19 世纪末到 20 世纪初，众多学者对流体力学也做出了重要的贡献。雷诺（Reynolds）用实验证实了黏性流体的两种流动状态——层流和紊流的客观存在，并找到了判别层流和紊流的准则数——雷诺数，为流动阻力和损失的研究奠定了基础。瑞利（Reyleigh）的量纲分析法和雷诺、佛鲁德（Froude）等人在相似理论方面的贡献，使理论分析和实验研究建立了有机联系。1904 年普朗特（Prandtl，1875—1953）提出了边界层理论，解释了阻力产生的机制，并将势流理论和黏性流体理论建立了联系，随着边界层理论的完善和近代实验技术的进步，已经形成一个独立的流体力学分支。库塔（Kutta，1867—1944）、儒可夫斯基（жуковский，1847—1921）建立的翼形绕流理论，解释了升力和环流的关系，奠定了空气动力学的基础。近年来我国科学家钱学森（Qian Xuesen）在空气动力学方面的新理论、周培源（Zhou Peiyuan）的紊流理论、吴仲华（Wu Zhonghua）翼栅的三元流理论为世人所瞩目。

在科学技术高度发达的今天，流体力学所研究的问题更加广泛深入，和其他学科相互浸透，派生出许多分支，形成许多边缘学科，例如电磁流体力学、化学流体力学、生物流体力学、地球流体力学、高温气体动力学、非牛顿流体力学、爆炸力学、流变学、计算流体力学等等。这些新兴学科的出现和发展，使流体力学这一古老的学科焕发出新的生机和活力。

现代许多工业部门都涉及流体流动的问题，风机、水泵、空气压缩机、汽轮机、内燃机、水轮机、喷气发动机等都是以流体为工作介质的机械。下面以热能动力工程及机械类专业常涉及的问题为对象来说明流体流动在能量转换过程中的重要性。

煤粉随同空气喷入锅炉的燃烧室，靠空气流动产生的扰动效应和空气混合，使之尽可能地充分燃烧。燃烧产生的热量加热水冷壁管的水，被加热的水和蒸汽进入过热器，产生过热蒸汽，完成煤燃烧产生的化学能转化为过热蒸汽的热能的过程。过热蒸汽在汽轮机叶栅槽道中膨胀加速，推动汽轮机转子旋转输出机械能。转子旋转带动发电机发出交流电，完成机械能转换为电能的过程。在这些能量转换过程中主要的工作介质是水和蒸汽，它们在汽轮机和水泵中进行能量交换，在热交换器、冷凝器中进行热交换。在这些能量交换和热交换过程中如何组织流体合理流动至关重要，因为它直接影响这一庞大动力机械的动力性和运行经济性。

内燃机作为动力机械被广泛应用，其工作介质也是流体。如柴油机，在工作过程中随着活塞在气缸中下行，空气经空气滤清器被吸入气缸，完成进气过程。随着活塞的上行，气缸内的气体被压缩，温度升高，压强增大，此时喷入气缸内的柴油受到气缸内运动气流的扰动，完成雾化并与压缩空气混合，当达到自燃温度时迅速燃烧进入爆发过程，燃烧后的高温高压气体推动活塞下行，通过连杆机构将活塞的往复运动转化为曲轴的旋转运动而输出机械能，完成燃料燃烧的化学能转化为机械能的过程，在这一过程中作为工质的气体始终处于复杂的运动状态之中。另外在柴油机的喷油系统中的柴油和曲轴轴承中的润滑油的运动也是一个复杂的流体力学过程。在这些过程中流动过程组织的是否合理，将直接影响柴油机的动力性和经济性。

由上述两例充分显示了流体力学在动力机械工程中的重要性。在其他许多工业部门中流体力学也处于十分重要的地位。机械工业中润滑、冷却、液压传动、气力输送等都应用了流体力学的理论；在冶金行业中，工业炉窑中炉料、燃料和气体的相对运动，铸模中液态金属的流动和冷却等问题也属于流体力学的研究范畴；许多化工问题也涉及流体的流动问题；在石油行业流体力学的应用则更加广泛，如油、气、水的渗流问题，油、气的自喷、抽吸和输送等等；在航空、航天领域，飞行器的设计必须依靠流体力学的基本理论；土木工程中的给水、排水、通风、建筑物的气动力载荷等都要涉及流体力学理论，图1-1为建筑物利用风能的例子。人体的血液循环系统、呼吸系统也是流体系统，所以像人工心脏、心肺机助呼吸器等的设计都要依据流体力学的基本原理。总之流体力学对于许多工业部门来说都是非常重要的一门学科。

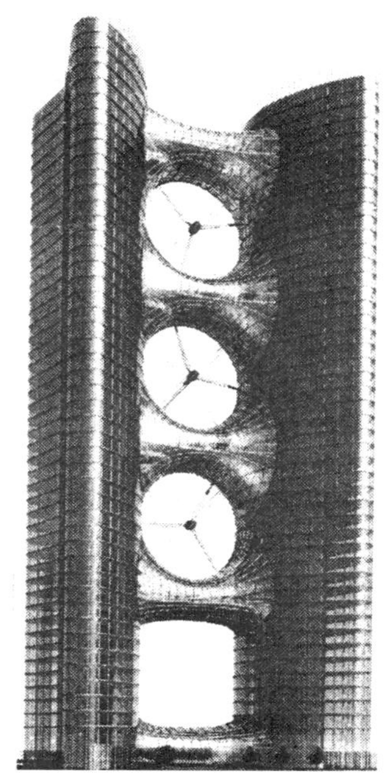

图1-1　新型节能建筑

第三节　流体的定义及特征

自然界中的物质均由分子构成，按照分子的聚集状态可将其分为两大类，即固体和流体，后者可进一步细分为气体和液体。有时又将它们称为固相、液相和气相。固体分子的密集程度最大，液体次之，气体又次之。通俗地讲，能够流动的物质叫流体，如果按照力学的术语进行定义，则在任何微小的剪切力的作用下都能够发生连续变形的物质称为流体。所以气体、液体通称为流体。

固体和流体具有以下不同的特征：在静止状态下固体的作用面上能够同时承受剪切应力和法向应力。而流体只有在运动状态下才能够同时有法向应力和切向应力的作用，静止状态下其作用面上仅能够承受法向应力，这一应力是压缩应力即静压强。固体在力的作用下发生变形，在弹性极限内变形和作用力之间服从虎克定律，即固体的变形量和作用力的大小成正比。而流体则是角变形速度和剪切应力有关，层流和紊流状态下它们之间的关系有所不同，在层流状态下，二者之间服从牛顿内摩擦定律。当作用力停止作用，固体可以恢复原来的形状，流体只能够停止变形，而不能返回原来的位置。固体有一定的形状，流体由于其变形所需的剪切力非常小，所以很容易使自身的形状适应容器的形状，并可以在一定的条件下维持下来。

与液体相比气体更容易变形，因为气体分子比液体分子稀疏得多。在一定条件下，气体和液体的分子大小并无明显差异，但气体所占的体积是同质量液体的10^3倍。所以气体的分子距与液体相比要大得多，分子间的引力非常微小，分子可以自由运动，极易变形，能够充满所能到达的全部空间。液体的分子距很小，分子间的引力较大，分子间相互制约，分子可以作无一定周期和频率的振动，在其他分子间移动，但不能像气体分子那样自由移动，因此，液体的流动性不如气体。在一定条件下，一定质量的液体有一定的体积，并取容器的形状，但不能像气体那样充满所能达到的全部空间。液体和气体的交界面称为自由液面。

第四节 流体的连续介质模型

根据物理学的观点，自然界中的所有物质都是由分子构成的，流体也不例外。由于分子和分子间存在间隙，因此从微观上看流体是不连续的。若从分子运动论入手研究流体的宏观机械运动，显然十分困难，甚至是不可能的。

流体力学并不研究流体分子的微观运动，而关心众多流体分子的宏观机械运动。描述流体运动或平衡状态的宏观物理量，都是众多流体分子平均运动的效果，都可以从实验中直接观测到。再者，在工程实际中流体流动所涉及的物体的特征尺度大得与分子间距无法比拟。因此，在流体力学的研究中将流体作为由无穷多稠密、没有间隙的流体质点构成的连续介质，这就是1755年欧拉提出的“连续介质模型”。这种假设是合理的，因为通常情况下流体分子距很小，分子非常稠密。例如，在标准状态下，$1mm^3$ 的气体中，就包含 2.7×10^{16} 个分子；$1mm^3$ 液体中包含 3.4×10^{19} 个分子。所以，在这一假设之下，流体力学的研究就不必再顾及孤立的流体分子的微观运动，而研究模型化了的连续介质。

在连续性假设之下，表征流体状态的宏观物理量，如速度、压强、密度、温度等，在空间和时间上都是连续分布的，都可以作为空间和时间的连续函数，从而可以用连续函数的解析方法等数学工具去研究流体的平衡和运动规律，为流体力学的研究提供了很大的方便。

在连续性的假设中，认为构成流体的基本单位是流体质点。这里所谓的流体质点是包含有足够多流体分子的微团，在宏观上流体微团的尺度与流动所涉及的物体的特征长度相比充分的小，小到在数学上可以作为一个点来处理。而在微观上，微团的尺度和分子的平均自由行程相比又要足够大，以致能够包含有足够多的流体分子，使得这些分子的共同物理属性的统计平均值有意义。

必须指出的是，连续介质模型的应用是有条件的，这就是研究所涉及的物体的特征长度与分子的平均自由行程相比必须足够大，否则这一模型就不适用。例如，在高空稀薄空气中运动的飞行器，其特征尺寸和分子的平均自由行程具有同一数量级，这时连续介质模型就不适用了，必须借助气体分子运动论来解决有关问题。

第五节 流体的密度 相对密度 比体积

密度是流体的重要物理属性之一，它表征流体在空间的密集程度。对于非均质流体，若围绕空间某点的体积为 δV，其所包容的质量为 δm，则它们的比值 $\delta m/\delta V$ 为 δV 内的平均密度，令 $\delta V\to0$，取该比值的极限，便可得到该点处的密度，其定义式为

$$\rho=\lim_{\delta V\to0}\frac{\delta m}{\delta V}=\frac{dm}{dV} \tag{1-1}$$

式中：ρ 为流体的密度，表示单位体积流体的质量，kg/m^3。

式中 $\delta V\to0$ 并不是数学意义上的趋向于一个点，而是趋向于一个微团的体积，这一微

团必须包含有足够多的流体分子，使得这些分子的共同物理属性的统计平均值有意义。

对于均质流体，密度的定义式如下：

$$\rho=\frac{m}{V} \tag{1-1a}$$

式中：m 为流体的质量，kg；V 为质量为 m 的流体的体积，m^3。

由流体密度的定义知，对于一定质量的流体，密度的大小与体积有关，而体积与温度、压强有关，所以流体的密度必然受温度和压强的影响。

表 1-1 给出了标准大气压下水、空气和水银的密度随温度变化的数值，表 1-2 给出了常见流体在一定温度下的密度。

表 1-1 标准大气压下水、空气、水银的密度随温度变化的数值

温度（℃）	水的密度（kg/m^3）	空气的密度（kg/m^3）	水银的密度（kg/m^3）
0	999.87	1.293	13600
4	1000.00	—	—
5	999.99	1.273	—
10	999.73	1.248	13570
15	999.13	1.226	—
20	998.23	1.205	13550
25	997.00	1.185	—
30	995.70	1.165	—
40	992.24	1.128	13500
50	988.00	1.093	—
60	983.24	1.060	13450
70	977.80	1.029	—
80	971.80	1.000	13400
90	965.30	0.973	—
100	958.40	0.946	13350

表 1-2 常用流体的密度和相对密度

流体名称	温度（℃）	密度（kg/m^3）	相对密度
蒸馏水	4	1000	1
海水	20	1025	1.025
航空汽油	15	650	0.65
普通汽油	15	700～750	0.70～0.75
润滑油	15	890～920	0.89～0.92
石油	15	880～890	0.88～0.89
矿物油系液压油	15	860～900	0.86～0.90
10号航空液压油	0～20	833.85	0.833
酒精	15	790～800	0.79～0.80
甘油	0	1260	1.26
水蒸气	—	0.804	0.000804
氧气	0	1.429	0.001429
氮气	0	1.251	0.001251
氢气	0	0.0899	0.0000899
二氧化碳	0	1.976	—

相对密度是指在标准大气压下流体的密度与4℃时纯水的密度的比值，用符号 d 表示，定义式为

$$d=\frac{\rho_f}{\rho_w} \tag{1-2}$$

式中：ρ_f 为流体的密度，kg/m^3；ρ_w 为4℃时纯水的密度，kg/m^3。

流体的比体积是指单位质量流体所占的体积，即密度的倒数。用符号 v 表示，其单位为m^3/kg，表达式为

$$v=\frac{V}{m}=\frac{1}{\rho} \tag{1-3}$$

混合气体密度的计算式为

$$\rho=\rho_1\alpha_1+\rho_2\alpha_2+\cdots+\rho_n\alpha_n=\sum_{i=1}^{n}\rho_i\alpha_i \tag{1-4}$$

式中：ρ_i 为混合气体中各组分气体的密度；α_i 为混合气体中各组分气体所占体积的百分比。

【例1-1】 锅炉烟气各组分气体所占体积的百分比分别为 $\alpha_{CO_2}=13.6\%$，$\alpha_{SO_2}=0.4\%$，$\alpha_{O_2}=4.2\%$，$\alpha_{N_2}=75.6\%$，$\alpha_{H_2O}=6.2\%$，试求烟气的密度。

解 由表1-1、表1-2查得标准状态下的 $\rho_{CO_2}=1.976kg/m^3$，$\rho_{SO_2}=2.927kg/m^3$，$\rho_{O_2}=1.429kg/m^3$，$\rho_{N_2}=1.251kg/m^3$，$\rho_{H_2O}=0.804kg/m^3$。将已知数据代入式（1-4），得烟气在标准状态下的密度

$$\rho=1.976\times0.136+2.927\times0.004+1.429\times0.042+1.251\times0.756+0.804\times0.062=1.336kg/m^3$$

第六节　流体的压缩性和膨胀性

流体在一定的温度下压强增大，体积减小；在压强一定时，温度变化体积也要发生相应的变化。所有流体都具有这种特性，流体的这种性质称为流体的压缩性和膨胀性。

一、流体的压缩性

在一定的温度下，单位压强增量引起的体积变化率定义为流体的压缩性系数，用以衡量流体压缩性的大小，其表达式为

$$k=-\frac{dV/V}{dp}=-\frac{dV}{Vdp} \tag{1-5}$$

式中：dp 为压强增量，Pa；dV/V 为 dp 引起的体积变化率。

由于压强增大，体积就要减小，dp 和 dV 异号，为了保证压缩性系数的直观性，在等式的右端冠以负号。k 的单位为 m^2/N。由上述定义式可以看出，在同样的压强增量之下，k 值大的流体体积变化率大，容易压缩，k 值小的流体体积变化率小，不容易压缩。

工程中往往还涉及流体的体积弹性模量，用 K 来表示，定义为压缩性系数的倒数，其表达式为

$$K=\frac{1}{k}=-\frac{Vdp}{dV} \tag{1-6}$$

上式表明，K 大的流体压缩性小，K 小的流体压缩性大。K 的单位和压强的单位相同，

为 Pa 或 N/m^2。在一定温度下水的体积弹性模量示于表 1-3。由表可知水的体积弹性模量很大，所以不容易压缩。工程计算中常近似地取为 $K=2.0$GPa。

表 1-3 水的体积弹性模量 GPa

温度（℃）	压强（MPa）				
	0.490	0.981	1.961	3.923	7.845
0	1.85	1.86	1.88	1.91	1.94
5	1.89	1.91	1.93	1.97	2.03
10	1.91	1.93	1.97	2.01	2.08
15	1.93	1.96	1.99	2.05	2.13
20	1.94	1.98	2.02	2.08	2.17

【例 1-2】 求水在等温状态下，将体积缩小 5/1000 时所需要的压强增量。

解 由式（1-6）知

$$\delta p=-\frac{\delta V}{V}K=\frac{5}{1000}\times 2.0\times 10^{9}=10^{7}\text{Pa}$$

二、流体的膨胀性

当压强一定时，流体温度变化体积改变的性质称为流体的膨胀性，膨胀性的大小用温度膨胀系数来表示，其表达式为

$$a_V=\frac{\mathrm{d}V/V}{\mathrm{d}T}=\frac{\mathrm{d}V}{V\mathrm{d}T} \tag{1-7}$$

式中：$\mathrm{d}T$ 或 $\mathrm{d}t$ 为温度增量；$\mathrm{d}V/V$ 为相应的体积变化率。

由于温度升高体积膨胀，故二者同号。a_V 的单位为 1/K 或 1/℃。水在不同温度下的膨胀系数如表 1-4 所示。

表 1-4 水的温度膨胀系数

压强（MPa）	温度（℃）				
	1～10	10～20	40～50	60～70	90～100
0.0981	14×10^{-6}	150×10^{-6}	422×10^{-6}	536×10^{-6}	719×10^{-6}
9.807	43×10^{-6}	165×10^{-6}	422×10^{-6}	548×10^{-6}	704×10^{-6}
19.61	72×10^{-6}	183×10^{-6}	426×10^{-6}	539×10^{-6}	—
49.03	149×10^{-6}	236×10^{-6}	429×10^{-6}	523×10^{-6}	661×10^{-6}
88.26	229×10^{-6}	289×10^{-6}	437×10^{-6}	514×10^{-6}	621×10^{-6}

由表可知水的体积膨胀系数和压强之间的关系在 50℃附近发生转变，当温度小于 50℃时，体积膨胀系数随着压强的增大而增大；温度大于 50℃时，随着压强的增大而减小。

一般情况下气体需要同时考虑温度和压强对体积和密度的影响，工程中经常涉及的气体往往可以作为完全气体（热力学中的理想气体）来处理，可用理想气体的状态方程式来进行有关计算，完全气体的状态方程式为

$$pv=RT \text{ 或 } \frac{p}{\rho}=RT \tag{1-8}$$

式中：p 为气体的绝对压强，Pa；v 为气体的比体积，m^3/kg；ρ 为气体的密度，kg/m^3；R 为气体常数，J/（kg·K）；T 为热力学温度，K。

由式（1-8）知，气体的比体积和压强成反比，和热力学温度成正比。

对于气体，其体积弹性模量随气体的变化过程的不同而不同，例如在等温过程中

$$pv = C$$

C 为常数，上式微分后得

$$p\mathrm{d}v + v\mathrm{d}p = 0 \text{ 或} \frac{\mathrm{d}v}{v} = -\frac{\mathrm{d}p}{p} \tag{1-9}$$

因为气体比体积的相对变化率等于体积的相对变化率，所以

$$K = -\frac{v}{\mathrm{d}v}\mathrm{d}p \tag{1-10}$$

将式（1-9）代入式（1-10），则有

$$K = \frac{p}{\mathrm{d}p}\mathrm{d}p = p \tag{1-11}$$

由上式知当气体作等温压缩时，气体的体积弹性模量等于作用在气体上的压强。

当气体作等熵压缩时则有

$$pv^{\kappa} = C_1$$

C_1 为常数，κ 为等熵指数，上式微分后得

$$p\kappa v^{\kappa-1}\mathrm{d}v + v^{\kappa}\mathrm{d}p = 0$$

整理后，则有

$$\frac{\mathrm{d}v}{v} = -\frac{1}{\kappa}\frac{\mathrm{d}p}{p} \tag{1-12}$$

将式（1-12）代入式（1-6）则得

$$K = \frac{p\kappa}{\mathrm{d}p}\mathrm{d}p = \kappa p \tag{1-13}$$

由式（1-13）知气体作等熵压缩时，其体积弹性模量等于等熵指数和压强的乘积。例如气体在一个标准大气压下作等熵压缩时，$K = 1.4 \times 101325 = 1.419 \times 10^5$ Pa。

由上述知，气体和液体都是可压缩的，只是压缩性的大小有所区别，通常情况下由于液体的压缩性较小，常常作为不可压缩流体来处理，此时密度等于常数，这样给问题的处理带来很大的方便。气体的压缩性比较大，由完全气体的状态方程式知，当温度不变时，完全气体的体积和压强成反比，压强增大一倍，体积缩小为原来的一半；当压强不变时，温度升高1℃，体积就比0℃时的体积膨胀1/273。所以通常气体作为可压缩流体来处理，其密度不能作为常数，必须同时考虑压强和温度对密度或比体积的影响。

可压缩流体和不可压缩流体都是相对而言的，实际工程中要不要考虑流体的压缩性，要视具体情况而定。例如在研究水下爆炸、管道中的水击和柴油机高压油管中柴油的流动过程时，由于压强变化比较大，而且过程变化非常迅速，必须考虑压强对密度的影响，即要考虑液体的压缩性，将液体作为可压缩流体来处理。又如，用管道输送煤气时，由于在流动过程中压强和温度的变化都很小，其密度变化很小，可作为不可压缩流体来处理。再如气流绕流物体时当气流速度比声速小得多时，气体的密度变化很小，可近似地看成常数，也可以作为不可压缩流体来处理。

第七节　流体的黏性

一、流体的黏性和牛顿内摩擦定律

流体都是具有黏性的。流体在管道中流动，需要在管子两端建立压强差或位置高度差；轮船在水中航行、飞机在空中飞行，需要动力，这都是为了克服流体黏性所产生的阻力。流体流动时产生内摩擦力的性质称为流体的黏性，黏性是流体的固有物理属性，但黏性只有在运动状态下才能显示出来。

如图1-2所示两块相隔一定距离的平行平板水平放置，其间充满液体，下板固定不动，上板在 F' 力的作用下以 U 的速度沿 x 方向运动。实验表明，黏附于上平板的流体在平板切向方向上产生的黏性摩擦力 F 即 F' 的反作用力，和两块平板间的距离成反比，和平板的面积 A、平板的运动速度 U 成正比，比例关系式为

$$F=\mu A\frac{U}{h} \tag{1-14}$$

式中比例系数 μ 为流体的动力黏度，是流体的重要物理属性，和流体的种类、温度、压强有关，在一定温度、压强之下保持常数，其单位为Pa·s。U/h 表示在速度的垂直方向上单位长度上的速度增量，称为速度梯度，显然在上述情况下，速度分布为直线，速度梯度为常数，属于特殊情况。一般速度分布为曲线，如图1-3所示，x 方向上的速度用 v_x 表示时，速度梯度可表示为$\frac{dv_x}{dy}$，此时速度梯度为一变量，在每一速度层上有不同的数值，将$\frac{dv_x}{dy}$代入式（1-14），两端同除以板的面积 A，则可以得到作用在平板单位面积上的切应力 τ，即

$$\tau=\mu\frac{dv_x}{dy} \tag{1-15}$$

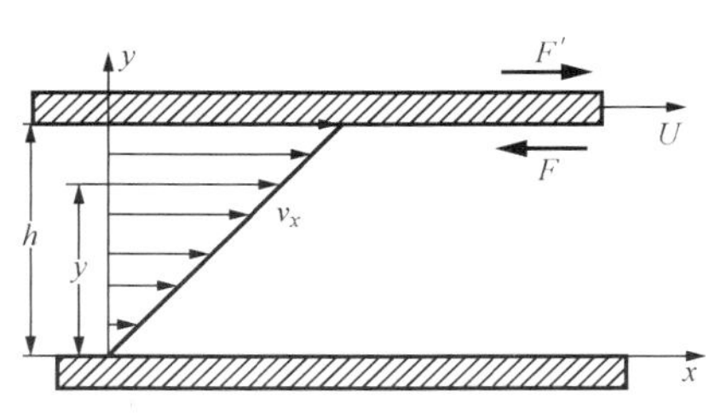

图1-2　流体黏性实验示意

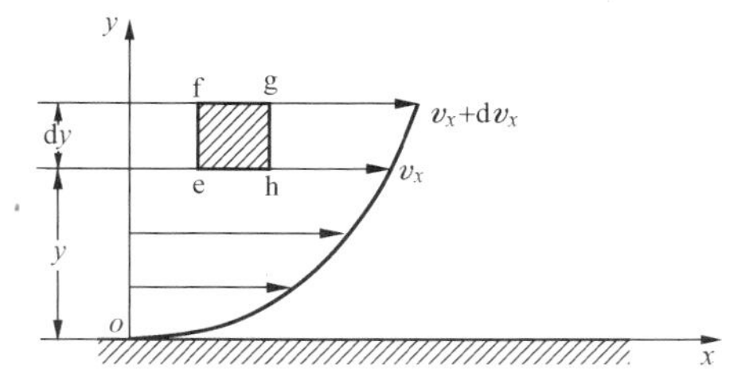

图1-3　黏性流体速度分布示意

式（1-15）即为牛顿内摩擦定律，仅适用于层流流动的情况。该式表明，黏性剪切力和速度梯度成正比，比例系数为流体的动力黏度。在一定条件下，速度梯度越大，剪切应力越大，能量损失也越大。当速度梯度为零时，黏性剪切力为零，流体的黏性表现不出来，如流体静止、均匀流动就属于这种情况。

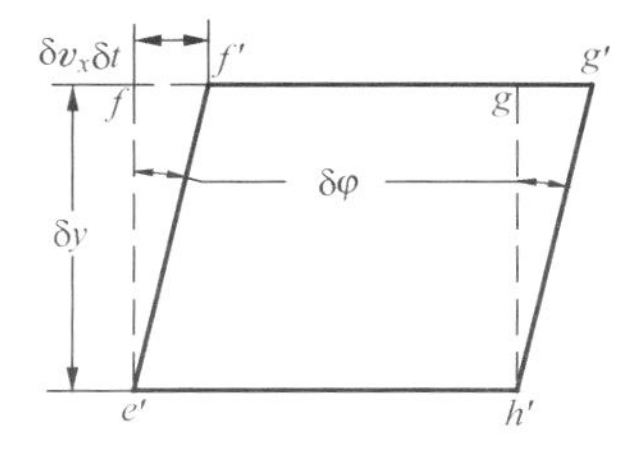

图1-4　微团变形示意

流体流动时的速度梯度是流体微团微观角变形速度的宏观表现，即速度梯度等于流体微团的角变形速度。证明如下：如图1-4所示，在运动的流体中取一正方形的流体微团，在 t 时刻其形状为 $efgh$，经过一无限小的时间间隔 δt 后，由于上下层的流速的差别，其形状变为 $e'f'g'h'$ 产生角变形 $\delta\varphi$，角

变形速度可由几何关系推出，即

$$\frac{d\varphi}{dt}=\lim_{\delta t\to 0}\frac{\delta\varphi}{\delta t}=\lim_{\delta t\to 0}\frac{\delta v_x\delta t/\delta y}{\delta t}=\frac{dv_x}{dy}$$

即在流动过程中流体微团的角变形速度等于速度梯度，因此牛顿内摩擦定律的物理意义可以表述为：在层流流动时流层之间的剪切应力和流体微团的角变形速度成正比，其比例系数为流体的动力黏度。

在工程实际中还常常用到运动黏度的概念，将流体动力黏度与密度的比值定义为运动黏度，单位为 m^2/s，即

$$\nu=\frac{\mu}{\rho} \tag{1-16}$$

运动黏度只是动力黏度和密度的一个比值，不是流体的固有物理属性，不能用来比较流体之间的黏度大小，因为不同的流体密度差别非常大，用密度去除流体的动力黏度，有可能动力黏度大的流体在同样温度下，其运动黏度还不如动力黏度小的流体的运动黏度大。例如温度为0℃时，空气的运动黏度为 $13.2\times10^{-6}m^2/s$，而这时水的运动黏度仅有 $1.792\times10^{-6}m^2/s$。

二、影响黏性的因素

形成流体黏性的原因有两个方面，一是流体分子间的引力，当流体微团发生相对运动时，必须克服相邻分子间的引力，这种作用类似物体之间的相互摩擦，从而表现出摩擦力；另一个原因是流体分子的热运动，当流体层之间作相对运动时，由于分子的热运动，使流体层之间产生质量交换，由于流层之间的速度差别，必然产生动量交换，从而产生力的作用，使相邻的流体层之间产生摩擦力。不论气体和液体，都存在分子之间的引力和热运动，只是所占比重不同而已。对于气体，由于分子距比较大，分子间的引力相对较小，而分子的热运动却非常强烈，因此，构成气体黏性的主要原因是分子的热运动；对于液体，分子距非常小，分子之间的相互约束力非常大，分子的热运动非常微弱，所以构成液体黏性的主要因素是分子间的引力。

压强改变对气体和液体黏性的影响有所不同。由于压强变化对分子的动量交换影响非常微弱，所以气体的黏性随压强的变化很小。压强增大时对分子的间距影响明显，故液体的黏性受压强变化的影响较气体大。但在通常的变化范围内（指低于100atm）变化时，液体压强的变化对黏性的影响很小，通常可以忽略不计。压强较高时，必须考虑压强变化对液体黏性的影响。例如，20℃时的变压器油压强由1atm增至100atm时，动力黏度约增加7.6%；当压强增至3400atm时，其动力黏度将增大6500倍。水的动力黏度在 10^5atm时比1atm时增大2倍。液体动力黏度随压强的变化可用经验公式计算，即

$$\mu_p=\mu_0 e^{ap} \tag{1-17}$$

式中：μ_p 为压强为 p 时的动力黏度，Pa·s；μ_0 为1个大气压时的动力黏度，Pa·s；a 为和液体的物理性质、温度有关的系数，通常近似取（2～3）$\times10^{-8}$，1/Pa。

温度对液体和气体黏性的影响截然相反，温度升高时气体分子的热运动加剧，气体的黏性增大，分子距增大对气体黏性的影响可以忽略不计。对于液体，由于温度升高体积膨胀，分子距增大，分子间的引力减小，故液体的黏性随温度的升高而减小。而液体温度升高引起的液体分子热运动量的变化对黏性的影响可以忽略不计。

工程中常用的机械油的动力黏度和温度之间的变化关系，在20～80℃的范围内可用式

（1-18）计算：

$$\mu_t = \mu_0 e^{-\lambda}(t - t_0) \tag{1-18}$$

式中：μ_t 为温度为 t 时的动力黏度，Pa·s；μ_0 为温度为 0℃时的动力黏度，Pa·s；λ 为黏温系数，对于矿物系机械油可取 $\lambda=1.8\sim3.6\times10^{-3}$ 1/℃；t、t_0 为温度，℃。

水的动力黏度随温度的变化关系可用式（1-19）计算：

$$\mu = \frac{\mu_0}{1 + 0.0337t + 0.000221t^2} \tag{1-19}$$

式中：μ_t 为温度为 t 时的动力黏度，Pa·s；μ_0 为水在 0℃时的动力黏度，Pa·s；t 为温度，℃。

气体的动力黏度在压强低于 10 个大气压时可用苏士兰（Sutherlang）关系式计算，即

$$\mu_t = \mu_0 \frac{273 + S}{(273 + t) + S}\left(\frac{273 + t}{273}\right)^{\frac{3}{2}} \tag{1-20}$$

式中：μ_t 为温度为 t 时的动力黏度，Pa·s；μ_0 为气体在 0℃时的动力黏度，Pa·s；t 为温度，℃；S 为按气体种类确定的常数，对于空气常取 $S=111$，K。

表 1-5 给出了常见气体的黏度、分子量和苏士兰常数 S。图 1-5 和图 1-6 给出了不同流体在不同温度下的动力黏度曲线和运动黏度曲线。表 1-6 和表 1-7 分别给出了在不同温度下水和空气的黏度。

表 1-5　常见气体的黏度、分子量 M 和苏士兰常数（标准状态）

流体名称	$\mu_0\times10^6$ (Pa·s)	$\nu_0\times10^6$ (m²/s)	M	S (K)	备 注
空气	17.09	13.20	28.96	111	
氧	19.20	13.40	32.00	125	
氮	16.60	13.30	28.02	104	
氢	8.40	93.50	2.016	71	
一氧化碳	16.80	13.50	28.01	100	
二氧化碳	13.80	6.98	44.01	254	
二氧化硫	11.60	3.97	64.06	306	
水蒸气	8.93	11.12	18.01	961	0℃时的数值

表 1-6　水的黏度与温度的关系（101325Pa）

温度 (℃)	$\mu\times10^3$ (Pa·s)	$\nu\times10^6$ (m²/s)	温度 (℃)	$\mu\times10^3$ (Pa·s)	$\nu\times10^6$ (m²/s)
0	1.792	1.792	40	0.656	0.661
5	1.519	1.519	45	0.599	0.605
10	1.308	1.308	50	0.549	0.556
15	1.140	1.141	60	0.469	0.477
20	1.005	1.007	70	0.406	0.415
25	0.894	0.897	80	0.357	0.367
30	0.801	0.804	90	0.317	0.328
35	0.723	0.727	100	0.284	0.296

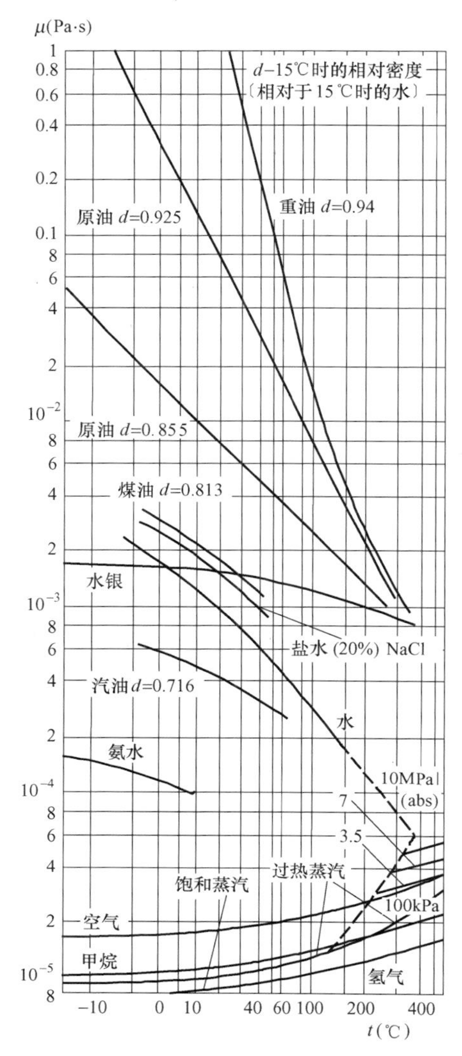

图 1-5 不同流体的动力黏度曲线

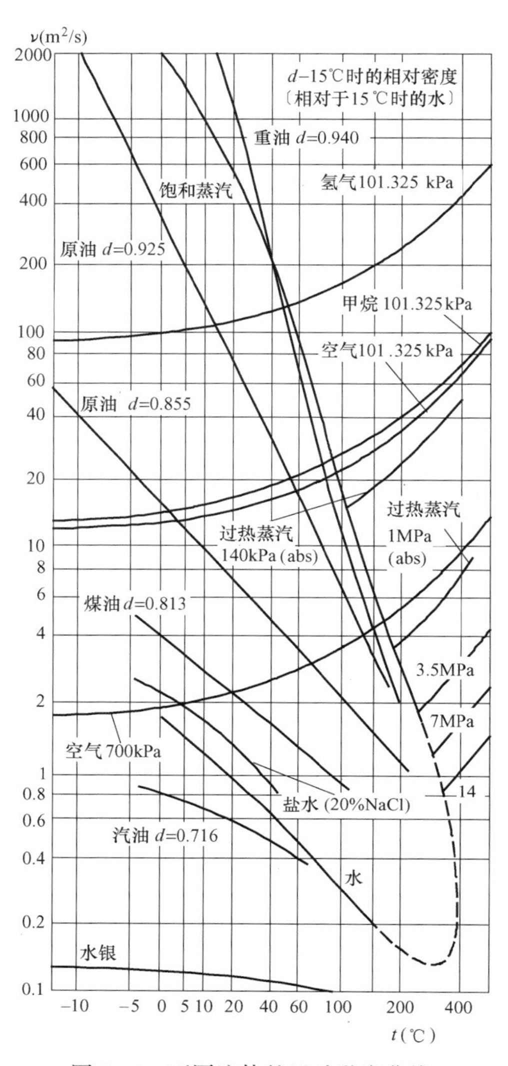

图 1-6 不同流体的运动黏度曲线

表 1-7　空气的黏度与温度的关系（101325Pa）

温度（℃）	$\mu\times10^6$（Pa·s）	$\nu\times10^6$（m^2/s）	温度（℃）	$\mu\times10^6$（Pa·s）	$\nu\times10^6$（m^2/s）
0	17.09	13.20	260	28.06	42.40
20	18.08	15.00	280	28.77	45.10
40	19.04	16.90	300	29.46	48.10
60	19.97	18.80	320	30.14	50.70
80	20.88	20.90	340	30.08	53.50
100	21.75	23.00	360	31.46	56.50
120	22.60	25.20	380	32.12	59.50
140	23.44	27.40	400	32.77	62.50
160	24.25	29.80	420	33.40	65.60
180	25.05	32.20	440	34.02	68.80
200	25.82	34.60	460	34.63	72.00
220	26.58	37.10	480	35.23	75.20
240	27.33	39.70	500	35.83	78.50

工程中还常常涉及的混合气体的动力黏度，可采用经验公式计算，即

$$\mu = \frac{\sum_{i=1}^{n} a_i M_i^{\frac{1}{2}} \mu_i}{\sum_{i=1}^{n} a_i M_i^{\frac{1}{2}}} \tag{1-21}$$

式中：a_i 为混合气体中 i 组分气体所占体积的百分比；M_i 为混合气体中 i 组分气体的分子量；μ_i 为混合气体中 i 组分气体的动力黏度。

流体力学中常常涉及的动力黏度和运动黏度难以进行直接测量，往往通过测量其他物理量进行间接测量，由于测量方法不同，测量的物理量也各不相同。传统的测量方法有管流法、落球法、旋转法，它们都是通过测量其他一些物理量，根据有关公式计算间接得到黏度的数值。这些测量方法的测量原理和有关计算公式将在后面的有关章节中加以讨论。经过多年的努力，人们也找到了一些直接测量的方法，并已应用于工程实际中，如应用比较多的超声波黏度计等，其测量原理和测量方法可参考有关的书籍和手册，在此不再赘述。

三、黏性流体和理想流体

由前述知，自然界中的实际流体都具有黏性，所以实际流体又称黏性流体。为了处理工程实际问题方便起见，建立一个没有黏性的理想流体模型，即把假想没有黏性的流体作为理想流体，它是一种假想的流体模型，在实际中并不存在。根据没有黏性的假设，这种流体在运动时，在接触面上，只有法向力，而没有切向力。研究这种流体具有重要的实际意义，一方面，由于实际流体存在黏性使问题的研究和分析非常复杂，甚至难以进行，为简化起见，引入理想流体的概念，从这种简化了的理想流体模型入手进行研究，求得规律和结论，然后再考虑黏性的因素根据试验数据进行修正，使得问题的处理大大简化。另一方面，由于理想流体的各种运动规律在一些情况下基本上符合黏性不大的实际流体的运动规律，可用来描述实际流体的运动规律，如空气绕流圆柱体时，边界层以外的势流就可以用理想流体的理论进行描述。同时，还由于一些黏性流体力学的问题往往是根据理想流体力学的理论进行分析和研究的。再者，在有些问题中流体的黏性显示不出来，如均匀流动、流体静止状态，这时实际流体可以看成理想流体。所以建立理想流体模型具有非常重要的实际意义。

四、牛顿流体和非牛顿流体

流体力学中把剪切应力和流体微团角变形速度成正比的流体即符合牛顿内摩擦定律的流体称为牛顿流体，图 1-7 中的直线 A 所代表的流体就属此类。实际流体中的水、空气和其他气体就属于牛顿流体。本书研究的内容仅限于牛顿流体。凡剪切应力和角变形之间不符合牛顿内摩擦定律的流体称为非牛顿流体，比较典型的如图 1-7 中曲线 B、C、D 所代表的流体。非牛顿流体的种类比较多，一般用式（1-22）表示其剪切应力和变形之间的关系，即

$$\tau = \eta \left(\frac{\mathrm{d}v_x}{\mathrm{d}y} \right)^n + k \tag{1-22}$$

式中：η 为流体的表观黏度，是切应力和角变形速度的函数；k 为常数；n 为指数。

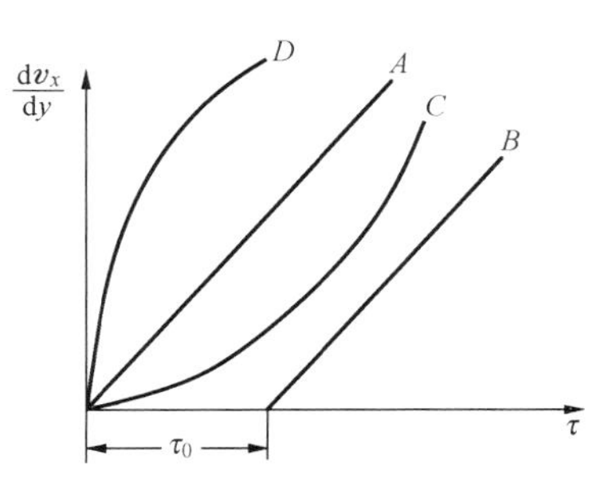

图 1-7　牛顿流体和非牛顿流体

图中 B 曲线代表理想塑性体，其在连续变形之前有一屈服应力 τ_0，当剪切应力大于 τ_0

时，应力和角变形之间才呈线性关系（该流体 $\eta=\mu$，$k=\tau_0$，$n=1$）。牙膏的变形就属此类。曲线 C 代表拟塑性体，其黏度 η 随变形速度的提高而减小，黏土浆和纸浆的变形就具有这种性质。曲线 D 代表胀流型流体，其黏度随着变形速度的提高而增大。图中横坐标代表弹性固体，其剪切力和变形量成正比，和变形速度无直接的关系，纵坐标代表理想流体，理想流体流动时不存在剪切应力。

【例 1-3】 如图 1-8 所示，转轴直径 $d=0.36\text{m}$，轴承长度 $L=1\text{m}$，轴与轴承之间的缝隙 $\delta=0.2\text{mm}$，其中充满动力黏度 $\mu=0.72\text{Pa}\cdot\text{s}$ 的油，如果轴的转速 $n=200\text{r/min}$，求克服油的黏性阻力所消耗的功率。

解 油层与轴承接触面上的速度为零，与轴接触面上的速度等于轴面上的线速度。

$$v=\frac{n\pi d}{60}=\frac{\pi\times200\times0.36}{60}=3.77\text{m/s}$$

设油层在缝隙内的速度分布为直线分布，即 $\dfrac{\mathrm{d}v_x}{\mathrm{d}y}=\dfrac{v}{\delta}$，则轴表面上总的切向力 T 为

$$T=\tau A=\mu\frac{v}{\delta}\pi dL=\frac{0.72\times3.77\times\pi\times0.36\times1}{2\times10^{-4}}=1.535\times10^{4}\text{N}$$

克服摩擦所消耗的功率为

$$N=Tv=1.535\times10^{4}\times3.77=5.79\times10^{4}\text{N}\cdot\text{m/s}=57.9\text{kW}$$

【例 1-4】 如图 1-9 所示上下两平行圆盘，直径均为 d，两盘之间的间隙为 δ，间隙中黏性流体的动力黏度为 μ，若下盘不动，上盘以角速度 ω 旋转，求所需力矩 M 的表达式。（不记动盘上面的空气的摩擦力）

解 假设两盘之间流体的速度分布为直线分布，上盘半径 r 处的剪切应力的表达式为

$$\tau=\mu\frac{v}{\delta}=\frac{\mu\omega r}{\delta}$$

所需的力矩 M 为

$$M=\int_0^{d/2}(\tau2\pi r\,\mathrm{d}r)r=\frac{2\pi\mu\omega}{\delta}\int_0^{d/2}r^3\,\mathrm{d}r=\frac{\pi\mu\omega d^4}{32\delta}$$

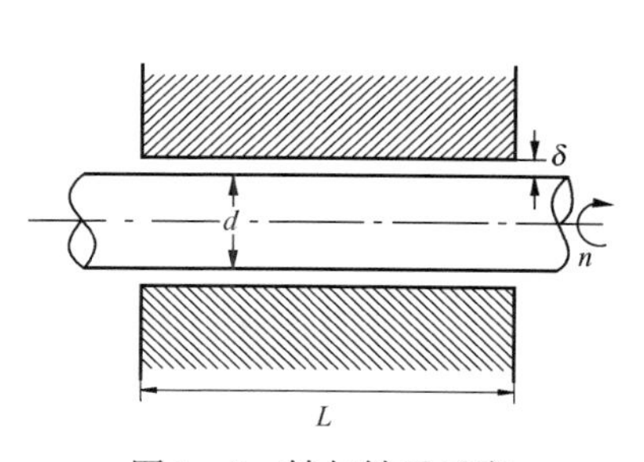

图 1-8 轴与轴承示意

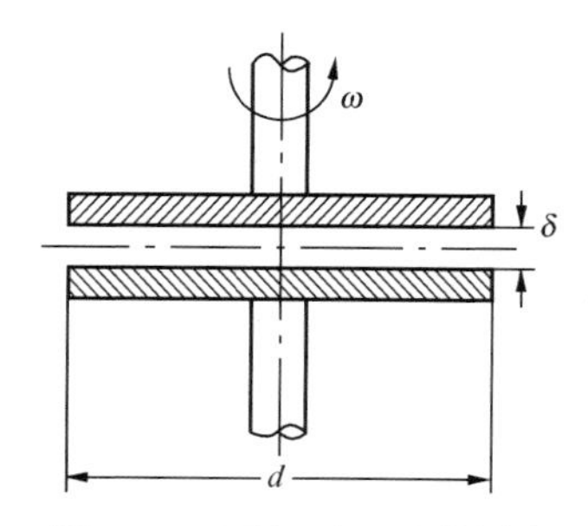

图 1-9 两相对运动的圆盘

第八节 液体的表面性质

一、表面张力

液体中的分子都要受到它周围分子引力的影响，而引力的作用范围很小，大约只有 3～

4倍的平均分子距，若用 r 来表示其大小，显然当某分子距自由液面的距离大于或等于 $2r$ 时，该分子受到的周围分子的引力是平衡的。当某分子距自由液面的距离小于 $2r$ 时，由于自由液面另一侧的气体分子和该分子间的引力小于液体分子对该分子的引力，其结果使得这一分子受到一个将其拉向液体内部的合力。在距液面小于 $2r$ 的范围内的所有分子均受到这样一个力的作用，其大小因距液面的距离不同而不同，当其距液面的距离大于或等于 $2r$ 时，这一合力为零，随着距离的减小合力逐渐增大，当距液面的距离等于 r 时，合力达到最大值。这一合力称为内聚力，由于内聚力的作用液体自由表面有明显地呈现球形的趋势。

表面张力是液体分子间的力引起的，其作用结果使得液面好像一张紧的弹性膜。若假想一和自由液面垂直的平面将自由液面分开，则平面两侧的自由液面彼此之间均作用着引力，其方向沿自由液面的切线方向，试图将液面张得更紧。作用在自由液面上的这样的力称为表面张力，用 σ 表示，单位为N/m。表面张力的数值很小，一般不予考虑，只有在自由液面的尺寸很小时才加以考虑，如多孔介质中的液体的自由液面、细小玻璃管插入液体时形成的自由液面等等，此时必须计及表面张力的影响。

表面张力的大小和液体的种类有关，不同的液体表面张力的大小不同。温度变化时，表面张力的大小也要发生变化，温度升高表面张力减小。另外表面张力还和自由表面上的气体种类有关。表1-8给出了几种常见液体和空气接触时的表面张力，表1-9给出了1个标准大气压下水和空气接触时不同温度时的表面张力。

表1-8　　几种常见液体的 σ（与20℃的空气接触）

液体名称	酒精	煤油	润滑油	原油	水	水银
10^{-3}N/m	22.3	27	36	30	72.8	465

表1-9　　水的表面张力系数

温度（℃）	0	10	20	30	40	60	80	100
10^{-3}N/m	75.6	74.2	72.8	71.2	69.6	66.2	62.6	58.9

二、毛细现象

液体分子间的相互引力形成内聚力，使得分子间相互制约，不能轻易破坏它们之间的平衡。液体和固体接触时，液体和固体分子之间相互吸引，形成液体对固体壁面的附着力。

当液体和固体壁面接触时，若内聚力小于附着力，液体将在固体壁面上伸展开来，湿润固体壁面，这种现象称为浸润现象。例如，水在玻璃壁面上将出现浸润现象。而当内聚力大于附着力时，液体将缩成一团，不湿润与之接触的固体壁面。水银和玻璃接触时，就出现这种现象。

内聚力和附着力之间的关系可以用来解释毛细现象。如图1-10（a）所示，将细玻璃管插入水中时，由于附着力大于内聚力，出现浸润现象，表面张力将牵引液面上升一段距离 h，并使管内的液面呈向上凹的曲面。如图1-10（b）所示，将细玻璃管插入水银中时，由于内聚力大于附着力，在表面张力的作用下液面将呈现上凸的形状，并下降一段距离 h。由于内聚力和附着力的差别使得微小间隙的液面上升和下降的现象称为毛细现象。日常生活中毛细现象的例子很多，例如土壤中水分的蒸发、地下水的渗流、植物内部水分的输送，就是依靠毛细现象来完成的。

液面之所以是弯曲的，是因为液面两侧的压强不同造成的，这一压强差是表面张力引起的，称为毛细压强。曲面两侧的压强差可用下述方法求得。如图 1-11，在弯曲的液面上取一微小矩形曲面，边长分别为 dS_1 和 dS_2，两互相垂直的平面和曲面正交，在这两平面内平面和曲面交线对应的圆心角分别为 $d\alpha$ 和 $d\beta$，交线的曲率半径分别为 R_1 和 R_2。由图知：在矩形的两对边 dS_1 和 dS_2 上表面张力在铅直方向上的合力分别为 $\sigma dS_1 \tan\frac{d\beta}{2}$ 和 $\sigma dS_2 \tan\frac{d\alpha}{2}$，由于 $d\alpha$ 和 $d\beta$ 很小，角度的正切约等于角度值，因此这两个合力可表示为 $\sigma dS_1\frac{d\beta}{2}$ 和 $\sigma dS_2\frac{d\alpha}{2}$。矩形曲面四个边上的表面张力的合力和曲面两侧压强差产生的铅直方向上的合力相平衡，其平衡方程为

$$(p_1 - p_2)dS_1dS_2 = 2\sigma\left(dS_1\frac{d\beta}{2} + dS_2\frac{d\alpha}{2}\right)$$

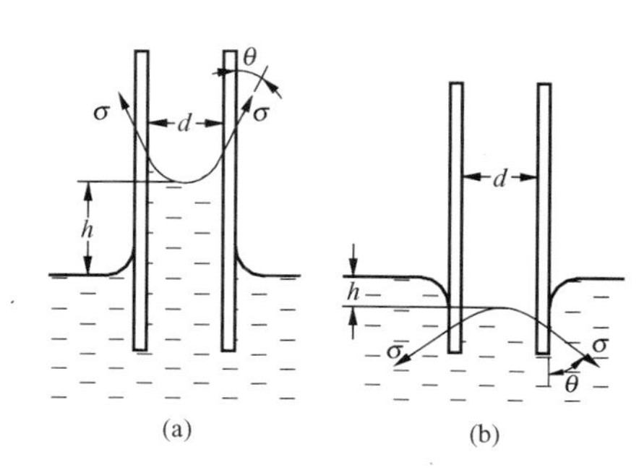

图 1-10　弯曲液面上的表面张力和压强

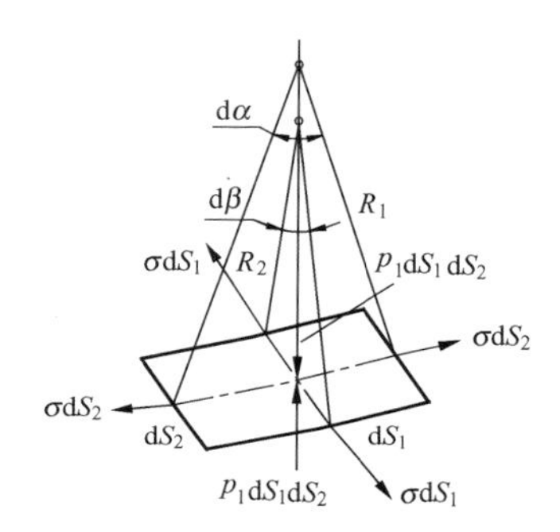

图 1-11　毛细管中液面的上升和下降现象

由于 $d\alpha = dS_1/R_1$，$d\beta = dS_2/R_2$，将该关系代入上式，两端同除以 dS_1dS_2，可得到曲面两侧的压强差

$$p_1 - p_2 = \sigma\left(\frac{1}{R_1} + \frac{1}{R_2}\right) \tag{1-23}$$

对于球形液滴液面内外的压强差可由式（1-23）求出，因为 $R = R_1 = R_2$，所以液面内外的压强差为

$$p_1 - p_2 = \Delta p = \frac{2\sigma}{R}$$

同理也可求得肥皂泡内外的压强差，$\Delta p = \frac{4\sigma}{R}$。

毛细管中液面上升或下降的高度可用下述方法求得，如图 1-10 所示，毛细管的直径为 d，表面张力和管壁的夹角为 θ，则沿管壁一周表面张力的合力在管轴方向上的投影为 $\pi d\sigma\cos\theta$，这个力应和上升或下降的液柱的重量相等，所以有

$$\pi d\sigma\cos\theta = \frac{\rho g h \pi d^2}{4}$$

由上式可以解得

$$h=\frac{4\sigma\cos\theta}{\rho g d} \tag{1-24}$$

由上式知：毛细管中液面上升或下降的高度与流体的种类、管子的材料、液体接触的气体种类和温度有关，因为这些因素都影响到表面张力的大小以及附着力的大小、θ 的大小，另外 h 还和管子的直径有关，在一定条件下，管径越大 h 越小。通常情况下对于水，当管径大于20mm，对于水银，当管径大于12mm，毛细现象的影响可以忽略不计。在工程实际中考虑到误差允许范围，一般常用的测压管当管径大于10mm时，毛细现象引起的误差就可以忽略不计。

第九节　作用在流体上的力

对流体力学进行深入地研究，必须明确作用在流体上的力有哪些类型，以及这些力的性质和表示方法。一般将作用在流体上的力分为两种类型，一类是分离体以外的其他物体作用在分离体上的表面力，另一类是某种力场作用在流体上的力，此类力称为质量力。

一、表面力

如图1-12所示，在运动的流体中取一体积为 V 的一团流体作为研究对象，在此称为分离体。在分离体的表面上必然存在分离体以外的其他物体对分离体内的流体的作用力，这个力就称为表面力。如图在分离体表面围绕 b 点取一小的面积 δA，作用在 δA 上的表面力为 $\delta \boldsymbol{F}$，根据力的平行四边形法则，可将 $\delta \boldsymbol{F}$ 分解为沿外法线方向 $\boldsymbol{n}$ 的 $\delta \boldsymbol{F}_n$ 和沿切线方向 $\boldsymbol{\tau}$ 的 $\delta \boldsymbol{F}_\tau$。以 δA 去除 $\delta \boldsymbol{F}$，并在 δA 趋向零的情况下取极限，就可得到作用在 b 点上的单位面积上的表面力 $\boldsymbol{p}_n$，即

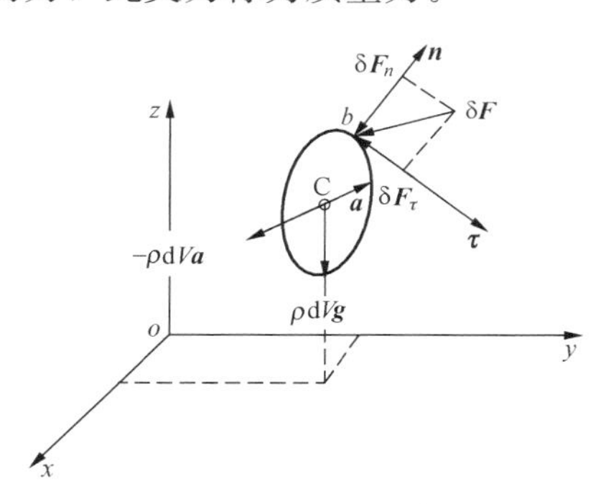

图1-12　作用在流体上的表面力和质量力

$$\boldsymbol{p}_n=\lim_{\delta A\to 0}\frac{\delta \boldsymbol{F}}{\delta A} \tag{1-25}$$

其大小和点的坐标、时间 t 以及作用面的方位有关，可表示为 $\boldsymbol{p}_n=f\ (x,\ y,\ z,\ n,\ t)$。其在法线和切线方向上的分力可分别表示为

$$\boldsymbol{p}_{nn}=\lim_{\delta A\to 0}\frac{\delta \boldsymbol{F}_n}{\delta A}=\frac{\mathrm{d}\boldsymbol{F}_n}{\mathrm{d}A} \tag{1-26}$$

$$\boldsymbol{p}_{n\tau}=\lim_{\delta A\to 0}\frac{\delta \boldsymbol{F}_\tau}{\delta A}=\frac{\mathrm{d}\boldsymbol{F}_\tau}{\mathrm{d}A} \tag{1-27}$$

它们分别表示作用在 b 点上的法向应力和切向应力，其单位为 $\mathrm{N/m^2}$，是研究问题经常用到的两个力。前面提到的表面张力不是此类表面力，它是液体自身分子间的相互引力造成的。

二、质量力

质量力是某种力场作用在全部流体质点上的力，其大小和流体的质量或体积成正比，故称为质量力或体积力。例如：在重力场中流体受到的重力、磁性物质在磁场中受到磁性力和带电体在电场中受到的电动力等都是质量力。在图1-12所取的分离体中围绕任意一点 C 取一微元体 $\mathrm{d}V$，若其中某点的密度为 ρ，则重力场作用在该微元体上的质量力可表示为 $\rho \mathrm{d}V\boldsymbol{g}$。

若用达朗伯原理来研究问题时，虚加在流体质点上的惯性力也是质量力。在匀加速直线运动中，沿直线的惯性力、一般曲线运动中的切向惯性力和离心惯性力、牵连运动为转动时的哥氏惯性力，在这一研究方法中都是质量力。如图所示，若微元体内某点的加速度为 $\boldsymbol{a}$ 时，惯性力可表示为$-\rho\boldsymbol{a}\mathrm{d}V$。

流体力学中把单位质量流体受到的质量力称为单位质量力，用 $\boldsymbol{f}$ 表示，其在三个坐标轴上的分量分别用 f_x、f_y 和 f_z 表示，则

$$\boldsymbol{f}=f_x\boldsymbol{i}+f_y\boldsymbol{j}+f_z\boldsymbol{k}$$

在重力场中，若取 z 轴铅直向上，则 $f_x=f_y=0$；$f_z=-g$。显然单位质量力的单位为加速度的单位 $\mathrm{m/s^2}$。

由前述分析可知：在一般流体力学问题中，根据流体的受力状态可比较容易地确定单位质量力，质量力采用这种分量形式表示为流体力学的研究提供了极大的方便。

思考题

1-1　流体有哪些特性？试述液体和气体特征的异同。

1-2　什么是连续介质模型？说明在研究流体力学问题时引入连续介质这一概念的必要性和可能性。

1-3　试述流体的密度、相对密度的概念，并说明它们之间的关系。

1-4　什么是流体的压缩性和膨胀性？

1-5　举例说明怎样确定流体是可压缩的或是不可压缩的？

1-6　什么是流体的黏性？静止流体是否有黏性？

1-7　简单说明作用在流体上的力及其表示方法。

1-8　什么是表面张力？

习题

1-1　水银的密度为 $13600\mathrm{kg/m^3}$，求它对 4℃水的相对密度 d。　[13.6]

1-2　某工业炉窑烟道中烟气各组分气体的体积百分比分别为 $\alpha_{CO_2}=13.5\%$，$\alpha_{SO_2}=0.3\%$，$\alpha_{O_2}=5.2\%$，$\alpha_{N_2}=76\%$，$\alpha_{H_2O}=5\%$，求烟气的密度。　[$1.341\mathrm{kg/m^3}$]

1-3　绝对压强为 4atm 的空气的等温体积模量和等熵体积模量各等于多少？　[405.3kPa；567.4kPa]

1-4　图 1-13 所示为锅炉循环水系统，温度升高时水可以自由膨胀，进入膨胀水箱。已知系统内水的体积 $8\mathrm{m^3}$，水的膨胀系数为 0.005（1/℃），试求当系统内的水温升高 50℃时，膨胀水箱最小应有多大容积？　[$2\mathrm{m^3}$]

1-5　在温度不变的条件下，体积 $5\mathrm{m^3}$ 的水，压强从 $0.98\times10^5\mathrm{Pa}$ 增加到 $4.9\times10^5\mathrm{Pa}$，体积减小了 $1\times10^{-3}\mathrm{m^3}$，试求水的压缩率。　[$0.509\times10^{-9}\mathrm{Pa^{-1}}$]

1-6　某种油的运动黏度是 $4.28\times10^{-7}\mathrm{m^2/s}$，密度是 $678\mathrm{kg/m^3}$，试求其动力黏度。　[$2.9\times10^{-4}\mathrm{Pa\cdot s}$]

1-7　试求当水的动力黏度 $\mu=1.3\times10^{-3}\mathrm{Pa\cdot s}$、密度 $\rho=999.4\mathrm{kg/m^3}$ 时水的运动黏

度。 [$1.3\times10^{-6}m^2/s$]

1-8　15℃的空气在直径200mm的圆管中流动，假定距管壁1mm处的速度为0.3m/s，试求每米管长上的摩擦阻力。 [3.36×10^{-3}N]

1-9　如图1-14所示，已知锥体高为H，锥顶角为2α，锥体与锥腔之间的间隙为δ，间隙内润滑油的动力黏度为μ，锥体在锥腔内以ω的角速度旋转，试求旋转所需力矩M的表达式。

$$\left[2\pi\mu\frac{\omega}{\delta}\frac{\tan^3\alpha}{\cos\alpha}\frac{H^4}{4}\right]$$

1-10　如图1-15所示，已知动力润滑轴承内轴的直径$D=0.2$m，轴承宽度$b=0.3$m，间隙$\delta=0.8$mm，间隙内润滑油的动力黏度$\mu=0.245$Pa·s，消耗的功率$P=50.7$kW，试求轴的转速n为多少？ [2830r/min]

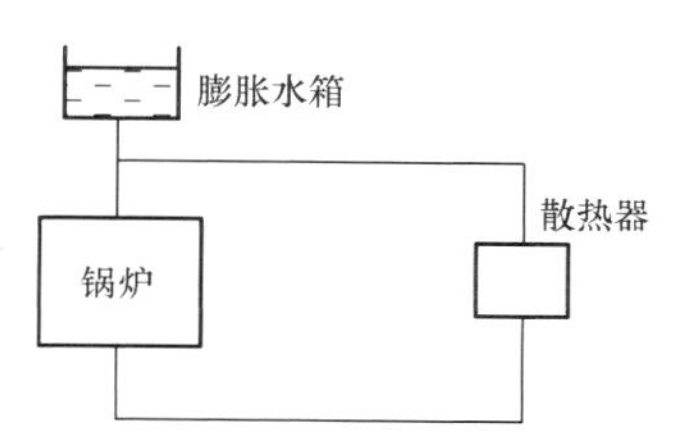

图1-13　锅炉循环水系统示意

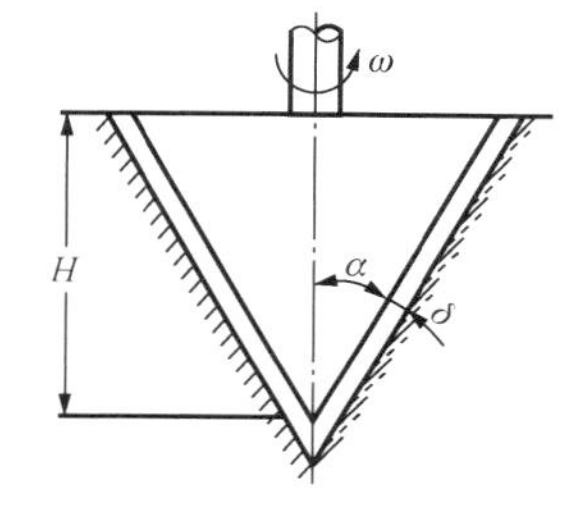

图1-14　锥体转动示意

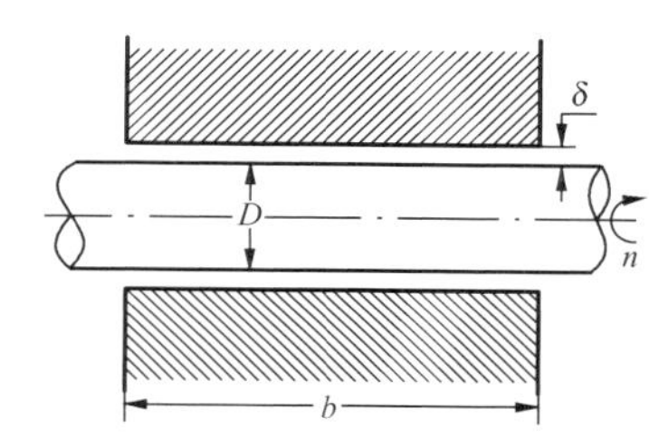

图1-15　滑动轴承示意

1-11　直径为0.46m的水平圆盘，在较大的平板上绕其中心以90r/min的转速旋转。已知两壁面间的间隙为0.23mm，间隙内油的动力黏度为0.4Pa·s，如果忽略油的离心惯性力的影响和圆盘上面的空气阻力，试求转动圆盘所需的力矩。 [72N·m]

1-12　两平行平板之间的间隙为2mm，间隙内充满密度为885kg/m^3、运动黏度为0.00159m^2/s的油，试求当两板相对速度为4m/s时作用在平板上的摩擦应力。 [2814.3Pa]

1-13　如图1-16所示，活塞直径$d=152.4$mm，缸径$D=152.6$mm，活塞长$L=30.48$cm，润滑油的运动黏度$\nu=0.9144\times10^{-4}m^2/s$，密度$\rho=920kg/m^3$。试求活塞以$v=6$m/s的速度运动时，克服摩擦阻力所消耗的功率。 [4.42kW]

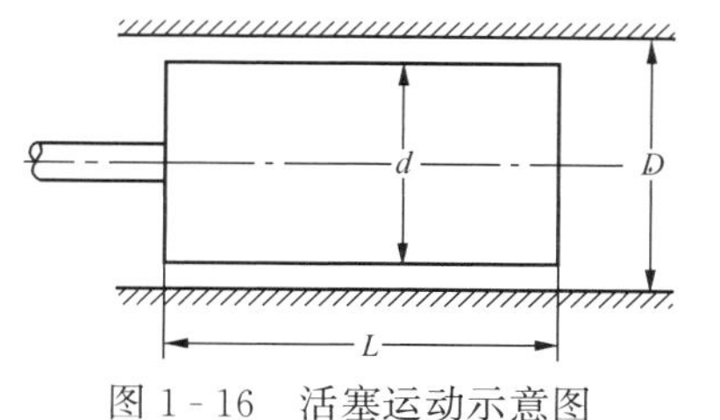

图1-16　活塞运动示意图

1-14　重500N的飞轮的回转半径为30cm，转速为600r/min，由于轴承中润滑油的黏性阻滞，飞轮以0.02rad/s^{2}的角加速度放慢，已知轴的直径为2cm，轴套的长度为5cm，它们之间的间隙为0.05mm，求润滑油的动力黏度。 [0.2325Pa·s]

1-15　内径8mm的开口玻璃管，插入20℃的水中，已知水与玻璃的接触角$\theta=10°$，试求水在玻璃管中上升的高度。 [3.662mm]

1-16　内径8mm的开口玻璃管，插入20℃的水银中，已知水银与玻璃的接触角约为140°，试求水银液面在管中下降的高度。 [1.36mm]

第二章　流体静力学

流体静力学研究流体在外力作用下的平衡规律、平衡状态下流体和固体之间的相互作用力及其工程应用的有关问题。

在研究流体平衡时，通常将地球作为惯性坐标系。当流体相对地球没有运动时，称流体处于平衡状态或静止状态。流体相对非惯性坐标系没有运动时，称流体处于相对平衡或相对静止状态。

流体处于平衡或相对平衡状态时，流层之间和流体与固体之间没有相对运动，不存在黏性剪切力，流体不呈现黏性，所以流体静力学中得出的有关结论，不论理想流体还是实际流体都是适用的。

第一节　流体静压强及其特性

当流体处于平衡或相对平衡状态时，作用在流体上的应力只有法向应力而没有切向应力，此时，流体作用面上负的法向应力就是静压强 p，即

$$\boldsymbol{p}_n = -\frac{\mathrm{d}\boldsymbol{F}}{\mathrm{d}A} = -\boldsymbol{p}_{nn} \tag{2-1}$$

静压强的单位为 Pa。

流体静压强有两个特性，分别论述了流体静压强的方向和大小方面的重要性质。

特性一：流体静压强的作用方向沿作用面的内法线方向。

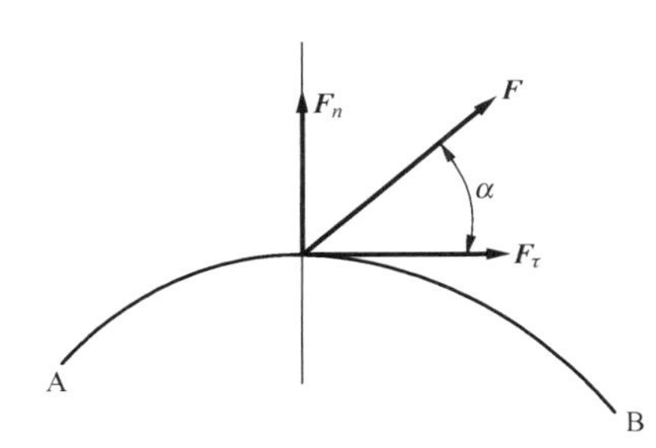

图 2-1　静压强特性一证明用图

静压强的这一特性可用反证法加以证明。如图 2-1 所示，在静止流体中取一块作用面为 AB 的流体，假设在 AB 的某一点上有一作用力 $\boldsymbol{F}$，$\boldsymbol{F}$ 和该点切线方向的夹角为 α，按照力的平行四边形法则，$\boldsymbol{F}$ 可分解为沿法线方向的 F_n 和沿切线方向的 F_τ。若 F_n 存在，流体在拉力作用下，将产生流动，违背了静止的假设，所以 F_n 不存在；若 F_τ 存在，根据流体的定义，流体在剪切力作用下，也要产生流动，也违背静止的假设，因此 F_τ 也不存在。故上述假设的 $\boldsymbol{F}$ 不可能存在，但流体在静止状态下又能够承受力的作用，所以，唯一有可能的便是，沿作用面内法线方向的作用力，在单位面积上这个力就是流体的静压强。

根据流体静压强的这一特性，流体作用于固体接触面上的静压强，恒垂直于固体的壁面，如图 2-2 所示，图中分别表示了流体作用在平壁面和曲壁面的静压强。

特性二：静止流体中任一点的流体静压强与作用面在空间的方位无关，只是坐标点的连续可微函数。换言之，在静止流体中的任一点上，来自任意方向上的静压强都是相等的。

特性二证明如下：如图 2-3 所示，在静止流体中的 A 点取一微元四面体，A 点为坐标

原点，微元体的三条边分别和三个坐标轴重合，边长分别为 $\mathrm{d}x$、$\mathrm{d}y$、$\mathrm{d}z$，作用在微元体四个面△ABD、△ABC、△ACD 和△BCD 上某一点的流体静压强分别为 p_x、p_y、p_z 和 p_n，由于所取的研究对象为微元体，所以每个面均为微元面积。因此，每个面上流体静压强的合力可以用其上某点的静压强乘以该面的面积求得，分别为 $p_x\times\frac{1}{2}\mathrm{d}y\mathrm{d}z$、$p_y\times\frac{1}{2}\mathrm{d}x\mathrm{d}z$、$p_z\times\frac{1}{2}\mathrm{d}x\mathrm{d}y$ 和 $p_n\times\triangle BCD$。若微元体内部某点的流体密度为 ρ，则其质量可以表示为 ρ 和体积的乘积，即 $\rho\times\frac{1}{6}\mathrm{d}x\mathrm{d}y\mathrm{d}z$。作用在微元体上的单位质量力在三个坐标轴上的分量分别用 f_x、f_y 和 f_z 表示，则作用在微元体上的质量力在三个坐标轴上的分量分别为 $f_x\rho\times\frac{1}{6}\mathrm{d}x\mathrm{d}y\mathrm{d}z$、$f_y\rho\times\frac{1}{6}\mathrm{d}x\mathrm{d}y\mathrm{d}z$ 和 $f_z\rho\times\frac{1}{6}\mathrm{d}x\mathrm{d}y\mathrm{d}z$。因为微元四面体在上述表面力和质量力作用下处于静止状态，则 x 方向上的平衡方程为

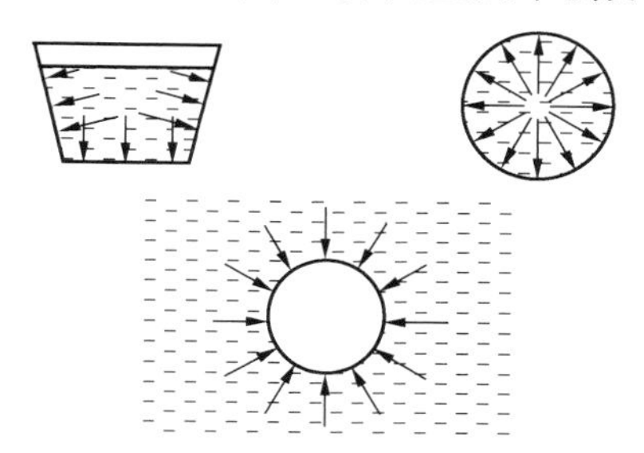

图 2-2　静压强垂直于容器的壁面

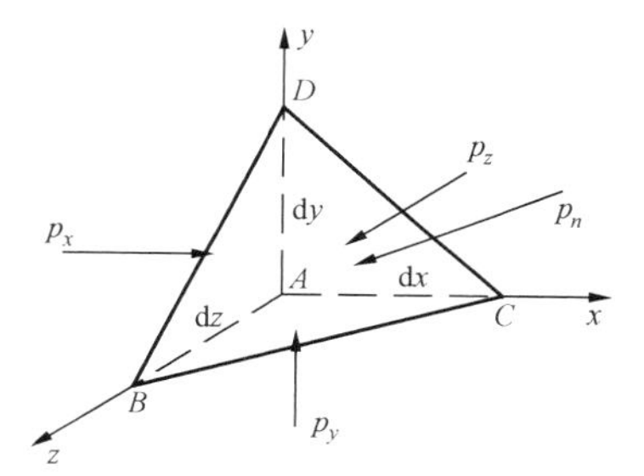

图 2-3　静止流体中的微元四面体

$$p_x\times\frac{1}{2}\mathrm{d}y\mathrm{d}z-p_n\times\triangle BCD\cos(p_nx)+f_x\rho\,\frac{1}{6}\mathrm{d}x\mathrm{d}y\mathrm{d}z=0$$

△BCDcos（p_nx）为△BCD 在 Ayz 面上的投影，投影面积为$\frac{1}{2}\mathrm{d}y\mathrm{d}z$，故上式可简化为

$$p_x-p_n+f_x\rho\times\frac{1}{3}\mathrm{d}x=0$$

略去无穷小项，则有

$$p_x=p_n$$

同理有

$$p_y=p_n,\qquad p_z=p_n$$

即

$$p_x=p_y=p_z=p_n$$

这就证明了在静止流体内部任意点上，流体静压强的大小与作用面在空间的方位无关，只是点的坐标的连续函数，即 $A(x,\ y,\ z)$ 点的流体静压强可表示为

$$p=p(x,\ y,\ z)$$

根据流体静压强的特性，在设计压力容器时，应避免受力面的急剧变形而产生应力集中，应尽量使变形趋缓，使受力趋于均匀。

第二节　欧拉平衡微分方程　等压面　力函数

一、流体的平衡微分方程式

如图 2-4 所示，在静止流体中取一微元平行六面体，其边长分别为 $\mathrm{d}x$、$\mathrm{d}y$、$\mathrm{d}z$，微元

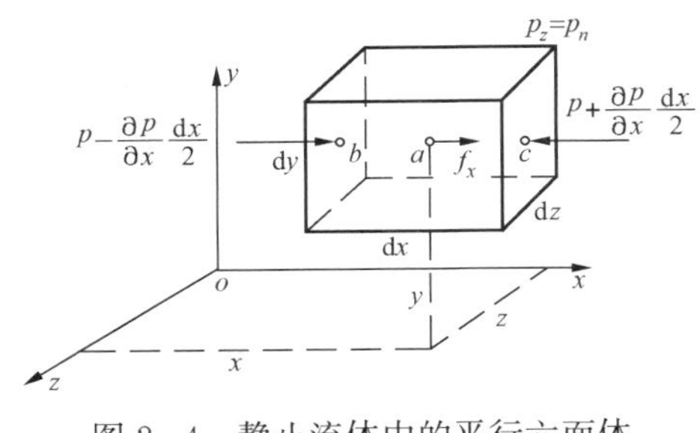

图 2-4 静止流体中的平行六面体

体中心点坐标为 $a(x, y, z)$。该微元体在表面力和质量力的作用下处于平衡状态。

该微元体中心点上的静压强为 $p=p(x, y, z)$。作用在和 x 轴垂直的两个面中心点 b、c 上的流体静压强，可将 a 点的静压强按泰勒(G. I. Taylor)级数展开，并略去二阶以上的无穷小项求得，分别为 $p-\frac{\partial p}{\partial x}\frac{dx}{2}$ 和 $p+\frac{\partial p}{\partial x}\frac{dx}{2}$，由于所取的研究对象为微元体，每个面均为微元面积，故可用微元面积上任意点的静压强乘以面积求得流体静压强在该面上的合力。若 ρ 表示微元体内某一点的密度，f_x、f_y 和 f_z 表示作用在微元体上的单位质量力分量。根据上述分析，可列出作用在微元体上的力在 x 方向上的平衡方程：

$$\left(p-\frac{\partial p}{\partial x}\frac{dx}{2}\right)dydz-\left(p+\frac{\partial p}{\partial x}\frac{dx}{2}\right)dydz+f_x\rho dxdydz=0$$

整理后两端同除以微元体的质量 $dm=\rho dxdydz$，得

同理有

$$\left.\begin{aligned} f_x-\frac{1}{\rho}\frac{\partial p}{\partial x}=0\\ f_y-\frac{1}{\rho}\frac{\partial p}{\partial y}=0\\ f_z-\frac{1}{\rho}\frac{\partial p}{\partial z}=0 \end{aligned}\right\}\tag{2-2}$$

写成矢量形式

$$\boldsymbol{f}-\frac{1}{\rho}\nabla p=0\tag{2-2a}$$

式（2-2）即为流体的平衡微分方程式，是欧拉在 1775 年首先提出来的，所以又称为欧拉平衡微分方程式。该式的物理意义为：在静止流体内部的任一点上，作用在单位质量流体上的质量力和流体静压强相平衡。在该方程的推导过程中，除假设流体静止以外，对表征流体的物理量未作任何假设，所以，该方程对于可压缩和不可压缩流体的平衡和相对平衡状态都适用。它是流体静力学最基本的方程，其他计算公式都是根据此方程推导出来的。

二、压差公式和等压面

将式（2-2）的三个方程的两端分别乘以 dx、dy、dz，然后相加并整理得

$$\rho(f_xdx+f_ydy+f_zdz)=\frac{\partial p}{\partial x}dx+\frac{\partial p}{\partial y}dy+\frac{\partial p}{\partial z}dz$$

因为 $p=p(x, y, z)$，所以上式右端表示压强函数的全微分，所以有

$$dp=\rho(f_xdx+f_ydy+f_zdz)\tag{2-3}$$

上式即为流体的压强差公式，是静力学中推导其他计算公式必须用到的重要公式。该式表明，当质量力一定时，处于平衡状态的同一种流体内部，静压强的增量取决于坐标增量。

在流体中压强相等的点组成的面称为等压面，其积分形式的方程为 $p(x, y, z)=$常数，不同的常数对应不同的等压面。在流体中每一点上都有等压面通过，且只有一个等压面通过。

在等压面上 $dp=0$，由此得

$$f_x \mathrm{d}x + f_y \mathrm{d}y + f_z \mathrm{d}z = 0 \tag{2-4}$$

这就是微分形式的等压面方程。

液体和气体的分界面即自由液面是等压面，其上的压强等于气体的压强，互不相溶的两种液体的分界面也是等压面。在重力场中，若 z 轴铅直向上，单位质量力分量 $f_x = f_y = 0$，$f_z = -g$，将其代入式（2-4）积分则有：$z =$ 常数，这一关系表明，在重力场中，静止流体内的等压面为水平面，即重力场中的等高面就是等压面。

等压面有一重要特性，即质量力垂直于等压面。这一特性可由式（2-4）得到证明。在静止流体中，作用在流体上的单位质量力为 $\boldsymbol{f}$，$\mathrm{d}\boldsymbol{l}$ 为等压面上的任意微小线段表示的矢量，求 $\boldsymbol{f}$ 和 $\mathrm{d}\boldsymbol{l}$ 的数量积，再由等压面的微分方程可以得到

$$\boldsymbol{f} \cdot \mathrm{d}\boldsymbol{l} = f_x \mathrm{d}x + f_y \mathrm{d}y + f_z \mathrm{d}z = 0$$

上式表明，$\boldsymbol{f}$ 和 $\mathrm{d}\boldsymbol{l}$ 两矢量的数量积等于零，由矢量代数可知，这两个矢量必然垂直。$\mathrm{d}l$ 为等压面上任意微小线段，即 $\boldsymbol{f}$ 和等压面上的任意线段都垂直，而由两条线就可以决定这个面，所以，$\boldsymbol{f}$ 必然垂直于等压面。这就证明了质量力垂直于等压面的重要特性。

三、流体平衡的条件

对于不可压缩流体，$\rho =$ 常数，此时，将式（2-2）对坐标交错求导数，并考虑到静压强 $p = p(x, y, z)$ 存在高阶连续偏导数，可以得到单位质量力分量之间存在的下述关系：

$$\frac{\partial f_x}{\partial y} = \frac{\partial f_y}{\partial x}, \quad \frac{\partial f_y}{\partial z} = \frac{\partial f_z}{\partial y}, \quad \frac{\partial f_z}{\partial x} = \frac{\partial f_x}{\partial z} \tag{2-5}$$

由理论力学知，式（2-5）是质量力 f_x、f_y、f_z 具有力的势函数——$\pi(x, y, z)$的充分必要条件；力的势函数对坐标的偏导数等于单位质量力在相应坐标方向上的分量，即

$$f_x = -\frac{\partial \pi}{\partial x}, \quad f_y = -\frac{\partial \pi}{\partial y}, \quad f_z = -\frac{\partial \pi}{\partial z} \tag{2-6}$$

写成矢量形式

$$\boldsymbol{f} = -\mathrm{grad}\pi$$

即质量力等于势函数的负梯度。

由式（2-3）得

$$\mathrm{d}p = \rho(f_x \mathrm{d}x + f_y \mathrm{d}y + f_z \mathrm{d}z) = -\rho\left(\frac{\partial \pi}{\partial x}\mathrm{d}x + \frac{\partial \pi}{\partial y}\mathrm{d}y + \frac{\partial \pi}{\partial z}\mathrm{d}z\right) = -\rho \mathrm{d}\pi \tag{2-7}$$

式（2-7）表明，对于不可压缩流体，质量力存在势函数，此时，称质量力为有势的力。由此可以得到一个重要结论：只有在有势的质量力作用下，不可压缩流体才能处于平衡状态，这就是流体的平衡条件。由式（2-7）还可以看出，对于不可压缩流体，等压面也是等势面。

第三节　重力场中流体的平衡

工程中接触到的流体常常是处在重力场中的情况，此时，流体上作用的质量力只有重力，为了叙述方便起见，将受到的质量力只有重力的流体称为重力流体。下面将着重讨论重力作用下的流体平衡状态下静压强的计算和测量问题。

一、流体静力学基本方程和不可压缩流体中压强的变化

流体静力学基本方程是流体静力学的重要理论基础，也是静力学问题应用比较多的方程。

在重力场中，取 xoy 为水平面，z 轴铅直向上，则在该坐标系中单位质量力的分量分别为

$$f_x = f_y = 0,\quad f_z = -g$$

代入式（2-3）得

$$\mathrm{d}p = -\rho g\,\mathrm{d}z$$

或

$$\mathrm{d}z + \frac{\mathrm{d}p}{\rho g} = 0$$

对于不可压缩流体，ρ 为常数，将上式积分得

$$z + \frac{p}{\rho g} = C \tag{2-8}$$

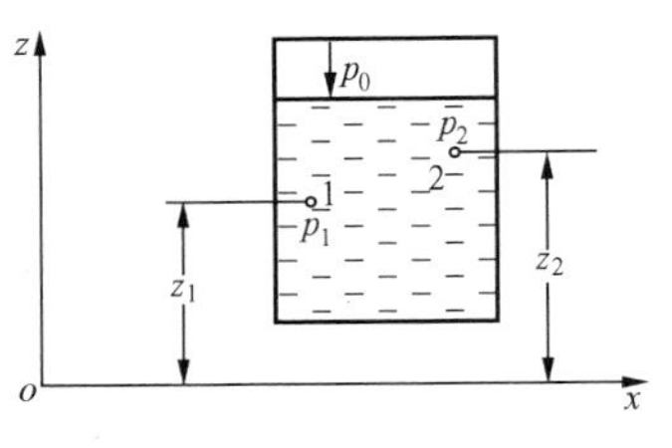

图 2-5　流体静力学用图

式中：C 为积分常数，其值取决于边界条件。

式（2-8）适用于平衡流体内部的任意点，如图 2-5，若 1 点的压强为 p_1、坐标为 z_1；2 点的压强为 p_2、坐标为 z_2，则式（2-8）可写成

$$z_1 + \frac{p_1}{\rho g} = z_2 + \frac{p_2}{\rho g} \tag{2-8a}$$

式（2-8）和式（2-8a）称为流体静力学基本方程，它适用于不可压缩重力流体的平衡状态。对于同一个容器内的不同流体和不同容器内的同一种流体（不满足连续性条件），不能应用上述方程。

为了加深对流体静力学方程的理解，下面讨论流体静力学基本方程的物理意义和几何意义。

1. 物理意义

质量为 m 的流体，相对基准面的高度为 z 时，其具有的位势能为 mgz，单位重力作用下流体的位势能为 $mgz/mg = z$，所以流体静力学基本方程中的 z 表示单位重力作用下流体相对于基准面的位势能，单位为 m。

如图 2-6 所示，容器中 a 点距基准面的距离为 z，该点的压强为 p，在和 a 点等高的容器壁面上开孔，并用玻璃管和真空相连，则容器中的液体在压强 p 和真空形成的压强差作用下，沿玻璃管上升 h_p，此时，压强差克服重力做功，使液体的势能增大。对图中 a 点和 b 点列静力学方程，则有

$$z + \frac{p}{\rho g} = z + h_p \text{ 或者 } h_p = \frac{p}{\rho g}$$

由以上推导过程可以看出，$p/\rho g$ 具有做功的能力，其单位和 z 相同，为长度的单位 m。为此，将 $p/\rho g$ 项称为单位重力作用下流体的压强势能，位势能和压强势能之和称为总势能。因此，流体静力学基本方程的物理意义可以表述为：当连续不可压缩的重力流体处于平衡状态时，在流体中的任意点上，单位重力作用下流体的总势能为常数。

2. 几何意义

由上述讨论可知，静力学基本方程中的每一项均表示单位重力作用下流体具有的势能，均具有长度的单位，所以在水力学中又将它们称为水头。z 称为位置水头，$p/\rho g$ 称为压强水头，两者之和称为静水头。各点静水头的连线，称为静水头线，如图 2-7 所示，A—A 即为静水头线。当引出压强的测压管上端通大气时，测压管中的水头比完全真空管中的水头

低一个大气压对应的压强水头 $p_a/\rho g$。此时，称 A'—A' 为计示静水头线。根据以上讨论可知，平衡流体内部，各点的静水头和计示静水头都相等。所以，流体静力学基本方程的几何意义可以表述为：不可压缩的重力流体处于平衡状态时，静水头线或者计示静水头线为平行于基准面的水平线。

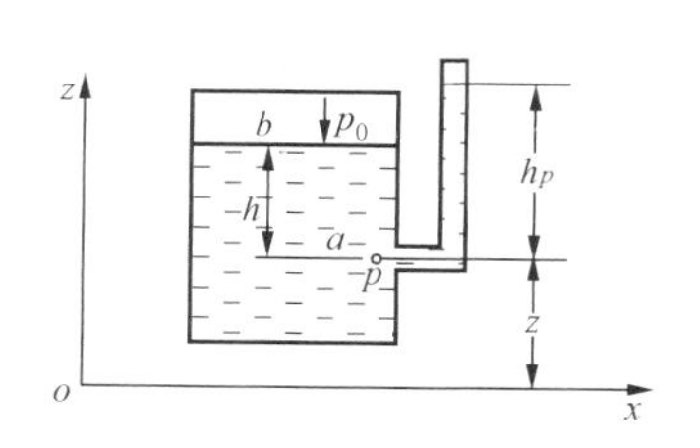

图 2-6　真空管中液面上升的高度

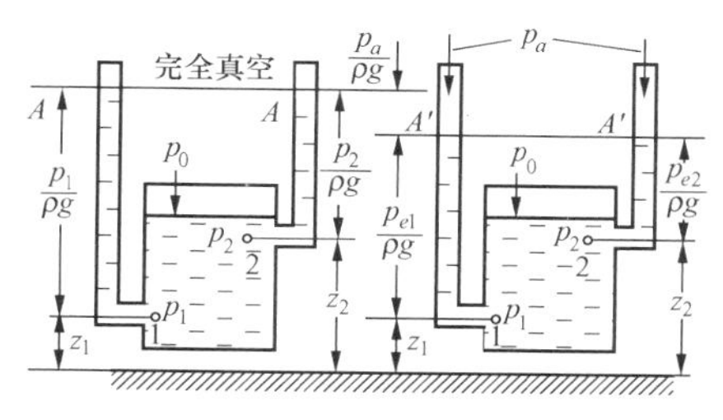

图 2-7　静力学基本方程的几何意义

如图 2-6 所示，对于淹深为 h 的 a 点和压强为 p_0 的自由液面上的点，列静力学基本方程则有

$$z+\frac{p}{\rho g}=(z+h)+\frac{p_0}{\rho g}$$

通过上式可解得

$$p=p_0+\rho gh \tag{2-9}$$

上式即为有自由液面的不可压缩重力流体处于平衡状态时，流体内部静压强的计算公式。该式表明：不可压缩的重力流体处于平衡状态时，流体内部的静压强由两部分构成，一部分是自由液面上的压强 p_0，另一部分是截面积为单位面积、高度为 h 的柱体内流体重量所产生的 ρgh；流体静压强随深度按线性规律增大；在静止流体内部等高面即为等压面。

式（2-9）还表明：均质不可压缩的重力流体处于平衡状态时，自由液面上的压强 p_0 对内部任意点上的影响是同样的，即施加于自由液面上的压强，将以同样的大小传递到液体内部任意点上。流体静压强的这种传递现象，就是物理学中的帕斯卡（Blaise Pascal）原理，这一原理被广泛应用于水压机、增压油缸和液压传递装置等的设计中。

二、可压缩流体中压强的变化

在工程实际中还常常涉及到可压缩流体中的压强计算问题，在这些问题中，流体的密度同时随压强和温度变化，下面讨论工程实际中常常遇到的两种情况。

在等温过程中，温度 $T=T_1=$常数，根据气体状态方程式，气体的密度可表示为

$$\rho=\frac{p}{RT_1}$$

式中：R 为气体常数，J/(kg·K)。

在重力场中单位质量力分量为 $f_x=f_y=0$，$f_z=-g$。将这些有关量代入前述的压强差公式，则有

$$\mathrm{d}p=\frac{p}{RT_1}(-g\,\mathrm{d}z)$$

整理得

$$RT_1\frac{\mathrm{d}p}{p}+g\,\mathrm{d}z=0$$

积分得

$$RT_1\ln p + gz = C$$

式中：C 为积分常数。

当 $z=z_1$ 时，$p=p_1$，可求得积分常数 $C=RT_1\ln p_1+gz_1$，代入上式整理得

$$\ln\frac{p}{p_1}=-\frac{g(z-z_1)}{RT_1} \text{ 或者 } z-z_1=\frac{RT_1}{g}\ln\frac{p_1}{p} \tag{2-10}$$

将式（2-10）去掉对数符号得

$$p=p_1 e^{-\frac{g(z-z_1)}{RT_1}} \tag{2-11}$$

利用上述公式，可以计算等温气体在平衡状态下的静压强。在大气层中，从高 11000m 到 20100m 的空间为大气恒温层，层内温度近似为常量 $T_1=216.7$K。将 $z_1=11000$m、$p_1=22638$Pa 和 T_1 代入式（2-11），可得到大气恒温层内的压强计算公式，即

$$p=22638e^{-\frac{z-11000}{6344}} \tag{2-11a}$$

从海平面到 11000m 的空间，为标准大气的对流层，该层内温度随高度的变化规律为 $T=T_0+\beta z$，其中 β 为温度的递减率，其近似为常数（$\beta=-0.0065$K/m）。对流层中压强和高度之间的关系推求如下：设参考坐标系的 z 轴铅直向上，则单位质量力分量 $f_x=f_y=0$，$f_z=-g$；由完全气体的状态方程式得 $\rho=\frac{p}{R(T_0+\beta z)}$。将上述条件代入压强差公式得

$$\frac{dp}{p}=-\frac{g\,dz}{R(T_0+\beta z)}$$

取积分限为 $0\to z$，$p_0\to p$，积分上式，得

$$\ln\frac{p}{p_0}=-\frac{g}{\beta R}\ln\left(1+\frac{\beta z}{T_0}\right)$$

将上式去掉对数，并整理得

$$p=p_0\left(1+\frac{\beta z}{T_0}\right)^{-\frac{g}{\beta R}} \tag{2-12}$$

设海平面的温度 $T_0=288.15$K，压强 $p_0=101325$Pa，代入式（2-12）则有

$$p=101325\left(1-\frac{z}{44331}\right)^{5.255} \tag{2-12a}$$

由式（2-12a）可知，对流层内的压强只是高度 z 的函数。根据气体状态方程式可知，此时，气体的密度也只是高度 z 的函数。并且可以据此求得层内气体压强和密度的关系为 $p/\rho^n=$常数，其中 $n=1.235$。

三、绝对压强　计示压强　真空

工程实际中根据压强计量基准的不同，可区分为绝对压强和计示压强。以绝对真空为基准度量的压强称为绝对压强，以大气压为基准度量的压强称为计示压强或相对压强。

若图 2-6 中的自由液面上作用的是大气压强 p_a，则 $p_0=p_a$，则式（2-9）可以表示为

$$p=p_a+\rho gh$$

式中：p 为绝对压强。

根据上式，此时，计示压强可表示为

$$p_e = p - p_a = \rho g h \tag{2-13}$$

工程实际中所用的压强表往往一端通大气，所以测量出的为计示压强，也称表压强。当被测流体的绝对压强低于大气压时，测得的计示压强为负值，此时，称该流体处于真空状态。负的表压强称为真空，用 p_v 表示。例如，水泵、风机的入口、锅炉炉膛和烟筒的底部等处的压强就低于大气压强，这些地方的流体就处于真空状态。p_v 可以表示为

$$p_v = -p_e = p_a - p \tag{2-14}$$

以液柱高度表示时则为

$$h_v = \frac{p_v}{\rho g} = \frac{p_a - p}{\rho g} \tag{2-14a}$$

式中 h_v 称为真空高度。绝对压强、计示压强和真空三者之间的关系如图 2-8 所示。

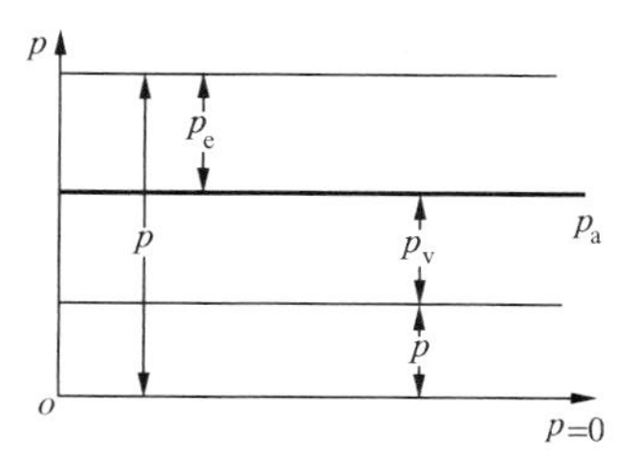

图 2-8　绝对压强、计示压强、真空之间的关系

大气压强随气象条件变化，一般不同时刻从气压表上读出的数值有所不同，同一容器中恒定的流体压强，在不同的时刻测量时可能有不同的计示压强数值。由于多数气体的性质是绝对压强的函数，所以气体的压强都是用绝对压强表示的。而液体的性质一般不随压强变化，所以液体的压强一般用计示压强表示。只有在汽化点时才用绝对压强表示。

压强的单位一般有三种表示方法。一种是以单位面积上的力来度量压强的大小，例如在法定单位制（即 SI 制）中，以 N/m^2（即 Pa）作为压强的单位。在工程单位制中用 kg/cm^2 来度量压强的大小。另一种度量压强的单位是流体柱高，一般用 mH_2O 或者 mm Hg 两种柱高表示。再一种压强的计量单位是大气压，大气压又分为工程大气压和标准大气压。各压强度量单位之间的换算关系见表 2-1。

表 2-1　　压强的单位及其换算关系

帕斯卡 (Pa)	工程大气压 (kgf/cm^2)	标准大气压 (atm)	巴 (bar)	米水柱 (mH_2O)	毫米汞柱 (mmHg)
1	1.01972×10^{-5}	9.86923×10^{-6}	10^{-5}	1.01972×10^{-4}	7.50064×10^{-3}
9.80665×10^{4}	1	9.67841×10^{-1}	9.80665×10^{-1}	10	7.35561×10^{2}
1.01325×10^{5}	1.03323	1	1.01325	1.03323×10	7.60×10^{2}
10^{5}	1.01972	9.86923×10^{-1}	1	1.01972×10	7.50064×10^{2}

四、流体静压强的测量和液柱式测压计

测量压强的仪表统称为测压计，根据测量的方式不同，大致可以分为两类，一类是可以测量较高压强的金属式压强表，另一类是液柱式测压计。金属式测压计一般有两种，一种是用椭圆断面的金属弯管来感受压强，称为波登管测压计。另一种是用金属膜片来感受压强的膜片式测压计。它们都是利用金属的变形来测量压强的，测出感受元件的弹性变形，经过放大机构的放大来标示出压强的刻度，是一种间接测量方法。这两种测压计的测量原理简图如图 2-9 所示，其中（a）为波登管测压计，（b）为膜片式测压计。现代测量动态压强的应变式和压电晶体式压强传感器，就属于这一类的派生。这两者都是将压强变化转化为电信号的变化来进行测量的。图 2-10 为压电晶体式传感器的结构示意，这一类测压计在使用一段时

间后，由于金属的力学性能或压电晶体的电学性能要发生变化而产生测量误差，所以在使用前要进行标定。

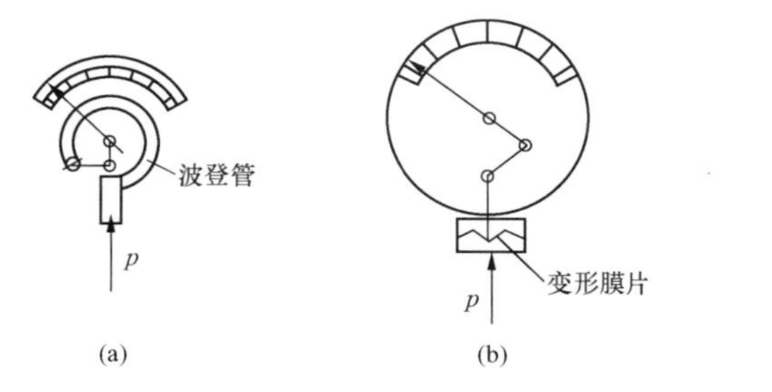

图 2-9 两种金属式测压计

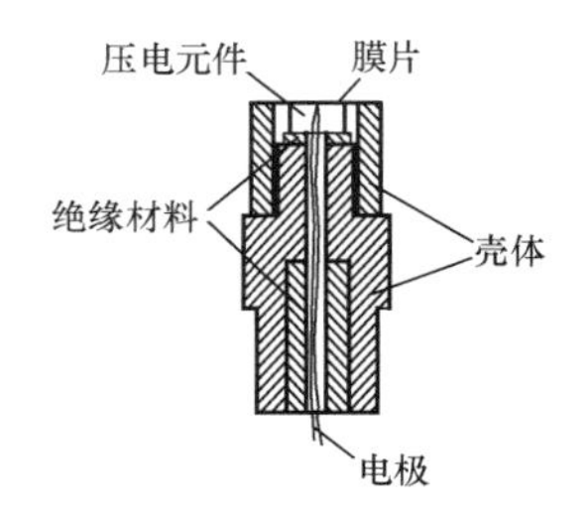

图 2-10 压电晶体式传感器示意

液柱式测压计是根据流体静力学基本方程，利用液柱高度直接测出压强，由于液体的密度基本上保持不变，所以，测量准确可靠，但由于液柱高度的限制，一般这种测压计的量程较小。下面着重叙述几种液柱式测压计的测量原理。

1. 测压管

如图 2-11 所示，测压管是结构最简单的液柱式测压计，采用直径均匀的玻璃管制造，测量时将其直接连接到测量压强的容器上，为了减小毛细现象的影响，玻璃管直径一般不小于 10mm。图 2-11 为用测压管测量时的两种情况。

图 2-11（a）为被测压强高于大气压的情况。根据流体静力学基本方程，测点处的绝对静压强和计示压强分别为

$$p=p_a+\rho gh，\ p_e=p-p_a=\rho gh$$

图中（b）为被测压强低于大气压的情况，由于被测点的压强低于大气压，则在大气压和被测压强形成的压强差的作用下，测压管中的被测流体沿测压管上升 h，此时，被测点的绝对压强和真空分别为

$$p=p_a-\rho gh，\ p_v=\rho gh$$

2. U 形管测压计

U 形管测压计的构造就是弯成 U 形的管子，也要考虑毛细现象的影响，管径的要求和测压管相同，它的压强量程比测压管大得多。U 形管中有一定量的工作液体，工作液体一般采用水或者水银。设被测流体的密度为 ρ_1，U 形管中工作液体的密度为 ρ_2。图 2-12（a）为被测流体的压强 p 高于大气压强的情况，U 形管左侧的工作液体的液面下降，右侧的液面上升，由于 1 点和 2 点在流体的同一等压面上，故 $p_1=p_2$，根据流体静压强的计算公式有

$$p_1=p+\rho_1 gh_1，\ p_2=p_a+\rho_2 gh_2$$

由以上两式得

$$p=p_a+\rho_2 gh_2-\rho_1 gh_1$$

$$p_e=p-p_a=\rho_2 gh_2-\rho_1 gh_1$$

图 2-12（b）为被测流体的压强低于大气压的情况，依据上面同样的推求方法，可得被测点的绝对压强和真空，分别为

$$p=p_a-\rho_2 gh_2-\rho_1 gh_1 \tag{2-15}$$

$$p_v=p_a-p=\rho_2 gh_2+\rho_1 gh_1 \tag{2-15a}$$

若被测流体为气体时，由于气体的密度与工作液体的密度相比很小，故以上各式中的 $\rho_1 g h_1$ 项可忽略不计。

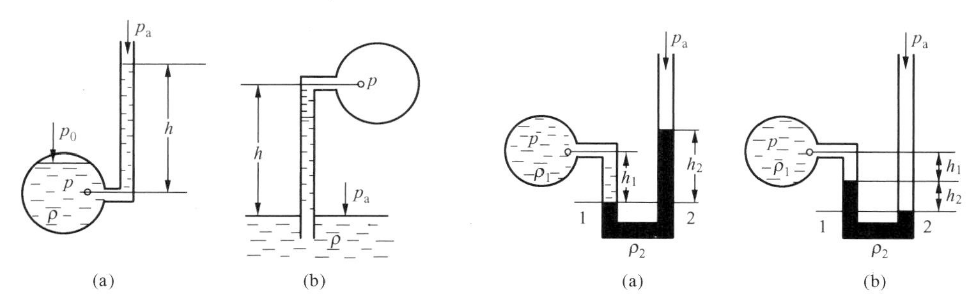

图 2-11　测压管　　　图 2-12　U 形管测压计

U 形管测压计还可以用来测量流体的压强差，如图 2-13 所示，两个容器中 A、B 两点的位置高度一样，两个容器中流体的密度均为 ρ_1，U 形管中工作液体的密度为 ρ_2，由图可知，1、2 两点处在同一等压面上，列 $p_1=p_2$ 的方程则有

$$p_A+\rho_1 g h_1=p_B+\rho_1 g h_2+\rho_2 g h$$

由上式可以解出 A、B 两点的压强差。

$$\Delta p=p_A-p_B=\rho_2 g h+\rho_1 g h_2-\rho_1 g h_1=(\rho_2-\rho_1) g h \tag{2-16}$$

若被测流体为气体，由于气体的密度很小，$\rho_1 g h$ 可以忽略不计。

3. 倾斜式微压计

图 2-14 为倾斜式微压计原理、构造简图，一截面积为 A_2 的较大容器和一带有刻度截面积为 A_1 的斜管相连接。大容器中有一定量的工作液体，一般采用蒸馏水或者酒精。倾斜式微压计测量精度较高，常用来测量较微小的压强、压强差或者标定测压管、U 形管等。下面以压强差测量为例，具体分析其测量原理。

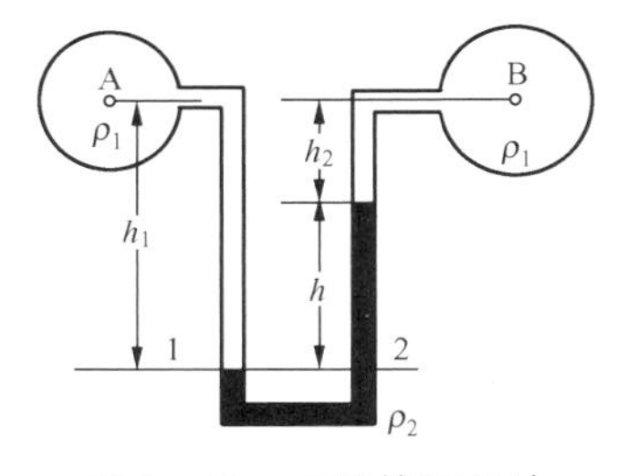

图 2-13　U 形管压差计

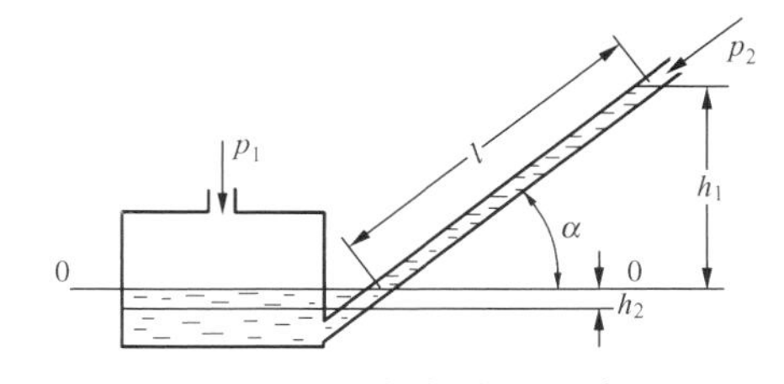

图 2-14　倾斜式微压计

如图 2-14 所示，当微压计未感受压强差时，容器中的液面和斜管中的液面齐平，处在 0—0 面上。当微压计感受压强差时大容器中的液面下降，斜管中的液面上升，上升的长度为 l，上升的垂直高度 $h_1=l\sin\alpha$，大容器中液面下降 h_2。由于大容器中液体下降的体积和斜管中液面上升的体积相同，所以 $h_2=lA_1/A_2$。斜管和大容器中液面的高度差为

$$h=h_1+h_2=l\left(\sin\alpha+\frac{A_1}{A_2}\right)$$

所测压强差为

$$\Delta p=p_1-p_2=\rho g h=\rho g\left(\sin\alpha+\frac{A_1}{A_2}\right) l=kl \tag{2-17}$$

式中 $k=\rho g\left(\sin\alpha+\dfrac{A_1}{A_2}\right)$，为微压计系数。

由表达式可以看出，在一定条件下，系数的大小和斜管的倾斜角度有关，为了测量方便起见，微压计上都刻有对应一定倾斜角度的 k 值，如国产 Y-61 型倾斜式微压计的支架上就刻有 0.2、0.3、0.4、0.6、0.8 的 k 值。在设定 k 值的情况下，在斜管上读出 l 值，由式（2-17）就可以计算出压强差。由以上的讨论可知，在实际测量时，当被测压强高于大气压时，被测压强要和大容器相连，倾斜管的开口端通大气；当测量真空时，被测流体要和斜管相连，大容器的开口通大气；若测量压强差，压强高的一端要和大容器相连，压强低的一端要和斜管的开口端相连，否则将影响测量精度。

【例 2-1】 如图 2-15 所示，一倒置的 U 形管，其工作液体为油，$\rho_{油}=917\text{kg/m}^3$，下部为水，已知 $h=10\text{cm}$，$a=10\text{cm}$，求两容器中的压强差。

解 由等压面的关系知

$$p_A-\rho_{H_2O}g(a+b+h)+\rho_{oi}gh+\rho_{H_2O}gb=p_B$$

$$p_A-p_B=\rho_{H_2O}g(a+h)-\rho_{oi}gh$$

$$\frac{p_A-p_B}{\rho_{H_2O}g}=a+h-\frac{\rho_{oi}}{\rho_{H_2O}}h$$

$$=100+100-\frac{917}{1000}\times100$$

$$=108.3\text{mmH}_2\text{O}$$

故 A、B 两点的压强差为 108.3 mmH_2O。

【例 2-2】 如图 2-16 所示，一连接压缩空气的斜管和一盛水的容器相连，斜管和水平面的夹角为 30°，从压强表上读得的压缩空气的压强为 73.56mmHg，试求斜管中水面下降的长度 L。

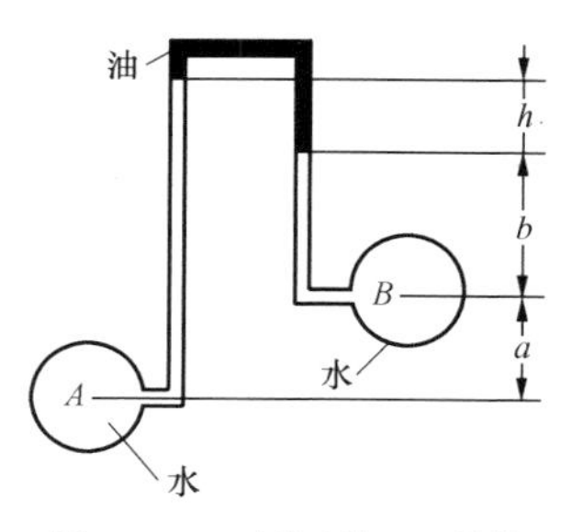

图 2-15 倒置的 U 形管

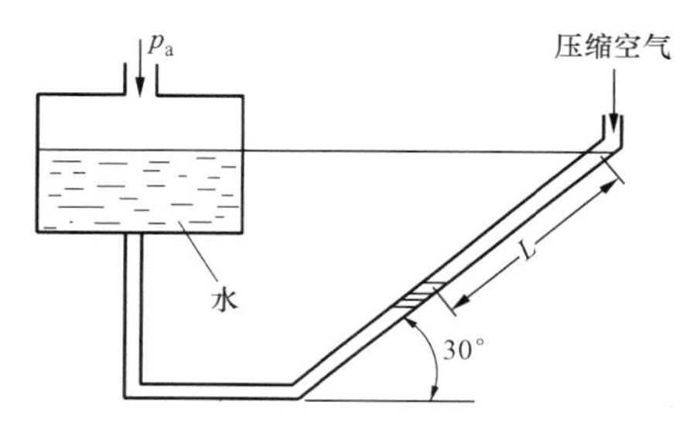

图 2-16 空气压强测试装置

解 压缩空气的计示压强为

$$p_e=\rho_{Hg}g\times0.07356$$

由题意知

$$p_e=\rho_{H_2O}gL\sin30^\circ$$

所以有

$$L=\frac{\rho_{Hg}\times0.07356}{\rho_{H_2O}\sin30^\circ}=\frac{13600\times0.07356}{1000\times0.5}=2\text{m}$$

【例 2-3】　如图 2-17，一压强测试装置，活塞直径 $d=35\text{mm}$，重 15N，油的密度 $\rho_1=920\text{kg/m}^3$，水银的密度 $\rho_2=13600\text{kg/m}^3$，若不计活塞的摩擦和泄漏，试计算活塞底面和 U 形管中水银液面的高度差 $h=0.7\text{m}$ 时，U 形管中两水银液面的高度差。

解　活塞重量使其底面产生的压强为

$$p=\frac{15}{\frac{\pi}{4}d^2}=\frac{15}{\frac{\pi}{4}\times 0.035^2}=15590\text{Pa}$$

列等压面方程

$$p+\rho_1 gh=\rho_2 g\Delta h$$

得

$$\Delta h=\frac{p}{\rho_2 g}+\frac{\rho_1}{\rho_2}h=\frac{15590}{13600\times 9.806}+\frac{920}{13600}\times 0.70=16.4\text{cm}$$

【例 2-4】　如图 2-18 所示，已知 $h_1=600\text{mm}$，$h_2=250\text{mm}$，$h_3=200\text{mm}$，$h_4=300\text{mm}$，$h_5=500\text{mm}$，$\rho_1=1000\text{kg/m}^3$，$\rho_2=800\text{kg/m}^3$，$\rho_3=13598\text{kg/m}^3$，求 A、B 两点的压强差。

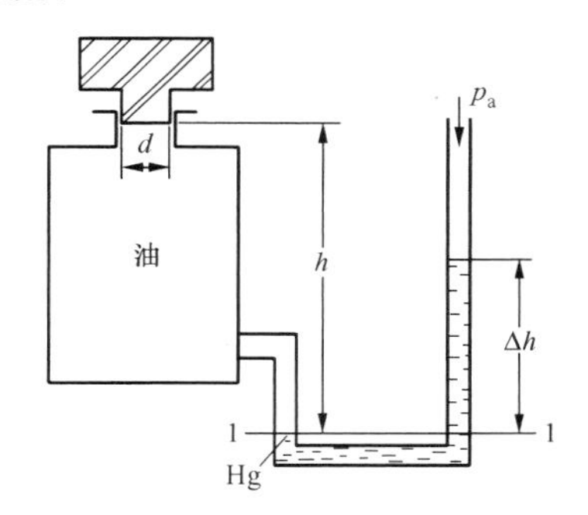

图 2-17　压强测试装置

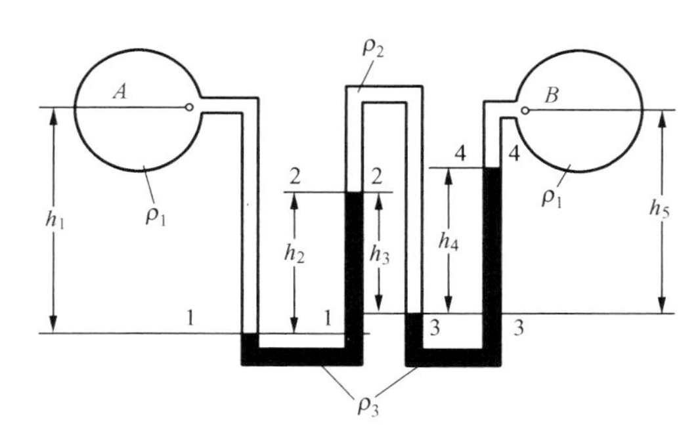

图 2-18　串联的 U 形管测量装置

解　图中 1—1、2—2 和 3—3 均为等压面，根据流体静压强计算公式，可以逐个写出每一点的静压强，分别为

$$p_1=p_A+\rho_1 gh_1$$
$$p_2=p_1-\rho_3 gh_2$$
$$p_3=p_2+\rho_2 gh_3$$
$$p_4=p_3-\rho_3 gh_4$$
$$p_B=p_4-\rho_1 g(h_5-h_4)$$

将上述式子逐个代入下一个式子，得

$$p_B=p_A+\rho_1 gh_1+\rho_3 gh_2+\rho_2 gh_3+\rho_3 gh_4-\rho_1 g(h_5-h_4)$$

整理后可得到 A、B 两点的压强差：

$$\begin{aligned}p_A-p_B&=\rho_1 g(h_5-h_4)+\rho_3 gh_4-\rho_2 gh_3+\rho_3 gh_2-\rho_1 gh_1\\&=9806\times(0.5-0.3)+133400\times 0.3-7850\times 0.2+133400\times 0.25-9806\times 0.6\\&=67876\text{Pa}\end{aligned}$$

【例 2-5】　如图 2-19 所示，两圆筒用管子连接，内充水银。第一个圆筒直径 $d_1=45\text{cm}$，活塞上受力 $F_1=3197\text{N}$，密封气体的计示压强 $p_e=9810\text{Pa}$；第二圆筒 $d_2=30\text{cm}$，

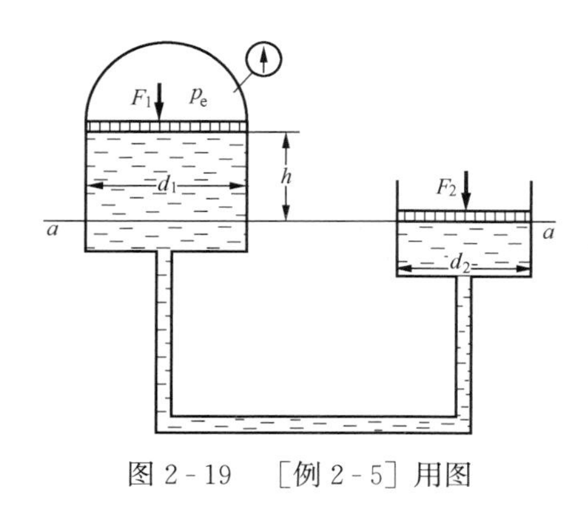

图 2-19 ［例 2-5］用图

活塞上受力 $F_2=4945.5\text{N}$，上部通大气。若不计活塞质量，求平衡状态时两活塞的高度差 h。（已知水银的密度 $\rho=13600\text{kg/m}^3$）

解 在 F_1 和 F_2 作用下，活塞底面产生的压强分别为

$$p_1=\frac{F_1}{\frac{\pi}{4}d_1^2}=\frac{3197}{\frac{\pi}{4}\times 0.45^2}=20101\text{Pa}$$

$$p_2=\frac{F_2}{\frac{\pi}{4}d_2^2}=\frac{4945.5}{\frac{\pi}{4}\times 0.3^2}=69964\text{Pa}$$

图中 $a—a$ 为等压面，题目中给出的第一圆筒上部是计示压强，所以第二圆筒上部的大气压强不必考虑，列等压面方程则有

$$p_e+p_1+\rho gh=p_2$$

解上式得

$$h=\frac{p_2-p_e-p_1}{\rho g}=\frac{69964-9810-20101}{13600\times 9.806}=0.3\text{m}$$

第四节 液体的相对平衡

在工程实际中常常遇到液体的相对平衡问题。例如油罐车中的油液 、汽车油箱中汽油和高速旋转容器中的液体等，在一定的条件下，液体和这些容器处于相对平衡状态。对这些问题的研究，要涉及匀加速直线运动容器中液体的相对平衡和等角速旋转容器中液体的相对平衡理论。其研究方法同前，只是在作用于单位质量流体上的质量力应计入相应的惯性力。

一、等加速水平直线运动容器中液体的相对平衡

如图 2-20 所示，在水平直轨道上以加速度 a 运动的油罐车，液面上的压强为 p_0。由于惯性力的作用液面和水平面呈 α 角。坐标原点选在液面不变化的 o 点，z 轴铅直向上，x 轴沿罐车的运动方向。用达朗伯原理来分析该问题时，作用在流体质点上的质量力除重力外还有虚加在质点上的惯性力，其单位质量力分量分别为 $f_x=-a$、$f_y=0$、$f_z=-g$。下面在上述条件下，对油罐车中相对平衡液体内部的压强分布规律和等压面分析如下。

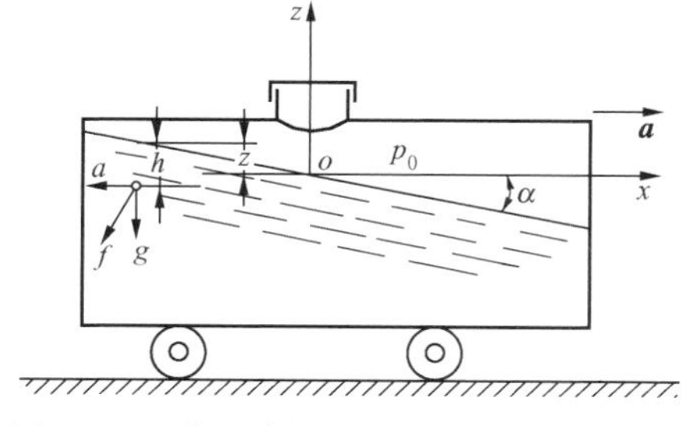

图 2-20 水平直轨道上等加速运动的容器

1. 流体静压强的分布规律

将单位质量力分量代入压强差公式得

$$\mathrm{d}p=\rho(f_x\mathrm{d}x+f_y\mathrm{d}y+f_z\mathrm{d}z)=\rho(-a\mathrm{d}x-g\mathrm{d}z)$$

将上式积分得

$$p=-\rho(ax+gz)+C$$

式中 C 为积分常数，根据边界条件：$x=0$、$z=0$ 时，$p=p_0$，代入上式得 $C=p_0$，则

$$p=p_0-\rho(ax+gz) \tag{2-18}$$

上式即为在水平直轨道上等加速运动容器中液体内部静压强的计算公式，该式表明，静压强不仅与垂直坐标有关系，同时还和水平坐标有关，这一点不同于绝对平衡液体内部静压强的分布规律。

2. 等压面方程

将单位质量力分量代入等压面的微分方程得

$$-a\mathrm{d}x-g\mathrm{d}z=0$$

积分得

$$ax+gz=C_1 \tag{2-19}$$

式（2-19）即为在水平直轨道上等加速运动容器中相对平衡液体内部的等压面方程。该式的几何图像为和 x 轴有一定倾斜角的平面，式中常数 C_1 取不同数值时，表示不同的等压面，所以等压面为一簇倾斜平面。这些平面和 x 轴的夹角为

$$\alpha=-\arctan\frac{a}{g} \tag{2-20}$$

由式（2-20）可以看出，质量力的合力仍然垂直于等压面。

在上述平衡状态下，自由液面也是等压面，也应满足等压面方程（2-19），将坐标原点的坐标代入式（2-19）得 $C_1=0$。为了区别其他等压面，将自由液面上的 z 坐标记为 z_s，则自由液面的方程可以表示为

$$ax+gz_s=0 \tag{2-21}$$

或者

$$z_s=-\frac{a}{g}x \tag{2-21a}$$

将式（2-21）代入流体静压强分布公式（2-18），整理得

$$p=p_0+\rho g(z_s-z)=p_0+\rho gh$$

这是上述平衡状态下流体内部静压强的另一种表达形式，在形式上和绝对平衡的流体静压强的分布规律完全相同，即液体内部的流体静压强，大小等于液面上的压强 p_0 加上高度为 h、截面积为单位面积的柱体内液重所产生的压强 ρgh。但是，实质上两者是有区别的，在绝对平衡状态下，淹深仅仅和垂直坐标有关，而上述的相对平衡状态下，淹深 h 不仅和垂直坐标有关，还和水平坐标有关。

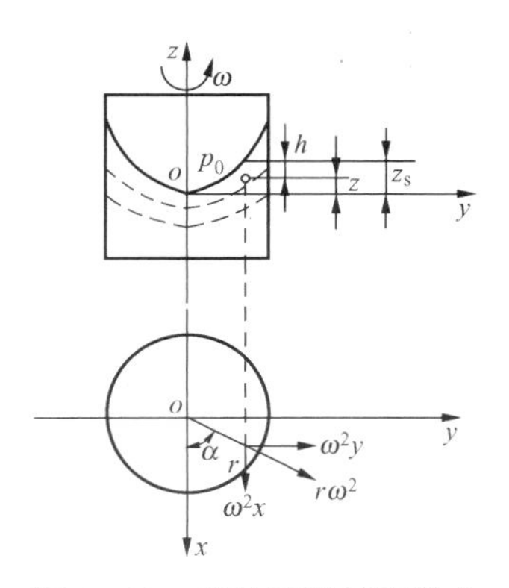

图 2-21　等角速旋转容器中液体的相对平衡

二、等角速旋转容器中液体的相对平衡

研究对象如图 2-21 所示，盛有一定量液体的圆形容器绕轴线以等角速度 ω 旋转。在旋转的初始时刻，液体借助黏性剪切力的作用，由外向内逐渐开始旋转，经过一定的时间后，液体相对容器平衡，自由液面形成抛物面，其上的压强为 p_0。将坐标原点取在抛物面的顶点上，z 轴铅直向上，xoy 面水平。根据达朗伯原理，作用在流体上的质量力除重力外，还有虚加在流体质点上的离心惯性力。在液体中取某一点，该点到旋转轴的距离为 r，铅直坐标为 z。由图可知，在该点上单位质量力分量分别为

$$f_x=\omega^2 r\cos\alpha=\omega^2 x$$

$$f_y=\omega^2 r\sin\alpha=\omega^2 y$$

$$f_z=-g$$

下面根据质点的受力情况分析该平衡状态下液体内部的压强分布规律和等压面的情况。

1. 流体静压强的分布规律

将上述单位质量力代入压差公式有

$$\mathrm{d}p=\rho(\omega^2 x\mathrm{d}x+\omega^2 y\mathrm{d}y-g\mathrm{d}z)$$

积分上式，得

$$p=\rho\left(\frac{\omega^2 x^2}{2}+\frac{\omega^2 y^2}{2}-gz\right)+C$$

整理得

$$p=\rho g\left(\frac{\omega^2 r^2}{2g}-z\right)+C \tag{2-22}$$

将边界条件 $z=0$、$r=0$ 时，$p=p_0$ 代入上式得

$$C=p_0$$

于是有

$$p=p_0+\rho g\left(\frac{\omega^2 r^2}{2g}-z\right) \tag{2-22a}$$

式（2-22a）即为等角速旋转容器中液体内部静压强的分布规律，该式表明，在同一水平面内流体静压强随半径 r 按平方规律增长。

2. 等压面方程

将单位质量力分量代入等压面方程有

$$\omega^2 x\mathrm{d}x+\omega^2 y\mathrm{d}y-g\mathrm{d}z=0$$

将上式积分得

$$\frac{\omega^2 x^2}{2}+\frac{\omega^2 y^2}{2}-gz=C_1$$

或者

$$\frac{\omega^2 r^2}{2}-gz=C_1 \tag{2-23}$$

该方程的几何图像为旋转抛物面。不同的常数 C_1 代表不同的等压面，所以，等角速旋转容器中液体处于相对平衡状态时，等压面为一簇旋转抛物面，抛物面的轴线为 z 轴。

在自由液面上，将原点的坐标代入等压面方程（2-23），可得积分常数 $C_1=0$，记 z_s 为自由液面上任意点的垂直坐标，则自由液面的方程可以表示为

$$\frac{\omega^2 r^2}{2}-gz_s=0$$

或者

$$z_s=\frac{\omega^2 r^2}{2g} \tag{2-24}$$

式（2-24）的几何图像为顶点在原点、开口朝向 z 轴的正方向的旋转抛物面。

将式（2-24）代入式（2-22），可以得到静压强的另一种表达式

$$p=p_0+\rho g(z_s-z)=p_0+\rho gh \tag{2-24a}$$

由式（2-24a）可以看出，等角速旋转容器中相对平衡的液体，其静压强的分布规律和绝对

平衡时的分布规律在形式上完全相同，即流体的静压强，等于自由液面上的压强加上淹深 h 为高、截面积为单位面积的柱体内液体的重量 ρgh 所产生的压强，但是实质上有所区别，在绝对平衡状态下，淹深仅仅和垂直坐标有关，而此情况下，淹深不仅和垂直坐标有关，还和水平坐标有关。

3. 两个特例

（1）离心式铸造机原理。如图 2-22 所示，半径为 R 中心开口的圆形容器充满液体，以其轴线为 z 轴，z 轴铅直向上，坐标原点选在容器顶盖的中心处。此时坐标系的选取和流体质点的受力情况完全和推导式（2-22a）时相同。当容器以角速度 ω 旋转时，流体受惯性力的作用向外甩，由于顶盖的限制，自由液面虽然不能形成抛物面，但压强分布仍为

$$p = p_0 + \rho g\left(\frac{\omega^2 r^2}{2g} - z\right)$$

此时，作用在顶盖上的计示压强为 $p_e = \rho\dfrac{\omega^2 r^2}{2}$，为抛物面分布规律，如图 2-22 所示，中心处计示压强为零，边缘处为 $p_e = \rho\dfrac{\omega^2 R^2}{2}$。显然，容器顶盖边缘处流体的压强最大。而且旋转角速度越大，压强的数值就越大。离心式铸造机和其他离心式机械就是根据这一理论设计的。

（2）离心式水泵和风机原理。如图 2-23 所示，一圆形容器边缘开口并通大气，容器内充满液体。当容器以角速度 ω 旋转时，液体有借助惯性力向外甩的趋势，但中心处随即将产生真空，在开口处的大气压和真空形成的压强差的作用下，限制了液体从开口处甩出来，液面不能形成抛物面。若将坐标系原点选在容器顶盖的中心处，z 轴铅直向上。此时，坐标系的选取和流体质点的受力情况，与推导式（2-22）完全相同，只是边界条件发生了变化。将边界条件 $z=0$、$r=R$ 时，$p=p_a$ 代入式（2-22），得积分常数 $C = p_a - \rho\dfrac{\omega^2 R^2}{2}$，代回原式得

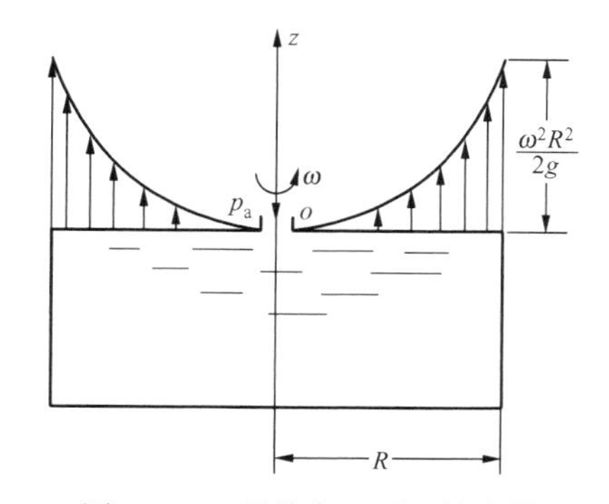

图 2-22　顶盖中心开口的容器

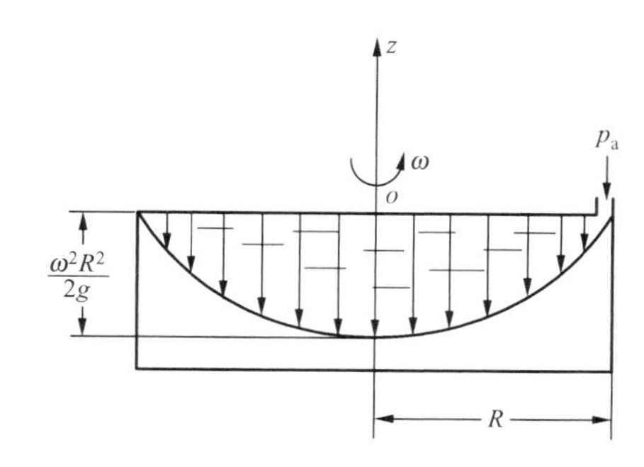

图 2-23　顶盖边缘开口的容器

$$p = p_a - \rho g\left[\frac{\omega^2(R^2 - r^2)}{2g} + z\right]$$

可见液面虽然没有形成抛物面，但压强仍然按抛物面分布。

在顶盖上，真空表达式为

$$p_v = \rho\frac{\omega^2(R^2 - r^2)}{2}$$

由上式可以看出，真空的大小随半径 r 变化，边缘处真空为零，中心处最大，其最大值为

$$p_v=\rho\frac{\omega^2R^2}{2}$$

上式表明，对于一定的半径 R，旋转角速度越高，中心处的真空就越大。离心式风机和水泵就是根据上述理论设计的，这类机械利用叶片的旋转，在中心处形成真空，将空气或水吸进来，再借助惯性力将其甩向蜗壳，在蜗壳内增压后从出口排出。由上式还可以看出，中心处真空的大小除和旋转角速度、半径 R 有关外，还和流体的性质 ρ 有关，离心式水泵在启动时必须在蜗壳内注满水，因为水的密度比空气大，注水后产生的真空要比不注水时大得多，所以只有注水，才能使离心式水泵启动起来正常工作，这就是离心式水泵启动时为什么注水的原因。

在工程实际中，还常遇到绕水平轴旋转的设备，通常情况下旋转角速度较大，离心力和重力相比要大得多，重力可以忽略不计。此时有关的计算公式和上述公式相同。只有在较低的转速时才必须考虑重力的影响，但公式的推导方法与上述公式的推导方法相同，在此不再赘述。

【例 2-6】 汽车上装有内充液体的 U 形管，如图 2-24 所示，U 形管水平方向的长度 $L=0.5\text{m}$，汽车在水平路面上沿直线等加速行驶，加速度为 $a=0.5\text{m/s}^2$，试求 U 形管两支管中液面的高度差。

解 如图 2-24 所示，当汽车在水平路面上作等加速直线运动时，U 形管两支管的液面在同一斜面上，设该斜面和水平方向的夹角为 α，由题意知

$$\tan\alpha=\frac{a}{g}=\frac{h_1-h_2}{L}=\frac{\Delta h}{L}$$

由上式可解出两支管液面差的高度。

$$\Delta h=\frac{a}{g}L=\frac{0.5}{9.806}\times0.5=25.5\text{mm}$$

【例 2-7】 如图 2-25 所示，一充满水的圆柱形容器，直径 $d=1.2\text{m}$，绕垂直轴等角速旋转，在顶盖上 $r_0=0.43\text{m}$ 处安装一开口测压管，管中的水位 $h=0.5\text{m}$。问此时容器的转速为多少时，顶盖上所受静水总压力为零。

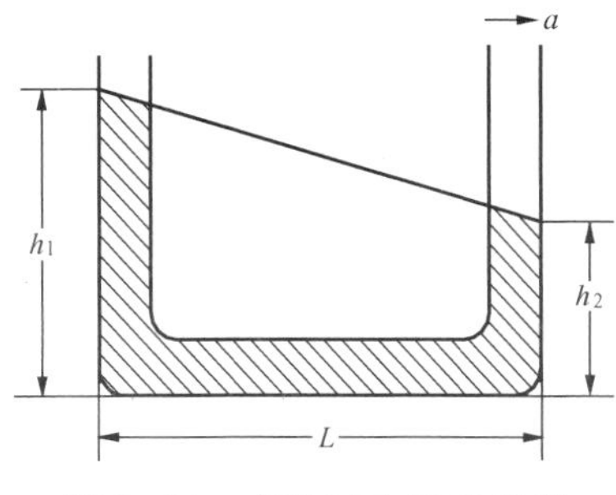

图 2-24　水平运动的 U 形管

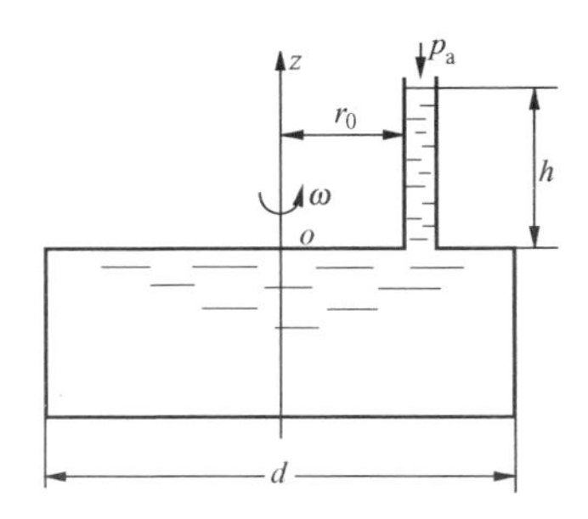

图 2-25　等角速旋转的容器

解 等角速旋转容器中液体相对平衡时，流体静压强的通用公式为

$$p=\rho g\left(\frac{\omega^2r^2}{2g}-z\right)+C$$

将顶盖上的边界条件 $z=0$，$r=r_0$ 时，$p=\rho gh$ 代入上式，可求得积分常数 C

$$C=\rho gh-\rho\frac{\omega^2 r_0^2}{2}$$

代入上式得

$$p=\rho gh-\rho\frac{\omega^2}{2}(r_0^2-r^2)$$

作用在顶盖上的静水总压力为

$$F=\int_0^{\frac{d}{2}}p2\pi r\,\mathrm{d}r=\int_0^{\frac{d}{2}}\left[\rho gh-\rho\frac{\omega^2}{2}(r_0^2-r^2)\right]2\pi r\,\mathrm{d}r$$

$$=\frac{\pi}{4}d^2\rho gh-\frac{\pi}{4}d^2\rho\omega^2\left(\frac{r_0^2}{2}-\frac{d^2}{16}\right)$$

令 $F=0$，由上式可以解出

$$\omega=\sqrt{\frac{16gh}{8r_0^2-d^2}}=\sqrt{\frac{16\times 9.806\times 0.5}{8\times 0.43^2-1.2^2}}=44.7\ \mathrm{l/s}$$

$$n=\frac{60\times\omega}{2\pi}=\frac{60\times 44.7}{2\pi}=427\mathrm{r/min}$$

第五节　静止液体作用在固体壁面上的总压力

在工程实际中常常遇到静止液体和固体之间的作用力计算问题。例如，油箱、油罐等压力容器以及水利工程中的闸门等的设计，就要计算液体对固体壁面的作用力，所涉及的壁面既有平面又有曲面。壁面两侧往往直接或者间接地受到大气压强的作用，综合考虑固体壁面的受力问题时，大气压强对壁面两侧的作用力可以两两抵消。一般可以不考虑大气压强对固体壁面的作用。所以，下面在有关问题的讨论中提到的压强均为计示压强。

一、液体作用在平面上的总压力

如图 2-26 所示，在静止液体中，有一和液面呈夹角 α 的任意形状的平面，面积为 A。参考坐标系如图示，平面 A 在 xoy 平面内，z 轴和平面 A 垂直。在平面 A 上，由于各点的淹深不同，所以各点的静压强也不同。由流体静压强的特性知，各点的静压强均垂直于平面 A，构成了一个平行力系，因此，液体作用在平面 A 上的总压力就是这一平行力系的合力。

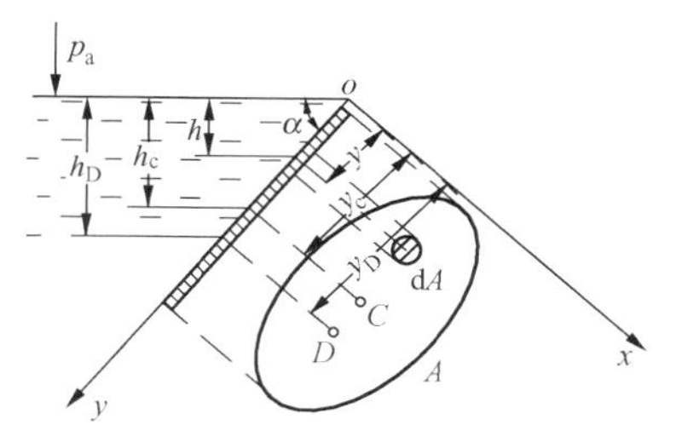

图 2-26　倾斜平面上液体的总压力

1. 总压力的大小

在平面 A 上取一微元面积 $\mathrm{d}A$，其上某一点的淹深为 h，到 ox 轴的距离为 y，液体作用在该微元面积上的总压力可以表示为

$$\mathrm{d}F_p=\rho gh\,\mathrm{d}A=\rho gy\sin\alpha\,\mathrm{d}A$$

在平面 A 上积分，就可以求得液体作用在平面 A 上的总压力为

$$F_p=\iint_A\mathrm{d}F_p=\rho g\sin\alpha\iint_A y\,\mathrm{d}A$$

由截面的几何性质可知，$\iint_A y\,\mathrm{d}A=y_cA$ 为平面 A 对 ox 轴的面积矩，其中 y_c 为平面 A 的形心处的 y 坐标。根据 y 和 h 之间的关系知，$h_c=y_c\sin\alpha$，所以总压力可以表示为

$$F_p = \rho g y_c \sin\alpha A = \rho g h_c A \tag{2-25}$$

上式表明，液体作用在平面上的总压力等于一假想体积的液重，该体积是以平面形心的淹深为高、平面的面积为底的柱体。根据这一结论可知，液体对平面的总压力只与液体的密度、面积 A 和形心的淹深有关。因此，液体对图 2-27 中的四个容器底面的总压力是相同的。总压力的大小与容器的形状和容器内所盛液体的多少无关，仅取决于底面积和淹深。就是说，不能将容器内液体的重量和液体总压力的大小相混淆，这两者属不同的概念。流体力学中将此类问题称为静水奇象。

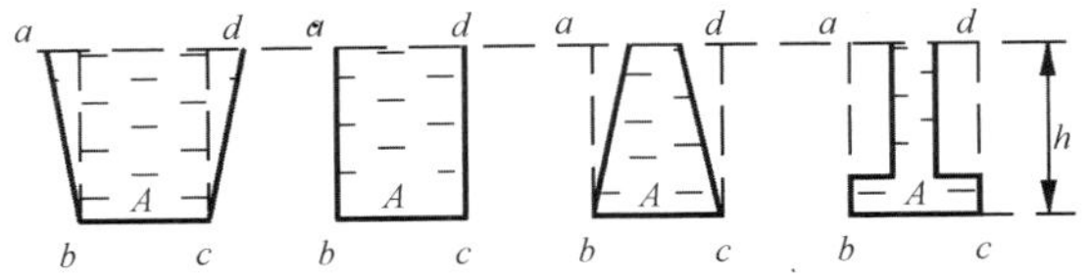

图 2-27　底面相同形状不同的几种容器

2. 总压力的作用点

总压力的作用线和平面的交点，为总压力的作用点，称为压力中心。设平面 A 上的压力中心为 $D(x_D, y_D)$，由合力矩定理求得。

由合力矩定理知，总压力 F_p 对 ox 轴的力矩，应等于各微元面积上的总压力对 ox 轴的力矩的代数和，因此有

$$F_p y_D = \iint_A dF_p y$$

即

$$\rho g \sin\alpha y_c A y_D = \rho g \sin\alpha \iint_A y^2 dA$$

式中 $\iint_A y^2 dA = I_x$ 为面积 A 对 ox 轴的惯性矩，所以有

$$y_D = \frac{I_x}{y_c A} \tag{2-26}$$

在实际问题中往往难以知道面积 A 对 ox 轴的惯性矩，而可以容易地根据已知条件，求得面积 A 对通过其形心并平行于原坐标轴的新坐标轴的惯性矩 I_{cx}，根据平行移轴定理，这两个惯性矩之间的关系为 $I_x = I_{cx} + y_c^2 A$，代入式（2-26）得

$$y_D = y_c + \frac{I_{cx}}{y_c A} \tag{2-26a}$$

由上式可知，因为 $\frac{I_{cx}}{y_c A}$ 恒大于零，所以恒有 $y_D > y_c$，即压力中心 D 在形心 C 的下方，两者的距离为 $\frac{I_{cx}}{y_c A}$。

同理可求得压力中心 D 的 x 坐标

$$x_D = \frac{I_{xy}}{y_c A} = x_c + \frac{I_{cxy}}{y_c A} \tag{2-27}$$

式中：x_c 为形心的 x 坐标；I_{xy}、I_{cxy} 分别为平面 A 对 xoy 坐标系和通过 A 的形心并平行于该坐标系两轴的惯性积。

对于惯性积 I_{cxy} 来说，若通过形心的两轴中有任何一条通过平面 A 的形心，则 $I_{cxy}=0$，压力中心便落在平行于 y 轴、通过平面形心的直线上，即有 $x_c = x_D$。工程实际中的平面往往是对称图形，可保证 $I_{cxy}=0$，即 $x_c = x_D$，所以一般不必计算压力中心的 x 坐标。对于一些非

对称平面，也常常可以将其分成若干个对称图形来分别计算。

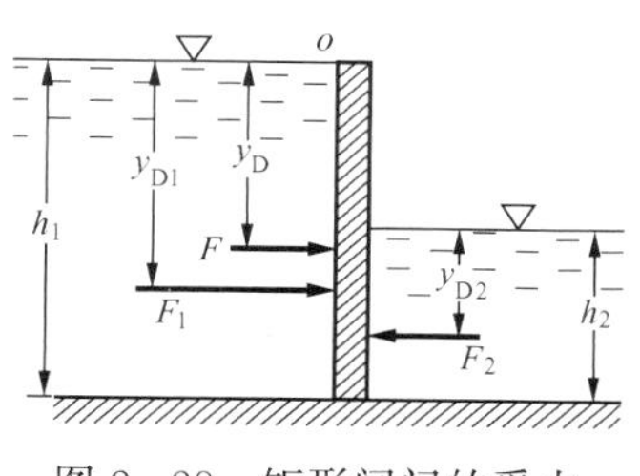

图 2-28　矩形闸门的受力

【例 2-8】　如图 2-28 所示，一矩形闸门宽度为 b，两侧均受到密度为 ρ 的液体的作用，两侧液体深度分别为 h_1、h_2，试求作用在闸门上的液体总压力和压力中心。

解　对于闸门左侧

$$h_{c1}=\frac{h_1}{2},\quad A_1=h_1b$$

$$I_{cx1}=\frac{bh_1^3}{12}$$

根据式（2-25）和式（2-26a），则

$$F_1=\rho gh_{c1}A_1=\frac{1}{2}\rho gh_1^2b$$

$$y_{D1}=y_{c1}+\frac{I_{cx1}}{y_{c1}A_1}=\frac{1}{2}h_1+\frac{\frac{bh_1^3}{12}}{\frac{1}{2}bh_1^2}=\frac{2}{3}h_1$$

同理对于闸门的右侧可得

$$F_2=\rho gh_{c2}A_2=\frac{1}{2}\rho gh_2^2b$$

$$y_{D2}=y_{c2}+\frac{I_{cx2}}{y_{c2}A_2}=\frac{1}{2}h_2+\frac{\frac{bh_2^3}{12}}{\frac{1}{2}bh_2^2}=\frac{2}{3}h_2$$

两侧压力的合力为

$$F=F_1-F_2=\frac{1}{2}\rho g(h_1^2-h_2^2)b$$

合力 F 的方向向右，设合力 F 的作用点距左边液面的距离为 y_D，根据合力矩定理，对 o 点取矩，则有

$$Fy_D=F_1y_{D1}-F_2(h_1-h_2+y_{D2})$$

$$y_D=\frac{F_1y_{D1}-F_2(h_1-h_2+y_{D2})}{F}$$

$$=\frac{\frac{1}{2}\rho gh_1^2b\times\frac{2}{3}h_1-\frac{1}{2}\rho gh_2^2b\left(h_1-h_2+\frac{2}{3}h_2\right)}{\frac{1}{2}\rho gb(h_1^2-h_2^2)}$$

$$=\frac{2}{3}h_1-\frac{h_2^2}{3(h_1+h_2)}$$

显然合力作用点的 x 坐标为

$$x_D=\frac{1}{2}b$$

二、液体作用在曲面上的总压力

在工程中常会遇到液体作用在曲面上的情况，如球形阀、球形蓄能器、曲面油箱等。一

般作用面为曲面时，作用面上的流体静压强分布是一个空间力系，所以求任意曲面上的总压力是比较复杂的。工程中常见的曲面形状往往是规则的，或者是二维曲面，对于形状规则的空间曲面的总压力问题，可以容易地将二维曲面得出的结论加以推广，直接用于规则的空间曲面上去。下面主要讨论二维曲面上总压力的计算问题。

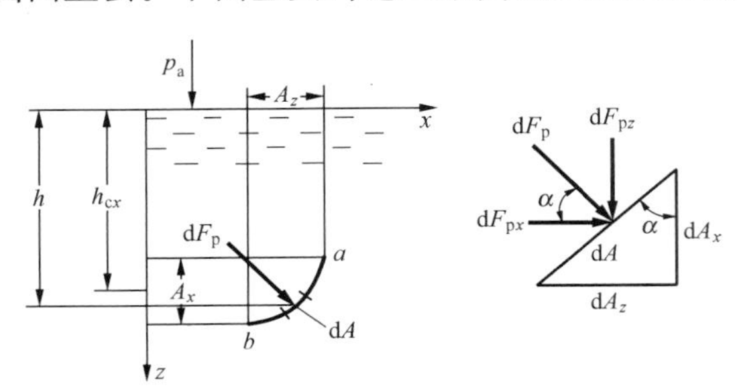

图 2-29　二维曲面上的液体总压力

1. 总压力

如图 2-29 所示，有一承受液体压强的二维曲面 $a—b$，其面积为 A，坐标系的 z 轴铅直向下，原点选在液面上，y 轴和二维曲面的母线平行。在淹深 h 处取一微元面积 dA，则液体作用在微元面积上的总压力为

$$dF_p = \rho g h dA$$

在求解平面问题时，将作用在每个微元面积上总压力求代数和即可求得作用在平面上的总压力。但对于曲面问题，就不能简单地用求代数和的方法加以解决，因为在曲面的每一点上压强的方向都不同，为此，将 dF_p 分解为平行于 x 轴的 dF_{px} 和平行于 z 轴的 dF_{pz}，将这两个分力在曲面上积分，可以求出液体作用在曲面上的总压力的两个分力，然后将其合成，即可求得总压力，即

$$dF_{px} = dF_p\cos\alpha = \rho g h dA\cos\alpha = \rho g h dA_x$$

$$dF_{pz} = dF_p\sin\alpha = \rho g h dA\sin\alpha = \rho g h dA_z$$

式中：A_x、A_z 分别为二维曲面 A 在垂直于 x、z 轴的坐标平面的投影。

（1）水平分力。将上述微元面积上总压力在 x 方向上的分量在曲面上积分，可求得总压力的水平分力，即

$$F_{px} = \iint_A dF_{px} = \iint_A \rho g h dA_x = \rho g \iint_A h dA_x$$

式中：$\iint_A h dA_x = h_{cx}A_x$ 为曲面 A 在垂直于 x 轴的坐标平面内的投影面积 A_x 对 y 的面积矩；h_{cx} 为投影面积 A_x 的形心的淹深。

故上式可表示为

$$F_{px} = \rho g h_{cx} A_x \tag{2-28}$$

式（2-28）表明液体作用在曲面上的总压力的水平分力，等于一个假想体积的液重，该体积以曲面在垂直于 x 轴的坐标平面内的投影面积 A_x 为底、以 A_x 形心的淹深为高的柱体。在数值上等于液体作用在平面 A_x 上的总压力，所以，该分力的作用线通过 A_x 的压力中心。

（2）垂直分力。将作用在微元面积上的垂直分力在曲面 A 上积分，可求得液体作用在曲面上的总压力的垂直分力，即

$$F_{pz} = \iint_A dF_{pz} = \iint_A \rho g h dA_z = \rho g \iint_A h dA_z$$

式中：$\iint_A h dA_z = V_p$ 为曲面 $a—b$ 和自由液面或者其延长面所包容的体积，称为压力体。

上式可表示为

$$F_{pz} = \rho g V_p \tag{2-29}$$

该式即为液体作用在曲面上的总压力的垂直分力，大小等于压力体的液重，其作用线通过压力体的重心。

（3）总压力的大小和作用点。将上述总压力的两个分力合成，即得到液体作用在曲面上的总压力

$$F_p = \sqrt{F_{px}^2 + F_{pz}^2} \tag{2-30}$$

总压力和垂线之间的夹角可由式（2-31）求得

$$\theta = \arctan \frac{F_{px}}{F_{pz}} \tag{2-31}$$

总压力的水平分力 F_{px} 的作用线通过 A_x 的压力中心，指向受压面；总压力的垂直分力 F_{pz} 的作用线通过压力体的重心指向受压面。所以液体作用在曲面上的总压力的作用线，一定通过其两个分力作用线的交点，且与垂线成 θ 角。

2. 关于压力体

由前述知，压力体是一个数学概念，与该体积内有无液体或者是否充满液体无关，它是曲面和自由液面或者自由液面的延长面包容的体积。如图 2-30 所示，图中（a）的压力体充满液体，压力体为曲面和自由液面所包容。（b）中没有液体，压力体是曲面和自由液面的延长面所包容的体积。（c）中有部分液体，压力体是液面和其延长面所包容的体积。把压力体（a）和（c）称为实压力体，（b）称为虚压力体，实压力体对应的垂直分力的方向向下，虚压力体对应的垂直分力的方向向上。由图可知，这三个压力体的大小均为 $V_p = V_{OAB}$。所以，对于同一曲面 AB，当液体深度不变，只是液体的相对位置不同时，压力体与曲面的相对位置不同，但压力体的大小并不发生变化，曲面所承受的垂直分力的大小也不变化，只是方向改变而已。

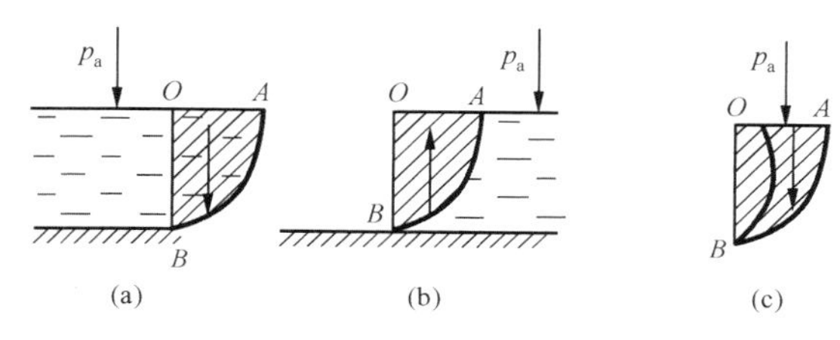

图 2-30 曲面 AB 对应的压力体

压力体是曲面和计示压强为零的自由液面或者其延长面包容的体积，当自由液面上的计示压强不为零时，必须换算液面的高度，然后进行计算。

复杂曲面的压力体，可以采用分段叠加的方法画出。如图 2-31 所示，S 形曲面的一侧受到液体的作用，要求解此类曲面的受力时，水平分力可以比较容易地计算出来，对于垂直分力，需采用分段叠加的方法画出各段曲面对应的压力体，然后将它们分别叠加起来。如图，将曲面分成 ab、bc、cd、de 四段，分别进行计算，然后叠加，最后只需计算虚压力体 V_{abc} 和实压力体 V_{ced} 即可。

【例 2-9】 如图 2-32 所示，一储水器其壁面上有三个半球形的盖，其直径相同，$d = 0.5\text{m}$，储水器上下壁面的垂直距离 $h = 1.5\text{m}$，水深 $H = 2.5\text{m}$。试求作用在每个半球形盖子上的总压力。

解 对于底盖，由于在水平方向上压强分布对称，所以流体静压强作用在底盖上的总压力的水平分力为零。底盖上总压力的垂直分力为

$$F_{pz1} = \rho g V_{p1} = \rho g \left[\frac{\pi d^2}{4}\left(H + \frac{h}{2}\right) + \frac{\pi d^3}{12} \right]$$

$$=9806\left[\frac{\pi\times0.5^2}{4}\times(2.5+0.75)+\frac{\pi\times0.5^3}{12}\right]$$
$$=6579\ \mathrm{N}$$

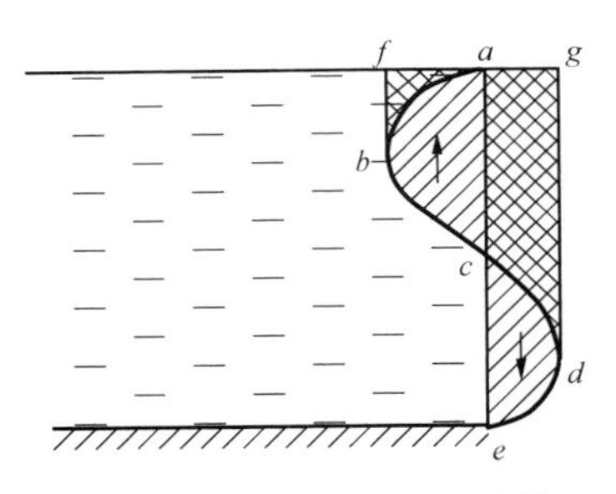

图 2-31　复杂曲面的压力体

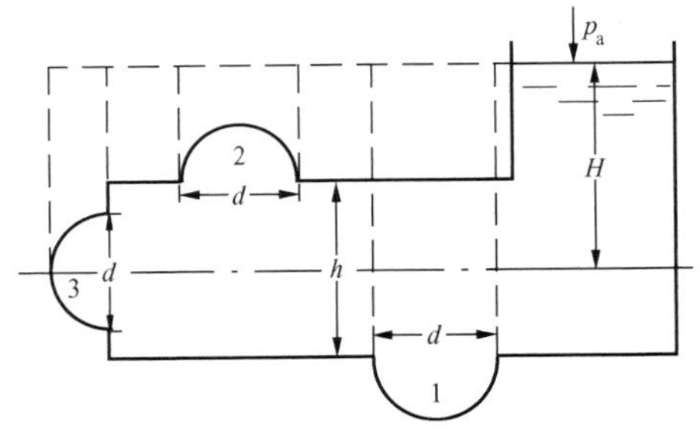

图 2-32　储水容器

顶盖上的总压力的水平分力也为零，垂直分力为

$$F_{pz2}=\rho gV_{p2}=\rho g\left[\frac{\pi d^2}{4}\left(H-\frac{h}{2}\right)-\frac{\pi d^3}{12}\right]$$
$$=9806\left[\frac{\pi\times0.5^2}{4}\times(2.5-0.75)-\frac{\pi\times0.5^3}{12}\right]$$
$$=3049\mathrm{N}$$

侧盖上总压力的水平分力为

$$F_{px3}=\rho gh_{cx}A_x=\rho gH\ \frac{\pi d^2}{4}=9806\times2.5\times\frac{\pi\times0.5^2}{4}=4814\mathrm{N}$$

侧盖上的压力体，应为半球的上半部分和下半部分的压力体的合成，合成后的压力体即为侧盖包容的半球体，所以侧盖上总压力的垂直分力为

$$F_{pz3}=\rho g\ \frac{\pi d^3}{12}=9806\times\frac{\pi\times0.5^3}{12}=321\mathrm{N}$$

根据上述水平分力和垂直分力可求得总压力的大小和作用线的方向角：

$$F_{p3}=\sqrt{F_{px3}^2+F_{pz3}^2}=\sqrt{4814^2+321^2}=4825\mathrm{N}$$
$$\theta=\arctan\frac{F_{px3}}{F_{pz3}}=\arctan\frac{4814}{321}=86.2^\circ$$

由于总压力的作用线与球面垂直，所以作用线一定通过球心。

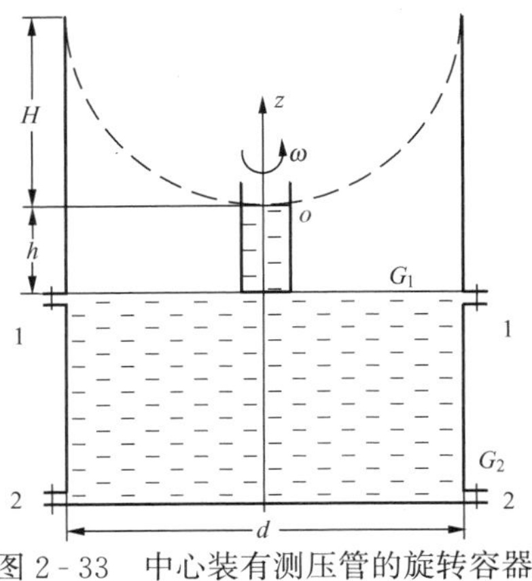

图 2-33　中心装有测压管的旋转容器

【例 2-10】　如图 2-33 所示，一圆筒形容器直径为 d，容器内充满密度为 ρ 的液体，顶盖中心装有测压管，测压管内液面高度为 h，顶盖重 G_1，圆筒部分重 G_2，试求容器绕其轴线以 ω 的角速度旋转时，螺栓组 1 和 2 受的拉力各为多少？

解　取 z 轴铅直向上，xoy 为水平面，坐标原点选在测压管的自由液面上，由于顶盖上和液面上均有大气压的作用，所以压强以计示压强表示较为简单，由前述的等角速旋转容器中流体静压强的分布公式知，顶盖上

液体压强的分布规律为

$$p_e=\rho\left(\frac{1}{2}\omega^2r^2-gz\right)$$

在顶盖的下表面上有 $z=-h$，其压强的分布规律为

$$p_e=\rho\left(\frac{1}{2}\omega^2r^2+gh\right)$$

将上式在顶盖上积分，就可以求出液体对顶盖的作用力，进而求出螺栓组 1 受到的拉力。

$$\begin{aligned}F_1&=\int_0^{\frac{d}{2}}p_e2\pi r\,\mathrm{d}r-G_1\\&=\int_0^{\frac{d}{2}}2\pi r\rho\left(\frac{1}{2}r^2\omega^2+gh\right)\mathrm{d}r-G_1\\&=\frac{\pi}{4}d^2\rho\left(\frac{1}{16}d^2\omega^2+gh\right)-G_1\end{aligned}$$

螺栓组 2 的拉力为

$$F_2=F_1-G_2$$

该题目还可以用压力体的概念求解，解法如下：

由等角速旋转容器中液体自由液面的方程知

$$z_s=\frac{r^2\omega^2}{2g}$$

此时筒壁处自由液面的理论高度应为

$$H=\frac{R^2\omega^2}{2g}$$

因此，顶盖上压力体的体积为

$$V_p=\frac{1}{2}\frac{\pi}{4}d^2H+\frac{\pi}{4}d^2h$$

所以螺栓组 1 上受到的拉力应为

$$\begin{aligned}F_1&=\rho g\left(\frac{1}{2}\frac{\pi}{4}d^2H+\frac{\pi}{4}d^2h\right)-G_1\\&=\frac{\pi}{4}d^2\rho\left(\frac{1}{2}\frac{R^2\omega^2}{2}+gh\right)-G_1\\&=\frac{\pi}{4}d^2\rho\left(\frac{1}{16}d^2\omega^2+gh\right)-G_1\end{aligned}$$

螺栓组 2 的拉力为

$$F_2=F_1-G_2$$

所得结果与前面积分法求得的结果相同。

第六节　液体作用在浮体和潜体上的总压力

流体力学中将部分沉浸在液体中的物体称为浮体，全部沉浸在液体中的物体称为潜体，

沉入液体底部固体表面上的物体称为沉体。在工程实际中常常遇到液体对浮体、潜体和沉体的作用力问题。例如，高位水箱控制水位的浮子的受力、内燃机化油器中浮子的受力，就属于液体对浮体的作用力问题。浮体、潜体和沉体的受力问题可以用前述求静止液体对曲面的总压力的方法加以求解。

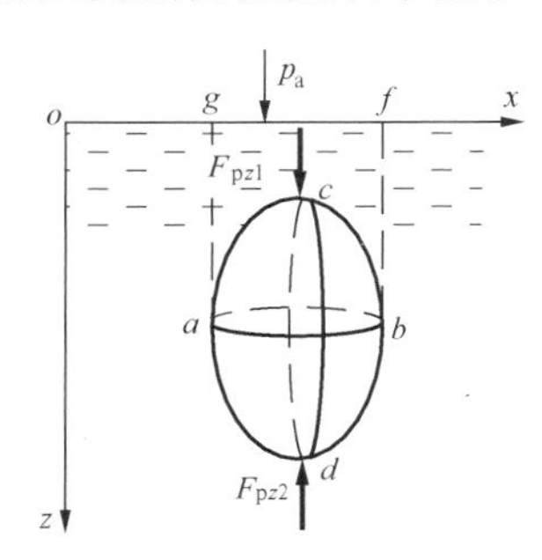

图 2-34　液体作用在潜体上的总压力

如图 2-34 所示，在静止液体中有一潜体，过潜体的外轮廓作无数条和自由液面垂直的线，这些垂线和轮廓的交点组成的曲线将物体分成上下两部分，将物体上下表面对应的压力体合成就可以得到该潜体压力体，进而求得液体作用在潜体上的总压力的垂直分力。图2-34 中，液体作用在上半曲面的垂直分力对应的压力体为 V_{acbfg}，下半部分表面对应的压力体为 V_{adbfg}，两者合成则有

$$V_p = V_{adbfg} - V_{acbfg}$$

总压力的垂直分力为

$$F_{pz} = \rho g V_p = -\rho g V_{adbc}$$

F_{pz} 为负值，说明其方向向上。由于水平分力的合力为零，所以 F_{pz} 即为液体作用在潜体上的总的作用力，称为浮力，这就是阿基米德原理。

液体作用在浮体和沉体上的作用力是液体作用在潜体上作用力的特例，在此不再赘述。

【例 2-11】　如图 2-35 所示，一锥形浮体锥角 60°，质量 300kg，放在密度 1025kg/m³ 的海水中，顶上放置质量 55kg 的航标灯，试求锥体的淹没深度 h 为多少？

解　由锥体体积的计算公式有

$$V_p = \frac{1}{3}\pi r^2 h = \frac{1}{3}\pi h (h\tan 30°)^2 = 0.349h^3$$

由阿基米德原理知

$$F_{pz} = \rho g V_p = \rho g \times 0.349h^3 = G_1 + G_2$$

根据上式可解得

$$h = \sqrt[3]{\frac{G_1 + G_2}{0.349\rho g}} = \sqrt[3]{\frac{g(300+55)}{0.349\rho g}} = \sqrt[3]{\frac{300+55}{0.349 \times 1025}} = 0.9975\text{m}$$

【例 2-12】　如图 2-36 所示，汽油机化油器的浮子室，利用浮子球体的升降来调节油面的高度。利用浮子球体淹没一半的条件设计球体直径 d_1，已知 a=50mm，b=15mm，d_2=5mm，浮子质量 m_1=0.02kg，针阀质量 m_2=0.01kg，汽油密度 ρ=699.5kg/m³，针阀上汽油的计示压强 $p_e = 3.92\times10^4$Pa，杠杆的质量可以忽略不计，试求浮子的设计直径 d_1 为多少？

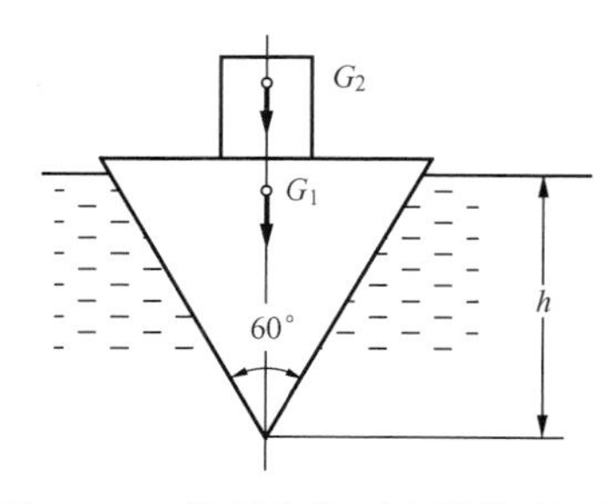

图 2-35　放置在海面上的锥形浮体

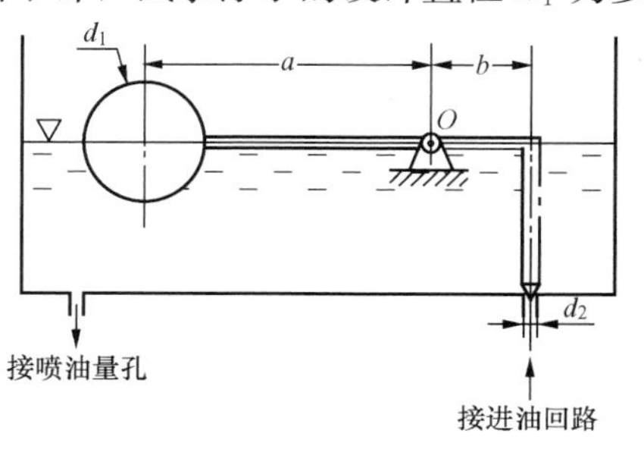

图 2-36　汽油机化油器浮子室

解 用 F_{pz1} 和 F_{pz2} 分别表示汽油作用在浮子和针阀上的液体总压力，对铰链列力矩平衡方程有

$$(F_{pz1}-m_1 g)a-(F_{pz2}-m_2 g)b=0$$

所以 $$F_{pz1}=(F_{pz2}-m_2 g)\frac{b}{a}+m_1 g$$

因为 $$F_{pz2}=p_e\frac{\pi}{4}d_2^2=3.92\times10^4\times\frac{\pi}{4}\times0.005^2=0.7697\text{N}$$

代入上式 $$F_{pz1}=(0.7697-9.806\times0.01)\times\frac{0.015}{0.05}+0.02\times9.806=0.3976\text{N}$$

又因为 $$F_{pz1}=\rho g\frac{\pi d_1^3}{12}$$

所以 $$d_1=\sqrt[3]{\frac{12F_{pz1}}{\pi\rho g}}=\sqrt[3]{\frac{12\times0.3976}{\pi\times699.5\times9.806}}=0.06049\text{m}=60.49\text{mm}$$

思 考 题

2-1 流体静压强有哪两个特性？如何证明？

2-2 流体平衡微分方程的物理意义是什么？

2-3 等压面有什么性质？

2-4 写出流体静力学基本方程的几种表达式。说明流体静力学基本方程的适用范围以及物理意义、几何意义。

2-5 什么是绝对压强、计示压强和真空？它们之间有什么关系？

2-6 不同形状的储液容器，若深度相同，容器底面积相同，试问液体作用在底面的总压力和液体的重力是否相同？为什么？

2-7 什么是压力体？确定压力体的方法和步骤如何？

2-8 有一倾斜平板浸没在静止液体中，当此平板绕其形心转动时，其作用于此倾斜平板上的总压力是如何变化的？

习 题

2-1 如图 2-37 所示，两互相隔开的密封容器，压强表 A 的读数为 2.7×10^4Pa，真空表 B 的读数为 2.9×10^4Pa，求连接两容器的 U 形管测压计中两水银柱的液面差 h 为多少？

[0.42m]

2-2 如图 2-38 所示，一直立的煤气管，为求管中煤气的密度，在高度差 $H=20$m 的两个断面上安装 U 形管测压计，其内工作液体为水。已知管外空气的密度 $\rho_a=1.28\text{kg/m}^3$，测压计读数 $h_1=100$mm，$h_2=115$mm。若忽略 U 形管测压计中空气密度的影响，试求煤气管中煤气的密度。

[0.53kg/m^3]

2-3 如图 2-39，用 U 形管测压计测量压力水管中 A 点的压强，U 形管中工作液体为水银，若 $h_1=800$mm，$h_2=900$mm，大气压强 $p_a=101325$Pa，求图中 A 点的绝对压强。

[212.0kPa]

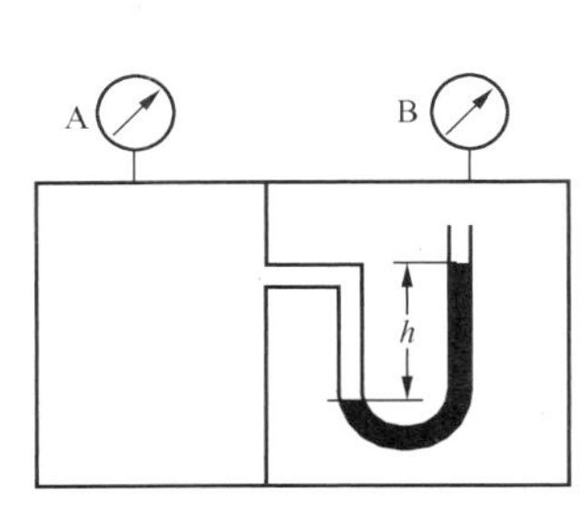

图 2-37 习题 2-1 用图

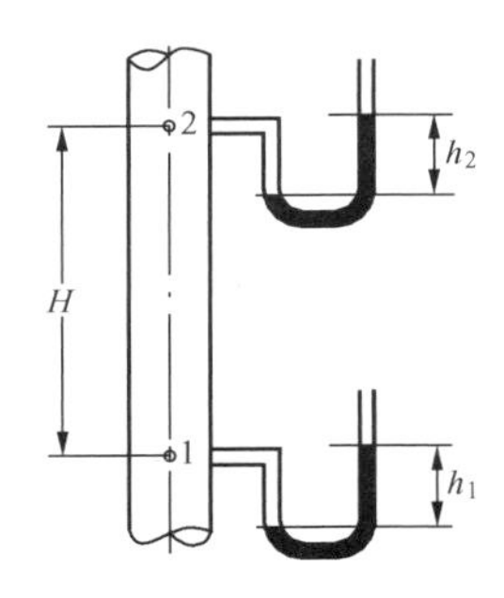

图 2-38 习题 2-2 用图

2-4 如图 2-40 所示，用 U 形管测量一容器中气体的绝对压强和真空，U 形管中工作液体为四氯化碳，其密度 $\rho=1594\text{kg/m}^3$，液面差 $\Delta h=900\text{mm}$，求容器内气体的真空和绝对压强。 [14.07 kPa；84.0 kPa]

2-5 如图 2-41 所示，用 U 形管测压计测量管道 A、B 中的压强差，若 A 管中的压强为 $2.744\times10^5\text{Pa}$，B 管中的压强为 $1.372\times10^5\text{Pa}$，试确定 U 形管中两液面的高度差 h 为多少？ [1.3m]

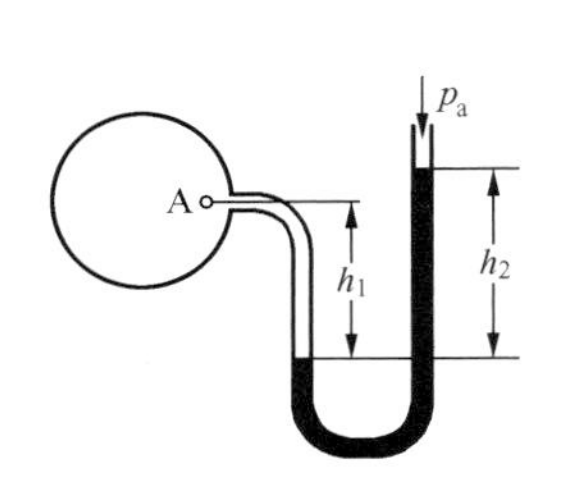

图 2-39 习题 2-3 用图

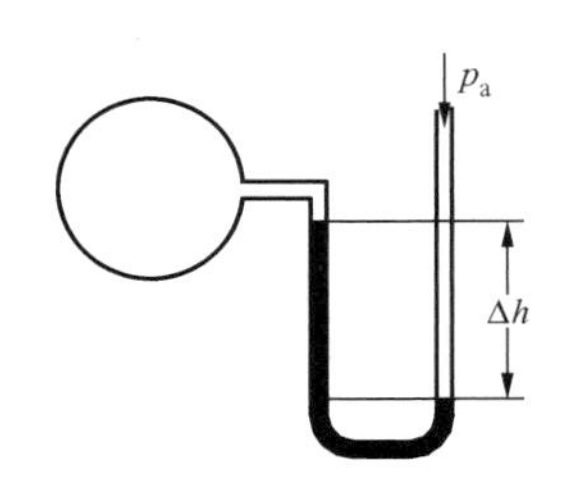

图 2-40 习题 2-4 用图

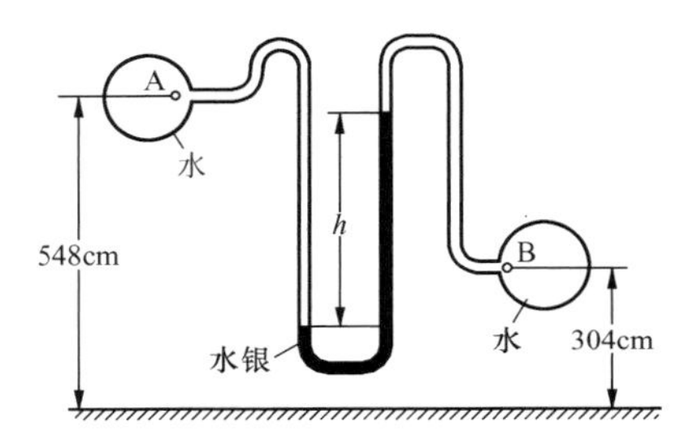

图 2-41 习题 2-5 用图

2-6 如图 2-42 所示，U 形管测压计和容器 A 连接，若各点的相对位置尺寸 $h_1=0.25\text{m}$，$h_2=1.61\text{m}$，$h_3=1\text{m}$，试求容器中水的绝对压强和真空。 [33.31 kPa；68.0 kPa]

2-7 如图 2-43 所示，盛有油和水的圆形容器顶盖上有 $F=5788\text{N}$ 的载荷，已知 $h_1=30\text{cm}$，$h_2=50\text{cm}$，$d=0.4\text{m}$。油的密度 $\rho_{oi}=800\ \text{kg/m}^3$，水银的密度 $\rho_{Hg}=13600\ \text{kg/m}^3$，试求 U 形管中水银柱的高度差 H。 [0.4m]

2-8 如图 2-44 所示，两 U 形管测压计和一密封容器连接，各个液面之间的相对位置尺寸分别为：$h_1=60\text{cm}$，$h_2=25\text{cm}$，$h_3=30\text{cm}$，试求下面的 U 形管左管中水银液面距容器中自由液面的距离 h_4 为多少？ [0.72m]

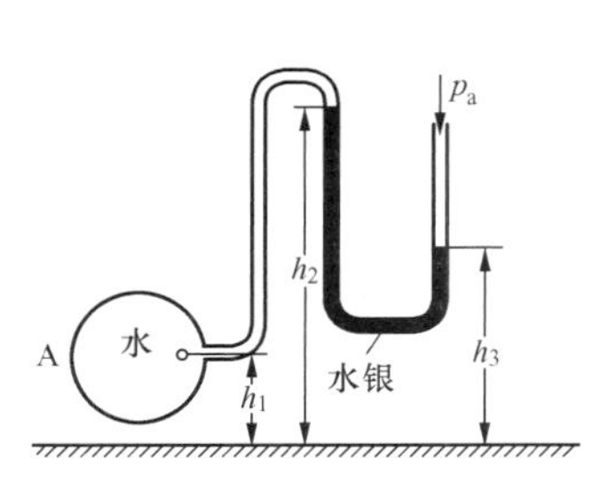

图 2-42 习题 2-6 用图

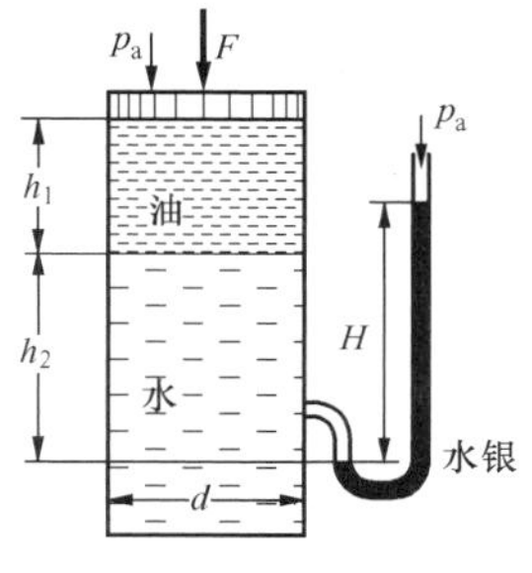

图 2-43 习题 2-7 用图

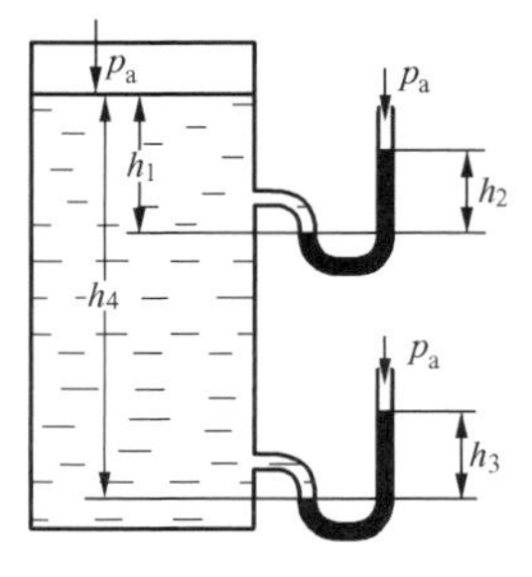

图 2-44 习题 2-8 用图

2-9 如图 2-45 所示，如果要测量两个容器的压强差，将U形管的两端分别和两个容器连接起来，若已测出U形管两支管的水银液面的高度差 $h=200\text{mm}$ 及 A、B 两点的高度差 $h_s=100\text{mm}$，油的密度 $\rho_1=830\text{kg/m}^3$，水银的密度 $\rho_2=13600\text{kg/m}^3$，试求 A、B 两点的压强差为多少？如果 $h_s=0$ 时，A、B 两点的压强差与 h 的关系式怎样？

[25.86kPa；$gh(\rho_2-\rho_1)$]

2-10 如果两容器的压强差很大，超过一个U形管的测压计的量程，此时可以将两个或两个以上的U形管串联起来进行测量，如图 2-46 所示。若已知 $h_1=60\text{cm}$，$h_2=51\text{cm}$，油的密度 $\rho_1=830\text{kg/m}^3$，水银的密度 $\rho_2=13600\text{kg/m}^3$。试求 A、B 两点的压强差为多少？

[139.0kPa]

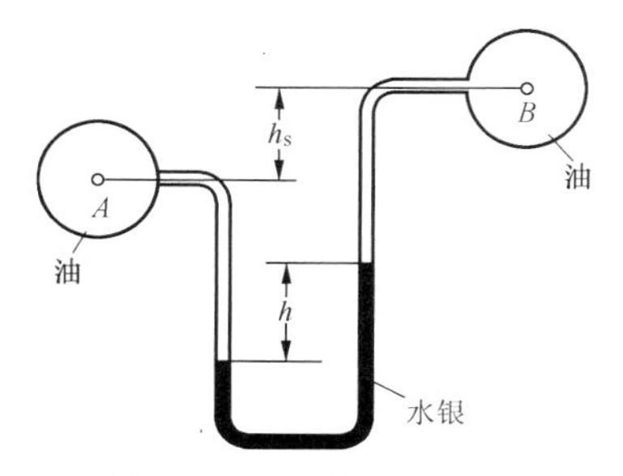

图 2-45 习题 2-9 用图

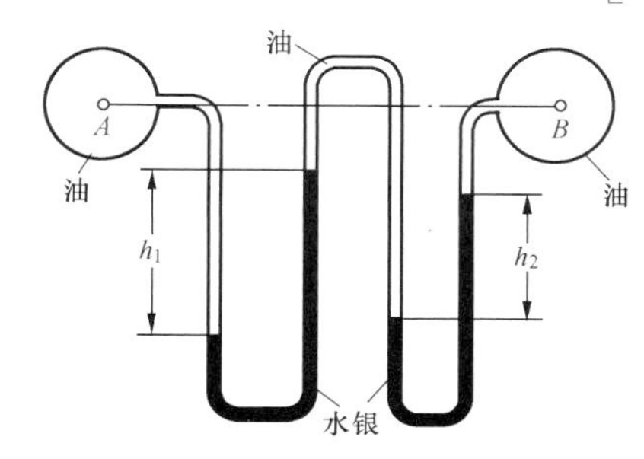

图 2-46 习题 2-10 用图

2-11 如图 2-47 所示，若已知容器内流体的密度为 870kg/m^3，斜管一端与大气相通，斜管读数为 80cm，试求 B 点的计示压强为多少？ [−2333Pa]

2-12 如图 2-48 所示，A、B 两容器用管道相连接，A 容器内装油，B 容器内装水，若两容器内的自由液面的高度差为 10cm，油的密度为 800kg/m^3。试求油与水的分界面距离 A 容器内自由液面的深度为多少？ [0.5m]

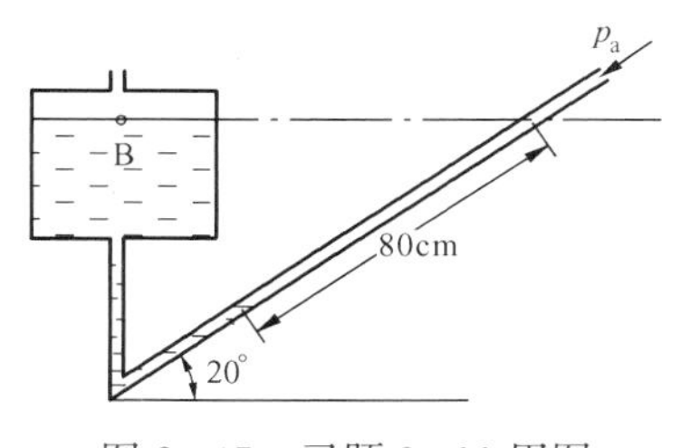

图 2-47 习题 2-11 用图

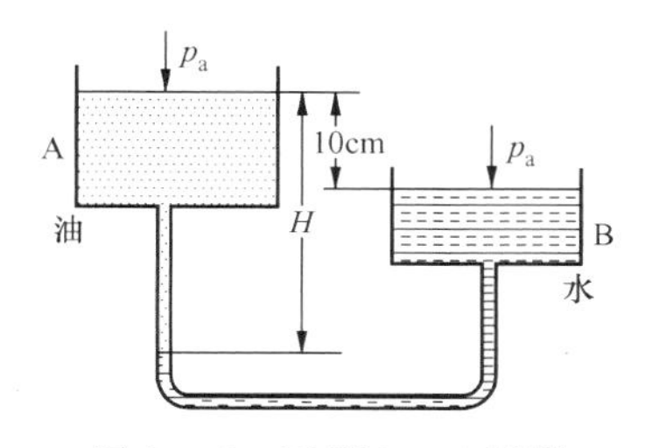

图 2-48 习题 2-12 用图

2-13 一双杯式微压计如图 2-49 所示，A、B 两杯的直径均为 $d_1=50\text{mm}$，用U形管连接，U形管的直径 $d_2=5\text{mm}$，A 杯中盛有酒精，密度 $\rho_1=870\text{kg/m}^3$，B 杯中盛有煤油，密度 $\rho_2=830\text{kg/m}^3$，当两杯的压强差为零时，酒精煤油的分界面在 0—0 线上，试求当两种液体的分界面上升到 0′—0′的位置、$h=280\text{mm}$ 时压强差 Δp 为多少？ [156.7Pa]

2-14 如图 2-50 所示，已知活塞的直径 $D=10\text{cm}$，活塞杆直径 $d=3\text{cm}$，活塞和活塞杆产生的总摩擦力为活塞杆推力的 10%，活塞右侧的计示压强 $p_e=9.81\times10^4\text{Pa}$，试求在上述条件下，欲使活塞产生 $F=7848\text{N}$ 的推力，活塞右侧需输入的压强 p 应为多少？ [1189.0kPa]

2-15 如图 2-51 所示，一内部有一隔板的容器以加速度 a 运动，若已知容器的尺寸

l_1、l_2、h_1、h_2，试求中间隔板受到的液体总压力为零时，加速度 a 等于多少？

$\left[2g\dfrac{h_2-h_1}{l_2+l_1}\right]$

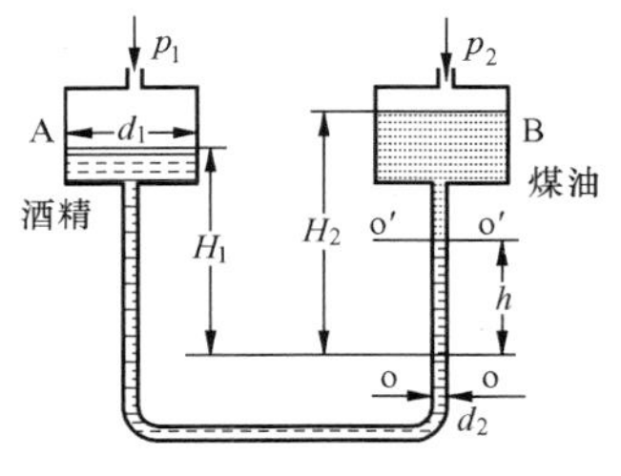

图 2-49　习题 2-13 用图

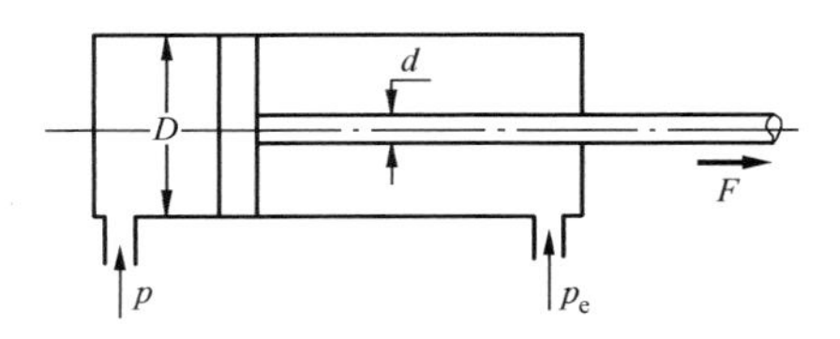

图 2-50　习题 2-14 用图

2-16　如图 2-52 所示，一正方形容器底面积为 $b\times b=200\times200\text{mm}^2$，质量 $m_1=4\text{kg}$，容器内盛水高度 $h=150\text{mm}$，若该容器在 $m_2=25\text{kg}$ 的载荷作用下沿平面滑动，容器底面和平面间的摩擦系数 $C_f=0.3$，试求不使水溢出时容器的最小高度 H 是多少？　[0.213m]

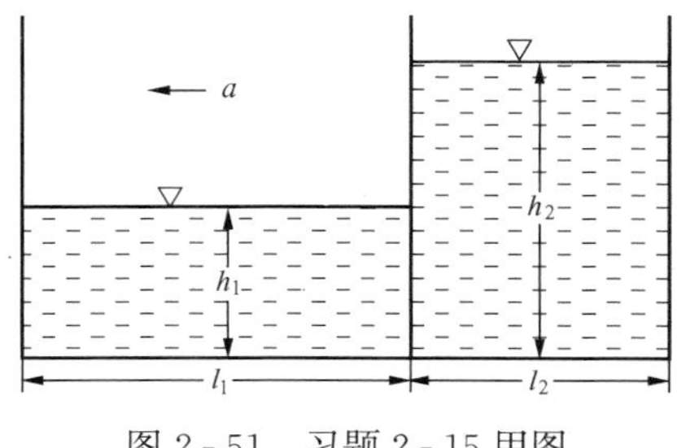

图 2-51　习题 2-15 用图

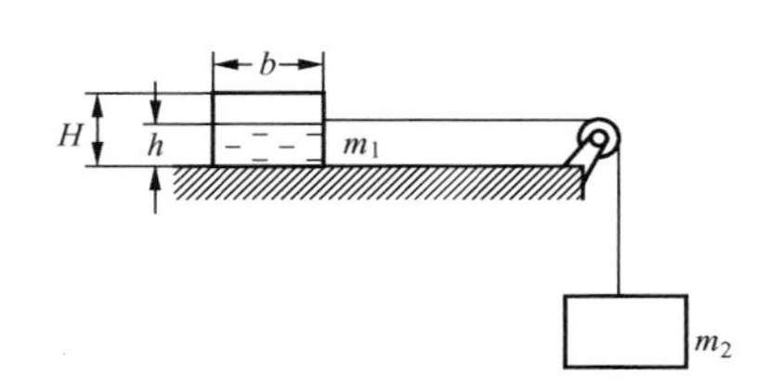

图 2-52　习题 2-16 用图

2-17　如图 2-53 所示，一垂直向下运动的盛水容器，水深 $h=1.5\text{m}$，加速度 $a=4.9\text{m/s}^2$，在上述条件下试确定：

（1）容器底部的流体静压强。

（2）加速度为何值时容器底部的静压强为大气压强？

（3）加速度为何值时容器底部的绝对压强为零？[108.68kPa；9.806m/s²；57.75m/s²]

2-18　一圆形容器，直径 $d=300\text{mm}$，高 $H=500\text{mm}$，容器内水深 $h_1=300\text{mm}$，容器绕其中心轴等角速旋转，试确定下述数据。

（1）水正好不溢出时的转速 n_1；

（2）旋转抛物面的自由液面的顶点恰好触及底部时的转速 n_2，容器停止旋转、水静止后的深度 h_2 为多少？　[178.7r/min；199.7r/min；0.25m]

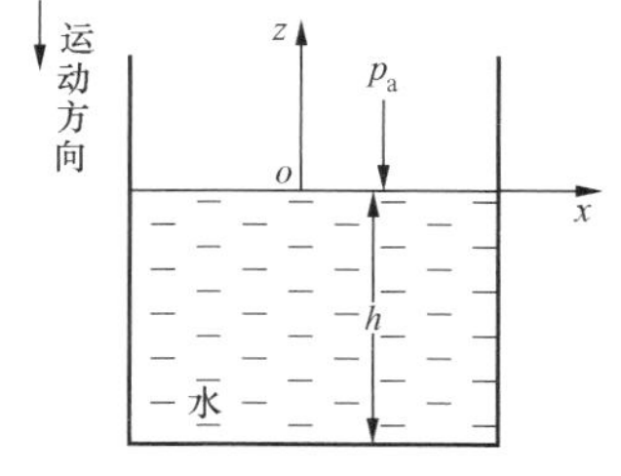

图 2-53　习题 2-17 用图

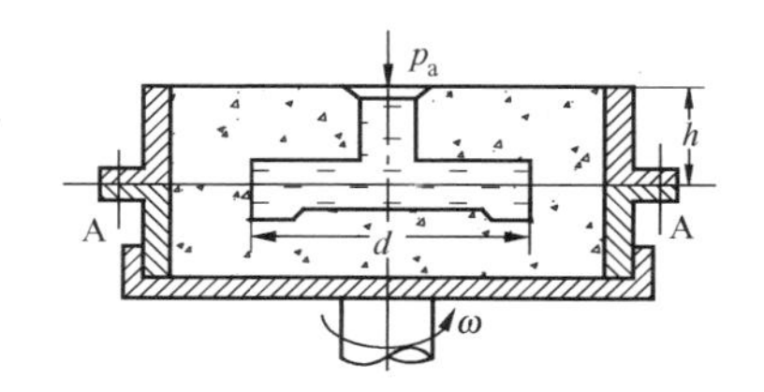

图 2-54　习题 2-19 用图

2-19　如图 2-54 所示，用离心式铸造机铸造车轮，已知铁水的密度 $\rho=7138\text{kg/m}^3$，车轮尺寸 $h=200\text{mm}$，$d=900\text{mm}$，下箱用支座支承，上箱及砂重为 10kN。求转速 $n=600\text{r/min}$ 时，车轮边缘处的计示压强和螺栓群 A—A 所受的总拉力。　[2864kPa；905kN]

2-20　液体式转速计如图 2-55 所示，中心圆筒的直径为 d_1，活塞的质量为 m，与其连通的两根细管的直径为 d_2，内装水银，细管中心线距圆筒中心轴的距离为 R。当转速计转动时活塞可带动指针上下移动。试推导活塞的位移和转速 n 之间的关系式。

$$\left[h=\frac{\pi^2}{2g\times30^2}\frac{R^2-\dfrac{d_1^2}{8}}{1+\dfrac{d_1^2}{2d_2^2}}n^2\right]$$

2-21　图 2-56 所示为一圆筒形容器，高 $H=0.7\text{m}$，半径 $R=0.4\text{m}$，内装体积 $V=0.25\text{m}^3$ 的水，圆筒中心通大气，顶盖的质量 $m=5\text{kg}$。试求当圆筒绕中心轴以角速度 $\omega=10\text{rad/s}$ 旋转时顶盖螺栓的受力 F。　[126N]

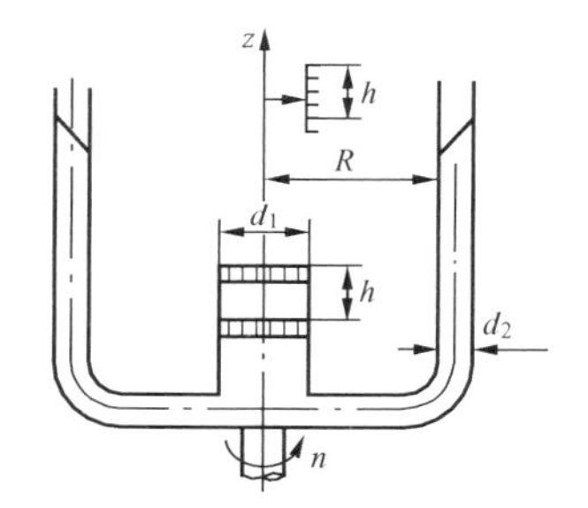

图 2-55　习题 2-20 用图

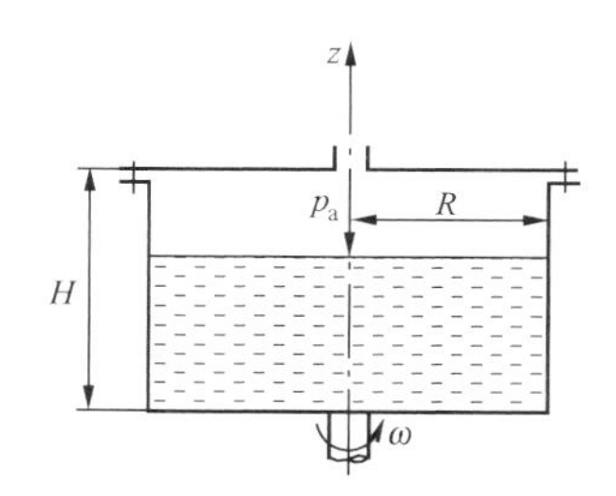

图 2-56　习题 2-21 用图

2-22　如图 2-57 所示，一矩形闸门 AB 可绕其顶端 A 点旋转，由固定在 G 点的重物控制闸门的开闭。已知闸门宽 120cm，长 90cm，闸门和重物共重 10000N，重心在 G 点处，G 和 A 点的水平距离为 30cm，闸门和水平面的夹角 $\theta=60°$。试确定水深多少时闸门正好打开？　[0.862m]

2-23　一块面积为 90cm×180cm 的长方形平板浸没在水中，如图 2-58 所示，求水作用在平板 AB 上的总压力的大小和压力中心的位置。　[33.66kN；2.274m]

2-24　把 2-23 题中的平板 AB 和水平面成 45°角放置于水下图 2-58 中的 CD 位置上，试求水作用在平板上的总压力和总压力作用点的位置。　[24.55kN；2.31m]

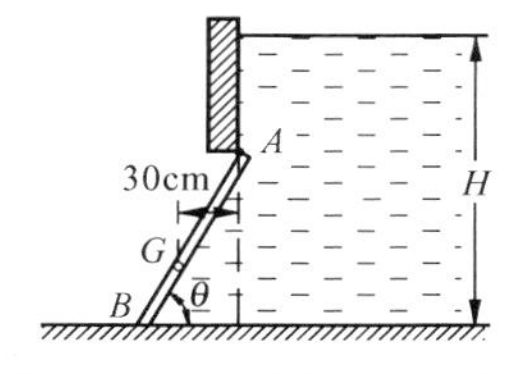

图 2-57　习题 2-22 用图

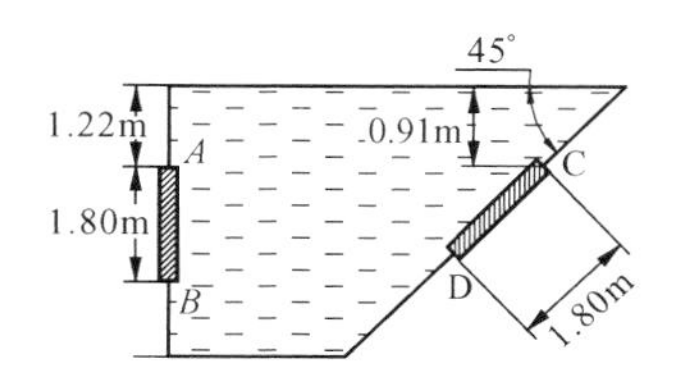

图 2-58　习题 2-23 用图

2-25　如图 2-59 所示，一铰链固定的倾斜式自动开启的水闸，水闸和水平面的夹角为 60°，当水闸一侧的水位 $H=2\text{m}$，另一侧水位 $h=0.4\text{m}$ 时，闸门自动开启，试求铰链至闸门下端的距离 x。　[0.8m]

2-26　试画出图 2-60 中曲面 AB 所受液体总压力的垂直分力对应的压力体，并标出垂直分力的方向。

2-27　一扇形闸门如图 2-61 所示，圆心角 $\alpha=45°$，闸门右侧水深 $H=3\text{m}$，求每米闸门所承受的静水总压力及其方向。　[44.575kN；73°32′]

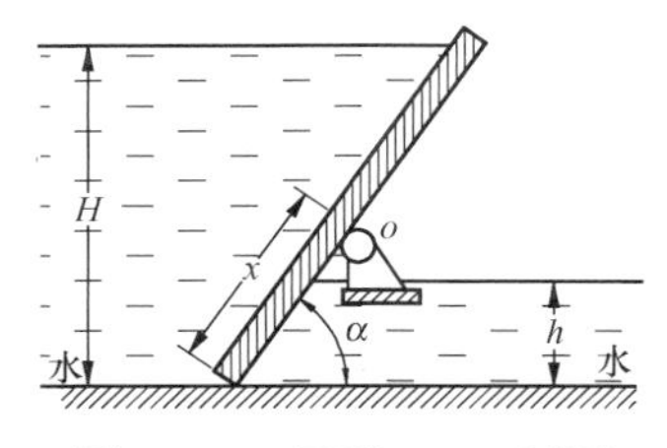

图 2-59　习题 2-25 用图

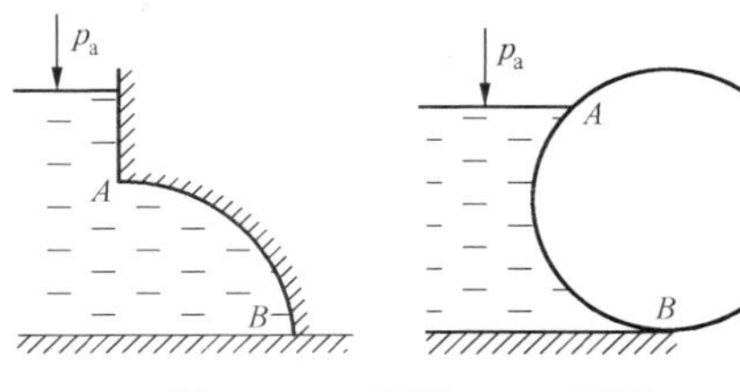

图 2-60　习题 2-26 用图

2-28　一球形盛水容器如图 2-62 所示，下半球固定，上半球用螺栓和下半球固定在一起，球体的直径 $d=2\text{m}$，试求上半球体作用于螺栓上的力。　[10.264kN]

2-29　一储水设备如图 2-63 所示，在 C 点测得绝对压强 $p=196120\text{Pa}$，$h=1\text{m}$，$R=1\text{m}$，求作用于半球 AB 上的总压力。　[256.72kN]

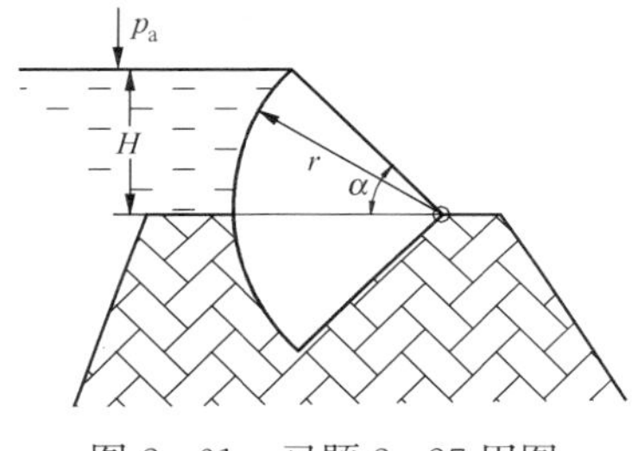

图 2-61　习题 2-27 用图

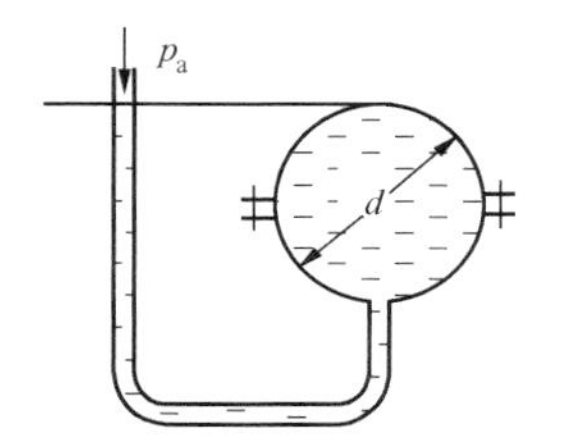

图 2-62　习题 2-28 用图

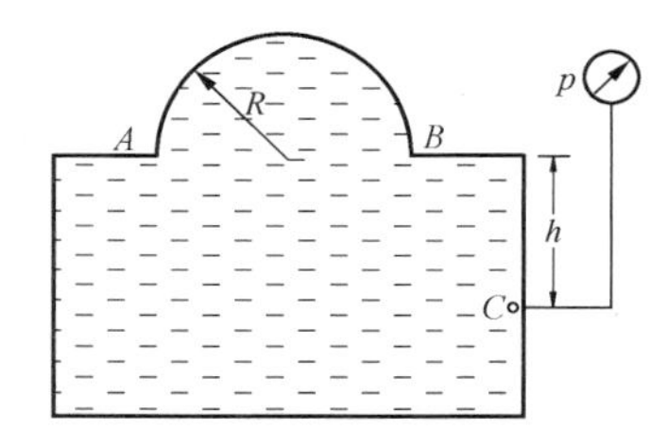

图 2-63　习题 2-29 用图

2-30　如图 2-64 所示，盛水容器的底部有一圆形孔口，用重 $G=2.452\text{N}$、半径 $r=4\text{cm}$ 的球体封闭，孔口的直径 $d=5\text{cm}$，水深 $H=20\text{cm}$，试求提起该球所需的最小力 F。　[3.762N]

2-31　汽油箱底部有一锥形阀，如图 2-65 所示，$D=100\text{mm}$，$d=50\text{mm}$，$d_1=25\text{mm}$，$a=100\text{mm}$，$b=50\text{mm}$，汽油密度为 830kg/m^3，若略去阀芯的自重和运动时的摩擦力不计，试确定：

（1）当测压表读数 $p_e=9806\text{Pa}$ 时，提起阀芯所需的最小的力 F；

（2）$F=0$ 时的计示压强 p_e。　[12.64N；1221Pa]

2-32　有一液面控制装置如图 2-66 所示，柱塞的直径 $d=10\text{mm}$，球形浮子 $D=150\text{mm}$，其他尺寸如图。若水浸没球体体积的 1/4 时，柱塞阀关闭，求不计浮子的自重和摩擦力时，来流的压强 p。　[551.59kPa]

2-33　有一平衡于两种液体分界面的柱形物体，该物体的母线和液体的分界面垂直，上部液体的密度为 ρ_1，下部液体的密度为 ρ_2（$\rho_2>\rho_1$），沉浸在上部液体中的体积为 V_1，沉浸在下部液体中的体积为 V_2，试求液体对物体的作用力。　[$(\rho_1 V_1+\rho_2 V_2)g$]

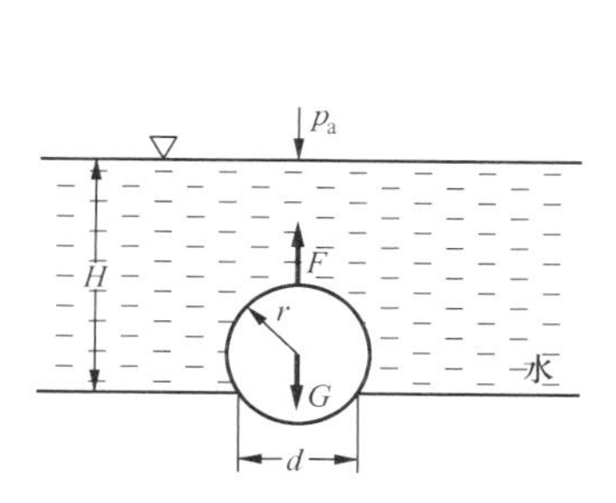

图 2-64 习题 2-30 用图

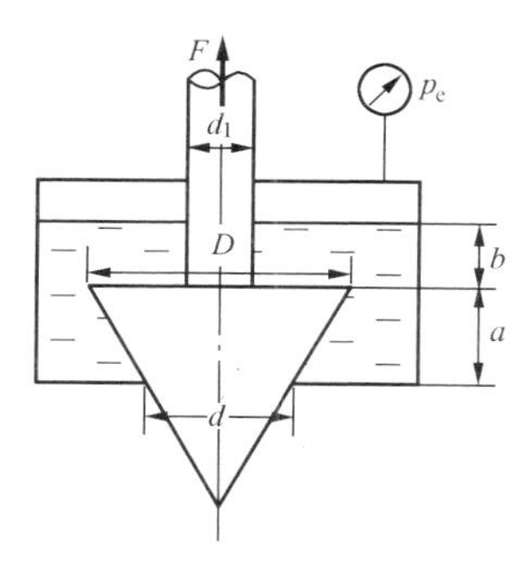

图 2-65 习题 2-31 用图

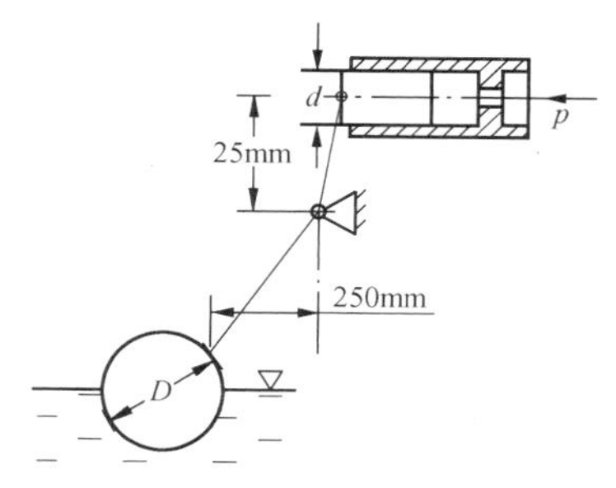

图 2-66 习题 2-32 用图

第三章　流体动力学基础

本章的任务是研究描述流体运动的方法，建立流体运动的基本概念，确定表征流体运动特征的基本要素，根据这些要素建立描述流体运动基本方程。重点研究连续性方程、动量方程和能量方程，并讨论它们在工程实际中的应用。

第一节　流体运动的描述方法

流体是由无穷多没有间隙的质点构成的连续介质，流体的运动可以看成充满一定空间的众多流体质点运动的组合。充满流动流体的空间称为流场。研究流体的运动，就是研究流场中流体运动参数的分布规律。流体力学虽然是力学的一个重要分支，但其研究方法却有别于一般力学的研究方法，在流体力学中，一般用下述两种方法来描述流体的运动。

一、欧拉法

欧拉法着眼于流场中的空间点，观察众多流体质点经过某一空间点时，流动参数随时间的变化规律，而不去追究个别流体质点的详细运动过程，欧拉方法又称为站岗法。该方法通过研究空间点上流动参数的变化规律，对不同点上的参数变化规律加以综合，进而掌握整个流动空间的运动规律。

欧拉法实际上是对"场"的研究，在某一瞬时占据不同空间点的流体质点都有一定的速度，由这些速度矢量构成的矢量场就是流速场。各个空间点上压强的集合就构成了该瞬时的压强场，同样亦存在其他运动参数构成的场。这些场都以坐标和时间作为自变量，都可以表示成坐标和时间的单值连续函数，并且它们都存在高阶连续偏导数。自变量 x、y、z、t 就称为欧拉变量。速度场、压强场和密度场可以表示成以下形式：

$$\left.\begin{aligned}v_x&=v_x(x,\ y,\ z,\ t)\\v_y&=v_y(x,\ y,\ z,\ t)\\v_z&=v_z(x,\ y,\ z,\ t)\end{aligned}\right\}\tag{3-1}$$

$$p=p(x,\ y,\ z,\ t)\tag{3-2}$$

$$\rho=\rho(x,\ y,\ z,\ t)\tag{3-3}$$

以上各式当选定时间 t 而变化坐标 x、y、z 时，它们则表示选定时刻流场中参数的分布规律。将式（3-1）对时间求导数，可得流体质点运动加速度的三个分量。在式（3-1）中，速度是坐标和时间的函数，同时注意到流体质点在不同的时刻占据不同的位置，因此，流体质点的坐标也是时间的函数。所以，求加速度的过程实际上是对一个复合函数求导数的过程。其中时间是直接变量，坐标是中间变量。x 方向上的加速度分量为

$$a_x=\frac{\mathrm{d}v_x}{\mathrm{d}t}=\frac{\partial v_x}{\partial t}+\frac{\partial v_x}{\partial x}\frac{\mathrm{d}x}{\mathrm{d}t}+\frac{\partial v_x}{\partial y}\frac{\mathrm{d}y}{\mathrm{d}t}+\frac{\partial v_x}{\partial z}\frac{\mathrm{d}z}{\mathrm{d}t}$$

由于某一方向的坐标对时间求导数，表示该方向上的速度分量，即

$$\frac{\mathrm{d}x}{\mathrm{d}t}=v_x,\qquad\frac{\mathrm{d}y}{\mathrm{d}t}=v_y,\qquad\frac{\mathrm{d}z}{\mathrm{d}t}=v_z$$

所以上式可以表示为

同理

$$\left.\begin{aligned}a_x&=\frac{\partial v_x}{\partial t}+v_x\frac{\partial v_x}{\partial x}+v_y\frac{\partial v_x}{\partial y}+v_z\frac{\partial v_x}{\partial z}\\a_y&=\frac{\partial v_y}{\partial t}+v_x\frac{\partial v_y}{\partial x}+v_y\frac{\partial v_y}{\partial y}+v_z\frac{\partial v_y}{\partial z}\\a_z&=\frac{\partial v_z}{\partial t}+v_x\frac{\partial v_z}{\partial x}+v_y\frac{\partial v_z}{\partial y}+v_z\frac{\partial v_z}{\partial z}\end{aligned}\right\}\tag{3-4}$$

用矢量表示时，可以写成以下形式：

$$\boldsymbol{a}=\frac{\mathrm{d}\boldsymbol{v}}{\mathrm{d}t}=\frac{\partial \boldsymbol{v}}{\partial t}+(\boldsymbol{v}\nabla)\boldsymbol{v}\tag{3-4a}$$

式中：$\nabla=\frac{\partial}{\partial x}\boldsymbol{i}+\frac{\partial}{\partial y}\boldsymbol{j}+\frac{\partial}{\partial z}\boldsymbol{k}$ 为直角坐标系中的哈米顿微分算符；$\boldsymbol{i}$、$\boldsymbol{j}$、$\boldsymbol{k}$ 分别为 x、y、z 坐标方向上的单位矢量。

由上述可知，流体质点的加速度是速度对时间的全导数，由两部分构成。一部分是 $\frac{\partial \boldsymbol{v}}{\partial t}$，是某一空间点上由于速度随时间变化引起的加速度，称为当地加速度，是由流场的不稳定性所产生的，又称为时变加速度。另一部分是速度对坐标求偏导数所得的项（$\nabla\cdot\boldsymbol{v}$）$\boldsymbol{v}$，是由于不同空间点上的速度不同引起的，是流场的非均匀性所产生的，称为迁移加速度或者位变加速度。

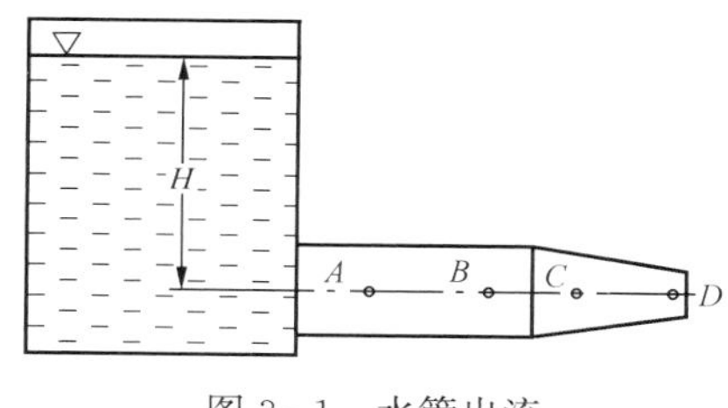

图 3-1　水管出流

如图 3-1 所示，若容器中水头 H 不随时间变化，则管路中各点的速度也不随时间发生变化，即各点上的当地加速度为零。若 H 随时间变化，则管路中各点的流速将随时间发生变化，从而产生当地加速度。然而，即使在 H 不随时间变化，不存在当地加速度的条件下，由于管道锥管部分的截面积沿流动方向减小，流速沿流动方向逐渐增大，使图中 D 点的速度大于 C 点的速度，流体质点在由 C 点向 D 点移动时产生迁移加速度。在 H 随时间变化的条件下，C、D 点上既有当地加速度又有迁移加速度。

根据式（3-4a）可以得到求流体质点其他物理量变化率的通用公式，式（3-4a）两端同除以 $\boldsymbol{v}$ 得

$$\frac{\mathrm{d}}{\mathrm{d}t}=\frac{\partial}{\partial t}+\boldsymbol{v}\cdot\nabla\tag{3-5}$$

式中：$\frac{\mathrm{d}}{\mathrm{d}t}$ 为全导数；$\frac{\partial}{\partial t}$ 为当地导数；$\boldsymbol{v}\cdot\nabla$ 为迁移导数。

这一算式既适用于矢量，也适用于标量。例如压强的变化率表示为

$$\frac{\mathrm{d}p}{\mathrm{d}t}=\frac{\partial p}{\partial t}+(\boldsymbol{v}\cdot\nabla)p\tag{3-6}$$

或者

$$\frac{\mathrm{d}p}{\mathrm{d}t}=\frac{\partial p}{\partial t}+v_x\frac{\partial p}{\partial x}+v_y\frac{\partial p}{\partial y}+v_z\frac{\partial p}{\partial z}\tag{3-6a}$$

在流体力学中式（3-5）又称为导数算子，$\mathrm{d}/\mathrm{d}t$ 又称为随体导数，其意义在于对时间求导数时要考虑到质点本身的运动。

【例3-1】 已知有一平面流场，$v_x=3x$ m/s，$v_y=3y$ m/s，试确定该流场中（8，6）点上流体质点的加速度。

解 在点（8，6）上，流体质点在 x、y 方向上的加速度分量分别为

$$a_x=\frac{\partial v_x}{\partial t}+v_x\frac{\partial v_x}{\partial x}+v_y\frac{\partial v_x}{\partial y}=0+3x\cdot 3+3y\cdot 0=9x=9\times 8=72\text{m/s}^2$$

$$a_y=\frac{\partial v_y}{\partial t}+v_x\frac{\partial v_y}{\partial x}+v_y\frac{\partial v_y}{\partial y}=0+3x\cdot 0+3y\cdot 3=9y=9\times 6=54\text{m/s}^2$$

流体质点在（8，6）点上的加速度为

$$a=\sqrt{a_x^2+a_y^2}=\sqrt{72^2+54^2}=90\text{m/s}^2$$

二、拉格朗日法

拉格朗日法以某一流体质点的运动作为研究对象，观察这一质点在流场中由一点移动到另一点时，其运动参数的变化规律，并综合众多流体质点的运动来获得一定空间内所有流体质点的运动规律。拉格朗日法是一种质点系方法，是质点模型在流体力学中的直接应用，拉格朗日方法又称为跟踪法。

在拉格朗日法中，三维空间中单个流体质点的位置坐标 x_i（t）、y_i（t）、z_i（t）是时间 t 的函数（$i=1$、2、3、…），其中下标 i 表示第 i 个流体质点。通过对时间求导数，可以得到每一流体质点的运动速度和加速度。流场中有无穷多流体质点，这种离散表达式就有无穷多个，应用时很不方便。因此，拉格朗日法中一般用流体质点的初始坐标（a，b，c）来标识不同的流体质点，不同的流体质点有不同的初始坐标，a，b，c，t 称为拉格朗日变量。所以第 i 个流体质点在时刻 t 的位置坐标（x，y，z）就可以表示为

$$\left.\begin{aligned}x&=x(a,b,c,t)\\y&=y(a,b,c,t)\\z&=z(a,b,c,t)\end{aligned}\right\}\tag{3-7}$$

上式为表示流体质点运动规律的运动方程。对于给定的 a、b、c，此式即表示初始坐标为 a、b、c 的流体质点的运动轨迹。若给定时间 t，上式为 t 时刻流体质点的位置。流体质点的速度可表示为

$$\left.\begin{aligned}v_x&=v_x(a,b,c,t)=\frac{\partial x(a,b,c,t)}{\partial t}\\v_y&=v_y(a,b,c,t)=\frac{\partial y(a,b,c,t)}{\partial t}\\v_z&=v_z(a,b,c,t)=\frac{\partial z(a,b,c,t)}{\partial t}\end{aligned}\right\}\tag{3-8}$$

流体质点的加速度为

$$\left.\begin{aligned}a_x&=a_x(a,b,c,t)=\frac{\partial v_x(a,b,c,t)}{\partial t}=\frac{\partial^2 x(a,b,c,t)}{\partial t^2}\\a_y&=a_y(a,b,c,t)=\frac{\partial v_y(a,b,c,t)}{\partial t}=\frac{\partial^2 y(a,b,c,t)}{\partial t^2}\\a_z&=a_z(a,b,c,t)=\frac{\partial v_z(a,b,c,t)}{\partial t}=\frac{\partial^2 z(a,b,c,t)}{\partial t^2}\end{aligned}\right\}\tag{3-9}$$

拉格朗日法具有直观性强、物理概念明确、能够描述各质点时变过程的优点。但是应用拉格朗日方法研究问题在数学上存在很多困难，而且在实际工程问题中，需要了解的是流动参数在空间的分布规律，一般不需要了解流体质点详细的时变过程。所以，在一般问题的研究中，常用较为方便的欧拉方法，只有在波动等问题的研究中才采用拉格朗日方法。

第二节　流动的类型

随着科学技术的不断进步和发展，各个学科的研究更加深入，不断派生出新的研究领域，衍生出许多新的边缘学科，推动学科研究向更深层次进一步发展。流体力学的研究也不例外，从公元前200多年阿基米德解决浮力问题，到今天解决一系列航空航天方面的难题，流体力学的研究也经历了一个由简到繁、由易到难的发展过程，在对流体流动规律的研究中对流动类型的区分更加细化和系统化，不同的研究方法，使用不同的分类方法。

按照不同的分类方法可将流体的流动分为不同类型的流动。若按照流体的性质区分，可将流动分为：可压缩流体的流动和不可压缩流体的流动；理想流体的流动和黏性流体的流动；牛顿流体的流动和非牛顿流体的流动；磁性流体的流动和非磁性流体的流动。若按照流动的特征区分，可将流动分为：有旋流动和无旋流动；层流流动和紊流流动；定常流动和非定常流动；超声速流动和亚声速流动；等熵流动和非等熵流动。若按照流动的空间进行分类，又可以将流动区分为：内部流动和外部流动；一维流动、二维流动和三维流动。

本节的重点主要放在定常流动、非定常流动和按照流动空间区分的流动类型方面，对于其他类型流动，将在以后的有关章节中加以讨论。

一、定常流动和非定常流动

如图3-1所示，若容器中的水头H不随时间变化，则管路中A、B、C、D点的流动参数就不随时间变化，管路中的流量也不随时间发生变化。将流场中流动参量均不随时间发生变化的流动称为定常流动，否则称为非定常流动。在定常流动中，流场各个点上的流动参数不随时间变化，但不同点上流动参数可以是不同的。就是说，在定常流动中流动参数只是点的坐标的连续函数，和时间无关。所以流场中流体质点的速度、压强、密度可以表示成以下形式：

$$\left.\begin{aligned} v_x&=v_x(x,\ y,\ z)\\ v_y&=v_y(x,\ y,\ z)\\ v_z&=v_z(x,\ y,\ z)\end{aligned}\right\} \tag{3-10}$$

$$p=p(x,\ y,\ z) \tag{3-11}$$

$$\rho=\rho(x,\ y,\ z) \tag{3-12}$$

由于是定常流动，速度、压强和密度等流动参数对时间的偏导数等于零，即

$$\frac{\partial v_x}{\partial t}=\frac{\partial v_y}{\partial t}=\frac{\partial v_z}{\partial t}=\frac{\partial p}{\partial t}=\frac{\partial \rho}{\partial t}=0$$

所以定常流动中流体质点的加速度可以表示为

$$\left.\begin{aligned} a_x &= v_x \frac{\partial v_x}{\partial x} + v_y \frac{\partial v_x}{\partial y} + v_z \frac{\partial v_x}{\partial z} \\ a_y &= v_x \frac{\partial v_y}{\partial x} + v_y \frac{\partial v_y}{\partial y} + v_z \frac{\partial v_y}{\partial z} \\ a_z &= v_x \frac{\partial v_z}{\partial x} + v_y \frac{\partial v_z}{\partial y} + v_z \frac{\partial v_z}{\partial z} \end{aligned}\right\} \tag{3-13}$$

由式（3-13）知，在定常流动中只有迁移加速度而没有当地加速度。例如，图3-1中，在水头H不变时，A点和B点的当地加速度和迁移加速度均为零，C点和D点的当地加速度为零，而迁移加速度不为零。

在工程实际中，定常流动的例子很多，例如，当水泵的转速不变时，进水管和出水管中的流动就是定常的；又如在风洞中进行吹风试验时，控制气流速度不变时，风洞试验段中的流场也是定常的。

定常流动和非定常流动是相对而言的，如图3-1中的水头H变化缓慢时，管路中流动参数的变化也非常缓慢，如果观察的时间间隔很小，则管路中的流动也可以看成定常的，这种在短时间内，可以按照定常流动处理的非定常流动，称为准定常流动。

定常流动和非定常流动在坐标系的选择上也存在相对性，例如，船在静止的水流中等速直线行驶时，船周围的水流对站在岸上的人看来（坐标系选在岸上）是非定常的。但对于站在船上的人看来（坐标系选在船上）又是定常的，此时相当于船不动，水以船的速度从远处向船流过来。

二、一维流动、二维流动和三维流动

在流体力学中按照流动参数和空间自变量的数目间的关系，将流动区分为一维、二维和三维流动。在直角坐标系中，若流动参数是x、y、z三个坐标的函数，称这种流动为三维流动；依此类推，流动参数是两个坐标的函数时为二维流动，是一个坐标的函数时为一维流动。显然，坐标变量的数目越少，问题就越简单。所以对于工程实际问题，在满足精度要求的情况下，将三维流动简化为二维、甚至一维流动，使得求解过程尽可能地简化。

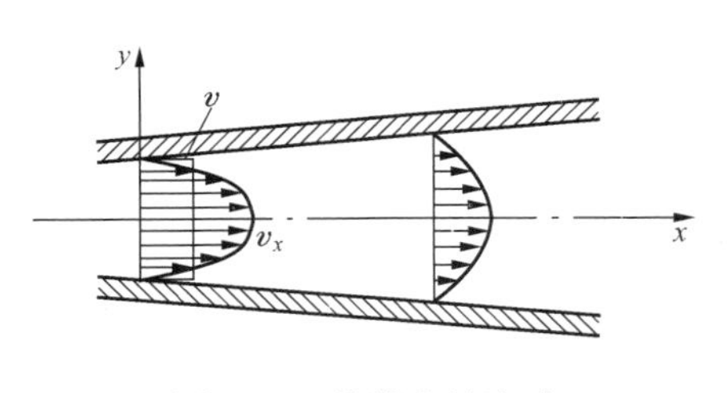

图3-2　锥管内的流动

如图3-2所示，黏性流体在一锥管内作定常流动，显然这种流动为二维流动，流体质点的速度是半径r和x的函数，即

$$v_x = f(r, x)$$

如果用每个截面上的平均流速$\bar{v}$来描述流动速度，则平均流速$\bar{v}$只是x的函数，和半径r无关，$\bar{v}$可以表示为

$$\boldsymbol{v} = f(x)$$

则该二维流动就简化成了一维流动。

图3-3（a）为气流绕流有限翼展机翼时的流场，由于机翼的上下表面不对称，使得下表面的压强大于上表面的压强，因此在机翼的上下表面均存在展向（长度方向）流动，在翼梢（长度方向的边缘）处还有上卷旋涡，气流的速度是x、y、z三个坐标的函数，是一典型的三维流动，其速度场为

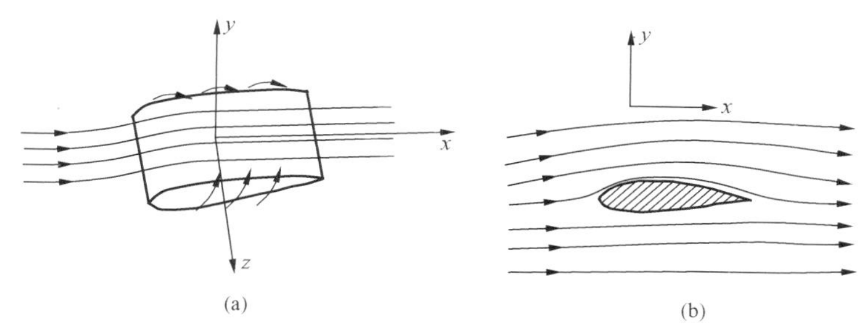

图 3-3　机翼表面的流动

$$\boldsymbol{v}=v_x(x,\ y,\ z)\boldsymbol{i}+v_y(x,\ y,\ z)\boldsymbol{j}+v_z(x,\ y,\ z)\boldsymbol{k}$$

如果机翼的展长比弦长（宽度）大的多，可将展长看作无限长，此时机翼表面的展向流动和机翼两翼梢处的三维效应可以忽略不计，这样机翼表面的流动速度只和坐标 x、y 有关，流场如图 3-3（b）所示，速度场可表示为

$$\boldsymbol{v}=v_x(x,\ y)\boldsymbol{i}+v_y(x,\ y)\boldsymbol{j}$$

这样便将一个三维问题简化为二维问题，工程实际中这样的问题很多。

第三节　流体动力学的基本概念

采用欧拉法研究问题，可以通过描述流场的特征来建立流体动力学的基本概念，这些概念揭示了流体力学和一般力学的根本区别。正确理解和掌握流体动力学的基本概念对于认识流体的流动规律十分必要。

一、迹线和流线

流体质点在流场中运动时，由一点到另一点所描绘出的轨迹称为迹线，和理论力学中质点的运动轨迹是一样的，所以，迹线是拉格朗日法的研究内容。如果某一流体质点在 $\mathrm{d}t$ 时间内运动的路程为 $\mathrm{d}l$，其在三个坐标轴上的分量分别为 $\mathrm{d}x$、$\mathrm{d}y$、$\mathrm{d}z$，则

$$\mathrm{d}x=v_x\mathrm{d}t,\quad \mathrm{d}y=v_y\mathrm{d}t,\quad \mathrm{d}z=v_z\mathrm{d}t$$

由上述关系式得

$$\frac{\mathrm{d}x}{v_x}=\frac{\mathrm{d}y}{v_y}=\frac{\mathrm{d}z}{v_z}=\mathrm{d}t \tag{3-14}$$

上式即为迹线的微分方程，其中 v_x、v_y、v_z 是 x、y、z 和 t 的函数，是一个含有三个常微分方程的方程组。

流线是流场中某一瞬时的光滑曲线，该曲线上的流体质点的运动方向均和该曲线相切，如图 3-4 所示，是众多相邻近的流体质点运动方向的组合。在某一瞬时，流场中的每一点上都有一个流体质点，所以在每一点上均可画出一个速度矢量，即在某一瞬时流场中的每一点上均有一条流线经过，但不同的时刻，有不同的流线。

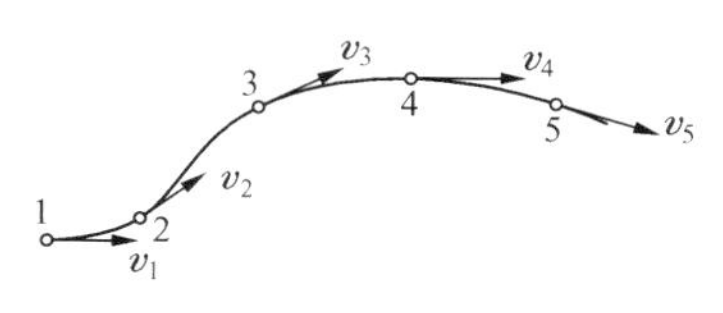

图 3-4　流线

一般情况下，在流场中除速度为零的驻点外，流场中流线具有下述重要性质：

（1）在定常流动中，流线不随时间改变其位置和形状，流线和迹线重合。因为在定常流动中，各空间点上的速度不随时间发生变化，由这些速度矢量组合出的流线形状和位置将不

随时间变化。而迹线是流体质点在不同时刻占据不同空间点所组合出的图形，当流场中流动参数不随时间变化时，这种组合也不随时间发生变化，运动起始于同一点的不同流体质点将按照同一路线运动，即此时不同的流体质点有相同的迹线，而这条迹线也是过该点的流线，所以在定常流动中流线具有上述性质。而在非定常流动中，由于各空间点上速度随时间变化，流线的形状和位置是在不停地变化的。

（2）流线不能彼此相交和折转，只能平滑过渡。流线的这一性质也是显而易见的，因为若流线相交和折转时，在相交和折转的同一空间点上，将出现两个速度矢量，这样就违背了流体作为连续介质，其流动参数是空间和时间的单值连续函数的条件。所以，根据流线的这一性质可知，在流场中的同一空间点上，只有一条流线通过。

（3）流线密集的地方流体流动的速度大，流线稀疏的地方流动速度小。以定常流动的管流来说，根据流线的前两个性质，在管路中的不同截面上，将有相同数目的流线经过，所以在截面积小的地方流线密集，在截面积大的地方流线稀疏，由后面即将讨论的连续性方程可知，在同一管路中截面积小的截面上流速大，截面积大的截面上流速小。所以，流线密集的地方流速大，流线稀疏的地方流速小。非定常流动中同样具有这种性质。

由流线的定义可容易地导出流线的微分方程，设在流场的某一空间点上，流体质点的速度矢量 $\boldsymbol{v}=v_x\boldsymbol{i}+v_y\boldsymbol{j}+v_z\boldsymbol{k}$，在过该点的流线上取一微元线段并写成矢量的形式则有：$\mathrm{d}\boldsymbol{l}=\mathrm{d}x\boldsymbol{i}+\mathrm{d}y\boldsymbol{j}+\mathrm{d}z\boldsymbol{k}$，根据流线的定义，这两个矢量相切，由矢量代数可知，这两个矢量的矢量积应为零，即

$$\boldsymbol{v}\times\mathrm{d}\boldsymbol{l}=\begin{vmatrix} i & j & k \\ v_x & v_y & v_z \\ \mathrm{d}x & \mathrm{d}y & \mathrm{d}z \end{vmatrix}=0$$

将上式展开则有

$$v_x\mathrm{d}y-v_y\mathrm{d}x=0$$
$$v_y\mathrm{d}z-v_z\mathrm{d}y=0$$
$$v_z\mathrm{d}x-v_x\mathrm{d}z=0$$

由上三式可得

$$\frac{\mathrm{d}x}{v_x(x,\ y,\ z,\ t)}=\frac{\mathrm{d}y}{v_y(x,\ y,\ z,\ t)}=\frac{\mathrm{d}z}{v_z(x,\ y,\ z,\ t)} \tag{3-15}$$

式（3-15）即为流线的微分方程。

由上述讨论可知，流线和迹线都是流场中的曲线，并且方程的形式是相同的，但是，它们有着本质的区别，流线是流场中瞬时曲线，描述的是某一瞬时处在该曲线上的众多流体质点的运动方向；迹线则是和时间过程有关的曲线，描述的是一个流体质点在一段时间内由一点运动到另一点的轨迹。

【例 3-2】 有一平面流场，其速度分布为 $v_x=-ky$，$v_y=kx$，求流线的方程。

解 因为流动为二维定常流动，所以流线的微分方程为

$$\frac{\mathrm{d}x}{v_x}=\frac{\mathrm{d}y}{v_y}$$

将已知的速度分量代入上式有

$$\frac{\mathrm{d}x}{-ky}=\frac{\mathrm{d}y}{kx}$$

整理得

$$x\mathrm{d}x + y\mathrm{d}y = 0$$

上式积分得

$$x^2 + y^2 = C$$

即流线簇为圆心在坐标原点的同心圆。

二、流管和流束

在流场中作一不是流线的封闭周线 C，过该周线上的所有流线组成的管状表面称为流管，如图 3-5 所示。根据流线的性质，流体质点不能穿越流管的表面流入或者流出流管。在流管中，流动的流体被局限在流管的内部和外部，流体就像在真实的管道中流动一样。

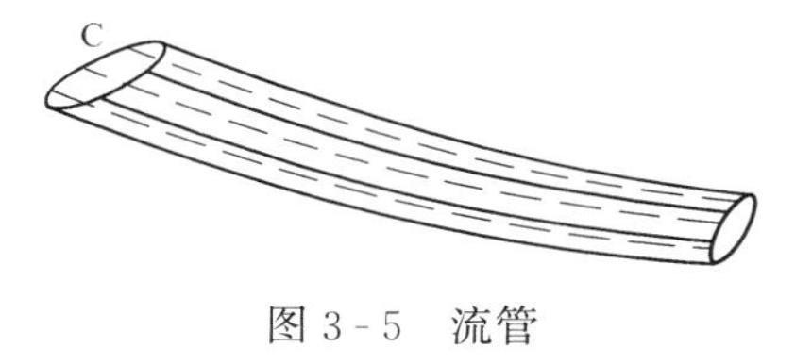

图 3-5　流管

在定常流动中，由于流线的位置和形状不随时间变化，所以流管的形状和位置也不随时间发生变化，流管也不会在流场中中止，否则，在流管中止的点上速度无穷大。

充满流管的一束流体称为流束，截面积无穷小的流束为微元流束，在微元流束的截面积 dA 上，可以认为流动参数的分布是均匀的，并且流动速度垂直于 dA，显然微元流束的极限是流线，所以，经常用流线的方程来表征微元流束。但二者是有区别的，流束是一个物理概念，涉及流速、压强、动量、能量、流量等等，而流线只是一个数学概念，只是某一瞬时流场中的一条光滑曲线。

像管流和渠道内的流动，流束的截面积有限大，在工程实际中，将这种截面积有限大的流束称为总流，总流是由无穷多微元流束组成的流动整体。

三、缓变流和急变流

流束内流线的夹角很小、流线的曲率半径很大，近乎平行直线的流动，称为缓变流，否则为急变流。流线的夹角很小，意味着流线近乎平行，流线的曲率半径很大，则意味着流体质点的离心惯性力近乎为零。流体在直管道内的流动为缓变流，在管道截面积变化剧烈、流动方向发生改变的地方，如突扩管、突缩管、弯管、阀门等处的流动为急变流。

四、有效截面　流量　平均流速

在流束或者总流中，与所有流线都垂直的截面称为有效截面，如图 3-6 所示，在直管上流线为平行线，有效截面为平面，在锥管上流线发散或者收敛，有效截面为曲面。

在单位时间内流过有效截面积的流体的量称为流量，流量以不同的单位计量时，有不同名称的流量，以体积计量时，称为体积流量，体积流量用符号 q_V 表示，单位为 m^3/s；以质量计量时，称为质量流量，用符号 q_m 表示，单位为 kg/s。

在图 3-7 中，流过微元面积 dA 的体积流量为

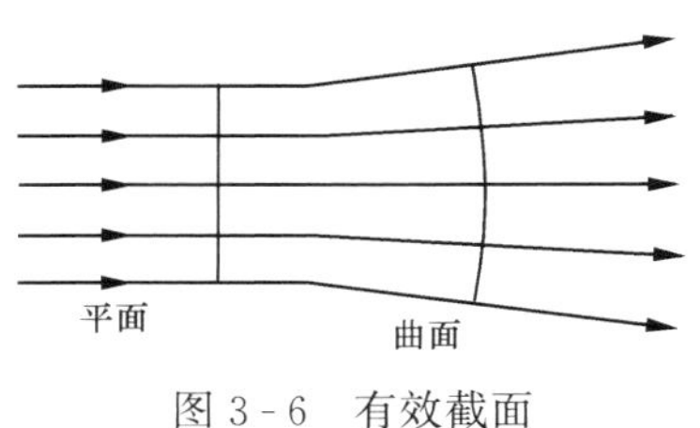

图 3-6　有效截面

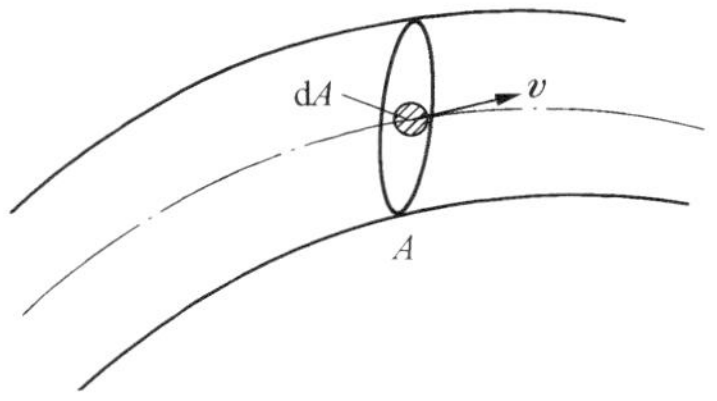

图 3-7　流量

$$dq_V = v dA$$

因为 dA 为微元面积，故认为 v 在 dA 上均匀分布。积分上式就可以求得通过有效截面 A 的体积流量：

$$q_V = \iint_A v dA \tag{3-16}$$

当所取的截面不是有效截面时，因为截面上每点上的速度与截面不垂直，故微元流量为

$$dq_V = v\cos(v, n) dA$$

式中：$\cos(v, n)$ 为速度 v 与微元面积 dA 法线方向 n 的夹角的余弦。

流过整个截面积 A 的体积流量为

$$q_V = \iint_A v\cos(v, n) dA \tag{3-16a}$$

在工程实际中，往往不需知道实际流速在有效截面每一点的分布情况，只需知道有效截面上流速的平均值即可，因此引入了平均流速的概念，所谓平均流速是指体积流量除以有效截面积所得的商，即

$$v_a = \frac{q_V}{A} \tag{3-17}$$

在以后的应用中，为简单起见，在不致引起混淆的情况下，平均流速往往不加下标，直接用 v 表示。

五、湿周　水力半径　当量直径

在总流的有效截面上，流体与固体壁面的接触长度称为湿周，用字母 x 表示。总流的有效截面积 A 和湿周之比定义为水力半径，用字母 R 表示，即

$$R = \frac{A}{x} \tag{3-18}$$

对于圆形截面的管道，其几何直径用水力半径表示时可表示为

$$d = \frac{\pi d^2}{\pi d} = \frac{4A}{x} = 4R$$

即几何直径为 4 倍的水力半径。与圆形管道相类比，非圆形截面管道的当量直径 D 也可以用 4 倍的水力半径表示，即

$$D = \frac{4A}{x} = 4R \tag{3-19}$$

按照上述关系，图 3-8 中几种非圆形截面管道的当量直径计算如下：

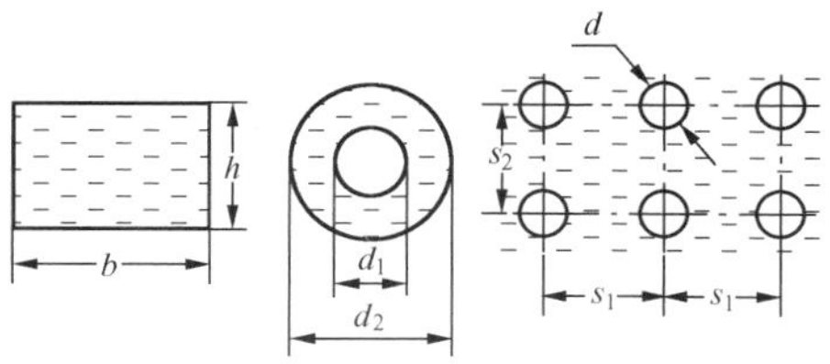

图 3-8　几种非圆形截面的管道

充满流体的矩形管道

$$D = \frac{4bh}{2(h+b)} = \frac{2bh}{b+h}$$

充满流体的环形截面管道

$$D = \frac{4\left(\frac{\pi d_2^2}{4} - \frac{\pi d_1^2}{4}\right)}{\pi d_1 + \pi d_2} = d_2 - d_1$$

充满流体的管束

$$D=\frac{4\left(S_1S_2-\frac{\pi d^2}{4}\right)}{\pi d}=\frac{4S_1S_2}{\pi d}-d$$

第四节　系统　控制体　输运公式

讨论流体的流动有两种基本的方法，一是质点法，再就是控制体法。质点法关心的是个别质点的运动，流体质点运动要素随时间的变化率可用式（3-5）求得，质点法属拉格朗日法的范畴。而在控制体法中，往往要求解答的是和流动总体有关的流动要素，而不去追究个别流体质点运动要素的变化。控制体法所要求解的问题往往涉及众多流体质点所组成的系统的能量、动量等，该方法属于欧拉法的范畴。输运公式是控制体法中的重要公式，描述流体运动的连续性方程、动量方程和能量方程等都可依据输运公式推导出来，所以本节的任务是首先建立系统和控制体的概念，进而导出输运公式。

所谓系统就是一群流体质点的集合。流体系统在运动过程中尽管形状在不停地发生变化，但始终包含有相同的流体质点，有确定的质量。控制体是为了研究问题方便起见所取的特定空间区域。一经选定，相对一定的坐标系，其位置和形状不再变化。

为了推导输运公式，选定图 3-9（a）所示的系统和控制体。控制体为球形，其边界用实线标示，选取 t 时刻控制体内的流体为要研究的流体系统，系统的边界和控制体的边界重合，其边界线用虚线标示。在 $t+\delta t$ 时刻，控制体的形状和位置没有发生变化，但是由于流体的运动，系统的位置和形状均发生了变化，图 3-9（b）中的虚线标示出的区域为 $t+\delta t$ 时刻流体系统新的位置。

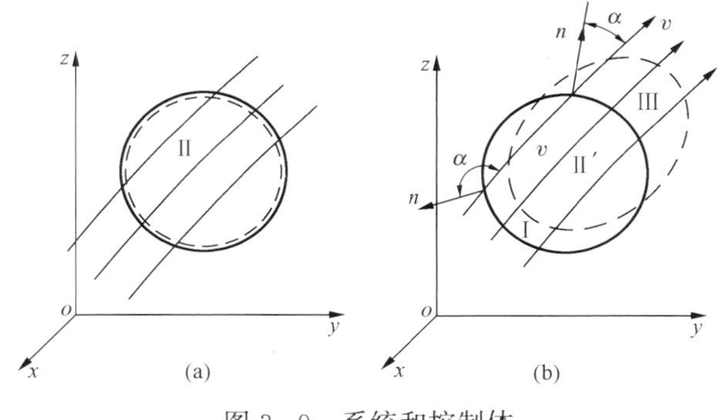

图 3-9　系统和控制体

设 N 为流体系统在 t 时刻所具有的某种物理量（如质量、动量和能量等）的总量，η 表示单位质量流体所具有的这种物理量。则 $N=\iiint\limits_{V}\eta\rho\mathrm{d}V$。系统在 t 时刻的体积为Ⅱ所具有的体积，并与所选定的控制体相重合。在 $t+\delta t$ 时刻，流体系统运动到新的位置，其体积为Ⅱ′和Ⅲ所占有的体积，Ⅱ′是系统在 $t+\delta t$ 时刻和 t 时刻所占位置的重合部分。t 时刻流体系统所具有的某种物理量 N 对时间的变化率为

$$\frac{\mathrm{d}N}{\mathrm{d}t}=\frac{\mathrm{d}}{\mathrm{d}t}\iiint\limits_{V}\eta\rho\mathrm{d}V=\lim_{\delta t\to 0}\frac{\left(\iiint\limits_{V'}\eta\rho\mathrm{d}V\right)_{t+\delta t}-\left(\iiint\limits_{V}\eta\rho\mathrm{d}V\right)_{t}}{\delta t}\tag{a}$$

式中：V' 为系统在 $t+\delta t$ 时刻的体积；V 为系统在 t 时刻的体积。

由图 3-9 可以看出，系统在 $t+\delta t$ 时刻的体积 V' 是Ⅱ′和Ⅲ所占据的部分，t 时刻的体积 V 是Ⅰ和Ⅱ′所占据的部分。所以式（a）可以写成下述形式：

$$\frac{\mathrm{d}N}{\mathrm{d}t}=\lim_{\delta t\to 0}\frac{\left(\iiint\limits_{\mathrm{II}'}\eta\rho\mathrm{d}V\right)_{t+\delta t}-\left(\iiint\limits_{\mathrm{II}'}\eta\rho\mathrm{d}V\right)_{t}}{\delta t}+\lim_{\delta t\to 0}\frac{\left(\iiint\limits_{\mathrm{III}}\eta\rho\mathrm{d}V\right)_{t+\delta t}-\left(\iiint\limits_{\mathrm{I}}\eta\rho\mathrm{d}V\right)_{t}}{\delta t} \tag{b}$$

因为，在 $\delta t\to 0$ 时，$\mathrm{II}'\to\mathrm{II}$，$\mathrm{III}\to 0$，即在 t 时刻系统和控制体重合，若用 CV 表示控制体的体积，则有 $\mathrm{II}=V(t)=CV$，所以式（b）右端第一项可以化简为

$$\lim_{\delta t\to 0}\frac{\left(\iiint\limits_{\mathrm{II}'}\eta\rho\mathrm{d}V\right)_{t+\delta t}-\left(\iiint\limits_{\mathrm{II}'}\eta\rho\mathrm{d}V\right)_{t}}{\delta t}=\frac{\partial}{\partial t}\iiint\limits_{CV}\eta\rho\mathrm{d}V \tag{c}$$

式（c）表示在同一地点上控制体内的某种物理量随时间的变化率，相当于式（3-5）中的当地导数项，是由流场的非稳定性引起的。

式（b）中的体积分 $\iiint\limits_{\mathrm{III}}\eta\rho\mathrm{d}V$ 是系统在 δt 时间内通过控制体的表面流出的流体所携带的物理量，因此，可以用在同样的时间内通过控制体的表面流出的这种物理量的积分来表示这个积分。所以在单位时间内通过控制体的表面流出的物理量为

$$\lim_{\delta t\to 0}\frac{\left(\iiint\limits_{\mathrm{III}}\eta\rho\mathrm{d}V\right)_{t+\delta t}}{\delta t}=\iint\limits_{CS_2}\eta\rho v\cos\alpha\,\mathrm{d}A=\iint\limits_{CS_2}\eta\rho\boldsymbol{v}\cdot\mathrm{d}\boldsymbol{A}=\iint\limits_{CS_2}\eta\rho v_n\,\mathrm{d}A \tag{d}$$

式中：CS_2 为控制体表面上的出流面积；α 为出流速度 $\boldsymbol{v}$ 与微元面积 $\mathrm{d}A$ 法线方向 $\boldsymbol{n}$ 的夹角；v_n 为速度 $\boldsymbol{v}$ 在微元面积 $\mathrm{d}A$ 法线方向的投影；$\mathrm{d}\boldsymbol{A}$ 为以微元面积 $\mathrm{d}A$ 的大小为模的 $\boldsymbol{n}$ 方向上的矢量。

同理，图中Ⅰ上的积分可以用通过控制体的表面流入的物理量表示，所以单位时间内通过控制体的表面流入的物理量为

$$\lim_{\delta t\to 0}\frac{\left(\iiint\limits_{\mathrm{I}}\eta\rho\mathrm{d}V\right)_{t}}{\delta t}=\iint\limits_{CS_1}\eta\rho v\cos\alpha\,\mathrm{d}A=\iint\limits_{CS_1}\eta\rho\boldsymbol{v}\cdot\mathrm{d}\boldsymbol{A}=-\iint\limits_{CS_1}\eta\rho v_n\,\mathrm{d}A \tag{e}$$

式中：CS_1 为流入面的面积。

式（e）中的负号是因为流入面上的速度 $\boldsymbol{v}$ 的方向和流入面的外法线方向的夹角大于 90°，v_n 为负值的缘故。

将式（c）、式（d）和式（e）代入式（b），并考虑到整个控制体的面积 $CS=CS_1+CS_2$，则

$$\frac{\mathrm{d}N}{\mathrm{d}t}=\frac{\partial}{\partial t}\iiint\limits_{CV}\eta\rho\mathrm{d}V+\iint\limits_{CS}\eta\rho v_n\,\mathrm{d}A \tag{3-20}$$

或者

$$\frac{\mathrm{d}N}{\mathrm{d}t}=\frac{\partial}{\partial t}\iiint\limits_{CV}\eta\rho\mathrm{d}V+\iint\limits_{CS}\eta\rho\boldsymbol{v}\cdot\mathrm{d}\boldsymbol{A} \tag{3-20a}$$

式（3-20a）即为流体系统内某种物理量 N 随时间的变化率，称为输运公式。就是将拉格朗日法中，求某种物理量的变化率转化为欧拉法的计算公式，是欧拉法中的控制体法的基本公式。该式表明，流体系统内部的某种物理量 N 的时间变化率由两部分组成，一部分是由于流场的非稳定性引起的控制体内 N 的变化率，相当于式（3-5）中的当地导数项，另一部分是流体系统通过控制体表面的净通量，是流场的非均匀性引起的，相当于式（3-5）的

迁移导数项。物理量 N 可以是标量，如质量、能量等，也可以是矢量，如动量和动量矩等。

在定常流动中，流场中的所有物理量不随时间发生变化，所以控制体内的物理量的变化率为零，即 $\frac{\partial}{\partial t}\iiint\limits_{CV}\eta\rho\,\mathrm{d}V=0$，此时，系统内部物理量 N 的变化率为

$$\frac{\mathrm{d}N}{\mathrm{d}t}=\iint\limits_{CS}\eta\rho v_n\,\mathrm{d}A \tag{3-21}$$

或者

$$\frac{\mathrm{d}N}{\mathrm{d}t}=\iint\limits_{CS}\eta\rho\boldsymbol{v}\cdot\mathrm{d}A \tag{3-21a}$$

由上式可知，在定常流动中流体系统某种物理量的变化率，仅和流出、流入控制体的流动情况有关，和控制体内部发生的变化无关。

第五节　连续性方程

根据流体的连续性假设，流体是由无穷多没有间隙的流体微团构成的连续介质，因此流体在流动过程中，将连续地充满流动的空间，流体质点相互衔接，不出现间隙。根据这一思想和质量守恒定律，可以导出流体流动的连续性方程。

由输运公式（3-20）可知，当讨论的流动参数是质量时，则 $\eta=1, N=\iiint\limits_{V}\rho\,\mathrm{d}V=m$。由于在流动过程中流体系统内的流体质量不发生变化，于是有

$$\frac{\mathrm{d}N}{\mathrm{d}t}=\frac{\mathrm{d}m}{\mathrm{d}t}=0$$

将此结果应用于式（3-20）则有

$$\frac{\partial}{\partial t}\iiint\limits_{CV}\rho\,\mathrm{d}V+\iint\limits_{CS}\rho v_n\,\mathrm{d}A=0 \tag{3-22}$$

上式即为积分形式的连续性方程，该式表明：单位时间内控制体内流体质量的增量，等于通过控制体表面的质量的净通量。或者说单位时间内控制体内流体质量的增加或减少，等于同样时间内通过控制面的质量净通量。

显然，对于定常流动，式（3-22）左端第一项为零，所以定常流动的积分形式的连续性方程为

$$\iint\limits_{CS}\rho v_n\,\mathrm{d}A=0 \tag{3-23}$$

上式表明，在定常流动中通过控制体表面的流体质量净通量等于零。

将式（3-23）应用于定常管流时，可选择管道上任意两个截面 A_1、A_2 和这两个截面间的管子壁面所包容的体积为控制体，由于在管子壁面上没有流体的流入和流出，所以有

$$\iint\limits_{A_1}\rho_1 v_{1n}\,\mathrm{d}A=\iint\limits_{A_2}\rho_2 v_{2n}\,\mathrm{d}A \tag{3-24}$$

上式中等号两端的积分分别为截面 A_1、A_2 上的质量流量，解出这两个积分，可以得到常用的一维定常流动的积分形式的连续性方程。一般情况下，管道截面上的流体密度近视为常数，如果用 $\bar{v}_1$ 和 $\bar{v}_2$ 分别表示两个截面上的平均流速，并将截面取为有效截面，则式（3-24）积分则有

$$\rho_1 \bar{v}_1 A_1 = \rho_2 \bar{v}_2 A_2 \tag{3-25}$$

或者

$$\rho \bar{v} A = 常数 \tag{3-25a}$$

上式即为一维定常流动积分形式的连续性方程，该式表明：在定常管流的 A_1、A_2 两个有效截面上，流体的质量流量等于常数，由于 A_1、A_2 是任意有效截面，所以在定常管流中的任意有效截面上，流体的质量流量都等于常数。

对于不可压缩流体，密度等于常数，即在管流的任意截面上流体的密度都相等，式（3-25）两端同除以流体的密度，则有

$$\bar{v}_1 A_1 = \bar{v}_2 A_2 \tag{3-26}$$

或者

$$\bar{v} A = 常数 \tag{3-26a}$$

上式表明：对于不可压缩流体的定常一维流动，在任意有效截面上体积流量等于常数。由该式可知，在同一总流上，流通截面积大的截面上流速小，流通截面积小的截面上流速大。

【例 3-3】 定常流动的水流流过图 3-10 所示的装置，A_1、A_3 和 A_4 截面上的流动速度方向如图 3-10 所示。已知 $A_1=0.0186\text{m}^2$，$A_2=0.0465\text{m}^2$，$A_3=A_4=0.0372\text{m}^2$，通过 A_3 的质量流量 3400kg/h，通过 A_4 的体积流量 $q_{V4}=1.7\text{m}^3/\text{h}$，$A_1$ 截面上的流速 $v_1=0.5\text{m/s}$。假设进出口截面上的流动参数是均匀的，求通过 A_2 的质量流量和流速。

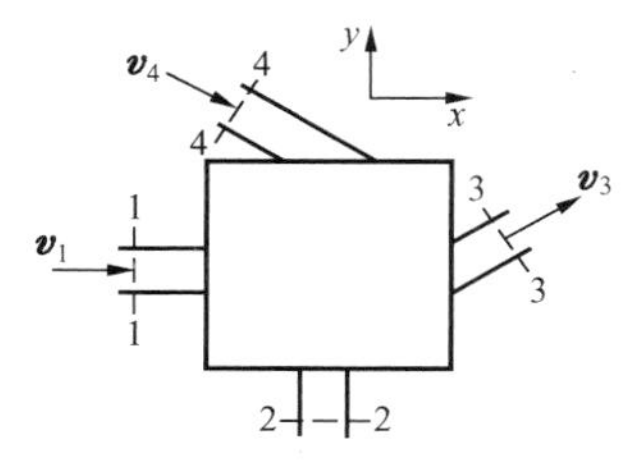

图 3-10 ［例 3-3］用图

解 以各过流截面和容器壁面所包容的体积为控制体，以某时刻控制体内的流体作为要研究的流体系统，以系统内流体的质量为研究对象时则有

$$\frac{\partial}{\partial t}\iiint_{CV}\rho \mathrm{d}V + \iint_{CS}\rho \boldsymbol{v}\cdot \mathrm{d}A = 0$$

又因为流动是定常流动，$\frac{\partial}{\partial t}\iiint_{CV}\rho \mathrm{d}V = 0$，所以有

$$\iint_{CS}\rho \boldsymbol{v}\cdot \mathrm{d}A = 0$$

即通过整个控制体表面的净出流量为零，根据题意知

$$\iint_{CS}\rho \boldsymbol{v}\cdot \mathrm{d}A = \iint_{A_1}\rho \boldsymbol{v}\cdot \mathrm{d}A + \iint_{A_2}\rho \boldsymbol{v}\cdot \mathrm{d}A + \iint_{A_3}\rho \boldsymbol{v}\cdot \mathrm{d}A + \iint_{A_4}\rho \boldsymbol{v}\cdot \mathrm{d}A = 0 \tag{a}$$

考虑到所取截面和流动速度垂直，流动参数均匀以及流体的密度 $\rho=$常数，则有

$$\iint_{A_1}\rho \boldsymbol{v}\cdot \mathrm{d}A = -\iint_{A_1}\rho v \mathrm{d}A = -\rho v_1 A_1 = -1000\times 0.5\times 0.0186 = -9.3\text{kg/s}$$

$$\iint_{A_3}\rho \boldsymbol{v}\cdot \mathrm{d}A = \iint_{A_3}\rho v \mathrm{d}A = \rho v_3 A_3 = 3400\text{kg/h} = 0.944\text{kg/s}$$

$$\iint_{A_4}\rho \boldsymbol{v}\cdot \mathrm{d}A = -\iint_{A_4}\rho v \mathrm{d}A = -\rho v_4 A_4 = -\rho q_{V4} = 1000\times\frac{1.7}{3600} = -0.472\text{kg/s}$$

将上述结果代入式（a）可求得

$$\iint_{A_2}\rho \boldsymbol{v}\cdot \mathrm{d}A = -\left(\iint_{A_1}\rho \boldsymbol{v}\cdot \mathrm{d}A + \iint_{A_4}\rho \boldsymbol{v}\cdot \mathrm{d}A + \iint_{A_3}\rho \boldsymbol{v}\cdot \mathrm{d}A\right)$$

$$=-(-9.3+0.944-0.472)=8.828\text{kg/s}$$

由上式可知在 A_2 截面上质量流量为正值，所以 A_2 为出流截面，即 v_2 的方向为 y 的正方向相反，所以有

$$\iint_{A_2}\rho\boldsymbol{v}\cdot\mathrm{d}A=\rho v_2A_2=8.828\text{kg/s}$$

由上式可以解得

$$v_2=\frac{8.828}{1000\times0.0465}=0.1898\text{m/s}$$

【例 3-4】 水流定常地流过图 3-11 所示的管道，已知 $d_1=2d_2$，试确定 v_1 和 v_2 的关系。

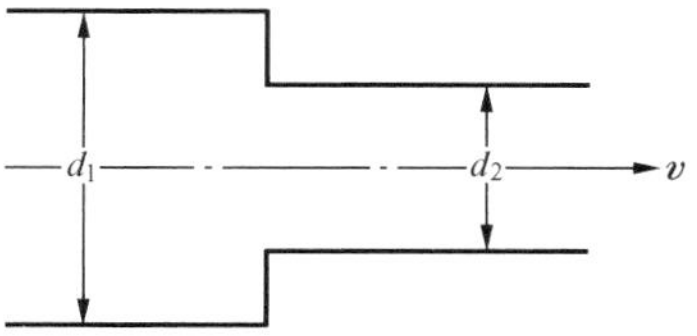

解 水可以看成不可压缩流体，流动又是定常流动，所以在该管路上可以应用式（3-26），即

$$v_1A_1=v_2A_2$$

或者

$$v_1d_1^2=v_2d_2^2$$

图 3-11 ［例 3-4］用图

将已知条件 $d_1=2d_2$ 代入上式则有

$$v_2=v_1\left(\frac{d_1}{d_2}\right)^2=v_1\left(\frac{2d_2}{d_2}\right)^2=4v_1$$

由该例的结果可知，当管子直径减小一倍时，速度将扩大到原来的四倍。

第六节　动量方程和动量矩方程

在工程实际中常常遇到流体与固体之间的作用力和力矩的有关计算问题，这些问题的解决必须依靠动量方程和动量矩方程。

一、惯性坐标系中的动量方程和动量矩方程

1. *动量方程*

第四节中定义的流体系统可以看成由众多流体质点组成的质点系，由质点系的动量定理可知，作用于流体系统上的所有外力之和等于系统内流体动量的变化率。

应用输运公式（3-20）讨论流体系统的动量问题时，式中的 $\eta=\boldsymbol{v}$，表示单位质量流体具有的动量，系统内的流体具有的动量为 $N=\iiint_V\boldsymbol{v}\rho\mathrm{d}V$，该量是一个矢量。此时，流体系统的动量变化率应用式（3-20）可以表示为

$$\frac{\mathrm{d}}{\mathrm{d}t}\iiint_V\boldsymbol{v}\rho\mathrm{d}V=\frac{\partial}{\partial t}\iiint_{CV}\boldsymbol{v}\rho\mathrm{d}V+\iint_{CS}\boldsymbol{v}\rho v_\mathrm{n}\mathrm{d}A$$

作用于流体系统上的力有两类，一类是质量力，一类是表面力。质量力可表示为 $\iiint_V\boldsymbol{f}\cdot\rho\mathrm{d}V$，表面力可表示为 $\iint_A\boldsymbol{p}_n\mathrm{d}A$，$\boldsymbol{p}_n$ 为作用在外法线方向为 $\boldsymbol{n}$ 的微元面积 $\mathrm{d}A$ 上的应力。根据动量定理则有

$$\frac{\mathrm{d}}{\mathrm{d}t}\iiint_V\boldsymbol{v}\rho\mathrm{d}V=\iiint_{CV}\boldsymbol{f}\rho\mathrm{d}V+\iint_{CS}\boldsymbol{p}_n\mathrm{d}A \tag{3-27}$$

式（3-27）即为惯性坐标系中积分形式的动量方程。

对于定常流动，系统内的动量不随时间变化，于是有

$$\iint_{CS}\boldsymbol{v}\rho v_n\mathrm{d}A=\iiint_{CV}\boldsymbol{f}\rho\mathrm{d}V+\iint_{CS}\boldsymbol{p}_n\mathrm{d}A \tag{3-28}$$

式（3-28）表明：在定常流动的条件下，作用于系统内流体上的质量力的主矢量与控制体表面上表面力的主矢量之和，等于控制体表面上流体动量的净通量的主矢量，与控制体内的流动状态无关。

将式（3-28）应用于定常管流时，可以作适当的简化。该式右端为作用于控制体上的质量力和表面力之和，用$\sum\boldsymbol{F}$表示之。左端为动量在控制体表面上的净通量，由于在管子的壁面上v_n为零，故在管子壁面上积分为零，只有在管子的流入断面A_1和流出断面A_2上的通量不为零。所以定常管流的动量方程可以表示为

$$\sum\boldsymbol{F}=\iint_{A_2}\boldsymbol{v}\rho v_{\mathrm{n}}\mathrm{d}A-\iint_{A_1}\boldsymbol{v}\rho v_{\mathrm{n}}\mathrm{d}A \tag{3-29}$$

式（3-29）表明：在定常管流中，作用于管流控制体上的所有外力之和等于单位时间内管子流出断面上流出的动量和流入断面上流入的动量之差。

要将式（3-29）应用于某一具体管流，除明确作用力之外还必须知道速度在流入和流出截面上的分布，才能准确地计算出流入和流出断面上的动量通量，但通常情况下并不知道流速在截面上的分布情况，常常采用平均流速v_{a}来计算过流断面上的动量通量，考虑到管流有效截面上密度保持常数，以及$\boldsymbol{v}$和v_n一致，并用动量修正系数β来修正实际流速和平均流速计算的动量通量的差别，有效截面上的动量通量计算式可以表示成以下形式：

$$\iint_A\rho v^2\mathrm{d}A=\beta\rho v_{\mathrm{a}}^2A \tag{3-30}$$

其中动量修正系数的定义式为

$$\beta=\frac{1}{A}\iint_A\left(\frac{v}{v_{\mathrm{a}}}\right)^2\mathrm{d}A \tag{3-30a}$$

通常情况下取$\beta=1$。将式（3-30）代入式（3-29），并将方程整理成投影的形式，则有

$$\left.\begin{aligned}\sum F_x&=\rho q_V(v_{2x}-v_{1x})\\\sum F_y&=\rho q_V(v_{2y}-v_{1y})\\\sum F_z&=\rho q_V(v_{2z}-v_{1z})\end{aligned}\right\} \tag{3-31}$$

式（3-31）即为定常管流投影形式的动量方程，常用来求解动水反力等问题。

应用式（3-31）求解有关问题必须注意以下几个问题：

（1）动量方程是一个矢量方程，每一个量均具有方向性，必须根据建立的坐标系判断各个量在坐标系中的正负号。

（2）根据问题的要求正确地选择控制体，选择的控制体必须包含对所求作用力有影响的全部流体。

（3）方程左端的作用力项包括作用于控制体内流体上的所有外力，但不包括惯性力。

（4）方程只涉及两个流入、流出截面上的流动参数，而不必顾及控制体内是否有间断面存在。

【例3-5】 如图3-12所示，90°的渐缩弯管水平放置，管径$d_1=15\text{cm}$，$d_2=7.5\text{cm}$，

入口处水流平均流速 $v_1=2.5\text{m/s}$，静压强 $p_{1e}=6.86\times10^4\text{Pa}$，在出口截面上静压强 $p_{2e}=2.17\times10^4\text{Pa}$，试求支撑弯管所需的水平力。

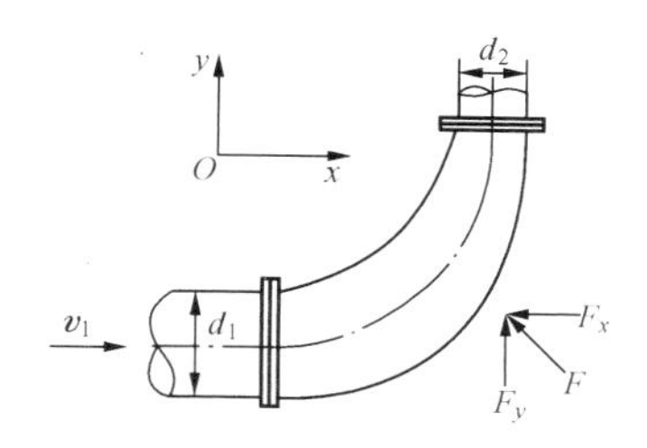

图 3-12　水平放置 90°的弯管

解　选取弯管壁面和进、出口截面内的体积为控制体，建立图示坐标系。

由连续性方程得

$$v_2=v_1\frac{A_1}{A_2}=2.5\times\left(\frac{0.15}{0.075}\right)^2=10\text{m/s}$$

设弯管对控制体内流体的水平约束力为 $\boldsymbol{F}$，其在 x、y 方向上的分力分别为 F_x、F_y。

由式（3-31），在 x 方向上 $p_{1e}\frac{\pi}{4}d_1^2-F_x=\rho v_1\frac{\pi}{4}d_1^2(0-v_1)$

可解得
$$F_x=\frac{\pi}{4}d_1^2(p_{1e}+\rho v_1^2)$$

在弯管的外表面上作用有大气压强，流体静压强中也有大气压因素，故由大气压强产生的作用力在管子的内外表面上力可以两两抵消，故计算中可以用计示压强。所以

$$F_x=\frac{\pi}{4}d_1^2(p_{1e}+\rho v_1^2)=\frac{\pi}{4}\times0.15^2\times(6.86\times10^4+1000\times2.5^2)$$
$$=1323\text{N}$$

在 y 方向上
$$F_y-p_{2e}\frac{\pi}{4}d_2^2=\rho v_2\frac{\pi}{4}d_2^2(v_2-0)$$

可解得　$F_y=\frac{\pi}{4}d_2^2(p_2+\rho v_2^2)=\frac{\pi}{4}\times0.075^2\times(2.17\times10^4+1000\times10^2)=538\text{N}$

合力为
$$F=\sqrt{F_x^2+F_y^2}=\sqrt{1323^2+538^2}=1427\text{N}$$

F 也为支撑弯管所需的力。

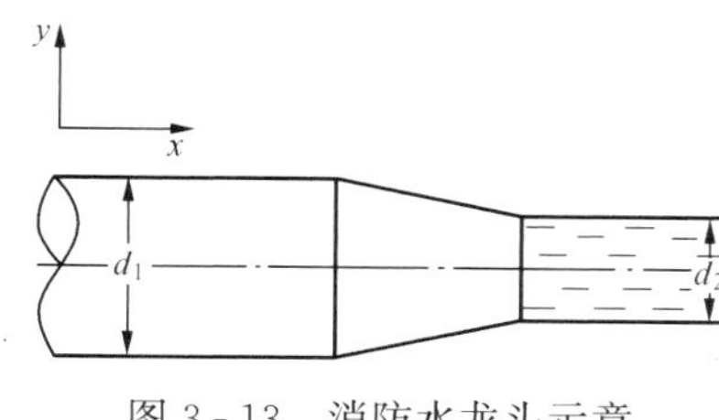

图 3-13　消防水龙头示意

【例 3-6】　如图 3-13 所示，一消防水龙头水平方向工作，已知喷管进口直径 $d_1=10\text{cm}$，出口直径 $d_2=4\text{cm}$，工作流量 $q_V=186\text{m}^3/\text{h}$，进口截面上计示压强 $p_{1e}=7\times10^5\text{Pa}$，截面上参数分布均匀，试求在忽略重力的情况下喷管的受力。

解　选择喷管的进出口截面和喷管的壁面所夹的体积为控制体，并选择图示的坐标系。

由已知流量可计算出喷管进出口截面上的流速：

$$v_1=\frac{q_V}{\frac{\pi d_1^2}{4}}=\frac{4\times186}{3600\times\pi\times0.1^2}=6.578\text{m/s}$$

$$v_2=\frac{q_V}{\frac{\pi d_2^2}{4}}=\frac{4\times186}{3600\times\pi\times0.04^2}=41.12\text{m/s}$$

整个消防水龙头处于大气环境中，其压强项可用计示压强，而出口截面流体的计示压强为零。如果喷管壁面作用在控制体内流体上的合力在 x 轴上的投影为 F_x，则由式（3-31）

的第一方程得

$$\rho q_V(v_{2x}-v_{1x})=F_x+p_{1e}\times\pi d_1^2/4$$

$$F_x=1000\times\frac{186}{3600}\times(41.12-6.578)-7\times10^5\times\frac{\pi}{4}\times0.1^2=-3713\text{N}$$

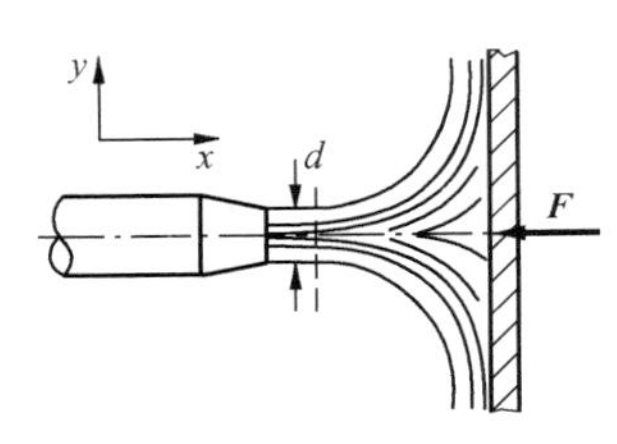

图 3-14 射流对平板的作用力

负号说明喷管作用给流体的水平力的方向与 x 轴的方向相反。流体反作用给喷管的水平力与 x 轴同向。

$$F'_x=-F_x=3713\text{N}$$

【例 3-7】 如图 3-14 所示，一喷管水平喷出一束水流，冲击到直立的平板上，已知喷管的出口直径 $d=100$mm，射流速度 $v_0=20$m/s，试求射流对平板的打击力。

解 建立图示的坐标系，选择图中的虚线和射流的外轮廓线以及平板壁面所夹的体积为控制体。作用在控制体内流体上的力有重力和平板对该部分流体的作用力 F，由于射流速度很高，可以忽略重力的影响。根据动量方程式（3-31），得 x 方向上的方程：

$$-F=\rho v_0\frac{\pi}{4}d^2(0-v_0)$$

由上式解得

$$F=\rho v_0^2\frac{\pi}{4}d^2=1000\times20^2\times\frac{\pi}{4}\times0.1^2=3142\text{N}$$

2. 动量矩方程

将质点系的动量矩定理应用于流体系统，可导出积分形式的动量矩方程。

用 $\eta=\boldsymbol{r}\times\boldsymbol{v}$ 表示单位质量流体的动量矩，则整个系统内流体的动量矩为 $N=\iiint_V\boldsymbol{r}\times\boldsymbol{v}\rho\,\text{d}V$，由输运公式（3-20）可知

$$\frac{\text{d}}{\text{d}t}\iiint_V\boldsymbol{r}\times\boldsymbol{v}\rho\,\text{d}V=\frac{\partial}{\partial t}\iiint_{CV}\boldsymbol{r}\times\boldsymbol{v}\rho\,\text{d}V+\iint_{CS}\boldsymbol{r}\times\boldsymbol{v}\rho v_n\,\text{d}A \tag{3-32}$$

由质点系的动量矩定理，流体系统内流体动量矩的时间变化率等于作用在系统上的所有外力矩的矢量和，所以有

$$\frac{\partial}{\partial t}\iiint_{CV}\boldsymbol{r}\times\boldsymbol{v}\rho\,\text{d}V+\iint_{CS}\boldsymbol{r}\times\boldsymbol{v}\rho v_n\,\text{d}A=\iiint_{CV}\boldsymbol{r}\times\boldsymbol{f}\rho\,\text{d}V+\iint_{CS}\boldsymbol{r}\times\boldsymbol{p}_n\,\text{d}A \tag{3-33}$$

该式为惯性坐标系中积分形式的动量矩方程，在定常流动的条件下，控制体内流体动量矩不随时间变化，所以左端第一项为零，于是有

$$\iint_{CS}\boldsymbol{r}\times\boldsymbol{v}\rho v_n\,\text{d}A=\iiint_{CV}\boldsymbol{r}\times\boldsymbol{f}\rho\,\text{d}V+\iint_{CS}\boldsymbol{r}\times\boldsymbol{p}_n\,\text{d}A \tag{3-34}$$

该式表明：在定常流动的条件下，通过控制体表面流体动量矩的净通量等于作用于控制体的所有外力矩的矢量和，与控制体内的流动状态无关。

3. 叶轮机械的基本方程

应用定常流动的动量矩方程式（3-34），可以导出常用的涡轮机械的基本方程。如果用 $\sum(\boldsymbol{r}_i\times\boldsymbol{F}_i)$ 表示所有外力矩的矢量和，动量矩方程可以表示成以下形式：

$$\iint_{CS}\rho(\boldsymbol{r}\times\boldsymbol{v})v_n\mathrm{d}A=\sum(\boldsymbol{r}_i\times\boldsymbol{F}_i) \tag{3-35}$$

上式表明：在定常流动中，控制体表面上动量矩的净通量，等于作用于控制体上的所有外力矩的矢量和。

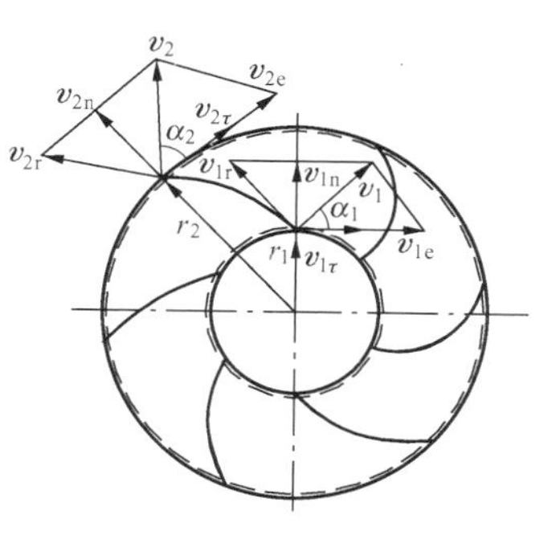

图 3-15　离心泵叶轮内的流动

图 3-15 为离心式水泵或风机叶轮内的速度矢量分解图，图中 v_1 表示内圈上流体流动的绝对速度，v_{1r}、v_{1e} 为内圈上的相对速度和牵连速度，v_{1n}、$v_{1\tau}$ 分别为 v_1 在内圈法向和切向上的分量。v_2 为外圈上流体流出的绝对速度，v_{2r}、v_{2e} 为 v_2 对应的相对速度和牵连速度，v_{2n}、$v_{2\tau}$ 为其在外圈上的法向和切向分量。内圈的半径为 r_1，外圈的半径为 r_2，内外圈流入和流出的有效截面积分别为 A_1、A_2。在流量 q_V 和旋转角速度 ω 保持常数的情况下，叶轮内的流动为定常流动。而且这种定常流动的条件，不论是在固连于叶轮上的非惯性坐标系，还是在固定于机座上的惯性坐标系中都是成立的。

取图中虚线包容的体积为控制体，由于叶轮的对称性，叶轮内的流体受到的重力对转轴（铅直向上的 z 轴）的力矩之和为零。当不考虑流体的黏性时，通过控制面作用在控制体内流体上的表面力，对转轴的力矩也为零。此时，作用在控制体内流体上的外力矩只有转轴传给叶轮的力矩 M_z，所以有

$$\left[\sum(\boldsymbol{r}_i\times\boldsymbol{F}_i)\right]_z=M_z$$

在上述条件下，流体经过控制体表面的动量矩净通量为

$$\left[\iint_{CS}\rho(\boldsymbol{r}\times\boldsymbol{v})v_n\mathrm{d}A\right]_z=\iint_{A_2}\rho v_2r_2\cos\alpha_2v_{2n}\mathrm{d}A-\iint_{A_1}\rho v_1r_1\cos\alpha_1v_{1n}\mathrm{d}A$$
$$=\rho v_2r_2\cos\alpha_2v_{2n}A_2-\rho v_1r_1\cos\alpha_1v_{1n}A_1=\rho q_V(r_2v_{2\tau}-r_1v_{1\tau})$$

将以上结果代入式（3-35），得

$$M_z=\rho q_V(r_2v_{2\tau}-r_1v_{1\tau}) \tag{3-36}$$

该力矩单位时间对流体作的功率为

$$P=M_z\omega=\rho q_V(v_{2e}v_{2\tau}-v_{1e}v_{1\tau}) \tag{3-37}$$

单位重量流体通过叶轮所获得的能量为

$$H=\frac{1}{g}(v_{2e}v_{2\tau}-v_{1e}v_{1\tau}) \tag{3-38}$$

上式即为涡轮机械基本方程，在已知叶轮机械的工作参数和叶轮的几何参数的条件下，通过该方程可以求得流体流经叶轮机械时，单位重量流体获得的能量 H。这一数值是表征叶轮工作性能的特征量。叶轮机械性能曲线各参数间的关系都是根据这一基本方程推导出来的。

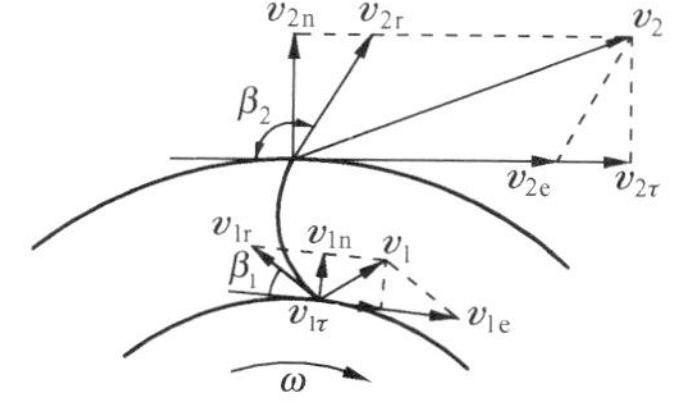

图 3-16　通风机叶轮进、出口速度

【例 3-8】　图 3-16 为叶片前弯的离心式通风机叶轮进、出口速度图。已知叶轮转速 $n=1500\text{r/min}$，流量 $q_V=12000\text{m}^3/\text{h}$，空气密度 $\rho=1.20\text{kg/m}^3$；内径 $d_1=480\text{mm}$，进口角 $\beta_1=60°$，进口宽度 $b_1=105\text{mm}$；外径 $d_2=600\text{mm}$，出口角 $\beta_2=120°$，出口宽度 $b_2=84\text{mm}$。试求叶轮进、出口的气流速度，

经过叶轮单位重力作用下空气获得的能量和叶轮能产生的理论压强。

解 叶轮进、出口气流的速度可推求如下：

$$v_{1e}=r_1 n\pi/30=0.24\times1500\pi/30=37.70\text{m/s}$$

$$v_{1n}=\frac{q_V/3600}{\pi d_1 b_1}=\frac{12000/3600}{\pi\times0.48\times0.105}=21.05\text{m/s}$$

$$v_{1r}=\frac{v_{1n}}{\sin\beta_1}=\frac{21.05}{0.866}=24.31\text{m/s}$$

$$v_{1\tau}=v_{1e}-v_{1r}\cos\beta_1=37.70-24.31\times0.5=25.55\text{m/s}$$

$$v_1=(v_{1n}^2+v_{1\tau}^2)^{1/2}=(21.05^2+25.55^2)^{1/2}=33.10\text{m/s}$$

$$v_{2e}=r_2 n\pi/30=0.3\times1500\pi/30=47.12\text{m/s}$$

$$v_{2n}=\frac{q_V/3600}{\pi d_2 b_2}=\frac{12000/3600}{\pi\times0.6\times0.084}=21.05\text{m/s}$$

$$v_{2r}=\frac{v_{2n}}{\sin(180^\circ-\beta_2)}=\frac{21.05}{0.866}=24.31\text{m/s}$$

$$v_{2\tau}=v_{2e}+v_{2r}\cos60^\circ=47.12+24.31\times0.5=59.28\text{m/s}$$

$$v_2=\sqrt{v_{2n}^2+v_{2\tau}^2}=\sqrt{21.05^2+59.28^2}=62.91\text{m/s}$$

经过叶轮单位重量流体获得以空气柱表示的能量

$$H=(v_{2e}v_{2\tau}-v_{1e}v_{1\tau})/g=(47.12\times59.28-37.7\times25.55)/9.807=186.6\text{m}$$

叶轮产生的理论压强 $p=\rho gH=1.2\times9.806\times186.6=2196\text{Pa}$

二、旋转坐标系中的动量方程和动量矩方程

工程实际中常常遇到旋转叶轮机械的旋转力矩的计算问题，在这类问题中往往采用固连于旋转轴上的坐标系，这种坐标系随同旋转轴一起旋转，属于非惯性坐标系。

若相对坐标系绕垂直轴以等角速度 ω 旋转，根据力学中相对运动的理论知，运动质点的绝对加速度 $\boldsymbol{a}$ 一般要包含相对加速度$\boldsymbol{a}_r$、牵连加速度$\boldsymbol{a}_e$ 和哥氏加速度$\boldsymbol{a}_g$ 三个分量，可分别表示成以下形式：

$$\boldsymbol{a}_r=\frac{\mathrm{d}v_r}{\mathrm{d}t},\quad \boldsymbol{a}_e=-\omega^2\boldsymbol{r},\quad \boldsymbol{a}_g=2\boldsymbol{\omega}\times\boldsymbol{v}_r$$

式中：$\boldsymbol{v}_r$ 为相对速度。

此时流体质点的绝对加速度可以表示为

$$\boldsymbol{a}=\frac{\mathrm{d}\boldsymbol{v}}{\mathrm{d}t}=\frac{\mathrm{d}\boldsymbol{v}_r}{\mathrm{d}t}-\omega^2\boldsymbol{r}+2\boldsymbol{\omega}\times\boldsymbol{v}_r \tag{a}$$

因为在惯性坐标系中，系统动量的变化率可以表示为

$$\frac{\mathrm{d}}{\mathrm{d}t}\iiint_V \boldsymbol{v}\rho\mathrm{d}V=\iiint_V\frac{\mathrm{d}\boldsymbol{v}}{\mathrm{d}t}\rho\mathrm{d}V \tag{b}$$

这是因为

$$\frac{\mathrm{d}}{\mathrm{d}t}\iiint_V \boldsymbol{v}\rho\mathrm{d}V=\iiint_V\frac{\partial\boldsymbol{v}}{\partial t}\rho\mathrm{d}V+\iiint_V\boldsymbol{v}\frac{\partial}{\partial t}(\rho\mathrm{d}V) \tag{c}$$

根据质量守恒定律有

$$\iiint_V\boldsymbol{v}\frac{\partial}{\partial t}(\rho\mathrm{d}V)=\iiint_V\boldsymbol{v}\frac{\partial}{\partial t}(\mathrm{d}m)=0$$

即质量因素在流动过程中不随时间变化，所以式（c）右端第一项的偏导数可以写成全导数，故式（b）成立。

将式（a）、式（b）代入式（3-27），并注意到物理量的体积积分不论在惯性坐标系中还是在非惯性坐标系中将保持不变，整理后可得

$$\iiint_{CV}\rho\frac{\mathrm{d}\boldsymbol{v}_{\mathrm{r}}}{\mathrm{d}t}\mathrm{d}V=\iiint_{CV}\rho(\boldsymbol{f}+\omega^2\boldsymbol{r}-2\boldsymbol{\omega}\times\boldsymbol{v}_{\mathrm{r}})\mathrm{d}V+\iint_{CS}\boldsymbol{p}_n\mathrm{d}A \tag{3-39}$$

或者

$$\frac{\partial}{\partial t}\iiint_{CV}\boldsymbol{v}_{\mathrm{r}}\rho\mathrm{d}V+\iint_{CS}\boldsymbol{v}_{\mathrm{r}}\rho v_{\mathrm{r},n}\mathrm{d}A=\iiint_{CV}\rho(\boldsymbol{f}+\omega^2\boldsymbol{r}-2\boldsymbol{\omega}\times\boldsymbol{v}_{\mathrm{r}})\mathrm{d}V+\iint_{CS}\boldsymbol{p}_n\mathrm{d}A \tag{3-39a}$$

上式即为绕垂直轴以等角速度旋转的非惯性坐标系中的动量方程，和惯性坐标系中的动量方程比较可以看出，两者除使用的速度不同外，非惯性坐标系中的动量方程还增加了惯性项。

用同样的方法可以推导出上述坐标系中的动量矩方程如下：

$$\frac{\partial}{\partial t}\iiint_{CV}\rho\boldsymbol{r}\times\boldsymbol{v}_{\mathrm{r}}\mathrm{d}V+\iint_{CS}\boldsymbol{r}\times\boldsymbol{v}_{\mathrm{r}}\rho v_{\mathrm{r},n}\mathrm{d}A$$

$$=\iiint_{CV}\boldsymbol{r}\times(\boldsymbol{f}+\omega^2\boldsymbol{r}-2\boldsymbol{\omega}\times\boldsymbol{v}_{\mathrm{r}})\rho\mathrm{d}V+\iint_{CS}\boldsymbol{r}\times\boldsymbol{p}_n\mathrm{d}A \tag{3-40}$$

【例 3-9】 如图 3-17 所示，一双臂式洒水器，水自转轴处的竖管流入、经喷管流出，已知喷管 a、b 的体积流量都是 $2.8\times10^{-4}\mathrm{m}^3/\mathrm{s}$，两喷管的出口截面积均为 $1\mathrm{cm}^2$。若忽略损失，试确定洒水器的转速。

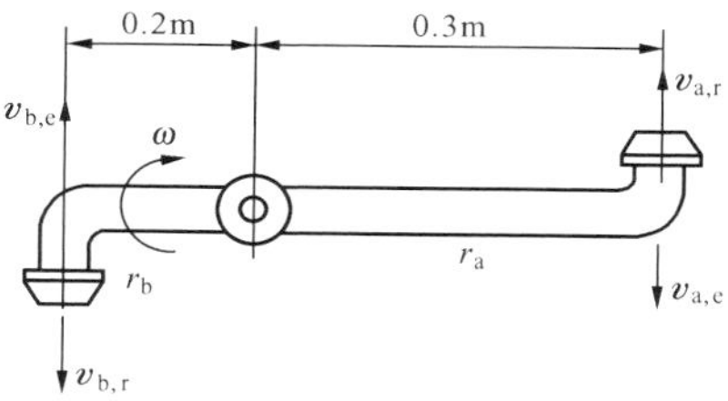

图 3-17　双臂式洒水器

解　设洒水器的转速为 ω，以洒水器包容的体积为控制体，根据动量矩方程有

$$\sum(\boldsymbol{r}_i\times\boldsymbol{F}_i)=\iint_{A_2}\rho(\boldsymbol{r}\times\boldsymbol{v})v_n\mathrm{d}A-\iint_{A_1}\rho(\boldsymbol{r}\times\boldsymbol{v})v_n\mathrm{d}A$$

根据题意，没有外力作用于系统，所以 $\sum(\boldsymbol{r}_i\times\boldsymbol{F}_i)=0$，进入喷管的流体由于速度和半径矢量的方向相同，故其对转轴的动量矩 $\iint_{A_1}\rho(\boldsymbol{r}\times\boldsymbol{v})v_n\mathrm{d}A=0$，因此，离开喷管的流体的动量矩 $\iint_{A_2}\rho(\boldsymbol{r}\times\boldsymbol{v})v_n\mathrm{d}A=\rho q_{V,\mathrm{a}}\boldsymbol{r}_{\mathrm{a}}\times\boldsymbol{v}_{\mathrm{a}}+\rho q_{V,\mathrm{b}}\boldsymbol{r}_{\mathrm{b}}\times\boldsymbol{v}_{\mathrm{b}}=0$

因为 $q_{V,\mathrm{a}}=q_{V,\mathrm{b}}=q_V$，所以 $\rho q_V(\boldsymbol{r}_{\mathrm{a}}\times\boldsymbol{v}_{\mathrm{a}}+\boldsymbol{r}_{\mathrm{b}}\times\boldsymbol{v}_{\mathrm{b}})=0$

绝对速度 $v_{\mathrm{a}}=v_{\mathrm{a,r}}-v_{\mathrm{a,e}}=\dfrac{q_V}{A}-r_{\mathrm{a}}\omega=2.8-0.3\omega$

$$v_{\mathrm{b}}=v_{\mathrm{b,r}}-v_{\mathrm{b,e}}=\frac{q_V}{A}-r_{\mathrm{b}}\omega=2.8-0.2\omega$$

所以有

$$\rho q_V[(2.8-0.3\omega)\times0.3+(2.8-0.2\omega)\times0.2]=0$$

由上式可以解得

$$\omega=10.8\quad\mathrm{rad/s}$$

第七节 能 量 方 程

工程实际中常常涉及到流体自身能量形式转换以及与外界有热交换的流动问题，其流动过程中将产生热效应，和外界产生热交换，从而影响压强、密度、速度等参数的变化，因此前面建立的连续性方程和动量方程就不能准确地描述这类流动中运动特性参数的变化，必须借助能量方程。本节的主要任务就是建立一般流动的能量方程，为推导常用的伯努利方程建立基础。利用输运公式由能量守恒和转换定律可以导出适合于控制体内流体的能量方程。

能量守恒定律表明，流体系统中能量随时间的变化率应等于作用于控制体上的表面力、系统内流体受到的质量力对系统内流体所做的功和外界与系统交换的热量之和。这种热量可以是系统内热源产生的热量、通过控制体表面的传导和热辐射与外界交换的热量，用符号 Q 来表示。

如果系统内单位质量流体所具有的能量 $\eta=u+\dfrac{v^2}{2}$，其中 u 为单位质量流体所具有的热力学能。则系统内流体所具有的总能量为 $N=\iiint\limits_{V}\left(u+\dfrac{v^2}{2}\right)\rho\mathrm{d}V$，其随体导数可以表示为

$$\frac{\mathrm{d}}{\mathrm{d}t}\iiint\limits_{V}\rho\left(u+\frac{v^2}{2}\right)\mathrm{d}V=\frac{\partial}{\partial t}\iiint\limits_{CV}\rho\left(u+\frac{v^2}{2}\right)\mathrm{d}V+\iint\limits_{CS}\rho v_n\left(u+\frac{v^2}{2}\right)\mathrm{d}A \tag{a}$$

由能量守恒定律得

$$\frac{\mathrm{d}}{\mathrm{d}t}\iiint\limits_{V}\rho\left(u+\frac{v^2}{2}\right)\mathrm{d}V=\iiint\limits_{CV}\rho\boldsymbol{f}\cdot\boldsymbol{v}\mathrm{d}V+\iint\limits_{CS}\boldsymbol{p}_n\cdot\boldsymbol{v}\mathrm{d}A+Q \tag{b}$$

式中右端第一项积分为质量力功率，第二项为表面力功率，第三项为外界与系统单位时间交换的热量。将式（b）代入式（a），得

$$\frac{\partial}{\partial t}\iiint\limits_{CV}\rho\left(u+\frac{v^2}{2}\right)\mathrm{d}V+\iint\limits_{CS}\rho v_n\left(u+\frac{v^2}{2}\right)\mathrm{d}A=\iiint\limits_{CV}\rho\boldsymbol{f}\cdot\boldsymbol{v}\mathrm{d}V+\iint\limits_{CS}\boldsymbol{p}_n\cdot\boldsymbol{v}\mathrm{d}A+Q \tag{3-41}$$

式（3-41）为一般形式的能量方程，表示系统内的流体能量在流动过程中的时间变化率等于质量力功率、表面力功率和系统在单位时间内与外界交换热量之和。下面对式中的有关项在一定条件下进行简化，以得到工程中便于应用的形式。

对于重力场中的一维流动，当忽略流体系统与外界的热交换时，作用于流体上的质量力只有重力，即 $\boldsymbol{f}=-\boldsymbol{g}$。若将重力项所做的功作为单位质量流体的位势能并入单位质量流体的能量项中，此时，重力场中绝热流动积分形式的能量方程为

$$\frac{\partial}{\partial t}\iiint\limits_{CV}\rho\left(u+\frac{v^2}{2}+gz\right)\mathrm{d}V+\iint\limits_{CS}\rho v_n\left(u+\frac{v^2}{2}+gz\right)\mathrm{d}A=\iint\limits_{CS}\boldsymbol{p}_n\cdot\boldsymbol{v}\mathrm{d}A \tag{3-42}$$

式中：z 为流体质点的 z 坐标。

为了对方程作进一步的简化，将上式右端的表面力分解为垂直于表面的法向应力 $\boldsymbol{p}_{nn}$ 和相切于表面的切应力 $\boldsymbol{\tau}$，对 $\boldsymbol{p}_{nn}$ 作以下进一步近似处理：

$$\boldsymbol{p}_{nn}=-p\boldsymbol{n}$$

式中：p 为流体静压强；$\boldsymbol{n}$ 为微元面积上外法线方向的单位矢量。

则式（3-42）右端的积分项可以表示为

$$\iint_{CS} \boldsymbol{p}_n \cdot \boldsymbol{v} \mathrm{d}A = -\iint_{CS} p v_n \mathrm{d}A + \iint_{CS} \boldsymbol{\tau} \cdot \boldsymbol{v} \mathrm{d}A \tag{c}$$

对于管道内的一维流动，在流入和流出的有效截面上，$\boldsymbol{\tau}$ 和 $\boldsymbol{v}$ 垂直，它们的数量积为零，在管子的壁面上，若流体是理想流体则 $\boldsymbol{\tau}=0$，若流体是黏性流体则 $\boldsymbol{v}=0$，所以不论理想流体还是黏性流体，在控制体的表面上切应力功率项均为零。将式（c）代入式（3-42）整理得

$$\frac{\partial}{\partial t}\iiint_{CV} \rho\left(u+\frac{v^2}{2}+gz\right)\mathrm{d}V + \iint_{CS} \rho v_n \left(u+\frac{v^2}{2}+gz+\frac{p}{\rho}\right)\mathrm{d}A = 0 \tag{3-43}$$

对于定常流动上式第一项积分为零，所以有

$$\iint_{CS} \rho v_n \left(u+\frac{v^2}{2}+gz+\frac{p}{\rho}\right)\mathrm{d}A = 0 \tag{3-43a}$$

在管子的壁面上 $v_n=0$，所以上式只需在流入、流出的有效截面 A_1、A_2 上求积分，而在有效截面上记 $v_n=\pm v$，流入取负号，流出取正号。所以式（3-43a）可以改写为

$$\iint_{A_2} \rho v \left(u+\frac{v^2}{2}+gz+\frac{p}{\rho}\right)\mathrm{d}A - \iint_{A_1} \rho v \left(u+\frac{v^2}{2}+gz+\frac{p}{\rho}\right)\mathrm{d}A = 0 \tag{3-44}$$

上式即为重力场中一维定常绝热流动积分形式的能量方程。

在上述讨论中，控制面上的切应力功率项为零，但并不意味着系统内部流体间的切应力功率为零。在系统内部当流体间产生相对运动时，切应力要做功。切应力产生的摩擦功将转化为热能，使系统内流体温度升高，流体的热力学能增大。在绝热流动的条件下，系统和外界没有热交换，所以系统内部的能量不会因为内部流体间的摩擦而减小。

第八节　伯努利方程及其应用

一、伯努利方程

依据式（3-44）可以导出理想不可压缩的重力流体作一维定常流动的能量方程。对于理想流体，切应力为零，不可压缩的流体密度等于常数。当以微元流管作为控制体时，式（3-44）中的积分便是在微元面积上积分，其积分就是函数本身，考虑到定常流动的管流在其任意过流断面上体积流量等于常数，可得

$$u_2+\frac{v_2^2}{2}+gz_2+\frac{p_2}{\rho} = u_1+\frac{v_1^2}{2}+gz_1+\frac{p_1}{\rho} \tag{3-45}$$

或者

$$u+\frac{v^2}{2}+gz+\frac{p}{\rho} = 常数 \tag{3-45a}$$

对于气体的一维定常绝热流动，由于质量力可以忽略不计，上式可以表示为

$$h+\frac{v^2}{2}=h_0,\ h=u+p/\rho \tag{3-45b}$$

式中：h 为单位质量气体的焓；h_0 为单位质量气体的滞止焓。

对于不可压缩的理想流体，在与外界无热交换的情况下，流体的温度保持常数，即流动过程中流体的热力学能将不发生变化，所以有

$$\frac{v^2}{2}+gz+\frac{p}{\rho} = 常数 \tag{3-46}$$

方程两端同除以重力加速度 g，可得到单位重力作用下形式的方程：

$$\frac{v^2}{2g}+z+\frac{p}{\rho g}=H \tag{3-47}$$

式中：H 为常数。

这就是著名的伯努利方程，是伯努利在 1738 年首先推导出来的，所以称为伯努利方程。该方程适用于理想不可压缩的重力流体作一维定常流动时的一条流线或者一个微元流管上，这是因为在上述推导过程中，积分是在微元流管上进行的，而微元流管的极限就是流线。但对于不同的流线和微元流束，积分常数一般是不相同的。

伯努利方程表明，理想不可压缩的重力流体作一维定常流动时，在同一流线的不同点上或者同一微元流束的不同截面上，单位重量流体的动能、位置势能和压强势能之和等于常数。这就是伯努利方程的物理意义，是能量守恒定律在这种流动中的具体体现。

式（3-47）中各项的单位均为长度单位，第一项 $v^2/2g$ 称为速度水头或者动水头，z 为位置水头，$p/\rho g$ 为压强水头，三者之和称为总水头。所以伯努利方程的几何意义可表述为：理想不可压缩的重力流体作一维定常流动时，沿任意流线或者微元流束，单位重量流体的速度水头、位置水头、压强水头之和为常数，即总水头线为平行于基准面的水平线。这一关系如图 3-18 所示。

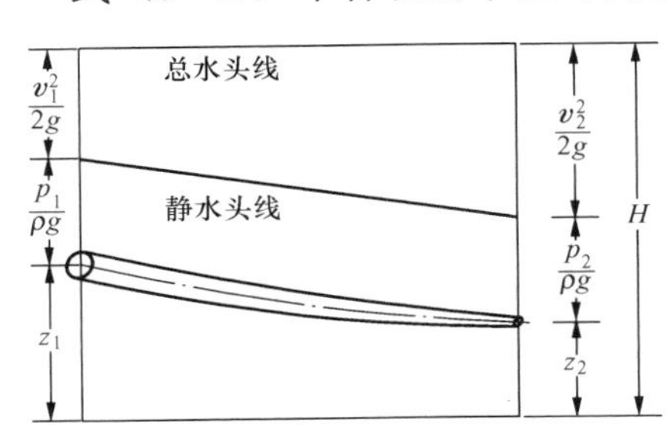

图 3-18　伯努利方程的几何意义

对于平面流场或者流场中的流动参数随 z 的变化可以忽略不计的流动，式（3-46）可以表示成以下形式：

$$\frac{v^2}{2}+\frac{p}{\rho}=常数 \tag{3-48}$$

该式表明，沿流线速度和压强的变化是相互制约的，流速高的点上压强低，流速低的点上压强高。根据这一原理，工程中需要提高流速的地方可以用降低压强的方法来实现。但是对于液体来说，当压强降低到饱和压强时，液体汽化，产生气泡，这时方程不再适用。

二、伯努利方程在工程中的应用

1. 皮托管

如图 3-19 所示，将两端开口弯成 90°的管子放置在水流中，一端迎流放置，另一端和水面垂直开口向上，开口端中心 A 距水面的距离为 H_0，管内液面上升的高度为 h。图中 A 点为驻点，该点的压强称为驻点压强，为该点的总压。B 和 A 点处在同一条流线上，在 B 点上插入一测压管，测压管内的液柱高度也为 H_0，应用伯努利方程于 A、B 两点则有

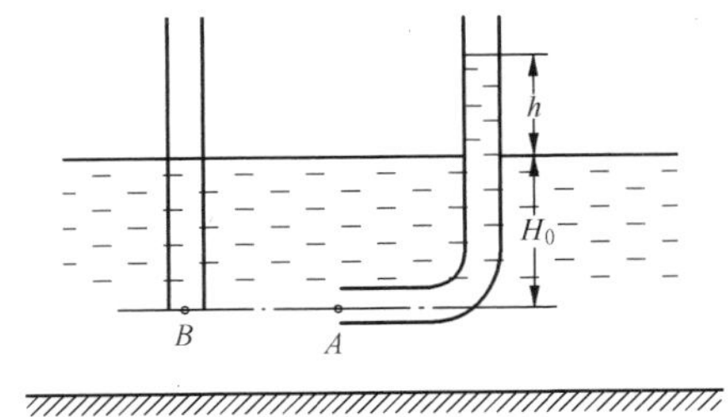

图 3-19　用皮托管测量水流流速

$$\frac{v_B^2}{2}+\frac{p_B}{\rho}=\frac{p_A}{\rho}$$

由于 $p_B=\rho g H_0$，$p_A=\rho g(H_0+h)$，所以有

$$v_B=\sqrt{\frac{2}{\rho}(p_A-p_B)}=\sqrt{2gh} \tag{3-49}$$

由上面的例子可以看出，由于 A 点和 B 点相距很近，总能量相等，所以在实际中只要测出某一点的总压（$p+\rho v^2/2$）和静压 p，就可以依据上述方法求出被测点上的流速 v。在上述测量方法中 90°的弯管测到的是总压，直管测到的是静压，总压和静压之差 $\rho v^2/2$ 称为动压。法国人皮托（Henri Pitot）于 1773 年首先用上述方法测量了塞纳河的水流速度，所以将上述这种用于测量总压的管子叫做皮托管。

在工程实际中常将静压管和皮托管组合在一起，称为皮托—静压管或者动压管，如图 3-20 所示。皮托管较细，被包围在静压管中，静压孔开在总压孔稍后的位置上，为了保证测量精度，往往在同一截面上开设多个静压孔，并且要求静压孔必须和管子的壁面垂直。测量时将静压孔和总压孔感受到的压强分别和差压计的两个入口相连，在差压计上就可以读出总压和静压之差，从而由式（3-49）求得被测点的流速。

2. 文丘里流量计

文丘里（G. B. Venturi）流量计往往用来测量管道中的流量，其构造如图 3-21 所示，由收缩段和扩张段构成，两段的接合部称为喉部。其测量原理是：测量入口段之前的直管段上截面 1 和喉部截面 2 处的静压强差，根据测得的压强差和已知的管子截面积，应用伯努利方程和连续性方程，就可以求得流量。

图 3-20　动压管　　　图 3-21　文丘里流量计

设截面 1 和截面 2 的有效截面积分别为 A_1、A_2，速度分别为 v_1、v_2，由连续性方程得

$$v_1=\frac{A_2}{A_1}v_2$$

由伯努利方程

$$\frac{v_1^2}{2}+\frac{p_1}{\rho}=\frac{v_2^2}{2}+\frac{p_2}{\rho}$$

由以上两式可求得

$$v_2=\sqrt{\frac{2(p_1-p_2)}{\rho\left[1-\left(\frac{A_2}{A_1}\right)^2\right]}} \tag{3-50}$$

被测流量为

$$q_V=A_2v_2=A_2\sqrt{\frac{2(p_1-p_2)}{\rho\left[1-\left(\frac{A_2}{A_1}\right)^2\right]}} \tag{3-51}$$

式（3-51）是理论计算的流量，在实际测量时由于流体黏性的存在，使得流速在截面上分布不均匀，流动中还要产生能量损失等，从而产生测量误差，这一误差可用修正系数 β 修正，β 的数值由试验确定。修正后的流量为

$$q_V=\beta A_2\sqrt{\frac{2(p_1-p_2)}{\rho\left[1-\left(\frac{A_2}{A_1}\right)^2\right]}} \tag{3-52}$$

如果用U形管中液面高度差 h 表示压强差 p_1-p_2，则有

$$p_1-p_2=h(\rho'-\rho)g$$

式中：ρ'为U形管中工作液体的密度；ρ 为被测流体的密度。

将这一关系代入式（3-52）得

$$q_V=\beta A_2\sqrt{\frac{2gh(\rho'-\rho)}{\rho\left[1-\left(\frac{A_2}{A_1}\right)^2\right]}} \tag{3-53}$$

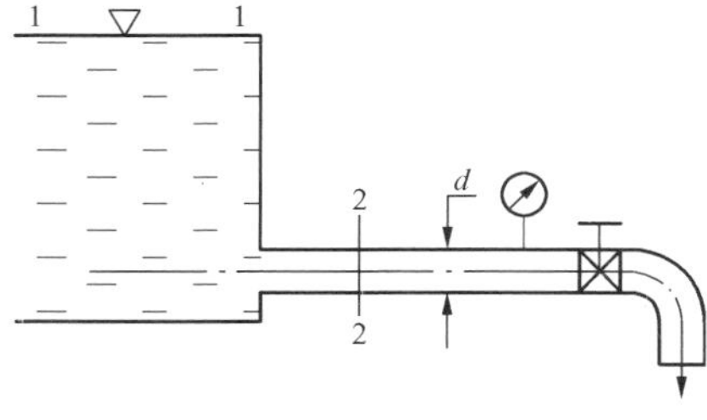

图3-22 水池出水管路

式（3-53）即为实际测量时常用的计算公式。

【例3-10】 如图3-22所示，一足够大的贮水池，通过一管路向外流水。当阀门关闭时压强表的读数为 3×10^5Pa，阀门全开时的读数为 0.6×10^5Pa，若不计损失，试求当出水管的直径 $d=15$cm 时，出水管的体积流量 q_V 为多少？

解 当阀门全开时，列1—1和2—2面的伯努利方程

$$H+\frac{p_a}{\rho g}+0=0+\frac{p_a+p_{2e}}{\rho g}+\frac{v_2^2}{2g}$$

式中：p_{2e} 为阀门开启时的压强表读数。

设阀门关闭时压强表的读数为 p_{1e}，则根据流体静力学基本方程可以求出 H 的数值。

$$p_a+\rho gH=p_a+p_{1e}$$

则

$$H=\frac{p_{1e}}{\rho g}=\frac{3\times10^5}{9806}=30.6\text{mH}_2\text{O}$$

代入伯努利方程整理得

$$v_2=\sqrt{2g\left(H-\frac{p_{2e}}{\rho g}\right)}=\sqrt{2\times9.806\times\left(30.6-\frac{0.6\times10^5}{9806}\right)}=21.9\text{m/s}$$

则管内的体积流量为

$$q_V=\frac{\pi}{4}d^2v_2=\frac{\pi}{4}\times0.15^2\times21.9=0.387\text{m}^3/\text{s}$$

第九节 流线法线方向速度和压强的变化

伯努利方程和连续性方程可以计算流动方向上的流动参数，但在有关问题的分析计算中往往需要了解过流断面上流动参数的分布情况。对于这类问题就是要了解流线法线方向上的流动参数分布问题。

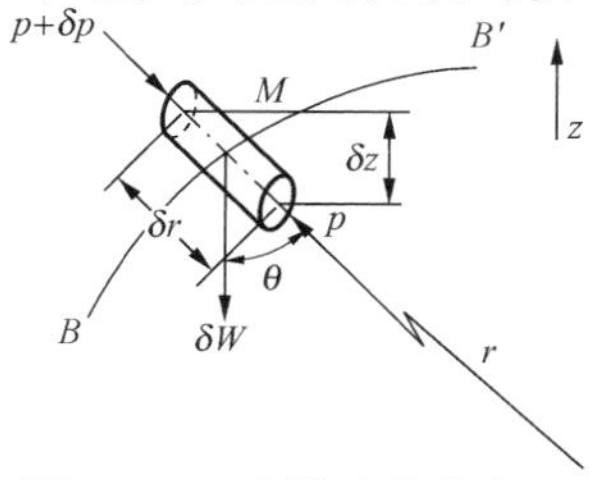

如图3-23所示，在流线 BB'上的 M 点取一柱形的流体微团，该柱体的轴线和流线的法线重合，端面积为 δA，柱体高度为 δr，M 点的曲率半径为 r。该微元柱体的下端面上的法向力为 $p\delta A$，上端面为 $(p+\delta p)\delta A$，微元体所受重力在流线法线方向上的投影为 $\delta W\cos\theta$，侧面上的受力在流线法线方向上投影

图3-23 流线法线方向上流体微团的运动分析

等于零。若微元体在流线方向上的运动速度为 v，则微元体上的离心力为 $\delta mv^2/r$。根据牛顿第二定律有

$$\rho\delta r\delta A\frac{v^2}{r}=(p+\delta p)\delta A-p\delta A+\delta W\cos\theta$$

由于 $\cos\theta=\frac{\partial z}{\partial r}$，$\delta W=\rho g\delta r\delta A$，代入上式有

$$\frac{v^2}{gr}=\frac{\partial}{\partial r}\left(z+\frac{p}{\rho g}\right) \tag{a}$$

对于伯努利积分常数在所有流线上取同一数值的情况，沿流线的法线方向，伯努利积分常数不发生变化，所以将方程的两端对 r 求导数则有

$$\frac{\partial}{\partial r}\left(z+\frac{p}{\rho g}+\frac{v^2}{2g}\right)=0$$

整理得

$$\frac{\partial}{\partial r}\left(z+\frac{p}{\rho g}\right)=-\frac{v}{g}\frac{\partial v}{\partial r} \tag{b}$$

由式（a）、式（b）得

$$\frac{\partial v}{\partial r}+\frac{v}{r}=0$$

上式整理成常微分方程的形式后积分，则有

$$v=\frac{C} {r} \tag{3-54}$$

式中：C 为沿流线法线方向的积分常数。

由上式可知，流体的流动速度和流线的曲率半径有关，半径增大流动速度减小，半径减小，流动速度增大。所以在弯管的过流断面上，流动速度在弯管的内侧速度大，外侧流动速度小，如图 3-24 所示。

对于水平面内的流动或者重力势能的变化可以忽略不计的流动，由式（a）可求得沿流线法线方向的压强梯度

$$\frac{\partial p}{\partial r}=\rho\frac{v^2}{r} \tag{c}$$

将上式整理成常微分方程的形式积分得

$$p=C_1-\rho\frac{C^2}{2r^2} \tag{3-55}$$

式中：C_1 为积分常数。

该式表明，在流线法线方向上随着曲率半径的增大压强增大，半径减小，压强减小。所以在弯管的有效截面上内侧压强小，外侧压强大，其分布情况如图 3-24 所示。

对于直线流动，$r\to\infty$，由式（a）得

$$\frac{\partial}{\partial r}\left(z+\frac{p}{\rho g}\right)=0$$

即在流线的法线方向上单位重量流体的位置势能、压强势能之和保持不变，如图 3-25 所示，若 1 和 2 是流线法线上的任意两点，则有

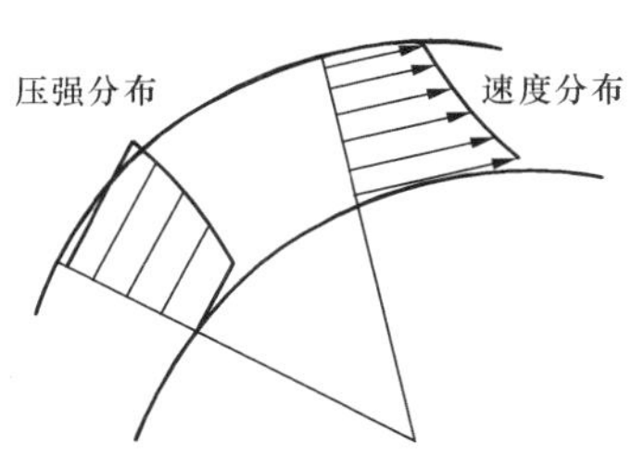

图 3-24 弯管的过流断面上速度和压强分布

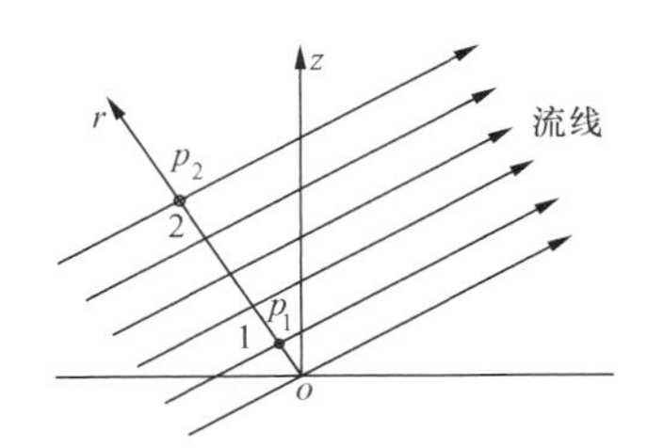

图 3-25 直线流动中流线法线方向的压强分布

$$z_1+\frac{p_1}{\rho g}=z_2+\frac{p_2}{\rho g} \tag{3-56}$$

式（3-56）和流体静力学基本方程具有同样形式，说明在直线流动中，沿流线的法线方向压强分布服从流体静力学基本方程。由缓变流的定义可知，对于缓变流，在其有效截面上，压强的分布也应近似满足式（3-56）。

对于平面内的直线流动或者可以忽略重力势能影响的直线流动，由式（3-55）知，其等号右端的第二项趋向于零，所以有

$$p=C_1 \tag{3-57}$$

式（3-57）表明：对于平面内的直线流动或者可以忽略重力影响的直线流动，在流线的法线方向上没有压强差，压强梯度等于零。

思考题

3-1 拉格朗日法和欧拉法在分析流体运动上有什么区别？为什么常用欧拉法？

3-2 在欧拉法中流体质点加速度的表达式是什么？各项有什么含义？

3-3 流线有什么性质？在什么条件下流场中的流线和迹线相重合？

3-4 什么是定常流动？什么是非定常流动？举例说明不同之处。

3-5 什么叫当量直径？为什么要引入当量直径？

3-6 什么是系统？什么是控制体？说明输运公式的意义。

3-7 连续方程的物理意义是什么？

3-8 应用动量方程时应注意什么问题？

3-9 试述理想流体微元流束伯努利方程中各项的物理意义和几何意义，并说明方程的适用范围。

习题

3-1 已知流场的速度分布为$\boldsymbol{v}=x^2y\boldsymbol{i}-3y\boldsymbol{j}+2z^2\boldsymbol{k}$，试确定：

（1）属于几维流动？

（2）求（3，1，2）点的加速度。 ［三维流动；$a_x=27$，$a_y=9$，$a_z=64$］

3-2 已知流场的速度分布为$\boldsymbol{v}=xy^2\boldsymbol{i}-\frac{1}{3}y^3\boldsymbol{j}+xy\boldsymbol{k}$，试确定：

(1) 属于几维流动?

(2) 求 (1, 2, 3) 点的加速度。 [二维流动; $a_x=\frac{16}{3}$, $a_y=\frac{32}{3}$, $a_z=\frac{16}{3}$]

3-3 已知流场的速度分布为$\boldsymbol{v}=(4x^3+2y+xy)\boldsymbol{i}+(3x-y^3+z)\boldsymbol{j}$,试确定:

(1) 属于几维流动?

(2) 求 (2, 2, 3) 点的加速度。 [三维流动; $a_x=2004$, $a_y=108$]

3-4 已知流场中速度分布为 $v_x=yz+t$, $v_y=xz-t$, $v_z=xy$。问:

(1) 该流动是否定常流动?

(2) 求 $t=0$ 时点 (1, 1, 1) 上流体微团的加速度。

[属非定常流动; $a_x=3$, $a_y=1$, $a_z=2$]

3-5 不可压缩流体定常流过一喷管,喷管截面积 $A(x)$ 是沿流动方向 x 变化的,若喷管中的体积流量为 q_V,按一维流动求喷管中流体流动的加速度。 [$\frac{q_V^2}{A^3(x)}\frac{dA(x)}{dx}$]

3-6 已知平面流动的速度分布规律为 $\boldsymbol{v}=\frac{-\Gamma y}{2\pi(x^2+y^2)}\boldsymbol{i}+\frac{\Gamma x}{2\pi(x^2+y^2)}\boldsymbol{j}$,式中 Γ 为常数,求流线的方程并画出几条流线。 [$x^2+y^2=$常数]

3-7 一输油管道,在内径 30cm 的截面上的流速为 2m/s,求另一 10cm 的截面上的流速和质量流量。已知油的密度为 850kg/m^3。 [18m/s; 120.1 kg/s]

3-8 已知一流场内速度分布为 $\boldsymbol{v}=\frac{4x}{x^2+y^2}\boldsymbol{i}+\frac{4y}{x^2+y^2}\boldsymbol{j}$,求证通过任意一个以原点为圆心的同心圆的流量都相等 (z 方向取单位长度)。提示:将流场速度以极坐标表示。

3-9 两水平放置的平行平板相距 am,其间流体流动的速度为 $v_x=-10\frac{y}{a}-20\frac{y}{a}\left(1-\frac{y}{a}\right)$,坐标系原点选在下平板上,$y$ 轴和平板垂直。试确定平板间的体积流量和平均流速。 [$-\frac{25}{3}a$ m^3/s; $-\frac{25}{3}$m/s]

3-10 不可压缩流体在直径 20mm 的管叉中流动,一支管的直径为 10mm,另一支管的直径为 15mm,若 10mm 管内的流动速度为 0.3m/s,15mm 管内的流动速度为 0.6m/s,试计算总管内流体的流动速度和体积流量。 [0.413m/s; 129.7×10^{-6}m^3/s]

3-11 水龙头和压力水箱相连接,若水龙头的入流速度不计,计示压强为 1.7×10^5N/m^2,水龙头向大气中喷水,设水柱成单根流线,试计算水流能够到达的最大高度。[17.3m]

3-12 比体积 $v=0.3816$m^3/kg 的汽轮机废气沿一直径 $d_0=100$mm 的输气管进入主管,质量流量为 2000kg/h,然后沿主管上的另两支管输送给用户,如图 3-26 所示。已知 d_1 上的用户需用量为 500kg/h,d_2 上的用户需用量为 1500kg/h,两管内流速均为 25m/s,求输气管中蒸汽的平均流速和两支管的直径。 [27m/s; 0.052m; 0.09m]

3-13 如图 3-27 所示,一喷管直径 $D=0.5$m,收缩段长 $l=0.4$m,$\alpha=30°$,若进口平均流速 $v_1=0.3$m/s,求出口速度 v_2。 [51.6m/s]

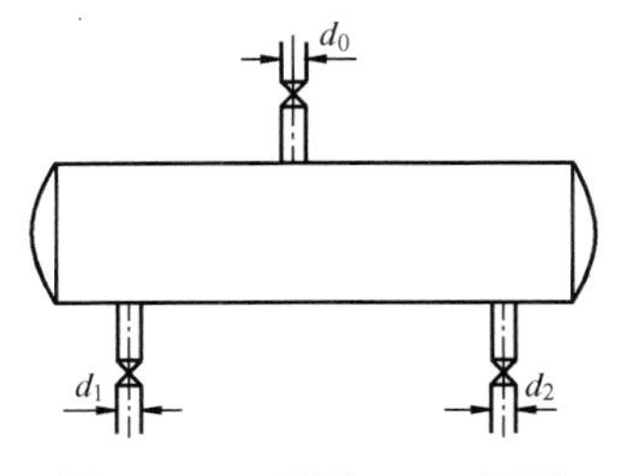

图 3-26　习题 3-12 用图

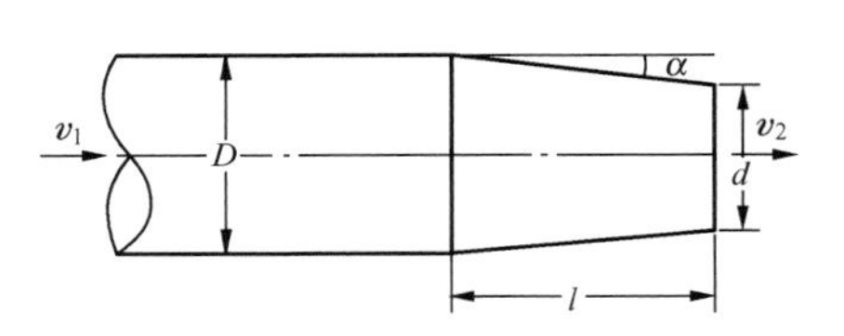

图 3-27　习题 3-13 用图

3-14　图 3-28 为一文丘里管和压强计，试推导体积流量和压强计读数之间的关系式。

$$\left[q_V=\frac{\pi}{4}\sqrt{\frac{2gH\left[(\rho_m/\rho)-1\right]}{(1/d_2^4)-(1/d_1^4)}}\right]$$

3-15　图 3-29 中倒置 U 形管中液体相对 4℃水的相对密度为 0.8，测压管读数 $H=30\text{cm}$，求所给条件下水流的流速 v。　[1.085m/s]

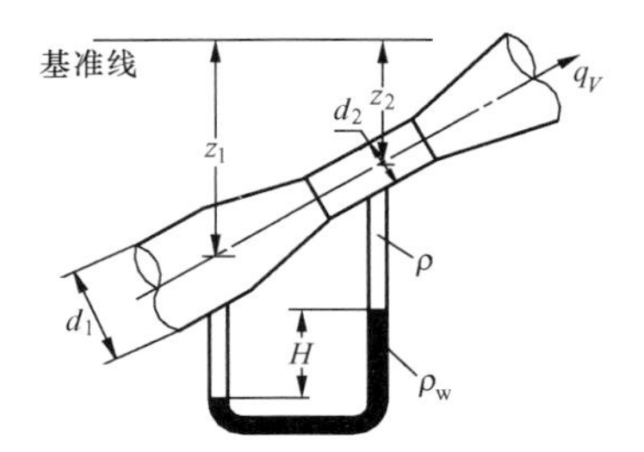

图 3-28　习题 3-14 用图

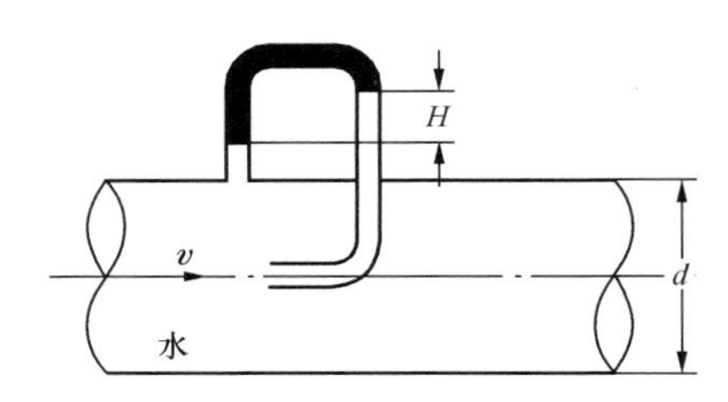

图 3-29　习题 3-15 用图

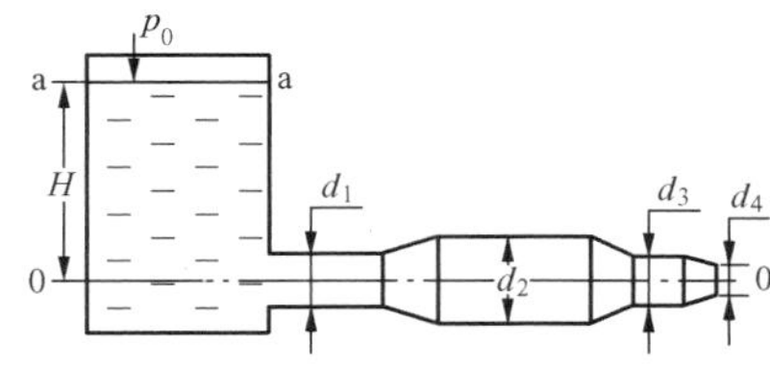

图 3-30　习题 3-16 用图

3-16　如图 3-30 所示一变截面管路，各段的尺寸分别为：$d_1=100\text{mm}$，$d_2=150\text{mm}$，$d_3=125\text{mm}$，$d_4=75\text{mm}$，自由液面上表压 $p_0=147150\text{N/m}^2$，$H=5\text{m}$，若不计阻力损失，求通过管路的水流流量，并绘制测压管水头线。

[$0.087\text{m}^3/\text{s}$；$13.67\text{mH}_2\text{O}$；$18.75\text{mH}_2\text{O}$；$17.41\text{mH}_2\text{O}$]

3-17　在内径为 20cm 的输油管道截面上流速 $v=2\text{m/s}$，求输油管道上另一内径为 5cm 的截面上的流速及管道内的质量流量。已知油的相对密度为 0.85。　[32m/s；53.4kg/s]

3-18　在一内径为 5cm 的管道中流动的空气质量流量为 0.5kg/s，在某一截面上压强为 $5\times10^5\text{N/m}^2$，温度为 100℃，求在该截面上气流的平均速度。　[54.5m/s]

3-19　由空气预热器经两条管道送往锅炉喷燃器的空气质量流量为 8000kg/h，气温 400℃，管道截面尺寸均为 $400\times600\text{mm}^2$，已知标准状态（0℃，760mmHg）下空气的密度 $\rho_0=1.29\text{kg/m}^3$，求管道中的平均流速。　[8.85m/s]

3-20　已知离心式水泵出水量 $q_V=30\text{L/s}$，吸水管直径 $d=150\text{mm}$，水泵机轴线离水面高 $H=7\text{m}$（图 3-31），不计损失，求入口处的真空。　[$7.15\text{mH}_2\text{O}$]

3-21　如图 3-32 所示，水从井 A 利用虹吸管引到井 B 中，设已知体积流量 $q_V=100\text{m}^3/\text{h}$，$H=3\text{m}$，$z=6\text{m}$，不计虹吸管中的水头损失。试求虹吸管的管径 d 及上端管中

的压强值 p。 [0.071m，5.89×10^4Pa]

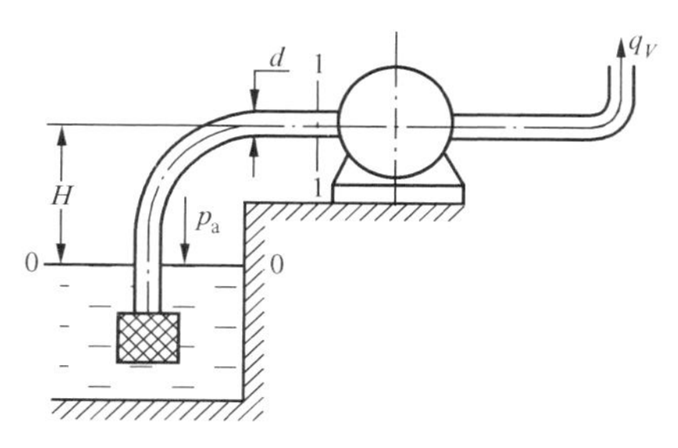

图 3-31 习题 3-20 用图

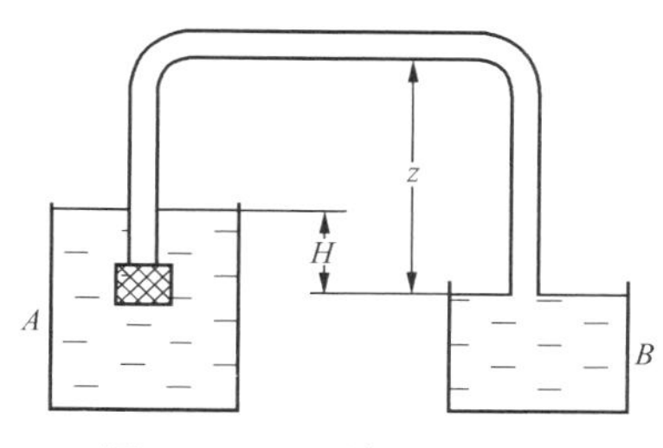

图 3-32 习题 3-21 用图

3-22 有一文杜里管，如图 3-33 所示，$d_1=15$cm，$d_2=10$cm，水银差压计液面高度差 $h=20$cm，若不计损失，求管流流量。 [62L/s]

3-23 如图 3-34 所示，某一风洞试验段，已知 $D=1$m，$d=40$cm，从 U 形管测压计上量出 $h=150$mm，空气的密度为 1.291kg/m^3，U 形管中酒精的密度为 759.5kg/m^3。不计损失，试求试验段的流速。 [42.06m/s]

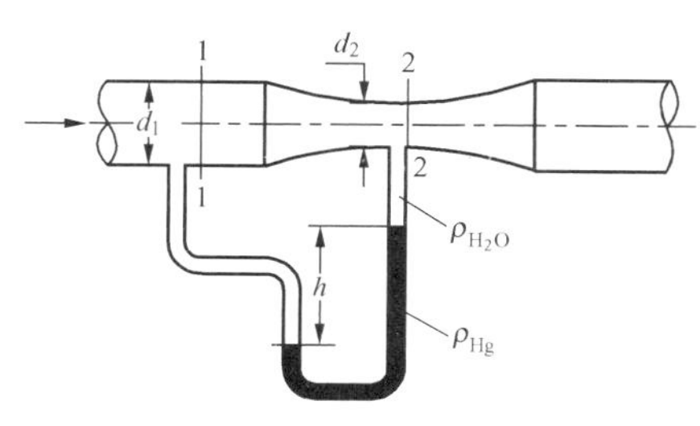

图 3-33 习题 3-22 用图

3-24 如图 3-35 所示，离心式风机通过集流器从大气中吸取空气，风机入口直径 $d=200$mm，在入口段接一玻璃管，其下端插入水中，若玻璃管中的液柱高度 $H=250$mm，空气的密度为 1.29kg/m^3，求风机每秒钟吸取的空气量 q_V。

[$1.935\text{m}^3/\text{s}$]

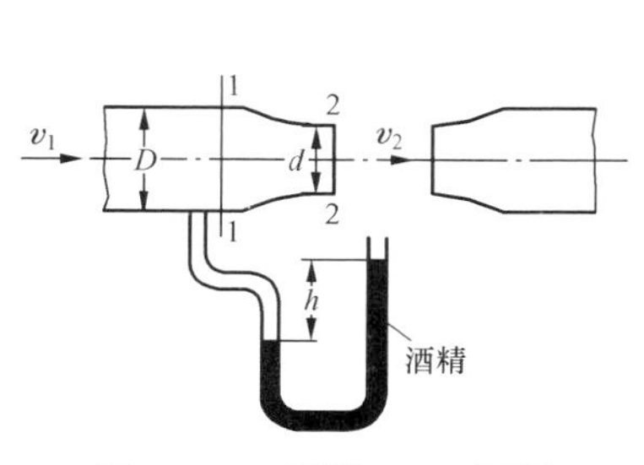

图 3-34 习题 3-23 用图

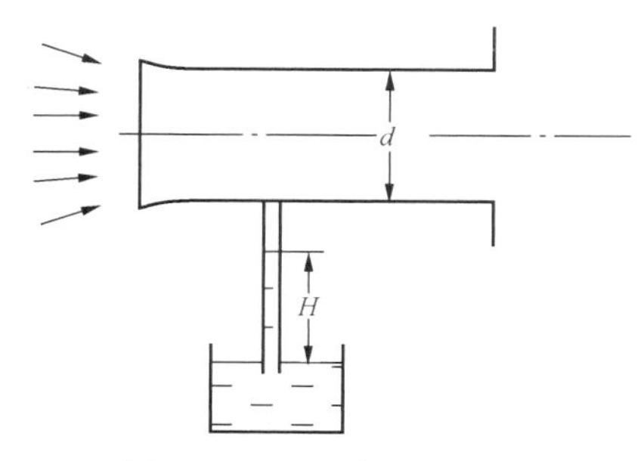

图 3-35 习题 3-24 用图

3-25 如图 3-36 所示，直立圆管直径 10mm，一端装有 5mm 的喷管，喷管中心到 1 截面的距离为 3.6m，从喷管出口排入大气的水流出口速度为 18m/s，不计摩擦损失，计算截面 1 处的计示压强。 [1.87×10^5Pa]

3-26 如图 3-37 所示，液面不变的容器内水流沿变截面管路向下作定常流动，已知 $A_1=0.04\text{m}^2$，$A_2=0.1\text{m}^2$，$A_3=0.03\text{m}^2$，液面至各截面的距离分别为：$H_1=1$m，$H_2=2$m，$H_3=3$m，试求截面 A_1 和 A_2 处的计示压强。 [−6717.8 Pa；16966 Pa]

3-27 如图 3-38 所示，已知管径不同的两段管路，$d_A=0.25$m，$p_A=7.845\times10^4$Pa，$p_B=4.9\times10^4$Pa；$d_B=0.5$m，流速 $v_B=1.2$m/s，$z_B=1$m，试求 A、B 两断面间的能量差

和水流的运动方向。 [3.1mH_2O；$A \to B$]

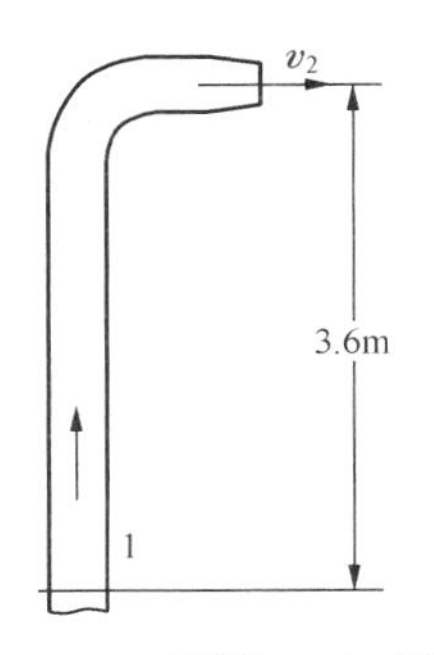

图 3-36 习题 3-25 用图

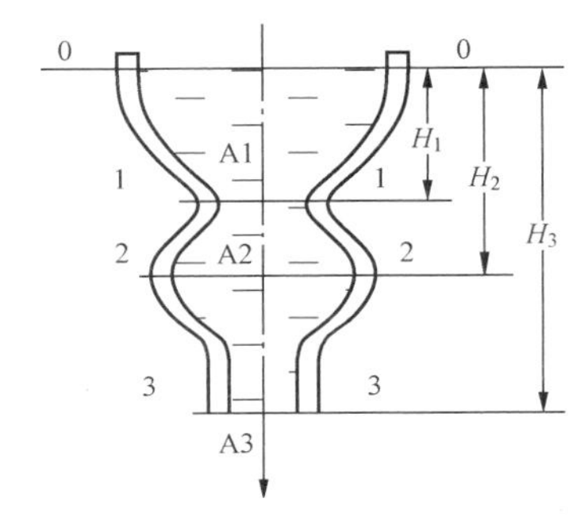

图 3-37 习题 3-26 用图

3-28 不可压缩流体流过圆形截面的收缩管，管长 0.3m，管径沿管长线性变化，入口处管径 0.45m，出口处管径 0.15m，如果流动是定常的，体积流量为 0.3m^3/s，确定在管长 $\frac{1}{2}$ 处的加速度。 [120m/s^2]

3-29 密度为 ρ 的液体定常地流过一水平放置的平板，平板的宽度为 b，入口处的速度为 v_∞ 且分布均匀，出口处的速度分布从板面上的零，线性地增加到距板面 h 处的 v_∞，如图 3-39 所示，试确定流体作用在平板上的力。 [$\frac{1}{6}\rho bhv_\infty^2$]

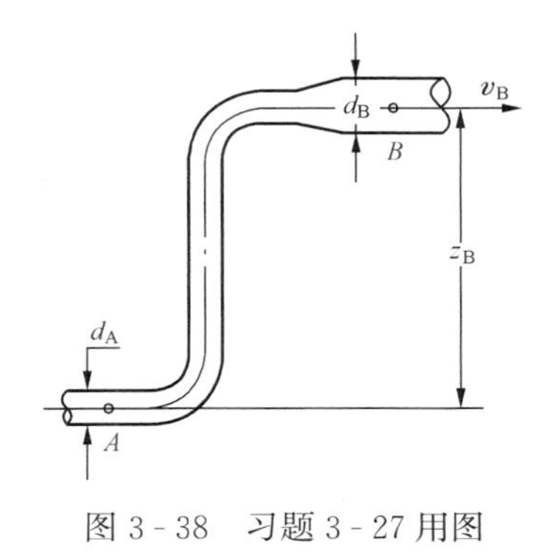

图 3-38 习题 3-27 用图

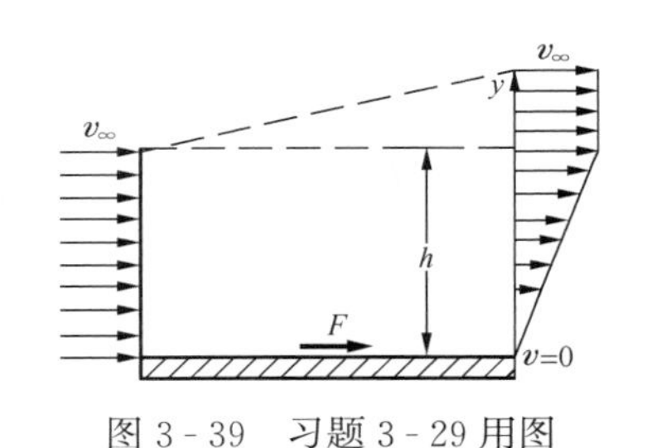

图 3-39 习题 3-29 用图

3-30 喷水船用泵从船头吸水，从船尾以高速喷水而运动。已知流量 q_V=80 L/s，船头吸水的相对速度 v_1=0.5m/s，船尾喷水的相对速度 v_2=12 m/s，试确定船的推进力。

[920N]

3-31 连续管系中的 90°渐缩弯管放在水平面上，如图 3-40 所示，入口直径 d_1=15cm，出口直径 d_2=7.5cm，入口处的平均流速 v_1=2.5 m/s，计示压强 p_1=6.86×10^4Pa，若不计阻力损失，试求支撑弯管所需的水平力。 [1427N；α=22°]

3-32 水由水箱 1 经圆滑无摩擦的孔口水平射出冲击到一块平板上，平板刚能盖着另一水箱的孔口，如图 3-41 所示，两孔口中心线重合，且 $d_1=\frac{1}{2}d_2$。当已知水箱 1 中的水位高度 h_1 时，求水箱 2 中水位高度 h_2。 $\left[h_2=\frac{1}{2}h_1\right]$

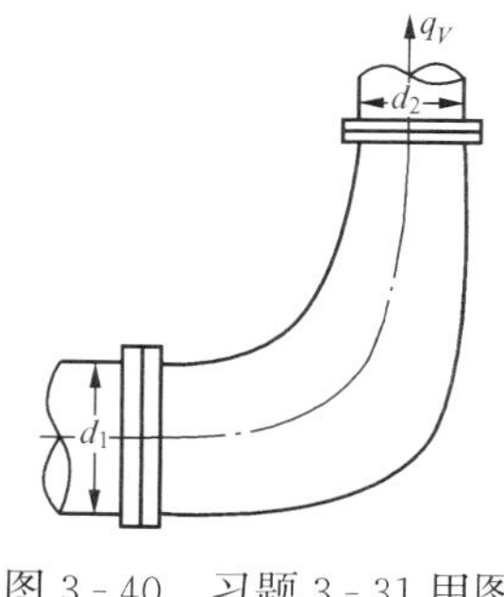

图 3-40　习题 3-31 用图

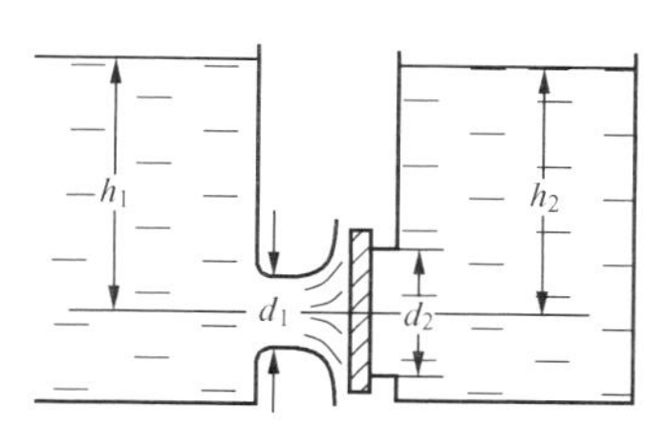

图 3-41　习题 3-32 用图

3-33　如图 3-42 所示消防水枪水平工作，水枪进口直径 $d_1=15\text{mm}$，出口直径 $d_0=7\text{mm}$，水枪工作水量 $q_V=160\text{L/min}$，试确定水枪对消防队员的后坐力。　[260N]

3-34　如图 3-43 所示，直径 $D=80\text{mm}$ 的油缸端部有 $d=20\text{mm}$ 的小孔，若油的密度 $\rho=800\text{kg/m}^3$，试求活塞上的作用力 $F=3000\text{N}$，油从小孔出流时，油缸将受多大的作用力。(忽略活塞的重量和能量损失)　[2647N]

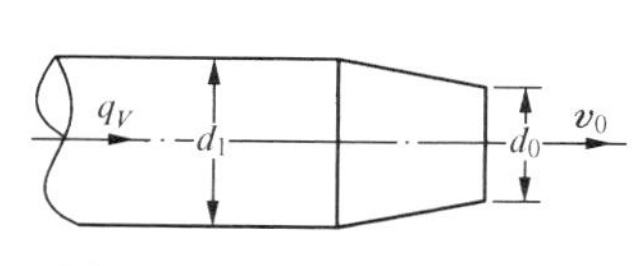

图 3-42　习题 3-33 用图

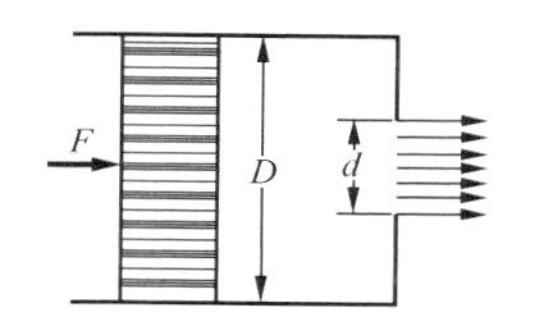

图 3-43　习题 3-34 用图

3-35　如图 3-44 所示，用实验的方法确定流体作用在圆柱体上的力，将一个长为 L、直径为 D 的圆柱体浸入速度为 v_∞ 的定常、均匀流动的不可压缩流体中，实际测得圆柱体前后两个截面上的压强是同样的，而圆柱体后的速度如图所示，试确定流体作用于圆柱体上的力。　$\left[\dfrac{2}{3}\rho v_\infty^2 LD\right]$

3-36　如图 3-45 所示，相对密度为 0.83 的油水平射向直立的平板，已知射流直径 $d=5\text{cm}$，$v_0=20\text{m/s}$，求支撑平板所需的力。　[652N]

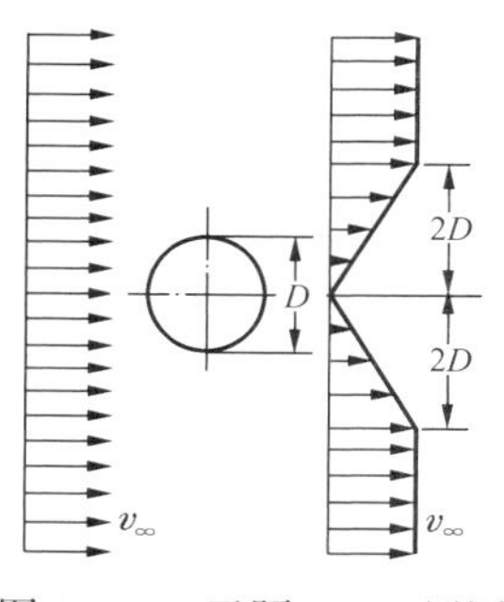

图 3-44　习题 3-35 用图

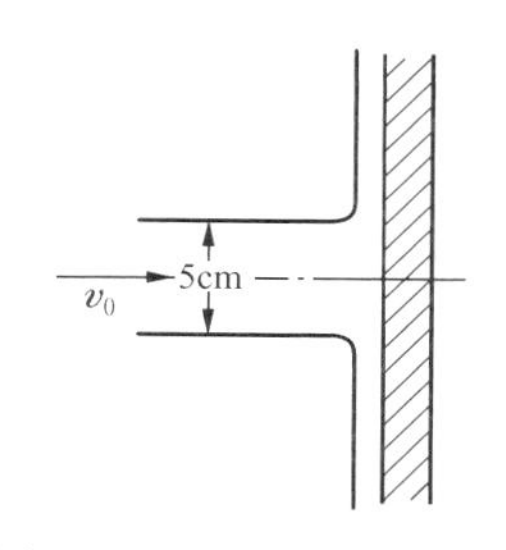

图 3-45　习题 3-36 用图

3-37　如图 3-46 所示，直径 $d=10\text{cm}$、流速 $v=20\text{m/s}$ 的射流水柱经导板后折转 90°，若水柱不散，试求导板对射流水柱的反作用力的大小和方向。　[4440N；45°]

3-38　如图 3-47 所示，一射流初速为 v_0，流量为 q_V，平板向着射流以等速 v 运动，试导出使平板运动所需功率的表达式。

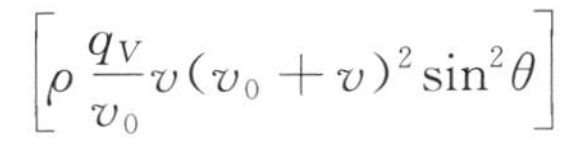
$\left[\rho \dfrac{q_V}{v_0} v (v_0 + v)^2 \sin^2\theta\right]$

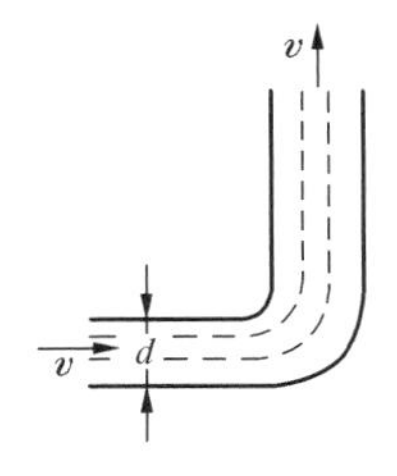

图 3-46　习题 3-37 用图

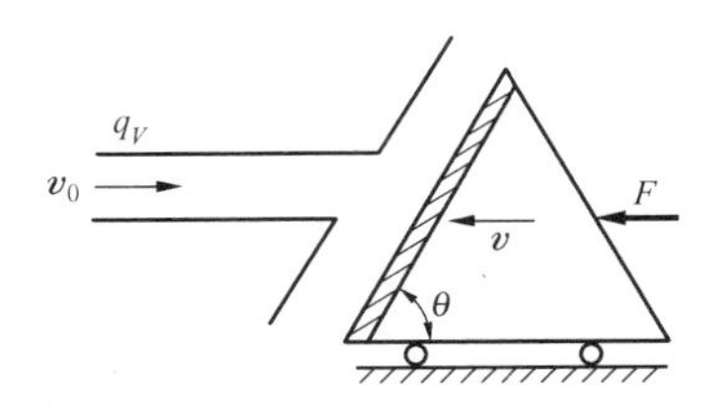

图 3-47　习题 3-38 用图

3-39　具有对称臂的洒水器如图 3-48 所示，总流量为 $5.6\times10^{-4}\mathrm{m^3/s}$，每个喷管的面积为 $0.93\mathrm{cm^2}$，不计损失，求其转速，如不让它转动需加多大的力矩。

［8.52 l/s；0.3 N·m］

3-40　内径 $d_1=12.5\mathrm{cm}$、外径 $d_2=30\mathrm{cm}$ 的风机叶轮如图 3-49 所示，若叶片宽度 $b=2.5\mathrm{cm}$，转速 $n=1725\ \mathrm{r/min}$，体积流量 $q_V=372\mathrm{m^3/h}$，空气在叶片入口径向流入，绝对压强 $p_1=9.7\times10^4\mathrm{Pa}$，气温 $t_1=20℃$，图中 $\beta_2=30°$，假设流体是不可压缩的。

（1）试画出入口处的速度图，并计算入口角 β_1；

（2）画出出口处的速度图，并计算出口速度 v_2；

（3）求所需的力矩。　　［43°；20m/s；0.348 N·m］

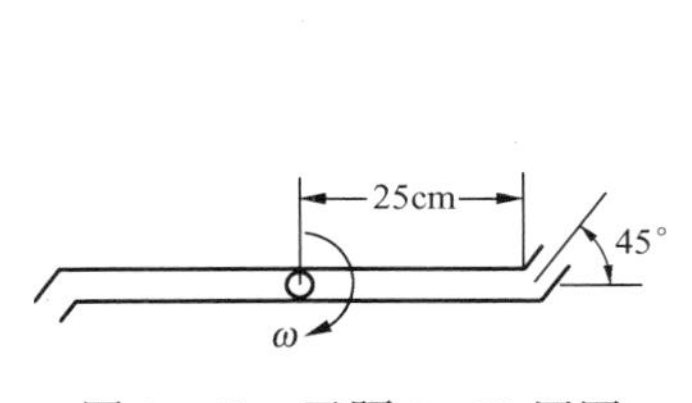

图 3-48　习题 3-39 用图

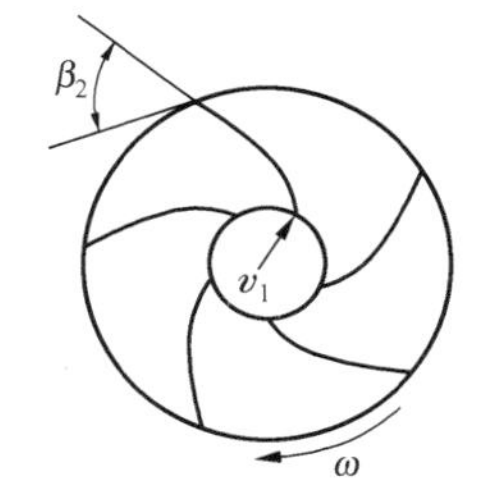

图 3-49　习题 3-40 用图

3-41　水在 $p=2\times10^5\mathrm{Pa}$ 的压强下沿鸭嘴形弯管流出，如图 3-50 所示，其体积流量 $q_V=0.125\mathrm{m^3/s}$，弯管直径 $d=200\mathrm{mm}$，$r=600\mathrm{mm}$。若忽略能量损失和重力的影响，试求弯管所受的力矩是多少？

［8136N·m］

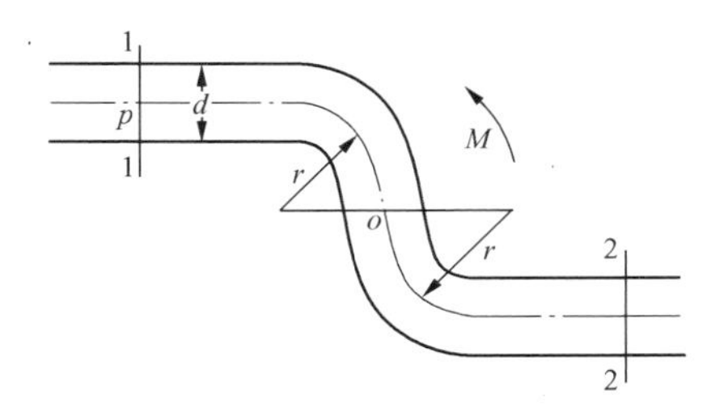

图 3-50　习题 3-41 用图

第四章　相似原理和量纲分析

长期以来，人们主要通过两种途径研究和解决各种流体力学问题。一是利用数学分析的方法，给出反映流体运动的各物理量（$\boldsymbol{v}$，ρ，p 等）之间关系的微分方程，并根据其定解条件对方程进行求解，以求得各物理量间的规律性关系。另一是通过实验研究的方法，导出流体运动时各物理量之间的规律性关系，该方法不仅在流体力学中有着广泛的应用，而且也广泛地应用于传热、传质以及其他复杂的物理化学过程内部规律的探索。

用前一种方法解决的流体力学问题是有限的，而大量的问题是用后一种方法求解。但是直接实验的方法有很大的局限性，这些实验结果只能用于特定的实验条件，或只能推广到与实验条件完全相同的现象上去；特别是对于那些由于实验条件限制，难以直接进行实验的问题，存在的困难就更多了。为了避免局限性，在长期的生产和科学实验中，人们逐渐掌握了一种探索自然规律行之有效的方法——以相似原理为基础的模型试验研究方法。

在这一章中，将主要介绍流体力学中的相似原理，模型实验方法以及量纲分析法。

第一节　流动的力学相似

相似性质是指，彼此相似的现象具有什么性质；相似条件是指，满足什么条件，一些现象才彼此相似。只有在几何相似的基础上，才能实现两个流动现象的力学相似。对于流体流动的物理过程，还有时间相似、运动相似及动力相似等。表征流动过程的物理量按其性质主要有三类：描述几何形状的，如长度、面积、体积等；描述运动状态的，如速度、加速度、体积流量等；描述动力特征的，如质量力、表面力、动量等。下面分别讨论如下，并以上标"′"表示模型的有关量。

一、几何相似

几何相似是指模型和原型的全部对应线性长度的比值为一定常数。

$$\frac{L'}{L}=\frac{l'}{l}=\frac{h'}{h}=C_l \tag{4-1}$$

长度比例尺的线性长度可以是机翼（或叶轮机的叶片）截面形状——翼型（或叶型）的弦长 b（见图 4-1）、圆柱的直径 d、管道的长度 L、管壁绝对粗糙度 ε 等，并称它们为特性长度。只要模型与原型的全部对应线性长度的比例相等，则它们的夹角必相等，如图 4-1 中的 $\beta'=\beta$。由于几何相似，模型与原型的对应面积，对应体积也必然分别互成一定比例，即

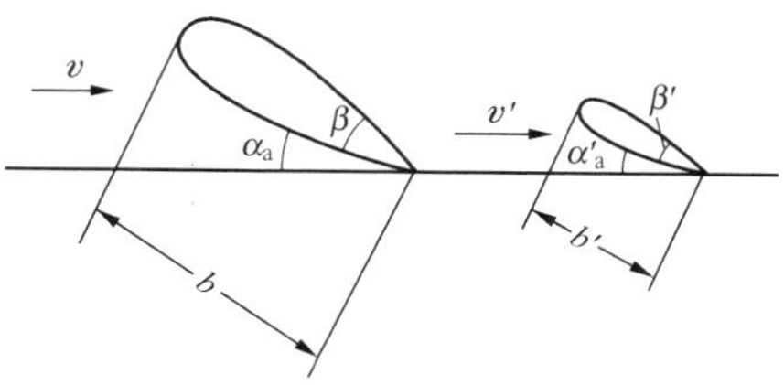

图 4-1　几何相似

面积比例尺

$$C_A=\frac{A'}{A}=\frac{l'^2}{l^2}=C_l^2 \tag{4-2}$$

体积比例尺
$$C_V=\frac{V'}{V}=\frac{l'^3}{l^3}=C_l^3 \tag{4-3}$$

式中：C_l 为长度比例尺（相似比例常数），只有满足上述条件，流动才能几何相似。

二、运动相似

满足几何相似的流场中，对应时刻、对应点流速（加速度）的方向一致，比例相等，即它们的速度场（加速度场）相似（见图 4-2）。

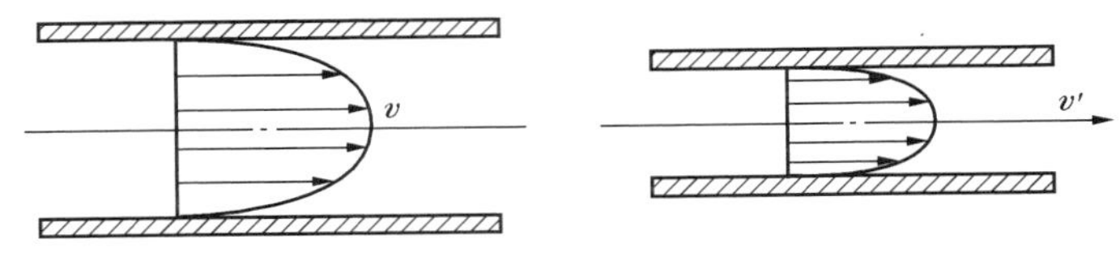

图 4-2　速度场相似

由于流场的几何相似是运动相似的前提条件，因此，模型与原型流场中流体微团经过对应路程所需要的时间也必互成一定比例，即

时间比例尺
$$C_t=\frac{t_1'}{t_1}=\frac{t_2'}{t_2}=\frac{t_3'}{t_3} \tag{4-4}$$

运动相似流场中对应点处的速度和加速度满足

速度比例尺
$$C_v=\frac{v'}{v}=\frac{l'/t'}{l/t}=\frac{C_l}{C_t} \tag{4-5}$$

加速度比例尺
$$C_a=\frac{a'}{a}=\frac{v'/t'}{v/t}=\frac{C_v}{C_t}=\frac{C_v^2}{C_l} \tag{4-6}$$

体积流量比例尺
$$C_{q_V}=\frac{q_V'}{q_V}=\frac{l'^3/t'}{l^3/t}=\frac{C_l^3}{C_t}=C_l^2C_v \tag{4-7}$$

运动黏度比例尺
$$C_\nu=\frac{\nu'}{\nu}=\frac{l'^2/t'}{l^2/t}=\frac{C_l^2}{C_t}=C_lC_v \tag{4-8}$$

如上所述，若模型与原型的长度比例尺和速度比例尺确定，则可由它们确定所有运动学量的比例尺。

三、动力相似

两个运动相似的流场中，对应空间点上，对应瞬时作用在两相似几何微团上的力，作用方向一致、大小互成比例，即它们的动力场相似（见图 4-3）。图 4-3 中的 m 和 a 分别为流体微团的质量和加速度。

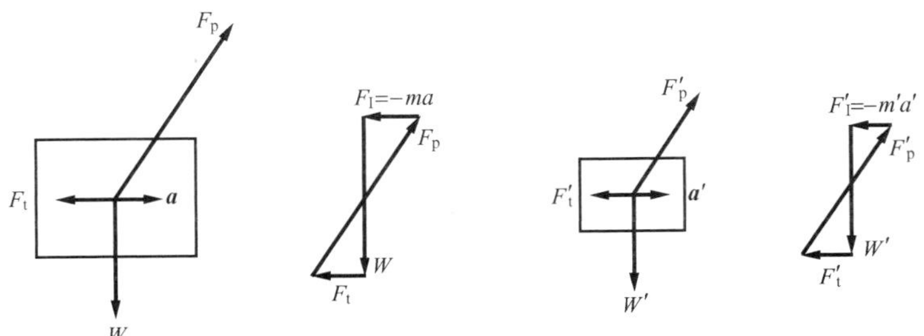

图 4-3　动力相似

力的比例尺为
$$C_F=\frac{F'_p}{F_p}=\frac{F'_t}{F_t}=\frac{W'}{W}=\frac{F'_I}{F_I} \tag{4-9}$$
又由牛顿定律可知
$$C_F=\frac{\rho'\Delta l'^3\dfrac{\Delta v'}{\Delta t'}}{\rho\Delta l^3\dfrac{\Delta v}{\Delta t}}=C_\rho C_l^2C_v^2 \tag{4-10}$$
其中，$C_\rho=\dfrac{\rho'}{\rho}$为流体的密度比例尺。

式中：F_p、F'_p、F_t、F'_t、W、W'、F_I、F'_I分别为原型与模型的总压力、切向力、重力和惯性力。

上述几种相似是相互关联的，其中几何相似是流动力学相似的前提条件；主导因素是动力相似；运动相似则是几何相似和动力相似的表象。综上所述，模型与原型流场的几何相似，运动相似和动力相似是两个流场完全相似的重要特征和条件。即，在几何相似的条件下，满足运动相似和动力相似，则此流动必定相似。而且几何相似和运动相似是此流动相似的充要条件。

在流体力学的模型实验中，经常选取长度l、速度v和密度ρ作为独立的基本量，即选取C_l、C_v、C_ρ作基本比例尺，于是可以导出用C_l、C_v和C_ρ表示的有关动力学量的比例尺如下：

力矩（功、能）比例尺
$$C_M=\frac{M'}{M}=\frac{F'l'}{Fl}=C_FC_l=C_l^3C_v^2C_\rho \tag{4-11}$$
压强（应力）比例尺
$$C_p=\frac{p'}{p}=\frac{\dfrac{F'_p}{A'}}{\dfrac{F_p}{A}}=\frac{C_F}{C_A}=C_v^2C_\rho \tag{4-12}$$
功率比例尺
$$C_P=\frac{P'}{P}=\frac{F'v'}{Fv}=C_FC_v=C_l^2C_v^3C_\rho \tag{4-13}$$
动力黏度比例尺
$$C_\mu=\frac{\mu'}{\mu}=\frac{\rho'\nu'}{\rho\nu}=C_\rho C_\nu=C_lC_vC_\rho \tag{4-14}$$
显然，有了模型与原型的密度比例尺、长度比例尺和速度比例尺，就可由它们确定所有动力学量的比例尺。

第二节　动力相似准则

在几何相似的条件下，两种物理现象保证相似的条件或准则，称之为相似准则（或相似律）。对于任何系统的机械运动都必须服从牛顿第二定律$\boldsymbol{F}=m\boldsymbol{a}$。对模型与原型流场中的流体微团应用牛顿第二定律，并按动力相似时各类力大小的比例相等，可得式（4-10）。即
$$\frac{C_F}{C_\rho C_l^2C_v^2}=1 \tag{4-15}$$
或
$$\frac{F'}{\rho'l'^2v'^2}=\frac{F}{\rho l^2v^2} \tag{4-16}$$

令
$$\frac{F}{\rho l^2 v^2}=Ne \tag{4-17}$$

Ne 称为牛顿（Newton）数，它是作用力与惯性力的比值。当模型与原型的动力相似，则其牛顿数必定相等，即 $Ne'=Ne$；反之亦然。这就是牛顿相似准则。

流场中有各种性质的力，但不论是哪种力，只要两个流场动力相似，它们都要服从牛顿相似准则。

一、重力相似准则（弗劳德准则）

处于重力场中的两个相似流场，重力必然相似。作用在流体微团上的重力之比可以表示为

$$C_F=\frac{W'}{W}=\frac{\rho' V' g'}{\rho V g}=C_\rho C_l^3 C_g$$

式中：C_g 为重力加速度比例尺。

将上式代入式（4-15），得

$$\frac{C_v}{(C_l C_g)^{1/2}}=1 \tag{4-18}$$

或
$$\frac{v'}{(g'l')^{1/2}}=\frac{v}{(gl)^{1/2}} \tag{4-19}$$

令
$$\frac{v}{(gl)^{1/2}}=Fr \tag{4-20}$$

Fr 称为弗劳德（Froude）数，其物理意义为惯性力与重力的比值。两种流动的重力作用相似，它们的弗劳德数必定相等，即 $Fr'=Fr$；反之亦然。这就是重力相似准则，又称弗劳德准则。在重力场中 $g'=g$，$C_g=1$，则有

$$C_v=C_l^{1/2} \tag{a}$$

二、黏性力相似准则（雷诺准则）

黏性力作用下的两个相似流场，其黏性力必然相似。作用在二流场流体微团上的黏性力之比可表示为

$$C_F=\frac{F'_\mu}{F_\mu}=\frac{\mu'\ (\mathrm{d}v'_x/\mathrm{d}y')\ A'}{\mu\ (\mathrm{d}v_x/\mathrm{d}y)\ A}=C_\mu C_l C_v$$

代入式（4-15），得

$$C_\rho C_v C_l/C_\mu=1,\qquad C_v C_l/C_\nu=1 \tag{4-21}$$

或
$$\frac{\rho' v' l'}{\mu'}=\frac{\rho v l}{\mu},\qquad \frac{v'l'}{\nu'}=\frac{vl}{\nu} \tag{4-22}$$

令
$$\frac{\rho v l}{\mu}=\frac{vl}{\nu}=Re \tag{4-23}$$

Re 称为雷诺（Reynolds）数，其物理意义为惯性力与黏性力的比值。两种流动的黏性力作用相似，它们的雷诺数必定相等，即 $Re'=Re$；反之亦然。这就是黏性力相似准则，又称雷诺准则。当模型与原型用同一种流体时，$C_\rho=C_\mu=1$，故有

$$C_v=1/C_l \tag{b}$$

三、压力相似准则（欧拉准则）

压力作用下的两个相似流场，其压力必然相似。作用在二流场流体微团上的总压力之比

可以表示为

$$C_F=\frac{F'}{F}=\frac{p'A'}{pA}=C_pC_l^2$$

代入式（4-15），得

$$\frac{C_p}{C_\rho C_v^2}=1 \tag{4-24}$$

或

$$\frac{p'}{\rho' v'^2}=\frac{p}{\rho v^2} \tag{4-25}$$

令

$$\frac{p}{\rho v^2}=Eu \tag{4-26}$$

Eu 称为欧拉（Euler）数，其物理意义为总压力与惯性力的比值。两种流动的压力作用相似，它们的欧拉数必定相等，即 $Eu'=Eu$；反之亦然。这就是压力相似准则，又称欧拉准则。当欧拉数中的压强 p 用压差 Δp 来代替，这时

欧拉数

$$Eu=\frac{\Delta p}{\rho v^2} \tag{4-27}$$

欧拉相似准则

$$\frac{\Delta p'}{\rho' v'^2}=\frac{\Delta p}{\rho v^2} \tag{4-28}$$

四、弹性力相似准则（柯西准则）

弹性力作用下的两个相似流场，其弹性力必然相似。作用在二流场流体微团上的弹性力之比可以表示为

$$C_F=\frac{F_e'}{F_e}=\frac{\mathrm{d}p'A'}{\mathrm{d}pA}=\frac{K'A'\mathrm{d}V'/V'}{KA\mathrm{d}V/V}=C_KC_l^2$$

式中：K 为体积弹性模量，C_K 为体积弹性模量比例尺。

将上式代入式（4-15），得

$$\frac{C_\rho C_v^2}{C_K}=1 \tag{4-29}$$

或

$$\frac{\rho' v'^2}{K'}=\frac{\rho v^2}{K} \tag{4-30}$$

令

$$\frac{\rho v^2}{K}=Ca \tag{4-31}$$

Ca 称为柯西（Cauchy）数，其物理意义为惯性力与弹性力的比值。两种流动的弹性力作用相似，它们的柯西数必定相等，即 $Ca'=Ca$；反之亦然。这就是弹性力相似准则，又称柯西准则。

若流场中的流体为气体，由于 $K/\rho=c^2$（c 为声速），故弹性力的比例尺又可表示为 $C_F=C_c^2C_\rho C_l^2$，代入式（4-15），得

$$\frac{C_v}{C_c}=1 \tag{4-32}$$

式中：C_c 为声速比例尺，$C_c=\frac{c'}{c}$。

式（4-32）又可表示为

$$\frac{v'}{c'}=\frac{v}{c} \tag{4-33}$$

令

$$\frac{v}{c}=Ma \tag{4-34}$$

Ma 称马赫（Mach）数，其物理意义仍是惯性力与弹性力的比值。两种流动的弹性力作用相似，它们的马赫数必定相等，即 $Ma'=Ma$；反之亦然。这就是弹性力相似准则，又称马赫准则。

五、表面张力相似准则（韦伯准则）

表面张力作用下的两个相似流场，其表面张力必然相似。作用在二流场流体微团上的张力之比可以表示为

$$C_F=\frac{F'_\sigma}{F_\sigma}=\frac{\sigma' l'}{\sigma l}=C_\sigma C_l$$

式中：σ 为表面张力；$C_\sigma=\frac{\sigma'}{\sigma}$ 为表面张力比例尺。

将上式代入式（4-15），得

$$\frac{C_\rho C_l C_v^2}{C_\sigma}=1 \tag{4-35}$$

或

$$\frac{\rho' v'^2 l'}{\sigma'}=\frac{\rho v^2 l}{\sigma} \tag{4-36}$$

令

$$\frac{\rho v^2 l}{\sigma}=We \tag{4-37}$$

We 称为韦伯（Weber）数，其物理意义为惯性力与表面张力的比值。两种流动的表面张力作用相似，它们的韦伯数必定相等，即 $We'=We$；反之亦然。这就是表面张力作用相似准则，又称韦伯准则。

六、非定常性相似准则（斯特劳哈尔准则）

在非定常流动的模型实验中，要保证模型与原型的流动随时间的变化相似。此时，当地加速度引起的惯性力之比可以表示为

$$C_F=\frac{F'_{\mathrm{It}}}{F_{\mathrm{It}}}=\frac{\rho' V'\ (\partial v'_x/\partial t')}{\rho V\ (\partial v_x/\partial t)}=C_\rho C_l^3 C_v C_t^{-1}$$

将上式代入式（4-15），得

$$\frac{C_l}{C_v C_t}=1 \tag{4-38}$$

或

$$\frac{l'}{v' t'}=\frac{l}{vt} \tag{4-39}$$

令

$$\frac{l}{vt}=Sr \tag{4-40}$$

Sr 称为斯特劳哈尔（Strouhal）数，其物理意义为当地惯性力与迁移惯性力的比值。两种非定常流动相似，它们的斯特劳哈尔数必定相等，即 $Sr'=Sr$；反之亦然。这就是非定常相似准则，又称斯特劳哈尔准则。

以上给出的牛顿数、弗劳德数、雷诺数、欧拉数、柯西数、马赫数、韦伯数、斯特劳哈

尔数均称为相似准则数。

如果已经有了某种流动的运动微分方程，可由该方程直接导出有关的相似准则和相似准则数，方法是令方程中的有关力与惯性力相比。

第三节　流动相似条件

在几何相似的条件下，当两种流动满足运动相似（$\boldsymbol{v}$，$\boldsymbol{a}$，…）和动力相似（p，$\boldsymbol{f}$，$\boldsymbol{\tau}$，…），则此流动必定相似。而且几何相似和运动相似是此流动相似的充要条件。亦即流动相似是指，在对应点上、对应瞬时，所有物理量都成比例。所以相似流动必然满足以下条件：

（1）任何相似的流动都是属于同一类的流动，相似流场对应点上的各种物理量，都应为相同的微分方程所描述；

（2）相似流场对应点上的各种物理量都有唯一确定的解，即流动满足单值条件；

（3）由单值条件中的物理量所确定的相似准则数相等是流动相似也必须满足的条件。

例如，工程上常见的不可压缩黏性流体定常流动，密度 ρ、特性长度 l、流速 v、动力黏度 μ、重力加速度 g 等都是定性物理量，由它们组成的雷诺数 Re、弗劳德数 Fr 都是定性准则数；压强 p 与流速 v 总是以一定关系式相互联系着，知道了流速分布，就知道了压强分布，压强是被决定的物理量，包含有压强（或压差）的欧拉数 Eu 便是非定性准则数。

相似条件说明了模型实验主要解决的问题是：①根据物理量所组成的相似准则数相等的原则去设计模型，选择流动介质；②在实验过程中应测定各相似准则数中包含的一切物理量；③用数学方法找出相似准则数之间的函数关系，即准则方程式。该方程式便可推广应用到原型及其他相似流动中去。

【例 4-1】 如图 4-4 所示，为防止当通过油池底部的管道向外输油时，因池内油深太小，形成的油面旋涡将空气吸入输油管。需要通过模型实验确定油面开始出现旋涡的最小油深 $h_{\min}$。已知输油管内径 $d=250\text{mm}$，油的流量 $q_V=0.14\text{m}^3/\text{s}$，运动黏度 $\nu=7.5\times10^{-5}\text{m}^2/\text{s}$。倘若选取的长度比例尺 $C_l=1/5$，为了保证流动相似，模型输出管的内径、模型内液体的流量和运动黏度应等于多少？在模型上测得 $h'_{\min}=50\text{mm}$，油池的最小油深 $h_{\min}$ 应等于多少？

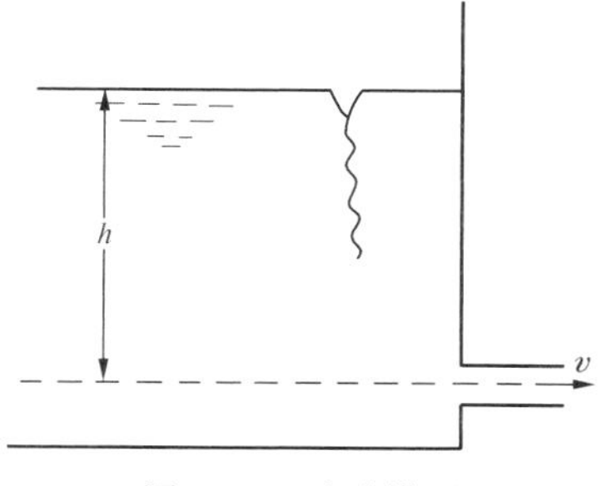

图 4-4　油池模型

解　该题属于在重力作用下不可压缩黏性流体的流动问题，必须同时考虑重力和黏性力的作用。因此，为了保证流动相似，必须按照弗劳德数和雷诺数分别同时相等去选择模型内液体的流速和运动黏度。

按长度比例尺得模型输出管内径

$$d'=C_l d=\frac{250}{5}=50\text{mm}$$

在重力场中 $g'=g$，由弗劳德数相等可得模型内液体的流速和流量为

$$v'=\left(\frac{h'}{h}\right)^{1/2}v=\left(\frac{1}{5}\right)^{1/2}v$$

$$q'_V=\frac{\pi}{4}d'^2v'=\frac{\pi}{4}\left(\frac{d}{5}\right)^2\times\left(\frac{1}{5}\right)^{1/2}v=\left(\frac{1}{5}\right)^{5/2}q_V=\frac{0.14}{55.9}=0.0025\text{m}^3/\text{s}$$

由雷诺数相等可得模型内液体的运动黏度为

$$\nu'=\frac{v'd'}{vd}\nu=\left(\frac{1}{5}\right)^{3/2}\nu=\frac{7.5\times10^{-5}}{11.18}=6.708\times10^{-6}\mathrm{m^2/s}$$

油池的最小油深为 $$h_{\min}=\frac{h'_{\min}}{C_l}=5\times50=250\mathrm{mm}$$

【例 4-2】 密度和动力黏度相等的两种液体从几何相似的喷管中喷出。一种液体的表面张力为0.04409N/m，出口流束直径为7.5cm，流速为12.5m/s，在离喷管10m处破裂成雾滴；另一液体的表面张力为0.07348N/m。如果二流动相似，另一液体的出口流束直径、流速、破裂成雾滴的距离应多大？

解 要保证二流动相似，它们的雷诺数和韦伯数必须相等，即

$$\frac{\rho'v'l'}{\mu'}=\frac{\rho vl}{\mu},\quad \frac{\rho'v'^2l'}{\sigma'}=\frac{\rho v^2 l}{\sigma}$$

或 $$C_vC_l=1,\quad C_v^2C_l=C_\sigma$$

故有 $$C_v=C_\sigma=\frac{0.07348}{0.04409}=1.667,\quad C_l=1/C_v=1/1.667=0.6$$

另一流束的出口直径、流速和破裂成雾滴的距离分别为

$$d'=C_ld=0.6\times7.5=4.5\mathrm{cm}$$

$$v'=C_vv=1.667\times12.5=20.83\mathrm{m/s}$$

$$l'=C_ll=0.6\times10=6.0\mathrm{m}$$

第四节 近似模型实验

以相似原理为基础的模型实验方法，按照流体流动相似的条件，可设计模型和安排试验。这些条件是几何相似、运动相似和动力相似。

前两个相似是第三个相似的充要条件，同时满足以上条件为流动相似，模型试验的结果方可用到原型设备中去。

但是，要做到流动完全相似是很难办到（甚至是根本办不到）的。比如，对于黏性不可压缩流体定常流动，尽管只有两个定性准则，即 Re 和 Fr[$Eu=f(Re,Fr)$——非定性准则]，但是要想同时满足 $Re=Re'$，$Fr=Fr'$，常常也是非常困难的。因为

$$Re=Re',\ \frac{vl}{\nu}=\frac{v'l'}{\nu'}\text{或}\frac{v'}{v}=\frac{l}{l'}\frac{\nu'}{\nu}\Rightarrow C_{v1}=\frac{C_\nu}{C_l}$$

$$Fr=Fr',\ \frac{v^2}{gl}=\frac{v'^2}{g'l'}\text{或}C_{v2}^2=C_lC_g\Rightarrow C_{v2}=\sqrt{C_lC_g}$$

在重力场中做试验，$g=g'$ 即 $C_g=1$。

则有 $$C_{v1}=C_\nu\cdot C_l^{-1},\ C_{v2}=\sqrt{C_l}$$

当选用相同的流动介质，即 $\nu'=\nu$，$C_\nu=1$。

$$C_{v1}=C_l^{-1},\quad C_{v2}=\sqrt{C_l}$$

若取 $C_l=\frac{l'}{l}=\frac{1}{10}$ 时，$C_{v1}=\frac{v'}{v}=10$，$C_{v2}=\frac{v'}{v}=\frac{1}{3.16}$，这就使得二者发生矛盾，故不能选用

同种介质。

当令 $C_{v1}=C_{v2}$ 时，则有 $C_{\nu}=C_l^{\frac{3}{2}}$ 。

取 $C_l=\frac{1}{10}$时，$C_{\nu}=\frac{\nu'}{\nu}=\frac{1}{31.6}$，这个比例也是很难办到的，如选用 20℃的水气比拟，$\nu_{气}=15\times10^{-6}\text{m}^2/\text{s}$，$\nu_{水}=1\times10^{-6}\text{m}^2/\text{s}$，于是 $C_{\nu}=\frac{1}{15}$，也根本达不到要求。不过，若没有其他办法时，此方法有时也可采用。如降低水的运动黏度，即对模型中的流动介质加温。若取 60℃的水作模型中的流动介质，可有 $\nu'=0.477\times10^{-6}\text{m}^2/\text{s}$，则 $C_{\nu}=\frac{0.477}{15}=\frac{1}{31.5}$可近似地满足要求。

综上所述，可以看出，要想使流动完全相似是很难办到的，定性准则数越多，模型实验的设计越困难，甚至根本无法进行。为了解决这方面的矛盾，在工程实际中的模型试验，好多只能满足部分相似准则，即称之为局部相似。这种方法是一种近似的模型试验，它可以抓住问题的主要物理量，忽略对过程影响小的定性准则，可使问题得到简化。如上面的黏性不可压定常流动的问题，不考虑自由面的作用及重力的作用，只考虑黏性的影响，则定性准则只考虑雷诺数 Re，因而模型尺寸和介质的选择就自由了。

简化模型实验方法中流动相似的条件，除局部相似之外，还可采用自模化特性和稳定性。如在讨论有压黏性管流中的一种特殊现象，即当雷诺数大到一定数值时，继续提高雷诺数，管内流体的紊乱程度及速度剖面几乎不再变化，雷诺准则已失去判别相似的作用，流动进入自动模化区。

自模化的概念实质是自身模拟的概念。比如在某系统中，有两个数与其他量比起来都很大（如 10^7 和 10^8），则可认为这两个数自模拟了。又比如，在圆管流动中，当 $Re\leqslant2320$ 时，管内流动的速度分布都是一轴对称的旋转抛物面。当 $Re>4\times10^5$ 时，管内流动状态为紊流状态，其速度分布基本不随 Re 变化而变化，故在这一模拟区域内，不必考虑模型的 Re 与原型的 Re 相等否，只要与原型处于同一模化区即可。

实验证明，黏性流体在管道中流动时，不管入口处速度分布如何，在离入口一段距离之后，速度分布皆趋于一致。这种性质称为稳定性。由于黏性流体有这种性质，所以只要求在模型入口前有一定管道段保证入口流体通道几何相似就可以了，而不必考虑入口处速度分布相似，出口通道上也有同样性质。

【例 4-3】 图 4-5 所示为弧形闸门放水时的情形。已知水深 $h=6\text{m}$。模型闸门是按长度比例尺 $C_l=1/20$ 制作的，实验时的开度与模型的相同。试求流动相似时模型闸门前的水深。在模型实验中测得收缩截面的平均流速 $v'=2.0\text{m/s}$，流量 $q'_V=3\times10^{-2}\text{m}^3/\text{s}$，水作用在闸门上的力 $F'=102\text{N}$，绕闸门轴的力矩 $M'=120\text{N}\cdot\text{m}$。试求在原型上收缩截面的平均流速、流量以及作用在闸门上的力和力矩。

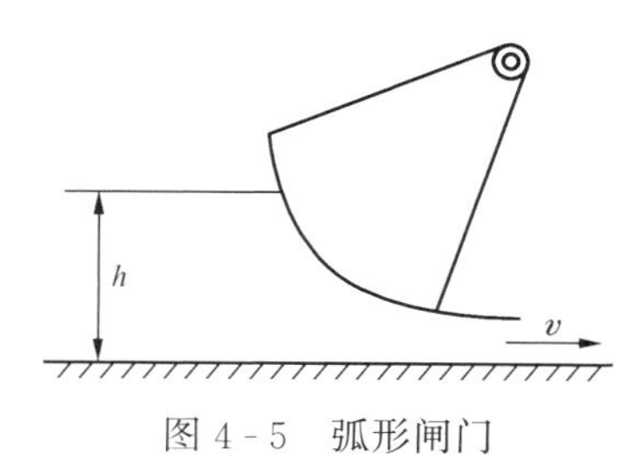

图 4-5　弧形闸门

解　按长度比例尺，模型闸门前的水深为

$$h'=C_lh=6/20=0.3\text{m}$$

在重力作用下水从闸门下出流，若是流动相似，弗劳德数必须相等，由此可得 $C_v=C_l^{1/2}$。于是，原型上的待求量可按有关比例尺计算如下：

收缩截面的平均流速　$v=v'/C_v=v'/C_l^{1/2}=2.0\times20^{1/2}=8.944\text{m/s}$

流量　$q_V=q'_V/C_{q_V}=q'_V/C_l^{5/2}=0.03\times20^{5/2}=53.67\text{m}^3/\text{s}$

作用在闸门上的力 $F=F'/C_F=F'/C_l^3=102\times20^3=8.160\times10^5\text{N}$

力矩　$M=M'/C_m=M'/C_l^4=120\times20^4=1.920\times10^7\text{N}\cdot\text{m}$

【例 4-4】 输水管道的内径 $d=1.5\text{m}$，内装蝶阀（见图 4-6）。当蝶阀开度为 α，输送流量 $q_V=4.0\text{m}^3/\text{s}$ 时流动已进入自模化区。利用空气进行模拟实验，选用的长度比例尺 $C_l=1/7.5$，为了保证模型内的流动也进入自模化区。模型蝶阀在相同开度下的输送流量 $q'_V=1.6\text{m}^3/\text{s}$，实验时测得经过蝶阀气流的压强降 $\Delta p'=2697\text{Pa}$，作用在蝶阀上的力 $F'=150\text{N}$，绕阀轴的力矩 $M'=3.04\text{N}\cdot\text{m}$ 时，求原型对应的压强降、作用力和力矩。已知 20℃时水的密度 $\rho=998.2\text{kg/m}^3$，黏度 $\mu=1.005\times10^{-3}\text{Pa}\cdot\text{s}$，20℃时空气的密度 $\rho'=1.205\text{kg/m}^3$，黏度 $\mu'=1.83\times10^{-5}\text{Pa}\cdot\text{s}$，声速 $c'=343.1\text{m/s}$。

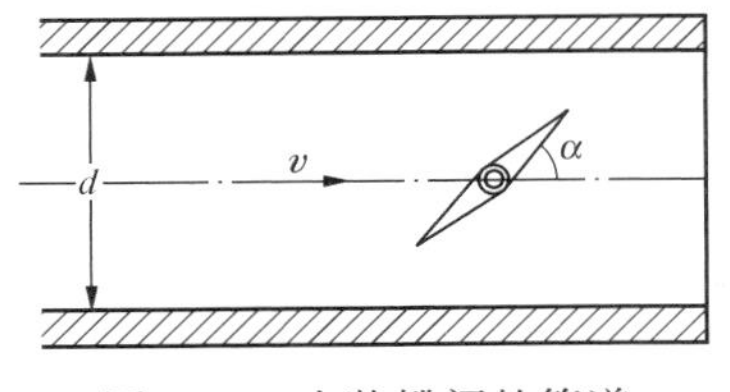

图 4-6　内装蝶阀的管道

解　这是黏性有压管流。原型中的流速和雷诺数分别为

$$v=\frac{4q_V}{\pi d^2}=\frac{4\times4}{\pi\ (1.5)^2}=2.264\text{m/s}$$

$$Re=\frac{\rho vd}{\mu}=\frac{998.2\times2.264\times1.5}{1.005\times10^{-3}}=3.373\times10^6$$

模型中的流速和雷诺数分别为

$$v'=\frac{4q'_V}{\pi d'^2}=\frac{4\times1.6}{\pi\ (0.20)^2}=50.93\text{m/s}$$

$$Re'=\frac{\rho'v'd'}{\mu'}=\frac{1.205\times50.93\times0.20}{1.83\times10^{-5}}=6.707\times10^5$$

通常均已进入自模化区。模型中气流的马赫数为

$$Ma'=\frac{v'}{c'}=0.1484<0.30$$

可以不考虑气体压缩性的影响。由于 $C_l=1/7.5$，$C_\rho=0.001207$，$C_v=22.50$，故由式（4-28）、式（4-9）、式（4-11）可得

$$\Delta p=\frac{\Delta p'}{C_\rho C_v^2}=\frac{2697}{0.001207\times22.50^2}=4414\text{Pa}$$

$$F=\frac{F'}{C_\rho C_l^2 C_v^2}=\frac{150}{0.001207\times\ (1/7.5)^2\times22.50^2}=1.381\times10^4\text{N}$$

$$M=\frac{M'}{C_\rho C_l^3 C_v^2}=\frac{3.04}{0.001207\times\ (1/7.5)^3\times22.50^2}=2098.87\text{N}\cdot\text{m}$$

第五节　量纲分析法

流动的各种物理现象常常受到多种因素的影响，通过量纲分析，能将影响物理现象的各

种变量合理组合，使问题大大简化。量纲分析法也是通过试验去探索流动规律的重要方法，特别是对那些很难从理论上进行分析的复杂流动，更能显示出该方法的优越性。

一、物理方程量纲一致性原则

物理量单位的种类叫量纲，由基本单位和导出单位组成单位系统。在以下几类问题的讨论中最多可出现的基本单位（量纲）有：

（1）讨论理论力学时，基本单位（量纲）有三个：质量（M）、时间（T）、长度（L）；

（2）讨论流体力学和热力学时，基本单位（量纲）有四个：质量（M）、时间（T）、长度（L）、温度（Θ）；

（3）运动学问题有两个基本单位（量纲）：时间（T）、长度（L）。

物理量的量纲分为基本量纲和导出量纲。通常流体力学中取长度、时间和质量的量纲 L、T、M 为基本量纲；在与温度有关的流体力学问题中，还要增加温度的量纲 Θ 为基本量纲。任一物理量 Q 的量纲表示为 $\dim Q$。

流体力学中常遇到的用基本量纲表示的导出量纲有

密度：$\dim\rho=ML^{-3}$
压强：$\dim p=ML^{-1}T^{-2}$
速度：$\dim v=LT^{-1}$
加速度：$\dim a=LT^{-2}$
运动黏度：$\dim\nu=L^{2}T^{-1}$
力：$\dim F=MLT^{-2}$
表面张力：$\dim\sigma=MT^{-2}$
体积模量：$\dim K=ML^{-1}T^{-2}$
动力黏度：$\dim\mu=ML^{-1}T^{-1}$
比定压热容：$\dim c_{p}=L^{2}T^{-2}\Theta^{-1}$
比定容热容：$\dim c_{V}=L^{2}T^{-2}\Theta^{-1}$
气体常数：$\dim R=L^{2}T^{-2}\Theta^{-1}$

任何一个物理方程中各项的量纲必定相同，用量纲表示的物理方程必定是齐次性的，这便是物理方程量纲一致性原则。既然物理方程中各项的量纲相同，那么，用物理方程中的任何一项通除整个方程，便可将该方程化为零量纲方程。

量纲分析法正是依据物理方程量纲一致性原则，从量纲分析入手，找出流动过程的相似准则数，并借助实验找出这些相似准则数之间的函数关系。根据相似原理，用量纲分析法，结合实验研究，不仅可以找出尚无物理方程表示的复杂流动过程的流动规律，而且找出的还是同一类相似流动的普遍规律。因此，量纲分析法是探索流动规律的重要方法。常用的量纲分析法有瑞利法和 π 定理。

二、瑞利法

用定性物理量 x_1，x_2，…，x_n 的某种幂次之积的函数来表示被决定的物理量 y 的方法，称为瑞利（Rayleigh）法，即

$$y=kx_1^{a_1}x_2^{a_2}\cdots x_n^{a_n} \tag{4-41}$$

k 为无量纲系数，由实验确定；a_1，a_2，…，a_n 为待定指数，根据量纲一致性原则求出。

【例 4-5】 已知三角堰流（图 4-7）的流量 q_V 主要与堰顶水头 H、三角堰堰角 α、流体密度 ρ 和重力加速度 g 有关，试用瑞利法导出三角堰流量的表达式。

解　按照瑞利法可以写出体积流量

$$q_V=f(\rho,\ g,\ \alpha,\ H) \tag{a}$$

选取 H，ρ，g 为量纲无关量，则有

$$q_V=f(\alpha)\rho^{a}g^{b}H^{c}$$

即

$$[L^{3}T^{-1}]=[ML^{-3}]^{a}[LT^{-2}]^{b}[L]^{c}$$

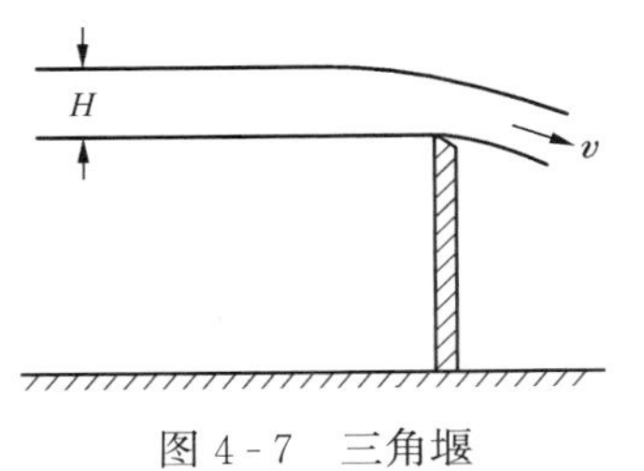

图 4-7 三角堰

解得 $a=0$，$b=\frac{1}{2}$，$c=\frac{5}{2}$

即
$$q_V=g^{\frac{1}{2}}H^{\frac{5}{2}}f(\alpha) \tag{4-42}$$

当取 $\alpha=\frac{\pi}{2}$时，$f\left(\frac{\pi}{2}\right)=\text{const}$，当重力加速度 g 不变时，三角堰流量与堰顶水头 H 的关系为
$$q_V=CH^{\frac{5}{2}} \tag{4-43}$$
其中 C 只能用实验方法或其他方法确定。

【例 4-6】 不可压缩黏性流体在粗糙管内定常流动时，沿管道的压强降 Δp 与管道长度 L、内径 d、绝对粗糙度 ε、流体的平均流速 v、密度 ρ 和动力黏度 μ 有关。试用瑞利法导出压强降的表达式。

解 按照瑞利法可以写出压强降
$$\Delta p=kL^{a_1}d^{a_2}\varepsilon^{a_3}v^{a_4}\rho^{a_5}\mu^{a_6} \tag{b}$$
如果用基本量纲表示方程中的各物理量，则有
$$ML^{-1}T^{-2}=L^{a_1}L^{a_2}L^{a_3}\ (LT^{-1})^{a_4}\ (ML^{-3})^{a_5}\ (ML^{-1}T^{-1})^{a_6}$$
根据物理方程量纲一致性原则有

对 L $\quad -1=a_1+a_2+a_3+a_4-3a_5-a_6$

对 T $\quad -2=-a_4-a_6$

对 M $\quad 1=a_5+a_6$

六个指数有三个代数方程，只有三个指数是独立的、待定的。例如取 a_1，a_3 和 a_6 为待定指数，联立求解，可得
$$a_4=2-a_6$$
$$a_5=1-a_6$$
$$a_2=-a_1-a_3-a_6$$
代入式（b），可得
$$\Delta p=k\left(\frac{L}{d}\right)^{a_1}\left(\frac{\varepsilon}{d}\right)^{a_3}\left(\frac{\mu}{\rho vd}\right)^{a_6}\rho v^2 \tag{c}$$
由于沿管道的压强降是随管长线性增加的，故 $a_1=1$。式（c）右侧第一个零量纲量为管道的长径比，第二个零量纲量为相对粗糙度，第三个零量纲量为相似准则数 $1/Re$，于是可将式（c）写成
$$\Delta p=f\left(Re,\ \frac{\varepsilon}{d}\right)\frac{L}{d}\frac{\rho v^2}{2} \tag{d}$$
令 $\lambda=f\left(Re,\ \frac{\varepsilon}{d}\right)$，称为沿程损失系数，由实验确定，则式（d）变成
$$\Delta p=\lambda\frac{L}{d}\frac{\rho v^2}{2} \tag{4-44}$$
令 $h_f=\Delta p/\rho g$，则得单位重量流体的沿程损失为
$$h_f=\lambda\frac{L}{d}\frac{v^2}{2g} \tag{4-45}$$
这就是计算沿程损失的达西—魏斯巴赫（Darcy—Weisbach）公式。

可以看出，对于变量较少的简单流动，用瑞利法可以方便的直接求出结果；对于变量较多的

复杂流动，比如说有 n 个变量，由于按照基本量纲只能列出三个代数方程，待定系数便有 $n-3$ 个，这样便出现了待定系数选取的问题。

三、π 定理

量纲分析法中更为普遍的方法是著名的 π 定理，又称泊金汉（E. Buckingham）定理。该定理可以表示如下：如果一个物理过程涉及 n 个物理量和 m 个基本量纲，则这个物理过程可以用由 n 个物理量组成的 $n-m$ 个零量纲量的函数关系来描述。

若物理过程的方程式为　　$F(x_1, x_2, \cdots, x_n)=0$

在这 n 个物理量中有 m 个基本量纲，$n-m$ 个零量纲量可用 π_i（$i=1, 2, \cdots, n-m$）来表示，则该物理方程式可以转化为零量纲量的函数关系式：

$$f(\pi_1, \pi_2, \cdots, \pi_{n-m})=0 \tag{4-46}$$

式中零量纲 π_i 可以导出如下：若基本量纲是 L、T、M 三个，则可以从 n 个物理量中选取三个既包含上述基本量纲，又互为独立的量，作为基本量。如果这三个基本量是 x_{n-2}、x_{n-1}、x_n，则其他物理量均可用三个基本量的某种幂次与零量纲量 π_i 的乘积来表示，即

$$x_i=\pi_i x_{n-2}^{a_i} x_{n-1}^{b_i} x_n^{c_i} \tag{4-47}$$

这样，便把原来有 n 个物理量的物理方程式转化成了只有 $n-m$ 个零量纲量的准则方程式，变量减少了 m 个，这给模型实验和实验数据的整理带来很大的方便。而且，对于一些较复杂的物理现象，即使无法建立方程，但只要知道这些现象中包含哪些物理量，利用 π 定理就能求出它们的相似律，从而提供了找出该现象规律的可能性。

【例 4-7】　利用 π 定理求解黏性不可压缩流体定常流动的相似律。

解　在不考虑热交换的前提下，可知

$$p, \rho, v_x, v_y, v_z=f(p_\infty, \rho_\infty, V_\infty, l, \mu_\infty, g, \alpha, x, y, z)$$

选取 ρ_∞，V_∞ 和 l 为基本量，由 π 定理可得

$$p^*=\frac{p}{\rho_\infty V_\infty^2},\quad \rho^*=\frac{\rho}{\rho_\infty},\quad v_x^*=\frac{v_x}{V_\infty},\quad v_y^*=\frac{v_y}{V_\infty},\quad v_z^*=\frac{v_z}{V_\infty}$$

$$\pi_1=\frac{p_\infty}{\rho_\infty V_\infty^2}=Eu$$

$$\pi_2=\alpha,\ \pi_3=\frac{x}{l},\ \pi_4=\frac{y}{l},\ \pi_5=\frac{z}{l}$$

$$\pi_6=\mu_\infty^a V_\infty^b \rho_\infty^c l^d=[ML^{-1}T^{-1}]^a[LT^{-1}]^b[ML^{-3}]^c[L]^d=M^{a+c}L^{-a+b-3c+d}T^{-a-b}$$

则

$$\begin{rcases}a+c=0\\ -a+b-3c+d=0\\ -a-b=0\end{rcases}\Rightarrow -a=b=c=d$$

当取 $a=1$ 时，可有

$$\pi_6=\frac{V_\infty \rho_\infty l}{\mu_\infty}=Re$$

$$\pi_7=g^a V_\infty^b \rho_\infty^c l^d=[LT^{-2}]^a[LT^{-1}]^b[ML^{-3}]^c[L]^d=L^{a+b-3c+d}T^{-2a-b}M^c$$

则

$$\begin{rcases}a+b-3c+d=0\\ -2a-b=0\\ c=0\end{rcases}\Rightarrow \begin{rcases}b=-2a=-2d\\ c=0\end{rcases}$$

当取 $b=2$ 时，可有

$$\pi_7=\frac{V_\infty^2}{gl}=Fr$$

于是，黏性不可压缩流体在定常流动时

$$p^*,\ \rho^*,\ v_x^*,\ v_y^*,\ v_z^*=f\left(Eu,\ Re,\ Fr,\ \alpha,\ \frac{x}{l},\ \frac{y}{l},\ \frac{z}{l}\right)$$

故此流动在几何相似的前提下，其相似律有

$$Eu=\frac{p}{\rho v^2},\quad Re=\frac{v\rho l}{\mu},\quad Fr=\frac{v^2}{gl}$$

【例 4-8】 试用 π 定理导出不可压缩黏性流体在粗糙管内的定常流动压强降的表达式

解 根据与压强降有关的物理量可以写出物理方程式

$$F\ (\Delta p,\ \mu,\ L,\ \varepsilon,\ d,\ v,\ \rho)\ =0$$

式中有 7 个物理量，选取 d、v、ρ 为基本量，可以用它们组成 4 个零量纲量，即

$$\pi_1=\frac{\Delta p}{d^{a_1}v^{b_1}\rho^{c_1}},\quad \pi_2=\frac{\mu}{d^{a_2}v^{b_2}\rho^{c_2}}$$

$$\pi_3=\frac{L}{d^{a_3}v^{b_3}\rho^{c_3}},\quad \pi_4=\frac{\varepsilon}{d^{a_4}v^{b_4}\rho^{c_4}}$$

用基本量纲表示 π_1 中的各物理量，得

$$ML^{-1}T^{-2}=L^{a_1}\ (LT^{-1})^{b_1}\ (ML^{-3})^{c_1}$$

根据物理方程量纲一致性原则有

对 L $\qquad -1=a_1+b_1-3c_1$

对 T $\qquad -2=-b_1$

对 M $\qquad 1=c_1$

解得 $a_1=0$，$b_1=2$，$c_1=1$，故有

$$\pi_1=\frac{\Delta p}{\rho v^2}=Eu$$

用基本量纲表示 π_2 中的各物理量，得

$$ML^{-1}T^{-1}=L^{a_2}\ (LT^{-1})^{b_2}\ (ML^{-3})^{c_2}$$

根据物理方程量纲一致性原则有 $a_2=1$，$b_2=1$，$c_2=1$，故有

$$\pi_2=\frac{\mu}{\rho vd}=\frac{1}{Re}$$

用基本量纲表示 π_3 和 π_4 中的各物理量，得相同的量纲

$$L=L^{a_{3,4}}\ (LT^{-1})^{b_{3,4}}\ (ML^{-3})^{c_{3,4}}$$

根据物理方程量纲一致性原则有 $a_{3,4}=1$，$b_{3,4}=0$，$c_{3,4}=0$，故有

$$\pi_3=\frac{L}{d},\quad \pi_4=\frac{\varepsilon}{d}$$

将所有 π 值组合后有

$$\Delta p=f\left(Re,\ \frac{\varepsilon}{d}\right)\frac{L}{d}\frac{\rho v^2}{2}=\lambda\ \frac{L}{d}\frac{\rho v^2}{2}$$

与用瑞利法导出的结果完全一样，但用 π 定理推导时不出现待定指数的选取问题。

【例 4-9】 机翼在空气中运动时，翼型的阻力 F_D 与翼型的翼弦 b、翼展 L、冲角 α、翼型与空气的相对速度 v、空气的密度 ρ、动力黏度 μ 和体积模量 K 有关。试用 π 定理导出翼型阻力的表达式。

解 根据与翼型阻力有关的物理量可以写出物理方程式：

$$F(F_D, \mu, K, L, \alpha, b, v, \rho)=0$$

选取 b、v、ρ 为基本量，可以组成的零量纲量为

$$\pi_1=\frac{F_D}{b^{a_1}v^{b_1}\rho^{c_1}},\quad \pi_2=\frac{\mu}{b^{a_2}v^{b_2}\rho^{c_2}},\quad \pi_3=\frac{K}{b^{a_3}v^{b_3}\rho^{c_3}},\quad \pi_4=\frac{L}{b^{a_4}v^{b_4}\rho^{c_4}}\quad \pi_5=\alpha$$

用基本量纲表示 π_1、π_2、π_3、π_4（π_5 已经是零量纲量）中的各物理量，得

$$MLT^{-2}=L^{a_1}(LT^{-1})^{b_1}(ML^{-3})^{c_1}$$

$$ML^{-1}T^{-1}=L^{a_2}(LT^{-1})^{b_2}(ML^{-3})^{c_2}$$

$$ML^{-1}T^{-2}=L^{a_3}(LT^{-1})^{b_3}(ML^{-3})^{c_3}$$

$$L=L^{a_4}(LT^{-1})^{b_4}(ML^{-3})^{c_4}$$

根据量纲一致性原则得

$$a_1=2,\quad b_1=2,\quad c_1=1$$

$$a_2=1,\quad b_2=1,\quad c_2=1$$

$$a_3=0,\quad b_3=2,\quad c_3=1$$

$$a_4=1,\quad b_4=0,\quad c_4=0$$

故有

$$\pi_1=\frac{F_D}{b^2v^2\rho},\quad \pi_2=\frac{\mu}{bv\rho}=\frac{1}{Re}$$

$$\pi_3=\frac{K}{v^2\rho}=\frac{c^2}{v^2}=\frac{1}{M^2a},\quad \pi_4=\frac{L}{b}$$

由于 $\pi_1/\pi_4=F_D/(\rho v^2bL)$ 仍是零量纲量，所以将所有 π 值代入式（4-46），得

$$F_D=f(Re, Ma, \alpha)bL\frac{\rho v^2}{2}=C_DA\frac{\rho v^2}{2}$$

或

$$C_D=\frac{F_D}{A\rho v^2/2}$$

$C_D=f(Re, Ma, \alpha)$ 为阻力系数，由实验确定。对于翼型来说，当 $Ma<0.3$ 时，可以不考虑压缩性的影响，$C_D=f(Re, \alpha)$；对于圆柱体的绕流问题，不存在 α 的影响，$C_D=f(Re)$。A 为物体的特性面积，一般取迎风截面积；对于机翼，取弦长与翼展的乘积；对于圆柱体，取直径和柱长的乘积。

思考题

4-1　什么是几何相似、运动相似、动力相似？

4-2　常用的相似准则数有哪些？分别阐述每个准则数的物理意义。

4-3　应用动力相似进行模型试验时，如何决定模型尺寸？如何安排试验条件？

4-4　什么是量纲一致性原则？量纲分析法有何用处？

4-5　常用的量纲分析法有哪些？

4-1　试导出用基本量纲 L，T，M 表示的体积流量 q_V，质量流量 q_m，角速度 ω，力矩 M，功 W 和功率 P 的量纲。

4-2　为研究热风炉中烟气的流动特性，采用长度比例尺为 10 的水流作模型实验。已知热风炉内烟气流速为 8m/s，烟气温度为 600℃，密度为 0.4kg/m^3，运动黏度为 0.9cm^2/s。模型中水温 10℃，密度为 1000kg/m^3，运动黏度为 0.0131cm^2/s。试问：（1）为保证流动相似，模型中水的流速是多少？（2）实测模型的压降为 6307.5Pa，原型热风炉运行时，烟气的压降是多少？　[1.16m/s；120Pa]

4-3　有一内径 d=200mm 的圆管，输送运动黏度 $\nu=4.0\times10^{-5}$m^2/s 的油，其流量 q_V=0.12m^3/s。若用内径 d=50mm 的圆管并分别用 20℃的水和 20℃的空气作模型实验，试求流动相似时模型管内应有的流量。　[7.553×10^{-4}m^3/s；1.139×10^{-2}m^3/s]

4-4　将一高层建筑的几何相似模型放在开口风洞中吹风，风速为 v=10m/s，测得模型迎风面点 1 处的计示压强 p'_{e1}=980Pa，背风面点 2 处的计示压强 p'_{e2}=−49Pa。试求建筑物在 v=30m/s 强风作用下对应点的计示压强。　[8820Pa；−441Pa]

4-5　已知一轿车高 h=1.5m，速度 v=108km/h，试用模型实验求出其迎风面空气阻力 F。（设在风洞内风速为 v_∞=45m/s，测得模型轿车的迎风面空气阻力 F_m=1500N）　[1500N]

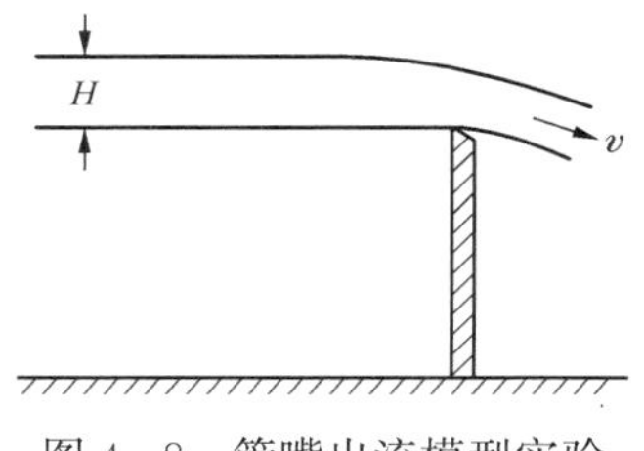

图 4-8　管嘴出流模型实验

4-6　长度比例尺 C_l=1/225 的模型水库，开闸后完全放空库水的时间是 4min，试求原型水库放空库水的时间。　[60min]

4-7　如图 4-8 所示的一个管嘴出流装置，已知 d_p=250mm，q_p=0.14m^3/s，模型实验线性比例尺为 5，模型实验时，在水箱自由表面出现旋涡时的水头 h_{min}=60mm，试求模型实验时的流量 q_V 和实际出流出现旋涡时的水头 h_{minp}。　[0.0025m^3/s；300mm]

4-8　为研究输水管道上直径 600mm 阀门的阻力特性，采用直径 300mm，几何相似的阀门用气流作模型实验。已知输水管道的流量为 0.283m^3/s，水的运动黏度 $\nu=1\times10^{-6}$m^2/s，空气的运动黏度 $\nu_a=1.6\times10^{-5}$m^2/s，试求模型的气流量。　[2.26m^3/s]

4-9　某飞机的机翼弦长 b=1500mm，在气压 $p_a=10^5$Pa、气温 t=10℃的大气中以 v=180km/h 的速度飞行，拟在风洞中用模型实验测定翼型阻力，采用长度比例尺 C_l=1/3。（1）如果用开口风洞，已知实验段的气压 p_a=101325Pa、气温 t'=25℃，实验段的风速应等于多少？这样的实验有什么问题？（2）如果用压力风洞，实验段的气压 p''=1MPa，气温 t''=30℃，$\mu''=1.854\times10^{-5}$Pa·s 实验段的风速应等于多少？　[165m/s；16.17m/s]

4-10　为研究风对高层建筑物的影响，在风洞中进行模型实验，当风速为 9m/s 时，测得迎风面压强为 42Pa，背风面压强为－20Pa，试求温度不变，风速增至 12m/s 时，迎风面和背风面的压强。 [74.67Pa；－35.56Pa]

4-11　低压轴流风机的叶轮直径 $d=0.4\text{m}$，转速 $n=1400\text{r/min}$，流量 $q_V=1.39\text{m}^3/\text{s}$，全压 $p_{\text{Te}}=128\text{Pa}$，效率 $\eta=70\%$，空气密度 $\rho=1.2\text{kg/m}^3$，问消耗的功率 P 等于多少？在保证流动相似和假定风机效率不变的情况下，试确定作下列三种变动情况下的 q_V'、p_{Te}'和 P' 值；(1) n'变为 2800r/min；(2) 风机相似放大，d 变为 0.8m；(3) ρ'变为 1.29kg/m^3。

[254.4W；2.78m³/s；512Pa，2033.4W；
11.12m³/s；512Pa，8133.5W；1.39m³/s，137.6Pa，273.2W]

4-12　球形固体颗粒在流体中自由沉降速度 v_{f} 与颗粒的直径 d、密度 ρ_{s} 以及流体的密度 ρ、动力黏度 μ、重力加速度 g 有关，试用 π 定理证明自由沉降速度关系式

$$v_{\text{f}}=f\left(\frac{\rho_{\text{s}}}{\rho},\ \frac{\rho v_{\text{f}}d}{\mu}\right)\sqrt{gd}$$

4-13　水中的声速 c 与体积弹性模量 K 和密度 ρ 有关，试用瑞利法导出声速的表达式。

$$\left[c=\sqrt{\frac{K}{\rho}}\right]$$

4-14　小球在不可压缩黏性流体中运动的阻力 F_{D} 与小球的直径 d，等速运动的速度 v，流体的密度 ρ，动力黏度 μ 有关，试导出阻力表达式。 [$F_{\text{D}}=f(Re)\pi d^2/4\times\rho v^2/2$]

4-15　已知文丘里流量计喉管流速 v 与流量计压强差 Δp、主管直径 d_1、喉管直径 d_2、以及流体的密度 ρ 和运动黏度 ν 有关，试用 π 定理证明流速关系式 $v=\sqrt{\dfrac{\Delta p}{\rho}}\varphi\left(Re,\ \dfrac{d_2}{d_1}\right)$

第五章　黏性流体的一维流动

工程实际中的流体都具有黏性。黏性流体流经固体壁面时，接触壁面的流体质点速度为零，沿壁面的法线方向，质点速度逐渐增大，存在一个速度变化的区域。流动的黏性流体内部存在速度梯度时，相邻的流层要产生相对运动，从而产生切应力，形成阻力，消耗流体的机械能，并不可逆的转化为热能产生损失。本章的任务是讨论黏性流体一维流动中损失的计算，主要是管流的损失问题。管流的能量损失除少数问题可以用理论分析的方法计算外，多数问题只能依靠实验研究解决。

第一节　黏性流体总流的伯努利方程

利用能量方程式（3-44）可以导出黏性流体总流的伯努利方程，将该式应用于黏性不可压缩的重力流体定常流动总流的两个缓变流截面，式（3-44）可以写成下述形式：

$$\iint_{A_2}\rho g v\left(\frac{u}{g}+\frac{v^2}{2g}+z+\frac{p}{\rho g}\right)\mathrm{d}A-\iint_{A_1}\rho g v\left(\frac{u}{g}+\frac{v^2}{2g}+z+\frac{p}{\rho g}\right)\mathrm{d}A=0 \tag{a}$$

将上式在总流的两个缓变流截面 A_1、A_2 上积分，就可以求得黏性流体总流的伯努利方程。由式（3-56）知，在缓变流截面上满足流体静力学基本方程，即单位重力作用下流体的总势能为常数，所以势能项的积分为

$$\iint_{A}\rho g v\left(z+\frac{p}{\rho g}\right)\mathrm{d}A=\rho g q_V\left(z+\frac{p}{\rho g}\right) \tag{b}$$

式中：q_V 为过流截面上的体积流量。

式中的动能项采用有效截面上的平均流速 v_a 计算的动能来替代，并用动能修正系数 α 来修正两者之间的误差。

$$\iint_{A}\rho g v\,\frac{v^2}{2g}\mathrm{d}A=\alpha\rho g q_V\,\frac{v_a^2}{2g} \tag{c}$$

动能修正系数 α 的定义式为

$$\alpha=\frac{1}{A}\iint_{A}\left(\frac{v}{v_a}\right)^3\mathrm{d}A \tag{5-1}$$

对于黏性不可压缩流体的绝能流动，流体由截面 A_1 流动到截面 A_2 时，由于流体微团间和流体与固体壁面间要产生摩擦，摩擦力的摩擦功转化为热，使流体的温度升高，热力学能增大，体现为机械能损失，若用 h_w 表示单位重力作用下流体在两截面间的损失，则有

$$\frac{1}{\rho g q_V}\left(\iint_{A_2}\rho g v\,\frac{u}{g}\mathrm{d}A-\iint_{A_1}\rho g v\,\frac{u}{g}\mathrm{d}A\right)=\frac{1}{\rho g q_V}\int_{q_V}\rho(u_2-u_1)dq_V=h_w \tag{5-2}$$

将式（b）、式（c）和式（5-1）代入式（a），式子两端同除以 $\rho g q_V$，则得到黏性流体单位重力作用形式的伯努利方程为

$$z_1+\frac{p_1}{\rho g}+\alpha_1\,\frac{v_{1a}^2}{2g}=z_2+\frac{p_2}{\rho g}+\alpha_2\,\frac{v_{2a}^2}{2g}+h_w \tag{5-3}$$

这就是黏性流体总流的伯努利方程，由前述的推导过程可知，方程适用条件如下：

（1）流动为定常流动；

（2）流体为黏性不可压缩的重力流体；

（3）列方程的两过流断面必须是缓变流截面，而不必顾及两截面间是否有急变流。

动能修正系数 α 的大小取决于过流断面上流速分布的均匀程度，以及断面的形状和大小，流速分布越均匀，其数值越接近于1，流速分布越不均匀，该数值就越大。对于层流流动，可用分析的方法推导求得，$\alpha=2$。对于紊流流动只能由实验确定，$\alpha=1.03\sim1.1$，在有关计算中一般取 $\alpha=1$。并且为简便起见，以符号 v 表示管流截面上的平均流速。

黏性流体总流的伯努利方程中每一项的能量意义与微元流束的伯努利方程中相同。流体在流动过程中要克服黏性摩擦力，总流的机械能沿流程不断减小，因此，总水头线不断降低，其几何意义如图5-1所示。

【例5-1】 如图5-2所示，一水塔向管路系统供水，当阀门打开时水管中的平均流速为4m/s，已知 $h_1=9$m，$h_2=0.7$m，管路中总的能量损失 $h_w=13mH_2O$，试确定水塔中的水面高度 H 为若干？

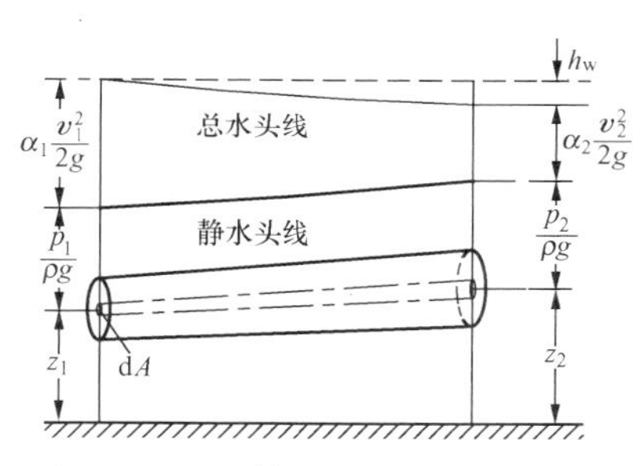

图5-1　总流伯努利方程的几何意义

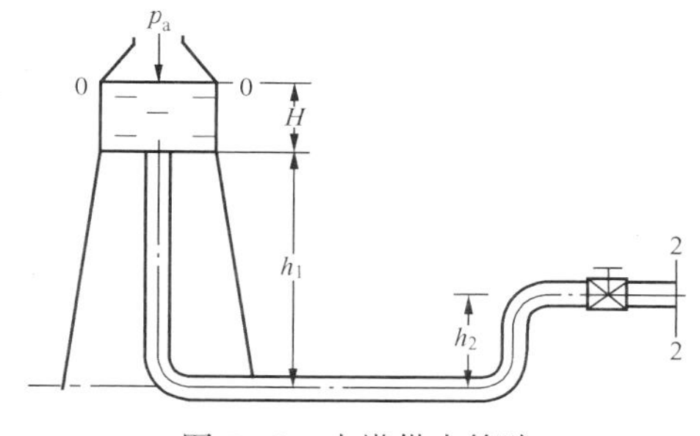

图5-2　水塔供水管路

解　以水平管轴为基准，列水塔自由液面0—0和管道出口2—2的伯努利方程，由于水塔的横截面积比管道出口的截面积大的多，其液面下降速度可以忽略不计。

$$(H+h_1)+\frac{p_a}{\rho g}+0=h_2+\frac{p_a}{\rho g}+\alpha_2\frac{v_2^2}{2g}+h_w$$

因为水塔较高，压力水头较大，出口截面积较小，管道内的流动状态一般是紊流，所以取动能修正系数 $\alpha_2=1$，所以有

$$H=\frac{v_2^2}{2g}+h_w+h_2-h_1=\frac{4^2}{2\times9.806}+13+0.7-9=5.52\text{m}$$

第二节　黏性流体管内流动的两种损失

黏性流体在管内流动时产生两种损失，即沿程损失和局部损失。

一、沿程损失

沿程损失是发生在缓变流整个流程中的能量损失，是由流体的黏滞力造成的损失。其大小和流体的流动状态及管道壁面的粗糙度有关。单位重力作用下流体的沿程损失可用达西—魏斯巴赫公式计算，即

$$h_f=\lambda\frac{l}{d}\frac{v^2}{2g}$$

式中：λ 为沿程损失系数，是无量纲数；l 为管子的长度；d 为管子的直径；v 为管子有效截面上的平均流速。

该式由德国人魏斯巴赫于1850年首先提出，法国人达西在1858年用实验的方法进行了验证，故称为达西—魏斯巴赫公式。实验使用了20多种不同材料和尺度管子，验证了无量纲沿程阻力系数 λ 与流体的黏度、雷诺数和管道的壁面粗糙度有关。它适用于任何截面形状的光滑和粗糙管内充分发展的层流和紊流流动，具有重要的工程意义。

二、局部损失

局部损失发生在流动状态急剧变化的急变流中。流体流过管路中一些局部件（如阀门、弯管、变形截面等）时，流线变形、方向变化、速度重新分布，还有旋涡的产生等因素，使得流体质点间产生剧烈的能量交换而产生损失。

单位重力作用下流体流过某个局部件时产生的能量损失用式（5-4）计算：

$$h_j=\zeta\frac{v^2}{2g} \tag{5-4}$$

式中：ζ 为无量纲局部损失系数，和局部件的结构形状有关，由实验确定。

单位重力作用下流体的局部损失 h_j 的量纲为长度。

三、总能量损失

在应用黏性流体的伯努利方程求解有关问题时，要选取两缓变流截面，其间可能有若干个沿程损失和若干个局部损失，方程中的 h_w 就是这些损失的总和，即

$$h_w=\sum h_f+\sum h_j \tag{5-5}$$

单位重量流体的能量损失的量纲为长度，工程中也称其为水头损失。

第三节　黏性流体的两种流动状态

英国物理学家雷诺1883年发表的论著中，首先提出了通过实验验证的黏性流体存在两种不同流动状态的概念，即层流和紊流状态，并确定了流态的判别方法。哈根1839年的管流实验，给出了层流和紊流状态下管内平均流速和沿程损失之间的关系。

一、雷诺实验

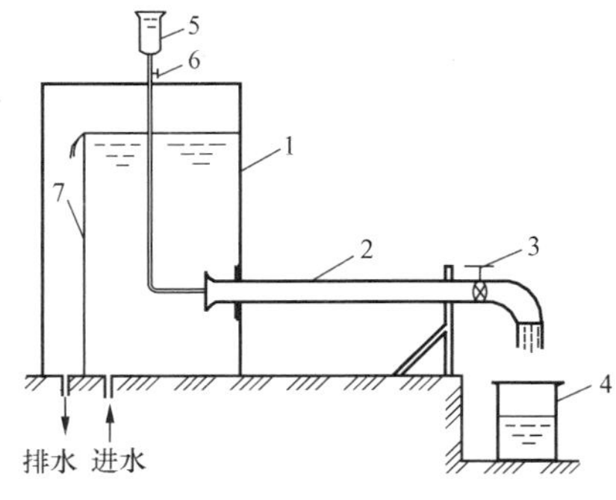

图5-3　雷诺实验装置

图5-3所示为雷诺实验装置。1为尺寸足够大的水箱，7为保证水箱水位恒定的溢流板，当阀门3开启时水流通过玻璃管2流入量筒4，通过记录时间和量筒的刻度值可以得出圆管中的平均流速。5为颜色水瓶，当打开其下部的开关阀6时，着色流体将进入水平玻璃管，以观测流动状态。

实验过程如下：

阀门3开启，水流以较小的速度流过玻璃管，打开阀门6，着色流体进入玻璃管，呈现一条细直线流束，如图5-4（a）所示。这一现象表明，着色流体和周围的流体互不掺混，流线为直线，

流体质点只有沿圆管轴向的运动，而没有径向运动。这种流动状态称为层流或片流。

逐渐增大阀门 3 的开度，管内流速逐渐增大，当流速增大到一定数值时，着色流束开始振荡，处于不稳定状态，如图 5-4（b）所示。当流速增大到 v'_{cr}时，着色流束迅即破裂，着色的流体质点扩散到水流中去，如图 5-4（c）所示。这一现象说明，流体质点不仅有轴向运动，也具有径向运动，处于一种无序的紊乱状态。称这种流动状态为紊流或者湍流。将由层流向紊流转化的速度 v'_{cr} 称为上临界流速。

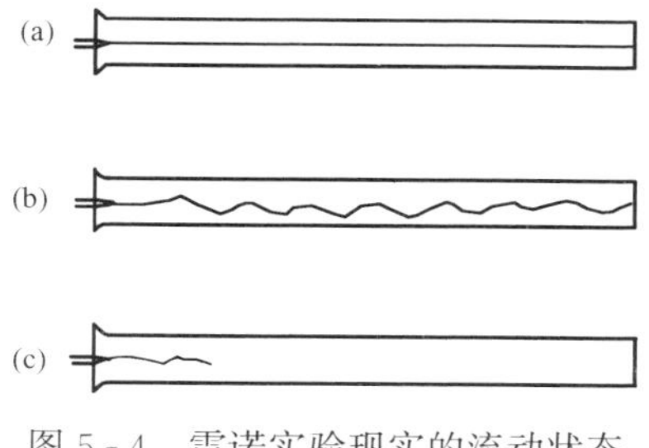

图 5-4　雷诺实验现实的流动状态
（a）层流；（b）过渡状态；（c）紊流

在紊流状态下，阀门 3 的开度逐渐关小时，管内流速逐渐降低，当流速降低到比上临界流速更低的流速 v_{cr} 时，着色流体又呈现清晰直线，说明流动由紊流转化成了层流。将由紊流向层流转化的速度 v_{cr} 称为下临界流速。

以上实验说明，当流动速度变化时流动状态将发生变化。某种流体在一定管道内流动时，当流动速度大于上临界流速 v'_{cr}时，流动为紊流状态；当流动速度小于下临界流速 v_{cr} 时，流动为层流状态；当流动速度介于两者之间时，有可能是层流，也有可能是紊流，决定于实验的起始状态和扰动情况。

二、流态的判别

雷诺实验表明，用临界流速来判别流动状态和整理实验数据很不方便。因为，不同的管道或者不同的流体对应不同的临界速度。临界流速和流体的黏度成正比，和管子的直径成反比。

根据上述实验和量纲分析发现，临界速度 v_{cr} 是流体运动黏度 ν 和管子直径 d 的函数，即

$$v_{cr}=f(\nu,\ d)$$

根据方程两端量纲一致的原则有　$v_{cr}=Re_{cr}\dfrac{\nu}{d}$

故有

$$Re_{cr}=\frac{v_{cr}d}{\nu}$$

式中：Re_{cr} 为下临界雷诺数。

同理，上临界雷诺数可表示为 $Re'_{cr}=\dfrac{v'_{cr}d}{\nu}$。用任意平均流速 v 计算的雷诺数为 $Re=\dfrac{vd}{\nu}$。

大量的实验数据表明，不论流体的性质和管子的直径如何变化，下临界雷诺数 $Re_{cr}=2320$，上临界雷诺数 $Re'_{cr}=13800$，甚至更高。当 $Re<Re_{cr}$ 时，流动为层流；当 $Re>Re'_{cr}$时，流动为紊流；当 $Re_{cr}<Re<Re'_{cr}$时，可能是层流，也可能是紊流，处于极不稳定的状态。因此，上临界雷诺数在工程上没有实用意义，通常把下临界雷诺数 Re_{cr} 作为判别层流和紊流的准则。在工程实际中，一般取圆管的临界雷诺数 $Re_{cr}=2000$。当 $Re\leqslant2000$ 时，流动为层流；当 $Re>2000$ 时，即认为流动是紊流。可见，要计算各种流体通道的沿程损失，必须先判别流体的流动状态。

对于非圆形截面管道，可用下式计算雷诺数：

$$Re=\frac{vL}{\nu}$$

式中：L 为过流断面的特征长度，该数值应采用当量直径 d_e。

【例 5-2】 用直径 200mm 的无缝钢管输送石油，已知流量 $q_V=27.8\times10^{-3}\mathrm{m^3/s}$，冬季油的黏度 $\nu_w=1.092\times10^{-4}\mathrm{m^2/s}$，夏季油的黏度 $\nu_s=0.355\times10^{-4}\mathrm{m^2/s}$。试问油在管中呈何种流动状态？

解 管中油的流速为

$$v=\frac{q_V}{\frac{\pi d^2}{4}}=0.885\mathrm{m/s}$$

冬季时

$$Re_w=\frac{vd}{\nu_w}\approx1620<2000$$

油在管内呈层流状态。

夏季时

$$Re_s=\frac{vd}{\nu_s}\approx5000>2000$$

油在管内呈紊流状态。

三、沿程损失和平均流速的关系

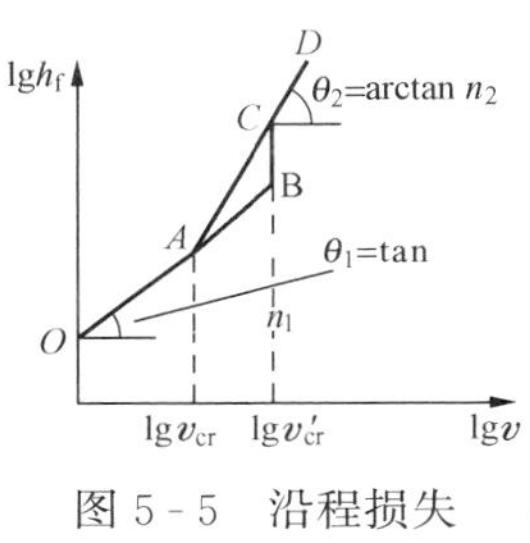

图 5-5 沿程损失和平均流速的关系

哈根 1839 年进行的管流实验验证了雷诺实验的正确性，并给出了沿程损失和平均流速的关系。他用三根直径分别为 2.55、4.02、5.91mm，长度分别为 47.4、109、105cm 的黄铜管在定常流动的条件下，用水流进行了测量。由伯努利方程可知，对于水平管道，管内平均流速为 v 时测得管子两端的压强差 Δp，由 $h_f=\Delta p/\rho g$ 可求得沿程损失。用所得数据可绘制出图 5-5 所示的沿程损失和平均流速的关系。

当流速由低到高升高时，实验点沿 $OABCD$ 线移动；当流速由高到低降低时，实验点沿 $DCAO$ 线移动。在对数坐标中

$$\lg h_f=\lg k+n\lg v$$

故沿程损失和平均流速的关系可表示为 $h_f=kv^n$

式中：k 为系数；n 为指数，均由实验确定。

实验结果证明：当 $v<v_{cr}$ 时，流动为层流状态，$n_1=1$，即层流中的沿程损失与平均流速的一次方成正比；当 $v>v'_{cr}$ 时，流动为紊流状态，$n_2=1.75\sim2$，即紊流中的沿程损失与平均流速的 1.75～2 次方成正比。在上临界流速和下临界流速之间，流动可能是层流，也有可能是紊流，决定于起始条件和扰动因素。哈根的实验结果和雷诺实验结果基本一致。

第四节 管道进口段中黏性流体的流动

黏性流体流经固体壁面时，在固体壁面法线方向上存在一速度急剧变化的薄层，称为边界层。根据边界层中流体流动状态的不同，又区分出层流边界层与紊流边界层。边界层的厚度沿流动方向逐渐增加，紊流边界层比层流边界层增加得更快（将在第八章中详细讨论）。

如图 5-6 所示，黏性流体从一大容器中经圆弧形进口流进圆管，假设进口处流速分布是均匀的；流体进入管内以后，在壁面附近形成边界层。根据连续性条件，通过管道各截面的流量是一定的，边界层内部速度降低，离开壁面较远的边界层外部流体流动速度必然加快，由于沿流动方向厚度逐渐增大，所以这种速度变化在一段距离上越来越剧烈。这种不断改变速度分布的流动一直发展到边界层在管轴处相交，成为充分发展的流动为止。边界层相交以前的管段称为管道进口段（或称起始段），其长度以 L^* 表示。进口段各截面的速度分布不断变化，进口段以后速度分布不再发生变化。

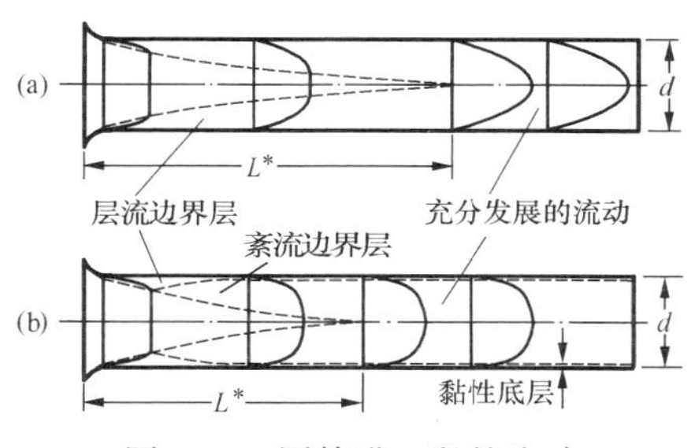

图 5-6　圆管进口段的流动

当雷诺数较低时，整个进口段的流动为层流，入口段边界层如图 5-6（a）所示。

关于进口段的长度 L^*，不同的学者根据不同的理论及实验给出了不同的经验公式。希累尔（Schiller）应用积分方程，取管轴上流速 $v=0.89v_{\max}$ 时，作为进口段终了的标准，得到层流进口段的长度为

$$L^*=0.2875dRe \tag{5-6}$$

布西内斯克（Boussinesq）采用 N—S 方程，取轴心处流速为充分发展流动轴心速度的 98%，作为进口段终了的标准，得到层流进口段的长度为

$$L^*=0.065dRe \tag{5-7}$$

兰哈尔（Langhaar）得到的层流进口段的长度为

$$L^*=0.058dRe \tag{5-8}$$

当流速较大或者来流扰动等因素的影响，进口段内的流动为紊流，边界层内部也呈紊流状态，其结构如图 5-6（b）所示。

由于紊流边界层厚度的增长比层流边界层的快，因此紊流的进口段要短些，而且它的长度很少依赖于雷诺数的大小，而与来流受扰动的程度有关；扰动越大，进口段长度越短。紊流进口段长度可由式（5-9）计算：

$$L^*\approx 1.36dRe^{0.25} \tag{5-9}$$

根据尼古拉兹试验，当 $Re=9\times10^5$ 时，测得 $L^*=40d$，由式（5-9）算得 $L^*=41.9d$，两者十分接近。所以，一般紊流进口段可用式（5-10）计算：

$$L^*\approx(25\sim40)d \tag{5-10}$$

前面所提到的沿程损失系数 λ，只适用于管内充分发展的流动，不适用于速度分布不断变化的管道进口段内的流动。

第五节　圆管中的层流流动

工程实际中常常涉及到微通道和速度低、黏性大的流动问题，这类流动通常是层流流动。如液压油缸中液压油的流动、滑动轴承中油膜的流动以及地下水的渗流等，都属于层流问题，层流理论有非常重要的工程实际意义。由于起始条件、边界条件等因素的影响，大多数工程问题都不能用理论分析的方法解决，通常依靠实验和数值模拟，但对于一些相对简单

的层流问题，可以用理论分析的方法解决，下面着重研究的圆管中的层流流动，就是最具代表性的层流问题。

如图 5-7 所示，在一倾斜角为 θ 的圆截面直管道内，不可压缩黏性流体作定常层流流动。现取一和圆管同轴，半径为 r、长度为 $\mathrm{d}l$ 的圆柱体作为研究对象，l 轴沿流动方向。由于充分发展的层流沿管轴每个截面上的速度分布相同，所取圆柱体两端面流动情况相同，故该圆柱体在重力、两端面的总压力和圆柱侧面的黏滞力作用下处于平衡状态，于是沿 l 轴有

$$\pi r^2 p-\pi r^2\left(p+\frac{\partial p}{\partial l}\mathrm{d}l\right)-2\pi r\,\mathrm{d}l\tau-\pi r^2\,\mathrm{d}l\rho g\sin\theta=0$$

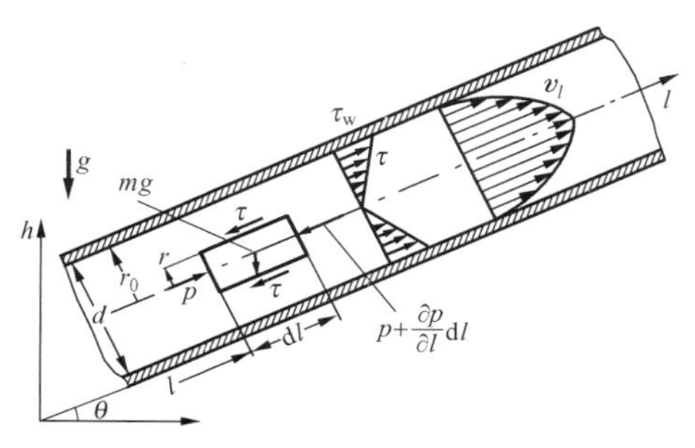

图 5-7 圆管中黏性流体的层流流动

用 $\pi r^2 dl$ 通除上式，以 $\partial h/\partial l$ 取代 $\sin\theta$，又由 $p+\rho gh$ 不随 r 变化，可得

$$\tau=-\frac{r}{2}\frac{\mathrm{d}}{\mathrm{d}l}(p+\rho gh) \tag{5-11}$$

由于充分发展的管流沿管轴方向势能项梯度为常数，黏性流体在圆管中作层流流动时，同一截面上的切向应力的大小与半径成正比，如图 5-7 所示，式（5-11）同样适用于圆管中的紊流流动。

考虑到沿半径方向速度梯度为负值，根据牛顿内摩擦定律 $\tau=-\mu\frac{\mathrm{d}v}{\mathrm{d}r}$，代入式（5-11），得

$$\mathrm{d}v_l=\frac{1}{2\mu}\frac{\mathrm{d}}{\mathrm{d}l}(p+\rho gh)r\,\mathrm{d}r$$

对 r 积分，得 $v_l=\frac{1}{4\mu}\frac{\mathrm{d}}{\mathrm{d}l}(p+\rho gh)r^2+C$

当 $r=r_0$ 时，$v_l=0$，$C=-\frac{r_0^2}{4\mu}\frac{\mathrm{d}}{\mathrm{d}l}(p+\rho gh)$，代入上式，得

$$v_l=-\frac{r_0^2-r^2}{4\mu}\frac{\mathrm{d}}{\mathrm{d}l}(p+\rho gh) \tag{5-12}$$

式（5-12）表明，圆管内的层流流动，其流速的分布规律为旋转抛物面，如图 5-7 所示。在管轴上的最大流速为

$$v_{l,\max}=-\frac{r_0^2}{4\mu}\frac{\mathrm{d}}{\mathrm{d}l}(p+\rho gh) \tag{5-13}$$

由解析几何知，旋转抛物体的体积等于它的外切圆柱体体积的一半，故平均流速等于最大流速的一半，即

$$v=\frac{1}{2}v_{l,\max}=-\frac{r_0^2}{8\mu}\frac{\mathrm{d}}{\mathrm{d}l}(p+\rho gh) \tag{5-14}$$

将速度在圆管截面上积分可求得圆管中的流量：

$$q_V=\int_0^{r_0}2\pi rv_l\,\mathrm{d}r=\pi r_0^2 v=-\frac{\pi r_0^4}{8\mu}\frac{\mathrm{d}}{\mathrm{d}l}(p+\rho gh) \tag{5-15}$$

对于水平圆管，由于 h 不变，$\mathrm{d}p/\mathrm{d}l=\mathrm{d}p/\mathrm{d}x=-\Delta p/l$，式（5-15）简化为

$$q_V=\frac{\pi d^4\Delta p}{128\mu l} \tag{5-16}$$

式（5-16）称为哈根—泊肃叶（Hagen－poiseuille）公式。该式表明圆管中的层流流动，流量和管径的四次方成正比，可见，管径对流量的影响很大。该式即为第一章提到的管流法测黏度的原理，即测定式中有关物理量，从而算出流体的黏度。

由式（5-16）单位体积流体的压强降为

$$\Delta p=\frac{128\mu l q_V}{\pi d^4} \tag{5-16a}$$

可见，管长 l 上的压降与流体的黏度、流体的流量成正比，而与管道内径的四次方成反比。单位重量流体的压强降为

$$h_f=\frac{\Delta p}{\rho g}=\frac{32\mu l v}{\rho g d^2}=\frac{64\mu}{\rho v d}\frac{l}{d}\frac{v^2}{2g}=\frac{64}{Re}\frac{l}{d}\frac{v^2}{2g}=\lambda\ \frac{l}{d}\frac{v^2}{2g}$$

其中

$$\lambda=64/Re \tag{5-17}$$

由式（5-17）知，层流流动的沿程损失与平均流速的一次方成正比，且仅与雷诺数有关，而与管道壁面粗糙与否无关，这一结论已为实验所证实。在长度为 l 管段上，因沿程损失而消耗的功率为

$$P=\Delta p q_V=\frac{128\mu l q_V^2}{\pi d^4} \tag{5-18}$$

将式（5-12）和式（5-14）代入式（5-1），得总流伯努利方程中的动能修正系数：

$$\alpha=\frac{1}{A}\iint_A\left(\frac{v_x}{v}\right)^3\mathrm{d}A=\frac{16}{r_0^8}\int_0^{r_0}(r_0^2-r^2)^3 r\,\mathrm{d}r=2$$

可见，圆管中的层流流动的实际动能等于按平均流速计算的动能的两倍。将式（5-12）、式（5-14）代入式（3-30a），得动量修正系数：

$$\beta=\frac{1}{A}\iint\left(\frac{v_x}{v}\right)^2\mathrm{d}A=\frac{8}{r_0^6}\int_0^{r_0}(r_0^2-r^2)^2 r\,\mathrm{d}r=\frac{4}{3}$$

对水平放置的圆管，当 $r=r_0$ 时，由式（5-11）得

$$\tau_w=\frac{r_0\Delta p}{2l} \tag{5-19}$$

将压强降公式代入上式得

$$\tau_w=\frac{\lambda}{8}\rho v^2 \tag{5-19a}$$

显然，式（5-19）、式（5-19a）对于圆管中黏性流体的层流和紊流流动都适用。在以后的有关章节中，将用到该关系式。

【例5-3】　水平放置的毛细管黏度计，内径 $d=0.50\text{mm}$，两测点间的管长 $l=1.5\text{m}$，液体的密度 $\rho=999\text{kg/m}^3$，当液体的流量 $q_V=880\text{mm}^3/\text{s}$ 时，两测点间的压降 $\Delta p=2.0\text{MPa}$，试求该液体的黏度。

解　首先假定管内流动为层流，则由式（5-16）得

$$\mu=\frac{\pi d^4\Delta p}{128 l q_V}=\frac{\pi\ (0.5\times10^{-3})^4\times2.0\times10^6}{128\times1.5\times880\times10^{-9}}=2.324\times10^{-3}\text{Pa}\cdot\text{s}$$

由于

$$Re=\frac{4q_V\rho}{\pi d\mu}=\frac{4\times880\times10^{-9}\times999}{\pi\times0.5\times10^{-3}\times2.324\times10^{-3}}=964<2000$$

说明，层流的假定是对的，故计算成立。

【例5-4】　如图5-8所示，一倾斜放置内径20mm的圆管，其中流过密度 $\rho=$

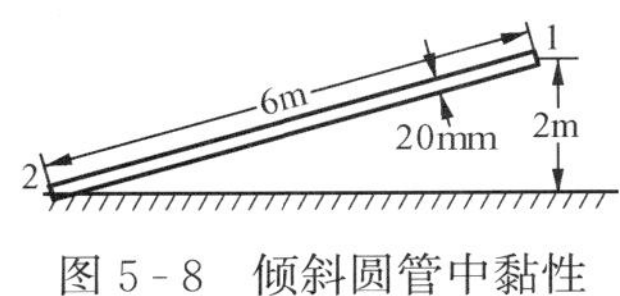

图 5-8 倾斜圆管中黏性流体的流动

900kg/m^3、黏度 $\mu=0.045\text{Pa}\cdot\text{s}$ 的流体，已知截面 1 处的压强 $p=1.0\times10^5\text{Pa}$，截面 2 处的压强 $p=1.5\times10^5\text{Pa}$。试确定流体在管中的流动方向，并计算流量和雷诺数。

解 由于等截面管道在 1 和 2 处的流速相等，即它们的动能相等，因而流动方向决定于该二处总势能的大小。在截面 1 处

$$(p+\rho gh)_1=1.0\times10^5+900\times9.806\times2=1.177\times10^5\text{Pa}$$

在截面 2 处
$$(p+\rho gh)_2=1.5\times10^5+0=1.5\times10^5\text{Pa}$$

由于 $(p+\rho gh)_2>(p+\rho gh)_1$，故流体自截面 2 流向截面 1。假定管内流动为层流流动，由式（5-15）得流量：

$$q_V=-\frac{\pi r_0^4}{8\mu}\frac{d}{dl}(p+\rho gh)=\frac{\pi(0.01)^4}{8\times0.045}\times\left(-\frac{1.177\times10^5-1.5\times10^5}{6}\right)=0.47\times10^{-3}\text{m}^3/\text{s}$$

平均流速
$$v=\frac{q_V}{\pi r_0^2}=\frac{0.47\times10^{-3}}{\pi(0.01)^2}=1.495\text{m/s}$$

雷诺数
$$Re=\frac{\rho vd}{\mu}=\frac{900\times1.495\times0.02}{0.045}=598<2000$$

故管内流动为层流，以上计算成立。

第六节　黏性流体的紊流流动

一、紊流流动时均值

由雷诺实验可知，当流体处于紊流状态时，流体质点作杂乱无章的运动。流场中同一点上，不同时刻有不同的流体质点经过，各自的速度不同，其他流动参数也处于无序的变化之中。因此，这种瞬息变化的紊流流动实质上是非定常流动。

紊流流动具体三个特征：流体质点相互掺混，做无定向、无规则的运动，运动要素具有随机性；紊流质点间的相互碰撞，导致流体质点间进行剧烈的质量、动量、热量等物理量的输运、交换、混合等；除黏性消耗一部分能量外，紊流附加切应力会引起更大的耗能。

图 5-9 为用热线测速仪测出的水平管道中某点瞬时轴向速度 v_{xi} 随时间 t 的变化情况。由图可以看出，尽管速度的大小随时变化，但在一段足够长的时间 Δt 内，速度总是绕一固定值波动。因此，人们总结出了用时均速度来研究紊流问题的方法，时均速度为时间间隔 Δt 内轴向速度的平均值，用 v_x 表示：

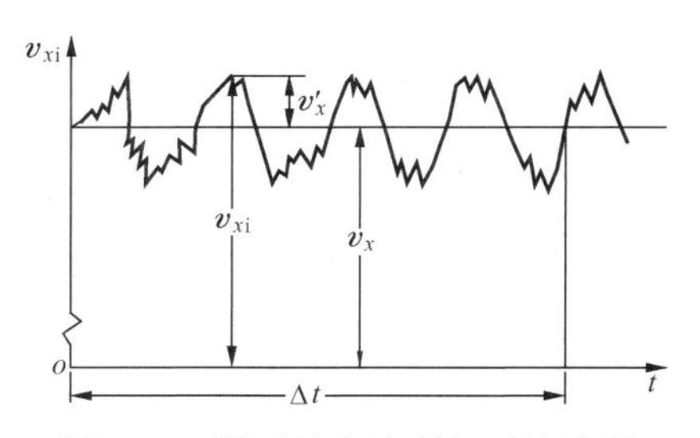

图 5-9 瞬时轴向速度与时均速度

$$v_x=\frac{1}{\Delta t}\int_0^{\Delta t}v_{xi}\,\text{d}t$$

其数值等于速度在 Δt 时间间隔中的平均值。显然，瞬时速度为

$$v_{xi}=v_x+v'_x$$

式中，v'_x 为瞬时速度与时均速度之差，称为脉动速度。在紊流流动中，流体质点的脉动速度有正、有负，所以，在一段时间内脉动速度的时均值必然为零，在 y、z 方向上同样

如此。

同理，可引出其他参数的时间平均值，如以时间平均的压强为

$$p=\frac{1}{\Delta t}\int_{0}^{\Delta t}p_i\,\mathrm{d}t$$

所以，瞬时压强可表示为

$$p_i=p+p'$$

式中：p_i 为瞬时压强；p'为脉动压强。

如用瞬时参数去研究紊流运动，问题将极为复杂，从工程应用的角度看，一般情况下也没有这种必要。如对管流的研究，通常关心的是流体主流的速度分布、压强分布以及能量损失等，并不关心其中每个流体质点微观运动。流体主流的速度和压强，通常指的是时均速度和时均压强，工程中通常使用的测速管、测压计等所能够测量的，也正是速度和压强的时间平均值。所以，通常情况下都是用流动的时均参数去描述流体的紊流流动，使所研究的问题大为简化。但对紊流机理的研究以及某些工程应用问题，有时还必须考虑质点的复杂脉动运动。

工程上将流场中的时均参数不随时间改变的紊流流动称为准定常流动或时均定常流。

二、雷诺应力

对于层流流动，其剪切应力可用牛顿内摩擦定律表示。对于黏性流体的紊流流动，除流层之间相对滑移引起的摩擦切向应力 τ_{v} 之外，还由于流体质点在相邻流层之间的交换，在流层之间进行动量交换，增加能量损失，而出现紊流附加切向应力即雷诺应力 τ_{t}。所以，紊流中的切向应力 τ 可表示为

$$\tau=\tau_{\mathrm{v}}+\tau_{\mathrm{t}}=(\mu+\mu_{\mathrm{t}})\frac{\mathrm{d}v_x}{\mathrm{d}y} \tag{5-20}$$

如图 5-10 所示，在垂直于 y 轴的控制面 δA 上，x、y 方向上的脉动速度为 v_x'、v_y'。若单位时间内通过 δA 进入下层的流体质量为 $\rho v_y'\delta A$，则 x 方向上的动量变化即为 δA 上受到的 x 方向上的切向力 $\delta F'$。

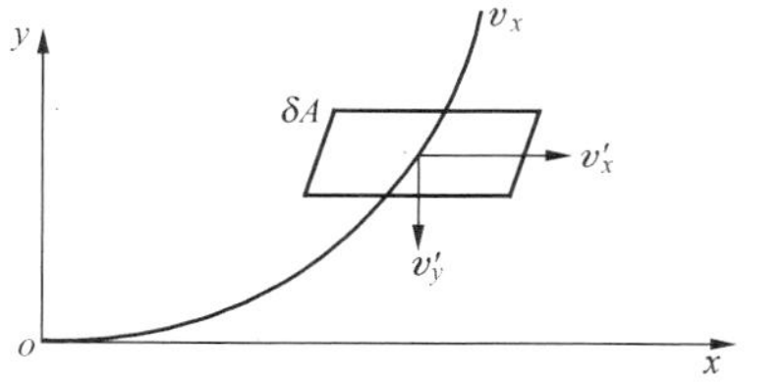

图 5-10　脉动速度示意图

$$\delta F'=-\rho v_y'\delta A v_x'$$

由连续性方程可知，上式中的 v_x'、v_y'应异号，所以等号右端冠以负号。对单位面积上的切应力取时均值时即为紊流附加切应力：

$$\tau_{\mathrm{t}}=-\rho\overline{v_x'\,v_y'} \tag{5-21}$$

一般情况下难以找到脉动速度与雷诺应力之间的一般关系式，为了工程实际需要，往往根据具体问题结合实验建立一些半经验性的关系式，即紊流模型。如 $k-\varepsilon$ 模型，就是应用最广泛的紊流模型之一。

关于紊流附加切应力，普朗特的混合长假说给出了较合理的解释。普朗特认为，沿流动方向和垂直于流动方向上的脉动速度都与时均速度的梯度有关。在每一点引入一个垂直方向上的长度 l，用该距离两端的时均速度差值表示该点在流动方向上的脉动速度 v_x'，即

$$v_x'\sim l\,\frac{\mathrm{d}v_x}{\mathrm{d}y}$$

由于脉动的随机性，相邻近的两个流体质点无论是以 v_x' 相撞还是离开，均将引起垂直方向上的连续流动，或是向两侧流出，或是由两侧流入，根据不可压缩的连续性方程，流出或者

流入的脉动速度 v'_y 应与 v'_x 同数量级，即

$$v'_y \sim l \frac{\mathrm{d}v_x}{\mathrm{d}y}$$

由此，紊流附加切应力可表示为

$$\tau_t = -\rho\overline{v'_x v'_y} = \rho l^2 \left(\frac{\mathrm{d}v_x}{\mathrm{d}y}\right)^2 \tag{5-22}$$

从物理现象上看，纵向和横向脉动速度都与流体质点的相互掺混有关，在相互碰撞之前都要走过一段距离，因此普朗特把以上定义的长度 l 称为混合长度。此式说明，紊流附加切应力与混合长度和时均速度梯度乘积的平方成正比。与黏性剪切应力相比较可知

$$\mu_t = \rho l^2 \frac{\mathrm{d}v_x}{\mathrm{d}y} \tag{5-23}$$

但 μ_t 与 μ 不同，它不是流体的属性，它只决定于流体的密度、时均速度梯度和混合长度。

混合长度假说在管道、渠道、边界层流动中已有成功的应用范例，一般只适用于压强梯度较小的平行流动问题，对于曲壁面和压强梯度较大的紊流流动，需要建立合适的紊流模型。

三、紊流模型简介

计算流体力学简称 CFD，是用电子计算机和离散化的数值方法对流体力学问题进行数值模拟和分析的一个分支。由于理论分析方法或实验方法都有一定的局限性，而数值模拟具有低成本、能模拟较复杂或较理想的过程等优点，计算流体力学虽然历史不长，但已经深入到流体力学的各个研究领域，在最近 20 年中得到飞速的发展。

对于紊流问题，由于速度场、压强场随时间变化做无规则的脉动，直接求解十分困难。目前主要有直接数值模拟法（DNS）、大涡模拟法（LES）和雷诺时均法（RANS）等几种求解方法。这些方法均是在特定条件下数值求解黏性流体运动微分方程式（纳维尔—斯托克斯方程，简称 N—S 方程），该方程将在第八章中给出。

直接数值模拟不需要建立紊流模型，对流动的控制方程直接数值计算求解。DNS 方法可给出每一瞬间所有流动量在流场上的全部信息，且方程组本身精确，仅有由数值方法所引入的误差，但缺点是计算量大。随着计算机性能的不断提升，DNS 方法得到了研究者的重视。但对于工程问题，由于这种方法要求网格划分精细、所需计算量大、耗时多、对计算机内存依赖性强，一般的计算机还很难满足要求，只能计算雷诺数较低的简单紊流运动，例如槽道或圆管紊流，对于较复杂的流动可以在超级计算机上进行模拟。

大涡模拟法是近十几年发展起来的一种重要的数值模拟方法。它既能够捕捉到 RANS 方法所无能为力的许多非稳态、非平衡过程中出现的大尺和拟序结构（拟序结构是指在切变紊流中不规则地触发的一种序列运动，其起始时刻与位置是不确定的，但一经触发，它就以某种特定的次序发展特定的运动状态），同时又克服了 DNS 由于需要求解所有紊流尺度而带来的巨大计算量的问题。对于一般工程问题，采用 LES 法的计算量还是太大，但对于研究许多流动机理问题提供了更为可靠的手段，被认为是最具有潜力的紊流数值模拟发展方向。

雷诺平均法是把紊流变量分解为时均量和脉动量，将其代入连续性方程和动量方程并取时间平均后，可得到用平均量表示的紊流运动方程式。雷诺平均法的核心是不直接求解瞬时的 N—S 方程，而是想办法求解时均化的雷诺方程。这样，不仅可以避免 DNS 方法的计算

量大的问题，而且对工程实际应用可以取得很好的效果，雷诺平均法是目前使用最为广泛的紊流数值模拟方法。雷诺方程的形式为

$$\frac{\partial \rho}{\partial t}+\frac{\partial (\rho \overline{u}_i)}{\partial x_i}=0 \tag{5-24}$$

$$\frac{\partial (\rho \overline{u}_i)}{\partial t}+\frac{\partial (\rho \overline{u}_i \overline{u}_j)}{\partial x_j}=-\frac{\partial \overline{p}}{\partial x_i}+\frac{\partial}{\partial x_j}(\overline{\tau}_{ij}-\rho \overline{u'_i u'_j})+S_i \tag{5-25}$$

式中　i，j=1，2，3。(该方程是用张量表示的方程，张量是比矢量更精炼的物理量的表示方法，张量分析是数学的一个分支。)

其中，$\overline{\tau}_{ij}=-\rho \overline{u'_i u'_j}$，通常称它为紊流附加应力，也称为雷诺应力。与N—S方程组比较可以发现，式(5-25)(雷诺方程)多出了六个未知量，方程组不封闭，必须做出假设，建立相关模型。

目前广泛使用的多种紊流模型均建立在Boussinesq假设的基础上，Boussinesq假设认为紊流脉动的影响可以用物理黏性来比拟，把紊流应力表示成紊流黏度的函数，它的表达式是

$$-\rho \overline{u'_i u'_j}=\mu_t\left(\frac{\partial \overline{u}_i}{\partial x_j}+\frac{\partial \overline{u}_j}{\partial x_i}\right)-\frac{2}{3}\left(\rho k+\mu_t \frac{\partial \overline{u}_i}{\partial x_i}\right) \tag{5-26}$$

式中：μ_t 为紊流黏度；k 为单位质量流体紊流脉动动能。

k 值的计算式为

$$k=\frac{1}{2}(\overline{u'^2_1}+\overline{u'^2_2}+\overline{u'^2_3})$$

引入Boussinesq假设后，计算紊流流动的关键就是如何确定紊流黏度 μ_t。紊流模型是把 μ_t 与时均参数联系起来的方程式。依据确定 μ_t 的方程数目的多少，紊流模型可分为零方程模型、一方程模型和双方程模型等多种类型。这些模型在工程上得到了广泛的应用。

(1) 零方程模型。零方程模型使用代数关系式把紊流黏度与紊流时均值联系起来，在一些简单流动中能获得和实验数据一致的结果，但是模型缺少通用性，对复杂流动不适用，近年来已较少被使用。其中应用较广泛的是Baldwin—Lomax模型，简称B—L模型。该模型在边界层流动和不存在太大分离的流动中计算效果较好。

(2) 一方程模型。在一方程模型中，设想紊流黏度与紊流脉动的特征速度和脉动特征尺度的乘积有关，在理论上比零方程模型前进了一步，但是特征尺度还是依靠经验获得。由于这类紊流模型没有经过广泛应用检验，因此，原始的一方程模型已很少被应用。但近年有学者提出一种改造的Spalart—Allmaras紊流模型，简称S—A模型，在紊流计算中取得较好的计算效果。

(3) 双方程模型。在紊流的计算中，双方程模型应用最广。如应用最广的标准 k—ε 模型，ε 为耗散率，它的定义为

$$\varepsilon=\frac{\mu}{\rho}\overline{\left(\frac{\partial \mu'_i}{\partial x_k}\right)\left(\frac{\partial \mu'_i}{\partial x_k}\right)}$$

经过推导，k 方程的形式为

$$\frac{\partial (\rho k)}{\partial t}+\rho u_j \frac{\partial k}{\partial x_j}=\frac{\partial}{\partial x_j}\left[\left(\mu+\frac{\mu_t}{\sigma_k}\right)\frac{\partial k}{\partial x_j}\right]+\mu_t \frac{\partial \overline{u}_j}{\partial x_i}\left(\frac{\partial \overline{u}_i}{\partial x_j}+\frac{\partial \overline{u}_j}{\partial x_i}\right)-\rho\varepsilon \tag{5-27}$$

式中：σ_k 为脉动动能的 Prandlt 数，一般取 1。

确定耗散率 ε 的微分方程为

$$\frac{\partial(\rho\varepsilon)}{\partial t}+\rho u_j\frac{\partial\varepsilon}{\partial x_j}=\frac{\partial}{\partial x_j}\left[\left(\mu+\frac{\mu_t}{\sigma_\varepsilon}\right)\frac{\partial\varepsilon}{\partial x_j}\right]+\frac{c_1\varepsilon}{k}\mu_t\frac{\partial\bar{u}_j}{\partial x_i}\left(\frac{\partial\bar{u}_i}{\partial x_j}+\frac{\partial\bar{u}_j}{\partial x_i}\right)-c_2\rho\frac{\varepsilon^2}{k} \tag{5-28}$$

式中：σ_ε 为 ε 的紊流 Prandlt 数；c_1 和 c_2 为经验常数。

运用标准 k—ε 模型求解紊流问题时，控制方程包含连续性方程、动量方程、k 方程和 ε 方程，方程组封闭，可以求解。与直接数值模拟和大涡模拟相比，标准 k—ε 模型的计算量小，计算精度也可以满足要求，因此，标准 k—ε 模型在工业流场和热交换模拟中得到了大量应用。但标准 k—ε 模型也有自己的缺点，是一个半经验模型，模型中的经验常数的通用性尚不能令人十分满意；标准 k—ε 模型适合计算高 Re 数的流动，对近壁面低 Re 的情况计算结果不理想；标准 k—ε 型假定紊流为各向同性的均匀紊流，所以在旋流等非均匀紊流问题的计算中存在较大误差。这些缺点限制了标准 k—ε 模型的使用范围。

四、圆管中紊流的速度分布和沿程损失

1. 圆管中紊流的构成　黏性底层　水力光滑与水力粗糙

图 5-11 为平均流速相等时圆管中层流与紊流的速度分布示意。由前述分析可知，层流流动时，圆管中的速度分布为抛物线规律。紊流流动由于流动机制不同于层流，其速度分布（指时均速度，下同）和层流有根本的不同。在靠近管轴的大部分区域内，流体质点的横向脉动使流层间进行的动量交换较为剧烈，速度趋于均匀，速度梯度较小，曲线中心部分较平坦，该区域称为紊流充分发展区或者紊流核区。由于紧贴壁面有一因壁面限制而脉动消失的层流薄层，其黏滞力使流速急剧下降，速度梯度较大，这一薄层称为黏性底层。可见，圆管中的紊流可以分为三个区域，即紊流核区、黏性底层区，以及介于两者之间的由层流向紊流的过渡区。过渡区很薄，一般不单独考虑，而把它和中心部分合在一起统称为紊流部分。紊流部分的切向应力决定于式（5-20），但其第二项都比第一项大很多，第一项可以忽略不计；黏性底层中的切向应力决定于该式的第一项。

黏性底层的厚度和流体运动速度的大小有关，速度越大，流体质点的脉动越强烈，其厚度就越小；反之就越厚。由分析推导和实验得到的黏性底层厚度 δ 与雷诺数的关系为

$$\delta=\frac{34.2d}{Re^{0.875}} \tag{5-29}$$

或

$$\delta=\frac{32.8d}{Re\ (\lambda)^{1/2}} \tag{5-29a}$$

式中：δ 与管道直径 d 的单位均为 mm；Re 为雷诺数；λ 为沿程损失系数。

由以上两式可知，黏性底层的厚度通常只有几分之一毫米。尽管其厚度很小，但它对紊流流动的能量损失以及流体与壁面间的热交换等却有重要的影响。这种影响与管道壁面的粗糙程度直接有关。通常将管壁粗糙凸出部分的平均高度叫做管壁的绝对粗糙度，记为 ε，绝对粗糙度与管径的比值 ε/d 称为相对粗糙度。常用管道管壁的绝对粗糙度 ε 列于表 5-1。

当 $\delta>\varepsilon$ 时，如图 5-12（a）所示，黏性底层完全淹没了管壁的粗糙凸出部分。这时紊流完全感受不到管壁粗糙度的影响，流体好像在完全光滑的管子中流动一样。这种情况的管内流动称作“水力光滑”，或简称“光滑管”。

当$\delta<\varepsilon$时，如图5-12（b）所示，管壁的粗糙凸出部分有一部分或大部暴露在紊流区中，当流体流过凸出部分时，将产生旋涡，造成新的能量损失，管壁粗糙度将对紊流产生影响。这种情况的管内紊流称作“水力粗糙”，或简称“粗糙管”。

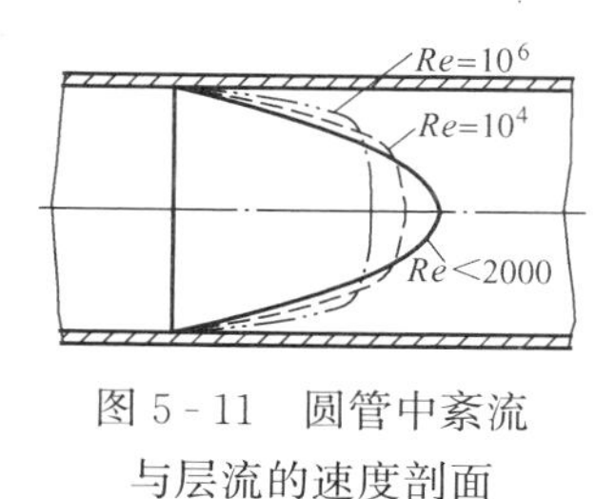

图5-11 圆管中紊流与层流的速度剖面

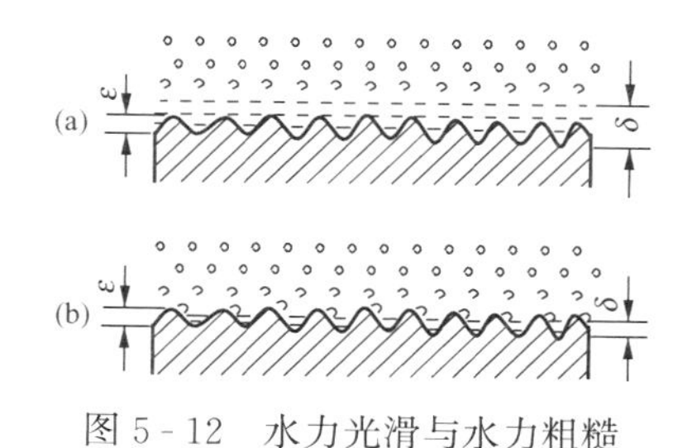

图5-12 水力光滑与水力粗糙

表5-1 管壁绝对粗糙度

	管壁情况	ε（mm）		管壁情况	ε（mm）
金属管材	干净的、整体的黄铜管、铜管、铅管	0.0015～0.01	非金属管材	干净的玻璃管	0.0015～0.01
	新的仔细浇成的无缝钢管	0.04～0.17		橡皮软管	0.01～0.03
	在煤气管道上使用一年后的钢管	0.12		粗糙的内涂橡胶的软管	0.20～0.30
	在普通条件下浇成的钢管	0.19		水管	0.25～1.25
	使用数年后的整体钢管	0.19		陶土排水管	0.45～0.60
	涂柏油的钢管	0.12～0.21		涂有珐琅质的排水管	0.25～0.60
	精制镀锌的钢管	0.25		纯水泥的表面	0.25～1.25
	浇成并很好整平接头的新铸铁管	0.31		涂有珐琅质的砖	0.45～3.0
	钢板制成的管道及很好整平的水泥管	0.33		水泥浆硅砌体	0.80～6.0
	普通的镀锌钢管	0.39		混凝土槽	0.80～9.0
	普通的新铸铁管	0.25～0.42		用水泥的普通块石砌体	6.0～17.0
	不太仔细浇成的新的或干净的铸铁管	0.45		刨平木版制成的木槽	0.25～2.0
	粗陋镀锌钢管	0.50		非刨平木版制成的木槽	0.45～3.0
	旧的生锈钢管	0.60		钉有平板条的木版制成的木槽	0.80～4.0
	污秽的金属管	0.75～0.90			

由前述分析知，黏性底层的厚度随着雷诺数变化。因此，同样一根管子，其流动处于“水力光滑”或“水力粗糙”还要看雷诺数的大小。

2. 圆管中紊流的速度分布

由以上分析可知，对于圆管中的紊流流动，在黏性底层区紊流附加切应力可以忽略，可只考虑黏性剪切力。对于层流到紊流的过渡区，可并入紊流区一同考虑。

对于紊流区，其切应力可近似用式（5-22）表示，即

$$\tau=\rho l^2\left(\frac{\mathrm{d}v_x}{\mathrm{d}y}\right)^2 \tag{5-30}$$

由式（5-30）可解得

$$\frac{\mathrm{d}v_x}{\mathrm{d}y}=\frac{1}{l}\sqrt{\frac{\tau}{\rho}} \tag{5-31}$$

令 $v_*=\sqrt{\dfrac{\tau}{\rho}}$，由于其具有速度的量纲，故称为切应力速度。

由于式中普朗特混合长不确定，上式还无法解出速度的表达式，据此，普朗特提出进一步假设。对于光滑平壁面，假设 $l=ky$，其中 k 为常数；同时假设 k 与 y 无关。由式（5-31）得

$$\frac{\mathrm{d}v_x}{v_*}=\frac{1}{k}\frac{\mathrm{d}y}{y}$$

积分之，得

$$\frac{v_x}{v_*}=\frac{1}{k}\ln y+C \tag{5-32}$$

式中：C 为积分常数，由边界条件决定。

在此，可借助黏性底层的边界条件。

在黏性底层中，速度可近似认为是直线分布，即

$$\frac{\mathrm{d}v_x}{\mathrm{d}y}=\frac{v_x}{y}$$

应力近似表示为

$$\tau=\mu\frac{v_x}{y}\quad y\leqslant\delta$$

由此式得

$$v_x=\frac{\tau}{\mu}y=\frac{\tau y}{\rho\nu}=v_*^2\frac{y}{\nu}$$

或

$$\frac{v_x}{v_*}=\frac{yv_*}{\nu}$$

假设黏性底层与紊流分界处的流速用 v_{xb} 表示，即当 $y=\delta$ 时，$v_x=v_{xb}$。则由上式得

$$\delta=\frac{v_{xb}\nu}{v_*v_*}$$

由式（5-32）得

$$C=\frac{v_{xb}}{v_*}-\frac{1}{k}\ln\delta$$

将 C 和 δ 代入式（5-32），得

$$\frac{v_x}{v_*}=\frac{1}{k}\ln\frac{yv_*}{\nu}+\frac{v_{xb}}{v_*}-\frac{1}{k}\ln\frac{v_{xb}}{v_*}$$

或

$$\frac{v_x}{v_*}=\frac{1}{k}\ln\frac{yv_*}{\nu}+C_1 \tag{5-32a}$$

观察发现，在大雷诺数时，式（5-32）和式（5-32a）与实际测量结果一致性较好。尽管以上推导过程中切应力假定为常数，但速度变化主要发生在近壁面处，在紊流充分发展区速度变化很小，切应力可近似看作常数。

式（5-32a）也可作为光滑直管中紊流速度分布的近似公式，尼古拉兹（J. Nikuradse）由水力光滑管实验得出 $k=0.40$，$C_1=5.50$，代入式（5-32a），并把自然对数换算成以 10 为底的对数，得

$$\frac{v_x}{v_*}=5.75\lg\frac{yv_*}{\nu}+5.5 \tag{5-33}$$

计算光滑管紊流速度，还有一个更为方便的指数公式，即

$$\frac{v_x}{v_{x,\max}}=\left(\frac{y}{r_0}\right)^n \tag{5-34}$$

指数 n 随雷诺数 Re 而变，见表 5-2。当 $Re=1.1\times10^5$ 时，$n=1/7$，这就是常用的由布拉休斯（H. Blasius）导出的 1/7 次方规律。按式（5-29）可求得平均流速为

$$v=2v_{x,\max}\int_0^1\left(\frac{y}{r_0}\right)^n\left(1-\frac{y}{r_0}\right)\mathrm{d}\left(\frac{y}{r_0}\right)=\frac{2v_{x,\max}}{(n+1)(n+2)}$$

$$\frac{v}{v_{x,\max}}=\frac{2}{(n+1)(n+2)} \tag{5-35}$$

表 5-2 中给出由实验测得的 n、$v/v_{x,\max}$ 和 Re 之间的关系。为研究紊流问题提供了很大的方便，只要测出管轴上的最大流速，便可由该表计算出平均流速和流量。

表 5-2　Re 和 n、$v/v_{x,\max}$ 的关系

Re	4.0×10^3	2.3×10^4	1.1×10^5	1.1×10^6	$(2.0\sim3.2)\times10^6$
n	1/6.0	1/6.6	1/7.0	1/8.8	1/10
$v/v_{x,\max}$	0.7912	0.8073	0.8167	0.8497	0.8658

对于紊流流过粗糙壁面的情况，在进一步的假设之下式（5-32）仍然适用。假设在 $y=\phi\varepsilon$ 处 $v_x=v_{xb}$（ϕ 为由管壁粗糙性质确定的形状系数），则由式（5-32）可得

$$C=\frac{v_{xb}}{v_*}-\frac{1}{k}\ln(\phi\varepsilon)$$

代入式（5-32），得

$$\frac{v_x}{v_*}=\frac{1}{k}\ln\frac{y}{\varepsilon}+\frac{v_{xb}}{v_*}-\frac{1}{k}\ln\phi$$

或

$$\frac{v_x}{v_*}=\frac{1}{k}\ln\frac{y}{\varepsilon}+C_2 \tag{5-36}$$

尼古拉兹由水力粗糙管实验得出 $k=0.40$，$C_2=8.48$，代入式（5-36），把自然对数换算成以 10 为底的对数，得

$$\frac{v_x}{v_*}=5.75\lg\frac{y}{\varepsilon}+8.48 \tag{5-36a}$$

以上在一定的假设之下给出了紊流光滑管和紊流粗糙管的流速分布公式，当取 $y=r_0$ 时，可由上述公式得到管轴处的最大流速；将以上速度在有效截面上积分，并除以有效截面积，便得到过流截面上的平均流速。

第七节　沿程损失的实验研究

层流和紊流的沿程损失均可用达西公式进行计算，但沿程损失系数有所不同。前面已经用数学推演的方法得到了层流沿程损失系数计算公式，并为实验所证实；紊流沿程损失系数的计算，则是依据在量纲分析理论的指导下由实验得出的半经验公式，或是根据实验归纳出来的经验公式。这项实验是由尼古拉兹在 1933—1934 年间完成的。其后莫迪（L. F. Moody）针对工业管道给出了比较实用的莫迪图。

一、尼古拉兹实验

根据量纲分析可知，沿程损失系数与雷诺数、管子的粗糙度有关。尼古拉兹使用六根管

径不同，内壁黏附不同粒径砂粒的人工粗糙管，对沿程损失、雷诺数和粗糙度之间的关系进行了一系列的实验。实验范围很广，雷诺数 $Re=500\sim10^6$，相对粗糙度 $\varepsilon/d=1/1014\sim1/30$。其实验原理如图 5-13 所示，在水平放置的圆管相距 l 的截面上装两根测压管。根据伯努利方程，测压管液面高度差即为一定流速下管段 l 上的沿程损失 h_f。根据测得速度和流体的性质，可计算出雷诺数，由达西公式计算出沿程损失系数，将不同管子、不同流速下的数据绘制在对数坐标上，即得到图 5-14 所示的尼古拉兹实验曲线。该曲线表明，沿程损失系数和雷诺数、管子粗糙度之间的关系比较复杂，不存在描述它们之间关系的统一数学表达式，以下分五个区域分别加以讨论。

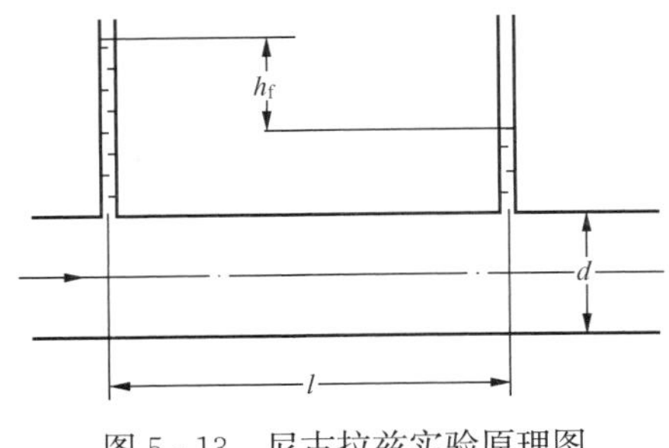

图 5-13 尼古拉兹实验原理图

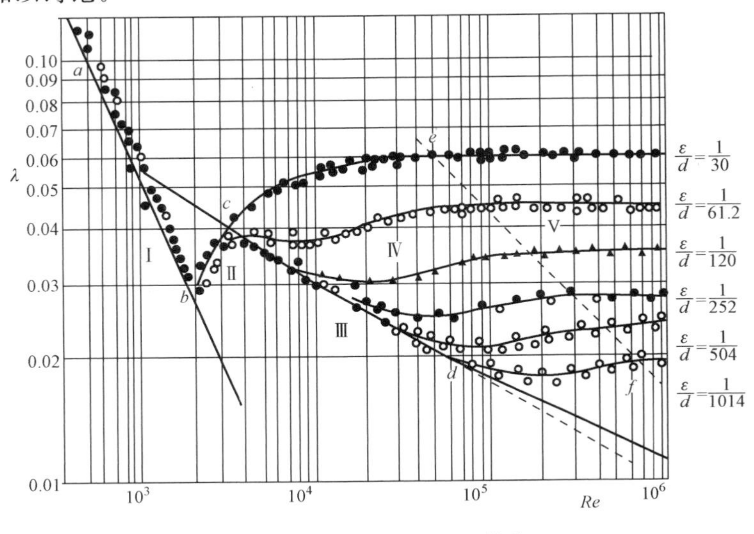

图 5-14 尼古拉兹实验曲线

1. 层流区

$Re<2320$ 为层流区。所有实验点都落在尼古拉兹实验曲线Ⅰ上，由这些实验数据拟合的沿程损失系数和雷诺数的关系为 $\lambda=64/Re$。这一结果和前述经数学推演的结果相一致。在该区域内，管壁的相对粗糙度对沿程损失系数没有影响。

2. 过渡区

$2320<Re<4000$ 为由层流向紊流的转捩区，可能是层流，也可能是紊流，实验数据分散，无一定规律，如图中的区域Ⅱ所示。

3. 紊流光滑管区

$4000<Re<26.98(d/\varepsilon)^{8/7}$，为紊流光滑管区。各种不同相对粗糙度管流的实验点都落到倾斜线 cd 上，只是它们在该线上所占的区段的大小不同。勃拉修斯（p. Blasius）1911 年用解析方法证明了该区沿程损失系数与相对粗糙度无关，只与雷诺数有关，并借助量纲分析得出了 $4\times10^3<Re<10^5$ 范围内的勃拉修斯的计算公式为

$$\lambda=\frac{0.3164}{Re^{0.25}} \tag{5-37}$$

将式（5－37）代入式（4－45）达西公式，可证明 h_f 与 $v^{1.75}$ 成正比，故紊流光滑管区又称 1.75 次方阻力区。紊流光滑管的沿程损失系数也可按卡门—普朗特公式

$$1/\lambda^{1/2}=2\lg(Re\lambda^{1/2})-0.8 \tag{5-38}$$

进行计算。

当 $10^5<Re<3\times10^6$ 时，尼古拉兹的计算公式为

$$\lambda=0.0032+0.221Re^{-0.237} \tag{5-39}$$

4. 紊流粗糙管过渡区

$26.98(d/\varepsilon)^{8/7}<Re<2308(d/\varepsilon)^{0.85}$ 为紊流粗糙管过渡区。随着雷诺数的增大，黏性底层逐渐减薄，水力光滑管逐渐变为水力粗糙管，进入粗糙管过渡区Ⅳ。相对粗糙度大的管流首先离开光滑管区，而且随着 Re 的增大，λ 也增大。该区域的沿程损失系数与相对粗糙度、雷诺数有关，即 $\lambda=f(Re,\varepsilon/d)$，可按洛巴耶夫（Б. Н. Лобаев）的公式进行计算，即

$$\lambda=1.42\left[\lg\left(Re\frac{d}{\varepsilon}\right)\right]^{-2}=1.42\left[\lg\left(1.273\frac{q_V}{\nu\varepsilon}\right)\right]^{-2} \tag{5-40}$$

5. 紊流粗糙管平方阻力区

$2308(d/\varepsilon)^{0.85}<Re$ 为紊流粗糙管平方阻力区。该区内流动能量的损失主要决定于流体质点的脉动，黏性的影响可以忽略不计。沿程损失系数与雷诺数无关，只与相对粗糙度有关，如图中区域Ⅴ所示。在这一区域内流动的能量损失与流速的平方成正比，故称此区域为平方阻力区。紊流粗糙管过渡区与紊流粗糙管平方阻力区的分界线为 ef，这条分界线的雷诺数为

$$Re_b=2308(d/\varepsilon)^{0.85} \tag{5-41}$$

平方阻力区的沿程损失可按尼古拉兹公式

$$\frac{1}{\lambda^{1/2}}=2\lg\frac{d}{2\varepsilon}+1.74 \tag{5-42}$$

进行计算。

二、莫迪图

尼古拉兹实验给出了人工粗糙管的沿程损失系数随相对粗糙度、雷诺数变化的曲线。而工业上用的管道与此不同，其内壁的粗糙是高低不平的，非均匀的。因此，要把尼古拉兹实验结果应用于工业管道，就必须用实验方法确定工业管道与人工粗糙管的等值的绝对粗糙度。

莫迪以科勒布茹克（C. F. Colebrook）公式

$$\frac{1}{\lambda^{1/2}}=-2\lg\left(\frac{\varepsilon}{3.71d}+\frac{2.51}{Re\lambda^{1/2}}\right)=1.74-2\lg\left(\frac{2\varepsilon}{d}+\frac{18.7}{Re\lambda^{1/2}}\right) \tag{5-43}$$

为基础，在对数坐标上绘制了新的工业管道的沿程损失系数和雷诺数、相对粗糙度之间的关系曲线，如图 5－15 所示，该图为计算新的工业管道的沿程损失系数提供了方便。

莫迪图分为五个区域，即层流区、临界区（相当于尼古拉兹曲线的过渡区）、光滑管、过渡区（相当于尼古拉兹曲线的紊流粗糙管过渡区）、完全粗糙区（相当于尼古拉兹曲线的紊流粗糙管平方阻力区）。过渡区同完全紊流粗糙管区之间分界线的雷诺数为

$$Re_b=3500\left(\frac{d}{\varepsilon}\right) \tag{5-44}$$

【例 5 - 5】 用直径 $d=200\text{mm}$、长 $L=3000\text{m}$ 的旧无缝钢管，其粗糙度 $\varepsilon=0.2\text{mm}$，输送密度为 900kg/m^3 的原油，已知质量流量 $q_m=90000\text{kg/h}$，若原油冬天的运动黏度 $\nu=1.092\times10^{-4}\text{m}^2/\text{s}$，夏天 $\nu=0.355\times10^{-4}\text{m}^2/\text{s}$。试求冬天和夏天的沿程损失 h_f。

解 油在管道内的平均流速为

$$v=\frac{4q_m}{\pi\rho d^2}=\frac{4}{\pi 900\times(0.2)^2}\times\frac{90000}{3600}=0.8846\text{m/s}$$

冬天的雷诺数

$$Re_1=\frac{v\text{d}}{\nu}=\frac{0.8846\times0.2}{1.092\times10^{-4}}=1620<2000 \quad 层流$$

夏天的雷诺数

$$Re_2=\frac{v\text{d}}{\nu}=\frac{0.8846\times0.2}{0.355\times10^{-4}}=4984>2000 \quad 紊流$$

冬天的沿程损失

$$h_f=\frac{64}{Re_1}\frac{L}{d}\frac{v^2}{2g}=\frac{64}{1620}\times\frac{3000}{0.2}\times\frac{0.8846^2}{2\times9.806}=23.64\text{m（油柱）}$$

在夏天，根据 $\varepsilon/d=0.001$ 和 $Re_2=4984$ 在莫迪图上查得 $\lambda=0.0385$，由达西公式得

$$h_f=\lambda\frac{L}{d}\frac{v^2}{2g}=0.0385\times\frac{3000}{0.2}\times\frac{0.8846^2}{2\times9.806}=23.04\text{m（油柱）}$$

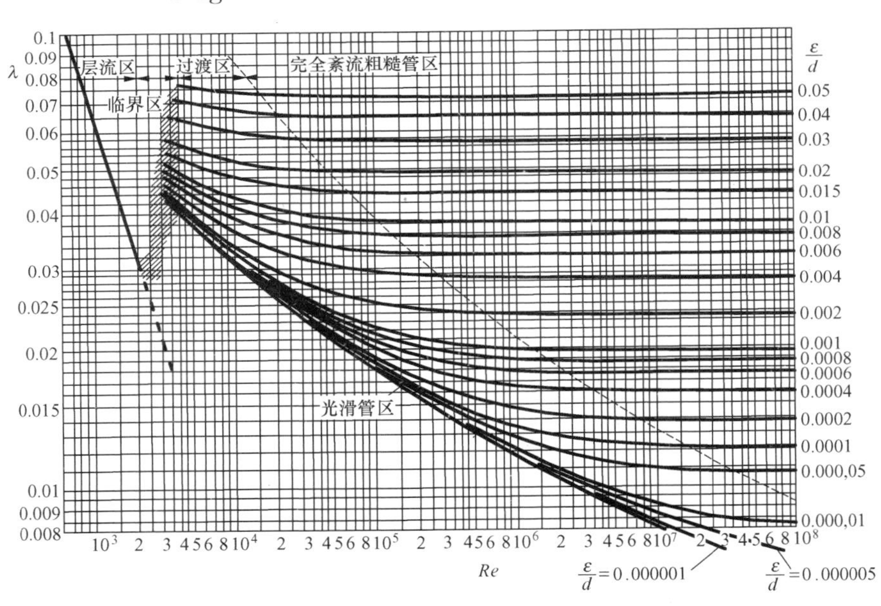

图 5 - 15 莫迪图

【例 5 - 6】 一直径 $d=300\text{mm}$ 的铆接钢管，绝对粗糙度 $\varepsilon=3\text{mm}$，在长 $L=400\text{m}$ 的管段上沿程损失 $h_f=8\text{m}$。若管内水的运动黏度 $\nu=1.13\times10^{-6}\text{m}^2/\text{s}$，试求水的流量 q_V。

解 要计算出体积流量，必须知道管内的平均流速，根据已知条件只有达西公式和平均流速有关，但其中的沿程损失系数 λ 未知，此时，可根据已知条件采用试算的方法进行计算。

根据管道的相对粗糙度 $\varepsilon/d=0.01$，在莫迪图上试取 $\lambda=0.038$。将已知数据代入达西公式得

$$v=\left(\frac{2gh_f d}{\lambda L}\right)^{1/2}=\left(\frac{2\times9.806\times8\times0.3}{0.038\times400}\right)^{1/2}=1.760\text{m/s}$$

于是

$$Re=\frac{vd}{\nu}=\frac{1.76\times0.3}{1.13\times10^{-6}}=4.673\times10^5$$

再由 Re 与 ε/d 查莫迪图，恰巧查得 $\lambda=0.038$，且流动处于平方阻力区，λ 不随 Re 而变。故水的流量为

$$q_V=Av=\frac{\pi}{4}0.3^2\times1.76=0.1244\text{m}^3/\text{s}$$

如果根据 Re 与 ε/d 由莫迪图查得的 λ 与试选的 λ 值不相符合，则应以查得的 λ 为改进值，再按上述步骤进行重复计算，直至由莫迪图查得的 λ 与改进的 λ 值相符为止。

【例 5-7】　一低碳钢管内油的体积流量 $q_V=1000\text{m}^3/\text{h}$，油的运动黏度 $\nu=1\times10^{-5}\text{m}^2/\text{s}$，在管长 200m 的距离上沿程损失 $h_f=20\text{m}$，若管道的绝对粗糙度 $\varepsilon=0.046\text{mm}$，试确定管子直径 d。

解　根据已知条件求管道直径，和例 5-6 一样，必须知道沿程损失系数 λ，但在流速不确定的情况下，λ 是未知数，故也必须采用试算的方法。

将 $v=\frac{4q_V}{\pi d^2}$ 代入达西公式，整理得

$$d^5=\frac{8Lq_V^2}{\pi^2 gh_f}\lambda=\frac{8\times200\times(1000/3600)^2}{\pi^2\times9.807\times20}\lambda=0.06377\lambda\text{m}^5 \tag{a}$$

将以 q_V 表示的 v 代入 Re 的公式，得

$$Re=\frac{4q_V}{\pi\nu}\frac{1}{d}=\frac{4\times(1000/3600)}{\pi\times1\times10^{-5}}\frac{1}{d}=\frac{35370}{d} \tag{b}$$

试取 $\lambda=0.02$，代入式（a），得 $d=0.264\text{m}$，代入式（b），得 $Re=134000$，$\varepsilon/d=0.000174$，由图 5-15 查得 $\lambda=0.0182$。以查得的 λ 为改进值，重复上述计算，得 $d=0.259\text{m}$，$Re=136700$，$\varepsilon/d=0.000178$，由莫迪图查得 $\lambda=0.018$。再以查得的 λ 为改进值，重复上述计算，得 $d=0.258\text{m}$，$Re=137000$，$\varepsilon/d=0.000178$，再由莫迪图查得 $\lambda=0.018$，与改进值一致。故取 $d=0.258\text{m}$。工业用管道直径没有 0.258m 的规格，此时可用公称直径 300mm 的管子。

在工程实际中，输送流体的管道截面形状并不都是圆形截面，如电厂中输送烟气的管道多是矩形截面，有些情况还会有环形截面管道。在这些管道的水力计算中，沿程损失的计算仍然可以用前述的达西公式，但必须将直径换成当量直径，有关计算在此不再赘述。

第八节　局　部　损　失

一、局部损失产生的原因

在工业管路中常常安装一些局部装置，如阀门、弯管、突扩和突缩等管件。流体经过这些局部件时，由于通流截面、流动方向的急剧变化，引起速度场的迅速改变，增大流体间的摩擦、碰撞以及形成旋涡等原因，从而产生局部损失。

突然扩大的管件中的流动，如图 5-16 所示。流体从小直径的管道流向大直径的管道

时，主流流束先收缩后扩张，在管壁拐角与主流束之间形成旋涡。旋涡在主流束带动下不断旋转，由于和周围固体壁面、其他流体质点间的摩擦，不断的将机械能转化为热能而耗散；另外，由于随机因素的影响，凸肩部位的旋涡还可能脱落，随主流进入下游，又产生新的旋涡，旋涡的不断脱落和生成也是一个能量耗散的过程。另外，小直径管道中流出的流体速度较高，大直径管道的流体速度较低，二者在流动过程中必然要碰撞，产生碰撞损失。

如图 5-17 所示，当流体由大直径管道流入小直径管道时，流束急剧收缩，由于惯性作用主流最小截面并不在细管入口处，而是向后推迟一段距离，其后又经历一个扩大的过程，在上述过程中由于速度分布不断变化，产生新的摩擦，产生能量损失；在流体进入细管之前和缩颈部位存在旋涡区，也将产生不可逆的能量损失。

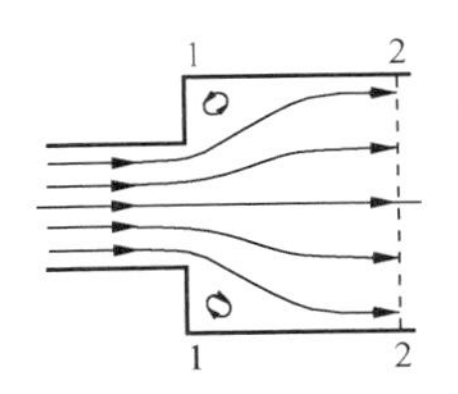

图 5-16 管道截面突然扩大

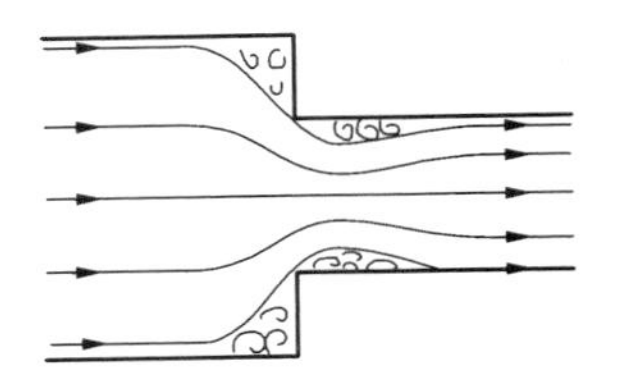

图 5-17 管道截面突然缩小

流体在弯管中流动的损失由三部分组成，一部分是由切向应力产生的沿程损失；另一部分是旋涡产生的损失；第三部分则是由二次流形成的双螺旋流动所产生的损失。

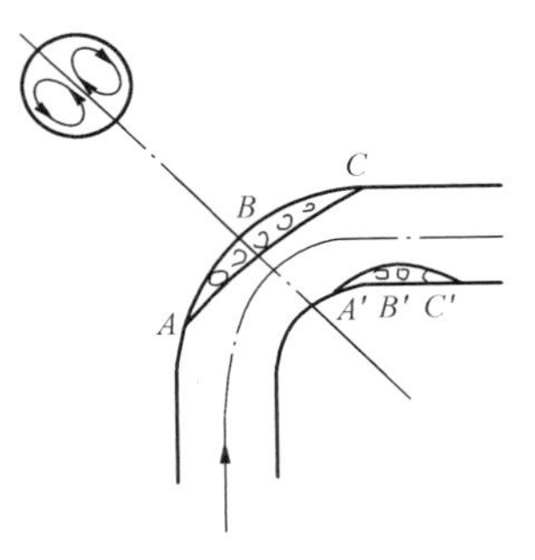

图 5-18 弯管中的流动

在第三章已经讨论过理想流体沿弯管流动时速度分布、压强分布的变化。如图 5-18 所示，当流体沿弯管流动时，弯管外侧的压强高，内侧的压强低。流体由直管进入弯管前，压强是均匀的。流体进入弯管后，外侧由 A 到 B 的流动为增压过程（压强梯度为正），B 点压强最高；内侧由 A'、B' 到 C'，压强逐渐增大，流动也是增压过程。在这两段增压过程中，都有可能出现边界层分离，形成旋涡，造成损失。这将在第八章中详细讨论。

由于流体流经弯管时外侧的速度低于内侧，速度差将造成内外侧流体质点的离心力不同，内侧离心力大于外侧，内侧流体在离心力差值的作用下向外侧流动，造成外侧流体质点的瞬时堆积，从而产生沿管子中心的由内侧向外侧的流动，在径向平面内形成两个旋转运动，这种旋转运动和主流结合就形成二次螺旋流。在紊流状态下，二次螺旋流将持续 100 倍管子直径的距离，一般弯管损失的一半来自二次螺旋流。显然，弯管的曲率半径越小，弯管内外侧的速度差越大；管子的直径越大，二次螺旋流的影响范围就越大，结果使流体流经弯管的局部损失增大。

所有管件的局部损失的大小均可用式（5-4）计算，但关键是如何确定各种管件的局部损失系数 ζ。突扩管件的 ζ 可用分析方法求得，其他管件只能由实验测定。

二、管道截面突然扩大的局部损失

突扩管件的局部损失可以用分析方法加以推导。取图 5-16 中 1-1、2-2 截面以及它们之间的管壁为控制面，应用动量方程和连续性方程，可求出损失的能量。

根据连续方程有

$$v_2=\frac{A_1}{A_2}v_1,\qquad v_1=\frac{A_2}{A_1}v_2 \tag{a}$$

根据动量方程有　$p_1A_1-p_2A_2+p(A_2-A_1)=\rho q_V(v_2-v_1)$

式中：p 为凸肩圆环上的压强。

实验证实，$p=p_1$，于是上式可写为

$$p_1-p_2=\rho v_2(v_2-v_1) \tag{b}$$

对截面 1—1、2—2 列伯努利方程（取动能修正系数 $\alpha=1$）

$$\frac{p_1}{\rho g}+\frac{v_1^2}{2g}=\frac{p_2}{\rho g}+\frac{v_2^2}{2g}+h_j,\quad h_j=\frac{p_1-p_2}{\rho g}+\frac{v_1^2-v_2^2}{2g}$$

将式（a）、式（b）代入上式，整理得

$$h_j=\frac{(v_1-v_2)^2}{2g}=\frac{v_1^2}{2g}\left(1-\frac{A_1}{A_2}\right)^2=\frac{v_2^2}{2g}\left(\frac{A_2}{A_1}-1\right)^2 \tag{5-45}$$

式（5-45）表明，管道截面突然扩大的能量损失等于损失速度(v_1-v_2)的速度头。比照式（5-4）则有

$$h_j=\zeta_1\frac{v_1^2}{2g}=\zeta_2\frac{v_2^2}{2g}$$

按小截面流速与按大截面流速计算的局部损失系数分别为

$$\zeta_1=\left(1-\frac{A_1}{A_2}\right)^2,\quad \zeta_2=\left(\frac{A_2}{A_1}-1\right)^2 \tag{5-46}$$

当流体由管道流入一面积较大的水池时，由于 $A_2\gg A_1$，由式（5-46）知，$\zeta_1\approx1$，则管道出口的能量损失 $h_j\approx v_1^2/(2g)$，即管道中水流的速度头完全耗散于池水之中。

三、常用管件的局部损失系数

工程中常用局部件的局部损失系数大都已经由实验确定，其数值可查阅有关手册，表5-3给出了几种应用较普遍的局部件的局部损失系数。所介绍的各局部损失系数数值，如不作特别说明，都是相对于局部件之后的速度水头给出的。

表 5-3　局部损失系数

类型	示意图	局部损失系数											
截面突然缩小	v_1 A_1 v_2 A_2	A_2/A_1	0.01	0.1	0.2	0.3	0.4	0.5	0.6	0.7	0.8	0.9	1
		C_c	0.618	0.632	0.644	0.659	0.676	0.696	0.717	0.744	0.784	0.890	1.0
		ζ_2	0.50	0.469	0.431	0.387	0.343	0.298	0.257	0.212	0.161	0.079	0
截面突然扩大	v_1 A_1 v_2 A_2	A_1/A_2	1	0.9	0.8	0.7	0.6	0.5	0.4	0.3	0.2	0.1	0
		ζ_1	0	0.01	0.04	0.09	0.16	0.25	0.36	0.49	0.64	0.81	1
		ζ_2	0	0.0123	0.0625	0.184	0.444	1	2.25	5.44	16	81	∞
渐缩管	v_1 A_1 θ v_2 A_2	$\zeta_2=\frac{\lambda}{\sin(\theta/2)}\left[1-\left(\frac{A_2}{A_1}\right)^2\right]$											
渐扩管	v_1 A_1 θ v_2 A_2	$\zeta_2=\frac{\lambda}{8\sin(\theta/2)}\left[1-\left(\frac{A_1}{A_2}\right)^2\right]+K\left[1-\frac{A_1}{A_2}\right]$　当 $A_1/A_2=1/4$ 时											
		$\theta°$	2	4	6	8	10	12	14	16	20	25	
		K	0.022	0.048	0.072	0.103	0.138	0.177	0.221	0.270	0.386	0.645	

续表

类型	示意图	局部损失系数							
折管		$\zeta=0.946\sin^2(\theta/2)+2.047\sin^4(\theta/2)$ 当 $d>30$cm 时，随着 d 的增大 ζ 相应减小							
		$\theta°$	20	40	60	80	90	100	120	140
		ζ	0.064	0.139	0.364	0.740	0.985	1.260	1.861	2.431

类型	示意图	局部损失系数										
90°弯管		$\zeta_{90°}=0.131+0.163(d/R)^{3.5}$										
		d/R	0.1	0.2	0.3	0.4	0.5	0.6	0.7	0.8	0.9	1.0	1.1
		ζ	0.131	0.132	0.133	0.137	0.145	0.157	0.177	0.204	0.241	0.291	0.355
		当 $\theta<90°$时，$\zeta=\zeta_{90°}(\theta°/90°)$										

类型	示意图	局部损失系数									
闸阀		开度（%）	10	20	30	40	50	60	70	80	90	100
		ζ	60	16	6.5	3.2	1.8	1.1	0.60	0.30	0.18	0.10
球阀		开度（%）	10	20	30	40	50	60	70	80	90	100
		ζ	85	24	12	7.5	5.7	4.8	4.4	4.1	4.0	3.9
蝶阀		开度（%）	10	20	30	40	50	60	70	80	90	100
		ζ	200	65	26	16	8.3	4	1.8	0.85	0.48	0.3

类型	示意图	局部损失系数
分支管道		$q=q_{V1}/q_{V3}$　$m=A_1/A_3$　$n=d_1/d_3$ $\zeta_{13}=-0.92(1-q)^2-q^2[(1.2-n^{1/2})\cos\theta/(m-1)$ $+0.8(1-1/m^2)-(1-m)\cos\theta/m]+(2-m)q(1-q)$ $\zeta_{23}=0.03(1-q)^2-q^2[1+(1.62-n^{1/2})\cos\theta/(m-1)-0.38(1-m)]+(2-m)q(1-q)$
		$\zeta_{31}=-0.95(1-q)^2-q^2[1.3\cot(180-\theta)/2-0.3+(0.4-0.1m)/m^2]$ $[1-0.9(n/m)^{1/2}]-0.4q(1-q)(1+1/m)\cot(180-\theta)/2$ $\zeta_{32}=-0.3(1-q)^2-0.35q^2+0.2q(1-q)$

【例 5 - 8】　图 5 - 19 所示为用于测试新阀门压强降的设备。21℃的水从一容器通过锐边入口进入管系，钢管的内径均为 50mm，绝对粗糙度为 0.04mm，管路中三个弯管的管径和曲率半径之比 $d/R=0.1$。用水泵保持稳定的流量 12m^3/h，若在给定流量下水银差压计的示数为 150mm，①求水通过阀门的压强降；②计算水通过阀门的局部损失系数；③计算阀门前水的计示压强；④不计水泵损失，求通过该系统的总损失，并计算水泵供给水的功率。

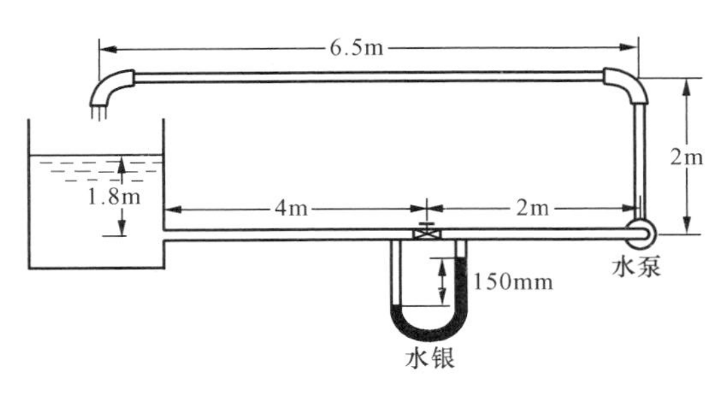

图 5 - 19　例 5 - 8 用图

解　管内的平均流速为

$$v=\frac{4q_V}{\pi d^2}=\frac{4\times 12}{\pi\times 0.05^2\times 3600}=1.699\text{m/s}$$

（1）流体经过阀门的压强降为

$$\Delta p=(\rho_{Hg}-\rho)gh=(13600-1000)\times 9.806\times 0.15=18535\text{Pa}$$

（2）阀门的局部损失系数。由 $h_j=\zeta\dfrac{v^2}{2g}=\dfrac{\Delta p}{\rho g}$ 解得

$$\zeta=\frac{2\Delta p}{\rho v^2}=\frac{2\times 18535}{1000\times 1.699^2}=12.84$$

（3）计算阀门前的计示压强，由于要用到黏性流体的伯努利方程，必须用有关已知量确定方程中的沿程损失系数。

21℃的水密度 ρ 近似取 1000kg/m^3，其动力黏度为

$$\mu=\frac{\mu_0}{1+0.0337t+0.000221t^2}=\frac{1.792\times 10^{-3}}{1+0.0337\times 21+0.000221\times 21^2}=0.993\times 10^{-3}\text{Pa}\cdot\text{s}$$

管内流动的雷诺数为

$$Re=\frac{\rho vd}{\mu}=\frac{1000\times 1.699\times 0.05}{0.993\times 10^{-3}}=8.55\times 10^4$$

$$26.98\times(d/\varepsilon)^{8/7}=26.98\times(50/0.04)^{8/7}=9.34\times 10^4$$

由于 $4000<Re<26.98\times(d/\varepsilon)^{8/7}$，可按紊流光滑管的有关公式计算沿程损失系数，又由于 $4000<Re<10^5$，所以沿程损失系数的计算可用勃拉修斯公式，即

$$\lambda=\frac{0.3164}{Re^{0.25}}=\frac{0.3164}{(8.55\times 10^4)^{0.25}}=0.0185$$

管道入口的局部损失系数 $\zeta=0.5$，根据黏性流体的伯努利方程可解得

$$\begin{aligned}p&=\left[1.8-(1+\zeta+\lambda l/d)\frac{v^2}{2g}\right]\rho g\\&=\left[1.8-\left(1+0.5+0.0185\times\frac{4}{0.05}\right)\frac{1.699^2}{2\times 9.806}\right]\times 1000\times 9.806=13317\text{Pa}\end{aligned}$$

（4）根据已知条件 $d/R=0.1$ 查表，弯管的局部阻力系数 $\zeta_1=0.131$，由以上数据可计算出管路中的总损失。

$$\begin{aligned}h_w&=\sum h_f+\sum h_j\\&=\left(0.0185\times\frac{4+2+2+6.5}{0.05}+0.5+3\times 0.131+12.84\right)\times\frac{1.699^2}{2\times 9.807}=2.79\text{mH}_2\text{O}\end{aligned}$$

计单位重力作用下流体经过水泵时获得的能量为 h_p，列水箱液面和水管出口的伯努利方程。

$$0=(2-1.8)+\frac{v^2}{2g}-h_p+h_w$$

由上式可解得

$$h_p=(2-1.8)+\frac{v^2}{2g}+h_w=0.2+\frac{1.699^2}{2\times 9.807}+2.79=3.137\text{mH}_2\text{O}$$

水泵的功率 P 为

$$P=\rho g q_V h_{\mathrm{p}}=1000\times 9.806\times\frac{12}{3600}\times 3.137=102.55\mathrm{W}$$

第九节 管道的水力计算

一、串联管道

由管径相同、粗糙度相同的一段或者数段管子连接在一起组成的简单管道，其水力计算无外乎前述［例5-5］、［例5-6］和［例5-7］三种类型。此类管道的水力计算均可照例进行。由不同管径和不同粗糙度的管段串联在一起组成的管道称为串联管道。在串联管道中，各管段的流量相同，管道损失等于各管段损失的总和。图5-20所示的串联管道的总损失为

$$h_{\mathrm{w}}=\left(\zeta_i+\lambda_1\frac{l_1}{d_1}\right)\frac{v_1^2}{2g}+\zeta_1\frac{v_2^2}{2g}+\lambda_2\frac{l_2}{d_2}\frac{v_2^2}{2g}+\zeta_2\frac{v_3^2}{2g}+\lambda_3\frac{l_3}{d_3}\frac{v_3^2}{2g}$$

【例5-9】 如图5-21所示，用串联管道连接A、B两个水池，已知 $\zeta_i=0.5$，$l_1=350\mathrm{m}$，$d_1=0.6\mathrm{m}$，$\varepsilon_1=0.0015\mathrm{m}$；$l_2=250\mathrm{m}$，$d_2=0.9\mathrm{m}$，$\varepsilon_2=0.0003\mathrm{m}$，$\nu=1\times 10^{-6}\mathrm{m^2/s}$，$H=6\mathrm{m}$，求通过该管道的流量 q_V。

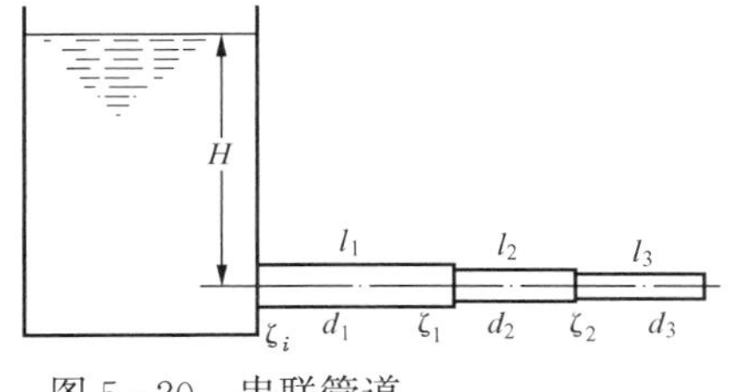

图5-20 串联管道

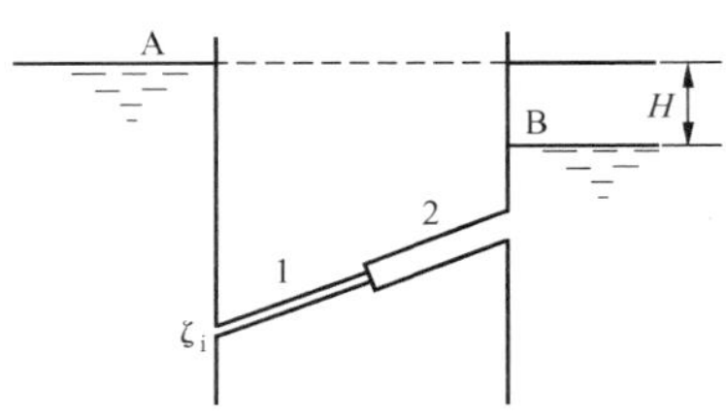

图5-21 串联管道

解 在该问题中总损失即为 H，即

$$H=\left(\zeta_i+\lambda_1\frac{l_1}{d_1}\right)\frac{v_1^2}{2g}+\frac{(v_1-v_2)^2}{2g}+\left(\lambda_2\frac{l_2}{d_2}+1\right)\frac{v_2^2}{2g} \tag{a}$$

连续性方程可表示为

$$v_1 d_1^2=v_2 d_2^2 \tag{b}$$

由式（a）、式（b）可解得 $v_1^2=\dfrac{6}{0.0515+25.49\lambda_1+2.682\lambda_2}$

根据 $\varepsilon_1/d_1=0.0025$，$\varepsilon_2/d_2=0.00033$，由莫迪图试取 $\lambda_1=0.025$，$\lambda_2=0.015$，代入上式，得

$$v_1=2.87\mathrm{m/s}$$

由连续方程得 $v_2=v_1\ (d_1/d_2)^2=2.87\left(\dfrac{6}{0.9}\right)^2=1.28\mathrm{m/s}$

于是

$$Re_1=\frac{2.87\times 0.6}{1\times 10^{-6}}=1.72\times 10^6$$

$$Re_2=\frac{1.28\times 0.9}{1\times 10^{-6}}=1.15\times 10^6$$

再由莫迪图得 $\lambda_1=0.025$，$\lambda_2=0.016$。据此求得新的 $v_1=2.86\mathrm{m/s}$，于是可求得

$$q_V=\frac{\pi}{4}d_1^2 v_1=\frac{\pi}{4}\times 0.6^2\times 2.86=0.808\mathrm{m^3/s}$$

二、并联管道

如图 5-22 所示，由不同管径、不同粗糙度和不同长度管段并联在一起组成的管道，称为并联管道。由分析可知，在图示的并联管道中，A、B 两点间的总损失等于各分管道的损失，A、B 两点上的总流量等于各分管道流量的总和。为了分析问题方便起见，通常把管道中的局部损失换算成沿程损失的等值长度，加到它所在的分管道上。换算方法如下：令管道中的局部损失 h_j 等于该管道中一段管长 l_e 上的沿程损失 h_f，由局部损失和沿程损失算式可解得等值管长。

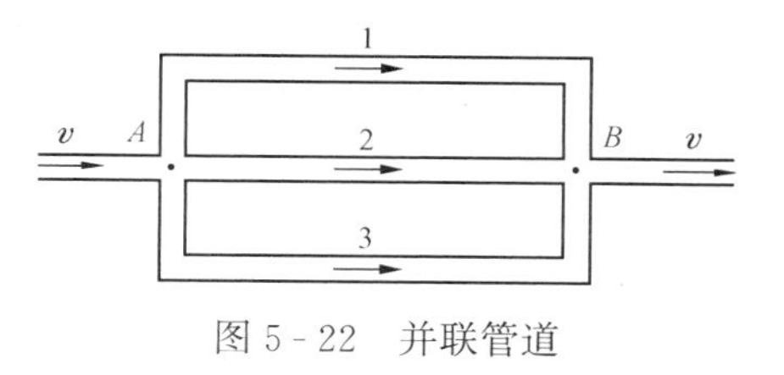

图 5-22　并联管道

$$l_e=\frac{\zeta}{\lambda}d \tag{5-47}$$

对于并联管道，在已知管道几何尺寸以及流体物性参数时，其水力计算问题也有两类：如图 5-22 所示，①当已知 A 点和 B 点的总势能 $z+p/(\rho g)$，求总流量 q_V；②已知总流量 q_V，求各分管道中的流量及能量损失。对于第一类计算问题，可按例 5-5 计算各分管道上的能量损失；按例 5-6 计算各分管道的流量，总流量便是各分管道上的流量之和。对于第二类计算问题，由于只知道并联管道上的总流量，管道的损失和各分管道的流量并不知道，计算可按下述步骤进行：

（1）根据已知的分管道几何尺寸假设通过分管道 i 的流量为 q'_{Vi}；

（2）由 q'_{Vi} 求出管 i 的损失 h_{fi}；

（3）由 h_{fi} 可求出其他分管道的流量；

（4）假设总流量 q_V 按 q'_{Vi} 的比例分配给各分管道，此时，各分管道的计算流量可表示为

$$q_{Vi}=\frac{q'_{Vi}}{\sum q'_{Vi}}q_V \tag{5-48}$$

其中 $i=1，2，3$。

（5）用计算流量 q_{Vi} 再去求 h_{fi}，若求得的各分管道的损失 h_{fi} 在允许的误差范围内，则 q_{Vi} 便是合理的流量分配，h_{fi} 就是并联管道的能量损失。若求得的各分管道的损失超过允许的误差，则应以 q_{Vi} 为新的假设流量，重复上述计算，直到符合规定的精度要求为止。上述计算方法适用于更多分管道的并联管道的有关计算。

【例 5-10】　在图 5-22 所示并联管道中，$l_1=900\text{m}$，$d_1=0.3\text{m}$，$\varepsilon_1=0.0003\text{m}$；$l_2=600\text{m}$，$d_2=0.2\text{m}$，$\varepsilon_2=0.00003\text{m}$；$l_3=1200\text{m}$，$d_3=0.4\text{m}$，$\varepsilon_3=0.000024\text{m}$；$\nu=1\times10^{-6}\text{m}^2/\text{s}$，$\rho=998\text{kg/m}^3$，$p_A=9.807\times10^5\text{Pa}$，$z_A=z_B=20\text{m}$，若总流量 $q_V=0.4\text{m}^3/\text{s}$。求每个分支管道的流量 q_{Vi} 和 B 点的压强 p_B。

解　由于管道很长，局部损失忽略不计。按式（5-42）、式（5-43）计算沿程损失系数。

对于管 1，试取 $q'_{V1}=0.1\text{m}^3/\text{s}$，则 $v'_1=1.415\text{m/s}$，$Re'_1=424413$。由于 $\varepsilon_1/d_1=0.001$，可算得 $\lambda'_1=0.02143$。

$$h'_{f1}=0.02143\times\frac{900}{0.3}\times\frac{1.415^2}{2\times9.807}=6.563\text{m}$$

对于管 2

$$\lambda'_2\times\frac{600}{0.2}\times\frac{v'^2_2}{2\times9.807}=6.563\text{m}$$

由于 $\varepsilon_2/d_2=0.00015$，试取 $\lambda'_2=0.016$，则 $v'_2=1.638\text{m/s}$，$Re'_2=327524<Re_{b2}=2.333\times10^7$，再试取 $\lambda''_2=0.01632$。则 $v''_2=1.621\text{m/s}$，$Re''_2=324279$，$\lambda'''_2=0.01634$，故有

$$q'_{V2}=\frac{\pi}{4}0.2^2\times1.621=0.0509\text{m}^3/\text{s}$$

对于管 3
$$\lambda'_3\times\frac{1200}{0.4}\times\frac{v'^2_3}{2\times9.807}=6.563\text{m}$$

由于 $\varepsilon_3/d_3=0.00006$，试取 $\lambda'_3=0.014$，则 $v'_3=1.75\text{m/s}$，$Re'_3=700276<Re_{b3}=2.333\times10^7$，$\lambda''_3=0.01384$。以 λ''_3 为试取值，则 $v''_3=1.76\text{m/s}$，$Re''_3=704346$，$\lambda'''_3=0.01383$，故有

$$q'_{V3}=\frac{\pi}{4}0.4^2\times1.76=0.2212\text{m}^3/\text{s}$$

$$\sum q'_V=0.1+0.0509+0.2212=0.3721\text{m}^3/\text{s}$$

流量的分配为
$$q_{V1}=\frac{0.1}{0.3721}\times0.4=0.1075\text{m}^3/\text{s}$$

$$q_{V2}=\frac{0.0509}{0.3721}\times0.4=0.0547\text{m}^3/\text{s}$$

$$q_{V3}=\frac{0.2212}{0.3721}\times0.4=0.2378\text{m}^3/\text{s}$$

校核 h_f　$v_1=1.521\text{m/s}$，$Re_1=456244$，$\lambda_1=0.02138$，$h_{f1}=7.565\text{m}$

$v_2=1.741\text{m/s}$，$Re_2=348231$，$\lambda_2=0.01622$，$h_{f2}=7.521\text{m}$

$v_3=1.892\text{m/s}$，$Re_3=756941$，$\lambda_3=0.01373$，$h_{f3}=7.517\text{m}$

h_{f1}、h_{f2} 和 h_{f3} 之间的最大误差不超过 1%，这在工程上是允许的。可取平均损失水头 $h_f=7.534\text{m}$ 作为计算的依据。由于

$$z_A+\frac{p_A}{\rho g}=z_B+\frac{p_B}{\rho g}+h_f$$

故
$$p_B=p_A-\rho g h_f=9.807\times10^5-998\times9.807\times7.534=9.070\times10^5\text{Pa}$$

三、分支管道

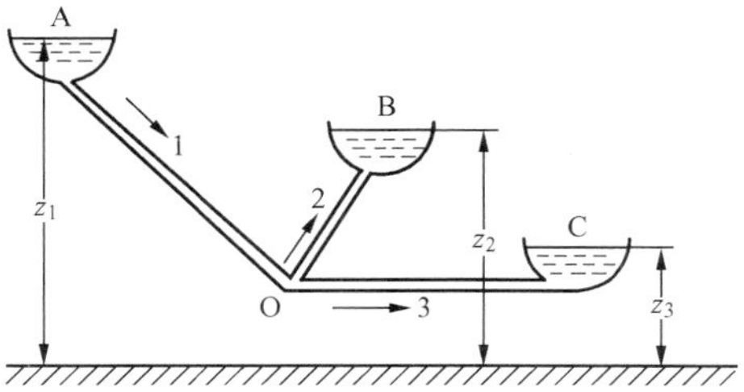

工程中将支流或者汇流的管道称为分支管道，如图 5-23 所示。一般情况下，管道的几何尺寸和流体的物性参数已知，给出各容器液面的高度时，便可求出各管道的流量，管路中的沿程损失仍按前述方法计算。管路系统应满足连续性方程，流入和流出管道汇合结点的流量必须相等，即 $\sum q_{Vi}=0$，q_{Vi} 为各分管道中的体积流量，流出结点为正，流入结点为负。

图 5-23　分支管道

在这类问题的计算中，可试选管道结点处静水头高度，按前述有关算例求出各分管道的流量 q_{Vi}。在结点上若它们满足连续方程 $\sum q_{Vi}=0$，则问题已经解决。若计算出的分管道流量偏大或者偏小，不满足连续性方程时，则应重新试取结点处的静水头高度，直至计算出的流量在允许的误差范围内满足连续性方程。如前所述，管路中的局部损失可换算成等值长

度，加到该管道长度上去。对于很长的管道系统，通常忽略局部损失。

【例 5-11】 如图 5-23 所示，三个水池 A、B、C 由 1、2、3 支管相联组成分支管路，三个水池的水头高度分别为 $z_1=25\text{m}$，$z_2=15\text{m}$，$z_3=5\text{m}$。三个支管的几何尺寸分别为 $d_1=0.5\text{m}$，$l_1=800\text{m}$，$\varepsilon_1/d_1=0.001$；$d_2=0.2\text{m}$，$l_2=300\text{m}$，$\varepsilon_2/d_2=0.002$；$d_3=0.3\text{m}$，$l_3=600\text{m}$，$\varepsilon_3/d_3=0.001$。水的运动黏度 $\nu=10^{-6}\text{m}^2/\text{s}$，试求三个支管中的流量和方向。

解 设三个支管交汇处 O 的测压管水头 $z_0+p_0/\rho g=21\text{m}$，忽略局部损失和速度水头，A、O 处的伯努利方程为

$$z_1-\left(z_0+\frac{p_0}{\rho g}\right)=\lambda_1\frac{l_1}{d_1}\frac{v_1^2}{2g}$$

将已知数据代入得

$$25-21=\lambda_1\frac{800}{0.5\times2\times9.806}v_1^2$$

整理有

$$0.04905=\lambda_1 v_1^2$$

对于管 1，利用莫迪图按简单管路求解：

设 $\lambda_1=0.02$，由上式计算得 $v_1=1.566\text{m/s}$，计算雷诺数

$$Re=\frac{v_1d_1}{\nu}=\frac{1.566\times0.5}{10^{-6}}=0.78\times10^6$$

按 $\varepsilon_1/d_1=0.001$ 由莫迪图查得的沿程损失系数为 0.02，试算正确。所以管 1 的流量为

$$q_{V1}=\frac{\pi}{4}d_1^2v_1=\frac{\pi}{4}\times0.5^2\times1.566=0.307\text{m/s}$$

同理可得

$$\lambda_2=0.0235,\ v_2=-1.827\text{m/s},\ q_{V2}=-0.057\text{m}^3/\text{s}$$

$$\lambda_3=0.0198,\ v_3=-2.816\text{m/s},\ q_{V3}=-0.199\text{m}^3/\text{s}$$

上述数据中负号表示流入结点，正号表示流出结点。此时，解出的净流量为

$$\sum q_V=q_{V1}+q_{V2}+q_{V3}=0.307-0.057-0.199=0.051\text{m}^3/\text{s}\neq0$$

上述结果表明，计算结果不满足连续性条件，应当重新试取结点 O 处的测压管水头再行计算，取 $z_0+p_0/\rho g=22\text{m}$，重复上述计算有

$$\lambda_1=0.02,\ v_1=1.356\text{m/s},\ q_{V1}=0.266\text{m}^3/\text{s}$$

$$\lambda_2=0.0235,\ v_2=-1.974\text{m/s},\ q_{V2}=-0.062\text{m}^3/\text{s}$$

$$\lambda_3=0.0198,\ v_3=-2.904\text{m/s},\ q_{V3}=-0.205\text{m}^3/\text{s}$$

$$\sum q_V=q_{V1}+q_{V2}+q_{V3}=0.266-0.062-0.205=0.001\text{m}^3/\text{s}\approx0$$

上述结果表明，试算结果正确。流动方向为：由池 A 向池 B、池 C 流动。

四、管网

由若干管段环路相连组成的管道系统称为管网，如图 5-24 所示。在给排水、通风等工程系统中被广泛采用。管网系统可自行分配各管段的流量，当某一管段出现故障时，可由其他管段补给，可大大提高系统可靠性。

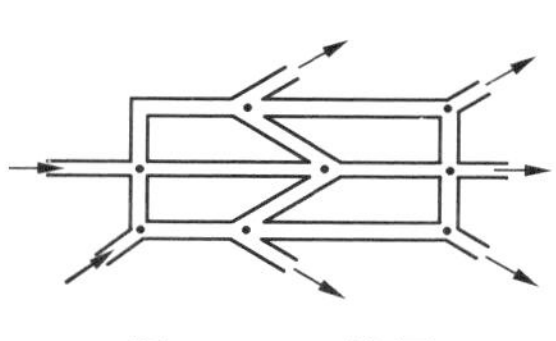

图 5-24　管网

管网的水力计算较为复杂，常采用试算法求解。常遵循以下原则：

（1）在每一个结点上，流入、流出的流量相等，流入为负、流出为正。即

$$\sum q_{Vi}=0$$

式中的 i 表示结点标号，下同。若管路中有 n 个结点，可列出 $n-1$ 个独立的连续性方程。

（2）在任一封闭的环路中，若设逆时针方向流动的损失为正，顺时针方向流动的损失为负，则能量损失的代数和等于零，即

$$\sum h_{fj}=\sum\left[\frac{\Delta p}{\rho g}\right]_i=0 \tag{5-49}$$

若管网中有 m 个环路，可列出 m 个独立方程。局部损失仍换算成等值长度后加到该管道长度上去。对于很长的管道系统，局部损失可以忽略不计。

在有 n 个结点，m 个环路的管网中可列出 $n+m-1$ 个独立方程，正好和该管网中的管段数相等，理论上可以联立求解各管段的流量，进而根据各管段的压强差和流量求解各结点的压强。在工程实际中要对一管网进行计算，关键是如何确定各管段的沿程损失系数。

工程实际中常用哈迪—克劳斯（Hardy－Cross）方法进行管网的水力学计算，简介如下：

对于环状管网的计算通常采用指数形式的经验阻力公式：

$$h_f=\frac{lKq_V^n}{d^m} \tag{5-50}$$

式中：d 和 l 分别为管子的直径和长度；K 为阻力系数，根据实验通常取 $n=1.852$；$m=4.87$。

阻力系数 K 由式（5-51）确定：

$$K=\frac{10.675}{C} \tag{5-51}$$

C 值取决于管子的粗糙度，见表 5-4。

表 5-4　　常用管子的 C 值

壁面材料状况	C	壁面材料状况	C
极光滑的石棉、水泥管	140	旧铸铁管	100
极光滑的新铸铁管、混凝土管	130	旧铆接钢管	95
木质管、新焊接钢管	120	状况恶劣的旧管	60～80
陶土管、新铆接钢管	110		

在实际计算中常将式（5-50）写成

$$h_f=rq_V^n \tag{5-52}$$

其中系数 r 也成为阻力系数，其表达式为

$$r=\frac{lK}{d^m} \tag{5-53}$$

管网中的每一管段 i，其阻力系数 r_i 为常数。

沿每一环路按式（5-52）建立阻力求和方程，对每一管段预选流量 q_{V0}，修正流量 Δq_V，修正后的流量为

$$q_V=q_{V0}+\Delta q_V$$

水头损失为　　$h_f=rq_V^n=r\ (q_{V0}+\Delta q_V)^n=r\ (q_{V0}^n+nq_{V0}^{n-1}\Delta q_V+\cdots)$

设 $|\Delta q_V|$ 与 q_{V0} 相比为小量，则上式右端括号中可取关于 Δq_V 的一阶近似式。此时，

沿环路的阻力求和式为

$$\sum h_{\mathrm{f}}=\sum rq_V\ |q_V|^{n-1}=\sum r(q_{V0}+\Delta q_V)\ |(q_{V0}+\Delta q_V)|^{n-1}$$
$$=\sum rq_{V0}\ |q_{V0}|^{n-1}+\Delta q_V\sum rn\ |q_{V0}|^{n-1}=0$$

利用上式求阻力的代数和时应考虑阻力的方向，上式经整理可得到预选流量与修正流量之间的关系，关系式为

$$\Delta q_V=-\frac{\sum rq_{V0}\ |q_{V0}|^{n-1}}{\sum rn\ |q_{V0}|^{n-1}} \tag{5-54}$$

利用哈迪—克劳斯方法求解管网问题的步骤如下：

(1) 根据各管段的材料和几何尺寸，依据式（5-53）确定各管段的阻力系数 r。

(2) 根据经验预估各管段的流量和方向，对应各结点应满足连续性方程。

(3) 沿假设的环路方向，按式（5-54）计算各环路的第一次修正流量 Δq_{Vj}^{1}，j 表示环路的标号，上标表示迭代的次数。

(4) 以修正后的流量为新的预选流量，重复上述计算，直至修正流量很小，达到精度要求为止。并应注意修正流量时各个环路之间的相互影响。

(5) 流量确定后，验证各结点是否满足连续性方程。

由上述可知，管网的水力计算比上述几类管道的计算复杂，需要反复迭代计算，因而宜用计算机求解。

【例 5-12】 一双环路管网如图 5-25 所示，已知 A 处入口流量为 100l/s，B、C、D 三处出口流量分别为 20l/s，30l/s，50l/s。设阻力公式中的流量指数 $n=2.0$，试求各管段的流量分布（流量精度 $|\Delta q_V|\leqslant 0.03$l/s）。

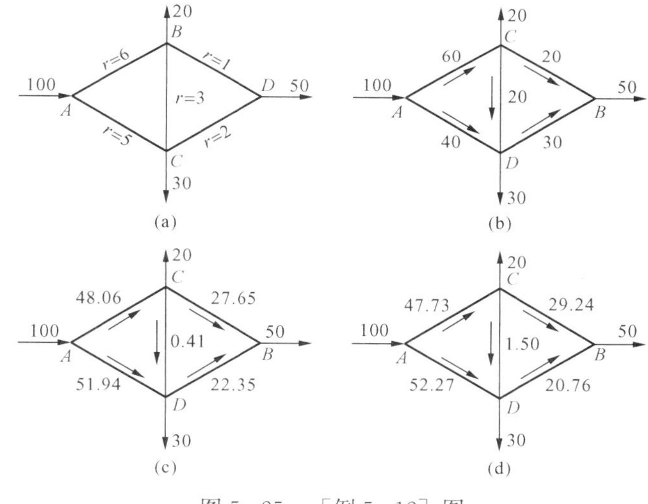

图 5-25 [例 5-12] 图

解 (1) 各管段的阻力系数 r 已知，已分别表示在图 5-25（a）中。

(2) 假设每一管段的流动方向和初始流量 q_{V0} 如图中的（b）所示。

(3) 标记左右两环路分别为 1 和 2。按式（5-54）分别沿顺时针方向计算第一次修正流量 Δq_{V1}^{1} 和 Δq_{V2}^{1}：

对于环路 1 $\quad \Delta q_{V1}^{1}=\dfrac{\sum rq_{V0}|q_{V0}|^{n-1}}{\sum rn|q_{V0}|^{n-1}}=\dfrac{6\times60^2+3\times20^2-5\times40^2}{6\times2\times60+3\times2\times20+5\times2\times40}=-11.94\quad \mathrm{l/s}$

对于环路 2

$$\Delta q_{V2}^{1}=\frac{\sum rq_{V0}|q_{V0}|^{n-1}}{\sum rn|q_{V0}|^{n-1}}=\frac{1\times20^2-2\times30^2-3\times(20-11.94)^2}{1\times2\times20+2\times2\times30+3\times2\times(20-11.94)}=7.65\quad \mathrm{l/s}$$

(4) 用上述数据对两环路流量进行修正，修正后各管段的流量如图中（c）所示。重复上述步骤，使修正流量直至达到所要求的精度。最后求得满足误差要求的两环路修正流量分

别为

$$\Delta q_{V1}=0.009 \quad \mathrm{l/s}, \qquad \Delta q_{V2}=0.029 \quad \mathrm{l/s}$$

（5）最后求得的各管段的流量如图中（d）所示。经验证，各结点流量均在误差范围内满足连续性条件。

第十节 孔口管嘴出流

在许多工程领域经常遇到流体经孔口管嘴的出流问题。如水利工程中的闸孔、汽油机上的化油器、柴油机喷油嘴的喷孔、管路中的孔板流量计的孔板、水力采煤的水枪、消防水龙头等都涉及孔口管嘴的出流问题。

孔口可根据孔径和壁厚的大小分为薄壁孔口和厚壁孔口。若 d 表示孔口直径，s 表示容器壁厚，当 $s/d<1/2$ 时，称为薄壁孔口，如图 5-26（a）所示；当 $2<s/d<4$ 时，称为厚壁孔口。外伸管嘴（一般 $s/d=3\sim4$）可作为厚壁孔口的特例考虑，如图 5-26（b）所示。液体出流的速度决定于孔口处的水头 H 和孔口的大小，孔口又可根据水头高度和孔径的大小区分为小孔口和大孔口。工程上通常当 $H>10d$ 时，由于孔口截面上各点的计示静水头差异很小，可忽略水头高度对出流截面流速的影响，称为小孔口；当 $H\leqslant10d$ 时，必须考虑上述影响，称为大孔口。

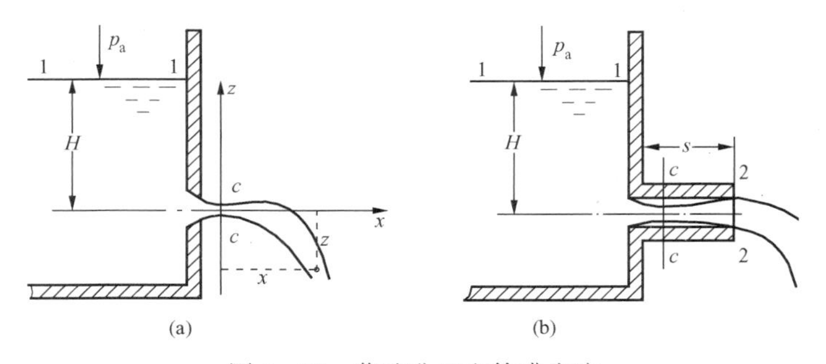

图 5-26 薄壁孔口和管嘴出流

在讨论液体的出流问题时，液体通过孔口直接流入大气的，称为自由出流，如图 5-26 所示；液体通过孔口流入液体空间的，称为淹没出流，如孔板流量计孔口的出流等。

本节主要讨论孔口和管嘴定常出流的基本概念、流动规律和由实验确定的出流系数。

一、孔口的定常出流

1. 薄壁小孔的定常出流

如图 5-26（a）所示，当流体流经薄壁孔口时，从孔口流出后形成流束最小的收缩断面 c—c，设其面积为 A_c，孔口的截面积为 A，二者之比称为孔口收缩系数，用 m 表示：

$$m=\frac{A_c}{A} \tag{5-55}$$

建立 1—1 和 c—c 截面的伯努利方程：

$$H+\frac{p_a}{\rho g}+\alpha_1\frac{v_1^2}{2g}=0+\frac{p_c}{\rho g}+\alpha_c\frac{v_c^2}{2g}+h_j$$

其中

$$h_j=\zeta_c\frac{v_c^2}{2g}$$

式中：ζ_c 为孔口的局部损失系数。

对于小孔口的出流，$p_c\approx p_a$，伯努利方程可简化为

$$H+\alpha_1\frac{v_1^2}{2g}=(\alpha_c+\zeta_c)\frac{v_c^2}{2g}$$

令 $H_1=H+\alpha_1\dfrac{v_1^2}{2g}$，代入上式得

$$v_c=\frac{1}{\sqrt{\alpha_c+\zeta_c}}\sqrt{2gH_1}=\varphi\sqrt{2gH_1} \tag{5-56}$$

式中 $\varphi=\dfrac{1}{\sqrt{\alpha_c+\zeta_c}}$，称为流速系数。

流经孔口的体积流量为

$$q_V=v_cA_c=mA\varphi\sqrt{2gH_1}=\mu A\sqrt{2gH_1} \tag{5-57}$$

式中 $\mu=m\varphi$，称为流量系数。如果水池很大，可忽略 1 - 1 截面的动水头，式（5 - 56）和式（5 - 57）中的 H_1 可用 H 取代。

表征孔口出流特性的主要是收缩系数 m、流速系数 φ 和流量系数 μ，而流速系数 φ 和流量系数 μ 则取决于收缩系数 m 和孔口处的局部损失系数 ζ_c。实验表明，当孔口出流的雷诺数较小时，收缩系数 m、流速系数 φ 和流量系数 μ 和雷诺数有关，当 $Re\geqslant10^5$ 时，可忽略雷诺数的影响。在工程实际中，由于孔口出流的雷诺数都很大，因此，可以认为上述系数主要和边界条件有关。

在边界条件中，孔口形状、孔口在壁面上的位置和孔口的边缘情况，是影响流量系数 μ 的主要因素。实验表明，不同形状薄壁小孔的流量系数差别不大，而小孔在壁面上的位置对收缩系数 m 影响较大，进而影响流量系数 μ。

如图 5 - 27 所示，孔口 1 各边离侧壁的距离均大于孔口边长的 3 倍以上，侧壁对流束的收缩没有影响，称之为完善收缩。当 $Re\geqslant10^5$ 时，由实验测得 $m=0.62\sim0.63$（较小的孔口取较大的值），$\varphi=0.97\sim0.98$，$\mu=0.60\sim0.62$。图中的孔口 2，其右边距侧壁的距离小于孔口边长的 3 倍，流束的收缩受到侧壁的影响而减弱，称之为非完善收缩。对应的流量系数将比完善收缩的大。其收缩系数可按式（5 - 58）估算：

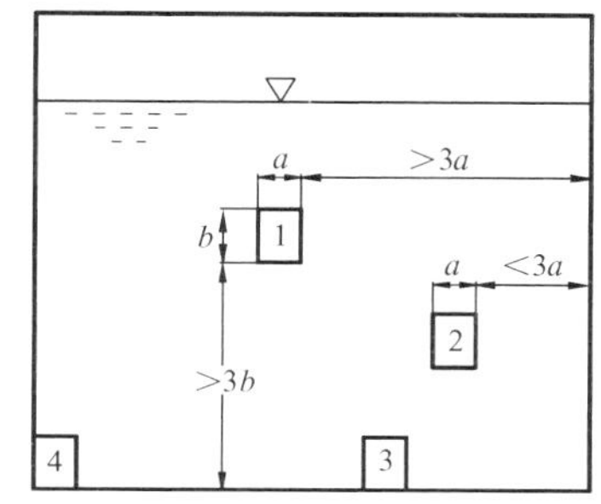

图 5 - 27　孔口位置对出流的影响

$$m=0.63+0.37\left(\frac{A}{A'}\right)^2 \tag{5-58}$$

式中：A' 为孔口所在壁面的湿润面积。

图中的孔口 3、4，其周界沿侧壁的部分无收缩，称为部分收缩，收缩系数可按式（5 - 59）估算，即

$$m=0.63(1+kL/\chi) \tag{5-59}$$

式中：L 为无收缩周界的长度；χ 为孔口的周长；k 为孔口的形状系数（圆孔口 $k=0.13$）。

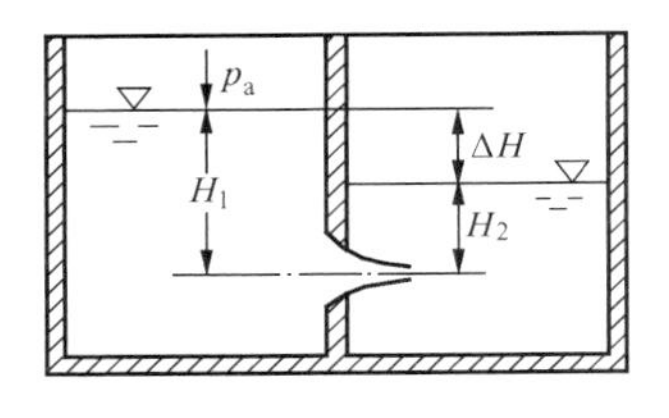

图 5-28 薄壁孔口淹没出流

如图 5-28 所示，液体在上下游的水位差作用下，经孔口由左侧流入右侧，该出流形式称为淹没式出流，其流速、流量的计算公式仍为式（5-56）和式（5-57），而且流速系数 φ 和流量系数 μ 的数值也和上述一致，只是将公式中的 H_1 换为图 5-28 中的水位差 ΔH 即可。

2. 薄壁大孔的定常出流

如前所述，当 $d/H \geqslant 0.1$ 时，孔口各点的作用水头出现差异，不宜再采用小孔的公式进行有关计算。可采用近似方法处理，即把大孔分成若干个小孔进行计算，然后将各个小孔的流量加起来作为大孔出流流量。工程上对大孔出流流量进行估算时，常用式（5-57）作近似处理，式中的 H_1 为大孔中心的水头。由于大孔出流多为不完善收缩，其流量系数较小孔大。水利工程中的闸孔出流为大孔出流，流量系数可由表 5-5 查取。

表 5-5　　大孔口的流量系数

边界条件	流量系数 μ	边界条件	流量系数 μ
全部不完全收缩	0.70	底部无收缩，侧向收缩较小	0.70～0.75
底部无收缩，侧向收缩较大	0.65～0.70	底部无收缩，侧向收缩极小	0.80～0.85

孔板流量计常用于热能动力工程领域，如电厂、热动力厂、煤气厂等测量给水和蒸汽、气体流量时多采用孔板流量计。孔板由不锈钢制成，孔板的圆孔与管道同心。经孔板的流动属于薄壁大孔口淹没出流。

图 5-29 所示为流体流经孔板的情况，流束经过孔板后出现流束的最小截面 $c—c$。若孔板前后的压强差为 $\Delta p = p_1 - p_2$，此时，只需将式（5-56）和式（5-57）中的 gH_1 换成 $\Delta p/\rho$，就可得到计算孔板流速和流量的公式（其推演过程读者可自行完成）。

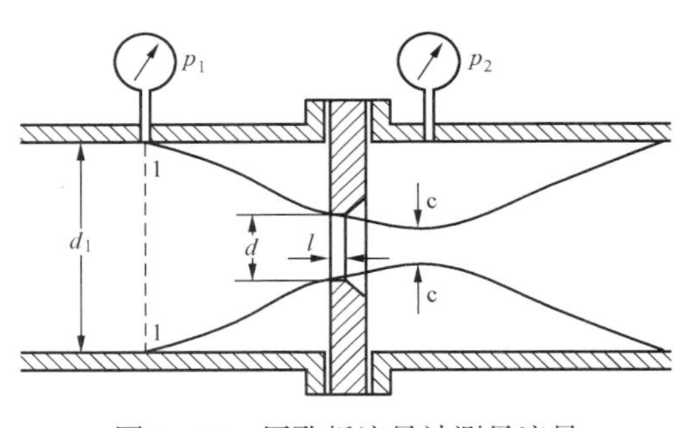

图 5-29 用孔板流量计测量流量

$$v_c = \varphi\sqrt{2\frac{\Delta p}{\rho}} \qquad (5-60)$$

$$q_V = \mu A\sqrt{2\frac{\Delta p}{\rho}} \qquad (5-61)$$

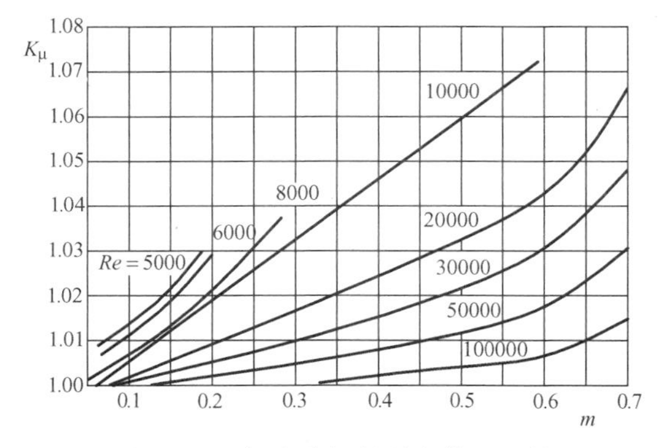

图 5-30 标准孔板的黏度修正系数

孔板的流量系数 μ 是收缩系数 m 和雷诺数 Re（$=v_1 d_1/\nu$，其中 d_1 为安装孔板的管径，v_1 为管内的平均流速）的函数，由实验求出。表 5-6 给出了标准孔板的流量系数 μ，表中 Re_l 为极限雷诺数。实验表明，对于给定的 m 值，μ 随 Re 的增大而减小，当 $Re \geqslant Re_l$ 时，μ 不再随 Re 变化，而等于常数。表中所列均为这些常数值。如果管流的 $Re < Re_l$，则查得的 μ 应乘以黏度修正系数 K_μ，K_μ 可按实际工况计算的 Re 和 m 从图 5-30 中查得。非表内所列管径或 m 值的 μ，

可按内插法推算。

表 5-6　　标准孔板的流量系数

m	管　径　d_1（mm）				Re_l
	50	100	200	≥300	
0.05	0.6128	0.6092	0.6043	0.6010	2.3×10^4
0.10	0.6162	0.6117	0.6069	0.6034	3.0×10^4
0.15	0.6220	0.6171	0.6119	0.6086	4.5×10^4
0.20	0.6293	0.6238	0.6183	0.6150	5.7×10^4
0.25	0.6387	0.6327	0.6269	0.6240	7.5×10^4
0.30	0.6492	0.6428	0.6368	0.6340	9.3×10^4
0.35	0.6607	0.6541	0.6479	0.6450	11.0×10^4
0.40	0.6764	0.6695	0.6631	0.6600	13.0×10^4
0.45	0.6934	0.6859	0.6794	0.6760	16.0×10^4
0.50	0.7134	0.7056	0.6987	0.6950	18.5×10^4
0.55	0.7355	0.7272	0.7201	0.7160	21.0×10^4
0.60	0.7610	0.7523	0.7447	0.7400	24.0×10^4
0.65	0.7909	0.7815	0.7733	0.7680	27.0×10^4
0.70	0.8270	0.8870	0.8079	0.8020	30.0×10^4

二、外伸管嘴（厚壁孔口）定常出流

如图 5-26（b）所示，管嘴的出流呈现以下特点，流体进入管嘴后，流束先收缩后扩张，在 c—c 处出现最小截面，在流束的最小截面上，主流流束和管壁分离出现旋涡，在流束的最小截面之后又逐渐扩大，在出口处流体充满整个截面。以管嘴的轴线为基准建立 1—1 面和 2—2 的伯努利方程：

$$H+\frac{p_a}{\rho g}+\alpha_1\frac{v_1^2}{2g}=0+\frac{p_a}{\rho g}+\alpha\frac{v^2}{2g}+h_j$$

式中：$h_j=\zeta_n\dfrac{v^2}{2g}$，为管嘴的局部损失；$\zeta_n$ 为孔口的局部损失系数。

整理得

$$H+\alpha_1\frac{v_1^2}{2g}=(\alpha+\zeta_n)\frac{v^2}{2g}$$

令 $H_1=H+\alpha_1\dfrac{v_1^2}{2g}$，代入上式得

$$v=\frac{1}{\sqrt{\alpha+\zeta_n}}\sqrt{2gH_1}=\varphi_n\sqrt{2gH_1} \tag{5-62}$$

式中 $\varphi_n=\dfrac{1}{\sqrt{\alpha+\zeta_n}}$，为管嘴的流速系数。

流经孔口的体积流量为

$$q_V = vA = A\varphi_n\sqrt{2gH_1} = \mu_n A\sqrt{2gH_1} \tag{5-63}$$

式中 $\mu_n=\varphi_n$，为管嘴的流量系数。

由表 5-3 可知，管嘴的局部损失系数可取 0.5，若 α 取 1，则 $\mu_n=\varphi_n=1/\sqrt{\alpha+\zeta_n}=0.82$。比较式（5-57）和式（5-63），公式的形式完全相同，只是流量系数不同，完善收缩的小孔的流量系数 $\mu=0.60\sim0.62$，而管嘴的流量系数 $\mu_n=0.82$，二者相差较大。由此可看出，同样水头、同样直径的小孔和管嘴，管嘴的出流量要比小孔大得多。这是由于外伸管嘴在其出流过程中，出现流束的收缩截面，收缩截面存在真空，形成抽吸作用，而使流量增大。对于 $c—c$ 面的真空可分析如下：

如图 5-26（b）所示，以管嘴的轴线为基准，建立 $c—c$ 面和 2—2 面的伯努利方程：

$$\frac{p_c}{\rho g}+\alpha_c\frac{v_c^2}{2g}=\frac{p_a}{\rho g}+\alpha\frac{v^2}{2g}+h_{j1-2}$$

在忽略沿程损失的情况下，根据管道突然扩大的局部损失计算公式

$$h_{j1-2}=\left(\frac{A}{A_c}-1\right)^2\frac{v^2}{2g}=\left(\frac{1}{m}-1\right)^2\frac{v^2}{2g}$$

则 $c—c$ 处的真空可表示为

$$\frac{p_a-p_c}{\rho g}=\frac{\alpha_c v_c^2}{2g}-\frac{\alpha v^2}{2g}-\left(\frac{1}{m}-1\right)^2\frac{v^2}{2g} \tag{5-64}$$

根据连续性方程　　$v_c=\dfrac{A}{A_c}v=\dfrac{A}{mA}v=\dfrac{v}{m}$

将式（5-62）及上式代入式（5-64）得

$$\frac{p_a-p_c}{\rho g}=\left[\frac{\alpha_c}{m^2}-\alpha-\left(\frac{1}{m}-1\right)^2\right]\varphi_n^2 H_1$$

由前述取 $m=0.64$，$\varphi_n=0.82$，$\alpha=\alpha_c=1$，求得管嘴流束最小截面上的真空为

$$\frac{p_V}{\rho g}=\frac{p_a-p_c}{\rho g}\approx 0.75H_1 \tag{5-65}$$

式（5-65）表明，管嘴最小流束截面上的真空可达作用水头高度的 0.75 倍，相当于增加了 75%的作用水头高度。

根据上述讨论，要想保持管嘴的正常流动，必须保持管嘴内的真空，要做到这一点，首先管嘴长度不能太短，若太短将使流束未及充分扩展便流出管外，大气将在流束与管壁间流入管内，破坏真空；其次是流束缩颈处的压强 p_c 不能低于液体在其温度下的饱和压强 p_s，否则，在缩颈附近的旋涡区将出现气穴，产生大量气泡，破坏管嘴内的真空，进而破坏管嘴内的正常流动。根据 $p_c>p_s$ 的条件，由式（5-65）可得保持管嘴内真空的条件为

$$\rho g H_1 < 1.33\ (p_a-p_s) \tag{5-66}$$

即

$$H_1 < 1.33\frac{p_a-p_s}{\rho g} \tag{5-66a}$$

实际工程中根据使用目的和要求的不同，采用不同形式的管嘴。它们的流速和流量的计算公式形式上都是相同的，只是它们的出流系数数值有所不同，出流系数的实验值见表 5-7。

表 5-7　管嘴的出流系数

名　　称	损失系数 ζ	收缩系数 m	流速系数 φ	流量系数 μ
外伸管嘴（厚壁孔口）	0.50	1.00	0.82	0.82
内伸管嘴	1.00	1.00	0.71	0.71
收缩管嘴（$\theta=13°\sim14°$）	0.09	0.98	0.96	0.95
扩张管嘴（$\theta=5°\sim7°$）	4.00	1.00	0.45	0.45
流线型管嘴	0.04	1.00	0.98	0.98

三、孔口管嘴的非定常出流

前面叙述了恒定水头时孔口和管嘴的定常出流问题，在工程实际中还常遇到薄壁孔口非定常出流问题，像盛有液体容器的放空或充满，由于在出流过程中液位在不断的变化，形成变水头作用下的孔口出流问题。这些都属于孔口的非定常出流问题。常遇到的情况是孔口的截面积远小于容器的截面积，液位的升降缓慢，惯性力可以忽略不计，而且在 dt 微元时段内，可以认为水头不变，可按准定常流来处理。图 5-31 所示为变截面容器，横截面面积 A_1 是 z 的函数；容器底部开有薄壁孔口，面积为 A。

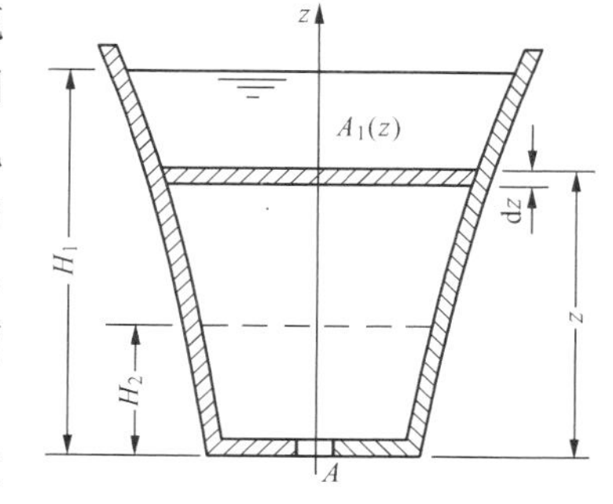

图 5-31　孔口非定常出流

下面具体讨论出流的时间问题。若某瞬时容器内的液位为 z，此时孔口出流流量 $q_V=\mu A\sqrt{2gz}$，若 dt 时间内液位下降了 dz，因为出流的液体体积等于容器中液体下降的体积，所以有

$$\mu A\sqrt{2gz}\,dt=-A_1(z)\,dz$$

上式中的负号是因为 dt 为正时，dz 取负值。分离变量积分上式，可以求出液位由 H_1 降至 H_2 所需的时间。

$$t=\int_0^t dt=\frac{1}{\mu A\sqrt{2g}}\int_{H_1}^{H_2}-\frac{A_1(z)}{\sqrt{z}}dz \tag{5-67}$$

若容器为等截面容器，此时 $A_1(z)=A_1$，积分式（5-67）得

$$t=\frac{2A_1}{\mu A\sqrt{2g}}(\sqrt{H_1}-\sqrt{H_2}) \tag{5-68}$$

若将容器内的液体放空，在终了时刻 $H_2=0$，$H_1=H$，则得液深为 H 的等截面容器的放空时间为

$$t=\frac{2A_1}{\mu A\sqrt{2g}}\sqrt{H}=\frac{2A_1H}{\mu A\sqrt{2gH}}=\frac{2V}{q_{V,\max}} \tag{5-69}$$

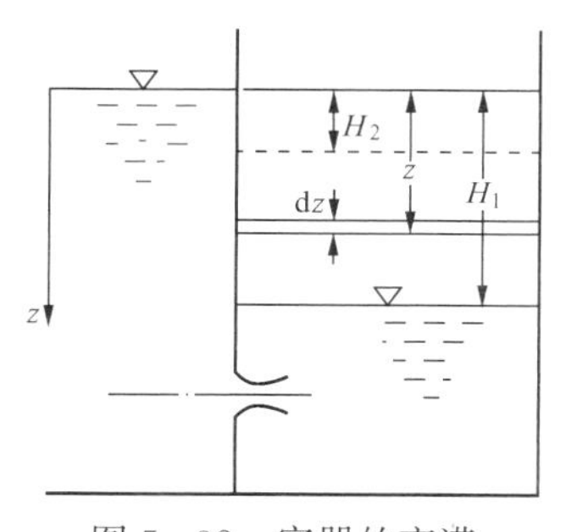

图 5-32　容器的充满

式中：$A_1H=V$ 为等截面液柱的体积；$q_{V,\max}$ 为水头 H 作用下的初始出流流量。

可见，等截面容器的放空时间，等于在恒定初始水头作用下放出同样体积液体所需时间的二倍。若容器壁上不是薄壁孔口，而是其他类型的管嘴或短管，上述各式仍然适用，只是流量系数不同而已。

如图 5-32 所示，液体通过管嘴由左侧流向右侧的容器，

使右侧容器逐渐充满，则在采用图中所示的参考坐标系时，式（5-69）仍然适用。

第十一节　水击现象

水击是工业管道中常遇到的现象。当管道中的阀门突然关闭时，以一定压强流动着的水由于受阻流速突然降低，压强突然升高。突然升高的压强迅速地向上游传播，并在一定条件下反射回来，产生往复波动而引起管道振动，甚至形成轰轰的振动声，这便是管中的水击现象。各种泵运行过程中，当由于某些意外的原因突然停止运转，流速突然变化，在管道中也会出现水击现象。水击引起的压强波动值很高，可达管道正常工作压强的几十倍甚至几百倍，严重影响管道系统的正常流动和水泵的正常运转，压强很高的水击还可能造成管道和管件破裂。

认识水击现象的规律，合理的采取防范措施，可以避免水击现象的发生或者减轻水击造成的危害。例如在管道上安装安全阀、调压塔或者缓慢关闭阀门等。水击也有可以利用的一面，如水锤泵（水锤扬水机）便是利用水击能量泵水的一例。

一、水击过程

为了便于分析水击过程，考虑图5-33所示的管路系统。一排水管和水池相连，水管的长度为 l，直径为 d，截面积为 A。设管道内水的正常流速为 v，压强为 p。忽略摩擦损失，考虑水的可压缩性和管道的变形。

（1）如图中（a）所示，当 $t=0$ 时，水管末端的闸阀突然关闭，靠近阀门上游的一层流体的流速突变为零，该层流体受后面流来的未变流速的流体的压缩，压强升高 p_h，称为水击压强，静水头便由高度 H 突变为 $H+h$（$h=p_h/\rho g$）；管道受压变形，截面积增量为 δA。这种压缩一层一层地向上游传播，形成压缩波（压强波的一种），记压缩波的传播速度为 c。

（2）当 $t=l/c$ 时，压缩波达到管道入口，整个管道内流体处于静止状态，此时管道内的压强为 $p+p_h$，流体的动能转变为流体势能和管道变形的弹性能。

管道内流体的压强为 $p+p_h$，而管道入口以外的压强为 p，流体在这一压强差的作用下以 v 的速度向池内倒流。使管内流体的压强降低到 p，被压缩的流体得到膨胀，管道也恢复到原来的状态。流体在管内形成膨胀波，并一层一层地向下游传播，其传播的速度也是 c，如图5-33（b）所示。

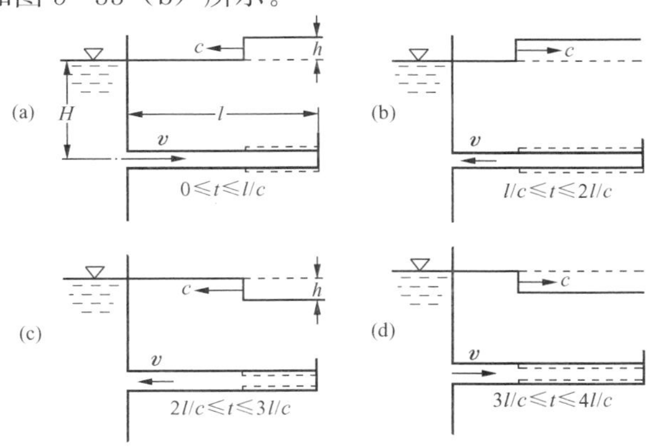

图5-33　阀门突然关闭时水击现象的全过程

（3）当 $t=2l/c$ 时，膨胀波传播到阀门端，压强恢复正常。这时整个管道内的流体以 v 的速度往池内倒流。由于惯性作用流体继续倒流，必然引起阀门左面的压强进一步降低，直至靠近阀门的一层流体停止倒流，压强降低到 $p-p_h$。低压使流体膨胀，管道收缩。该膨胀波也是一层一层地以速度 c 向管道入口传播，膨胀波所到之处倒流停止，如图5-33（c）所示。

（4）当 $t=3l/c$ 时，膨胀波传播到管道入口，整个管道内再次处于静止状态，而压强为 $p-p_h$。由于管道内的流体压强为 $p-p_h$，而管道入口以外流体的压强为 p，在这一压强差的作用下流体便从入口端开始以 v 的速度再次流向管内，同时压强又上升到 p，膨胀状态的流体得到压缩，压缩波以速度 c 向阀门端传播，如图 5-33（d）所示。当 $t=4l/c$ 时，传播到阀门，整个管道内流体的流动状态以及管壁又恢复到阀门关闭前的状态，完成一个循环。

由于流体的惯性作用流体依然向管内流动，但阀门关闭流动被阻止，压强和流速的变化又开始重复阀门突然关闭时的状态，使水击进入下一循环过程。

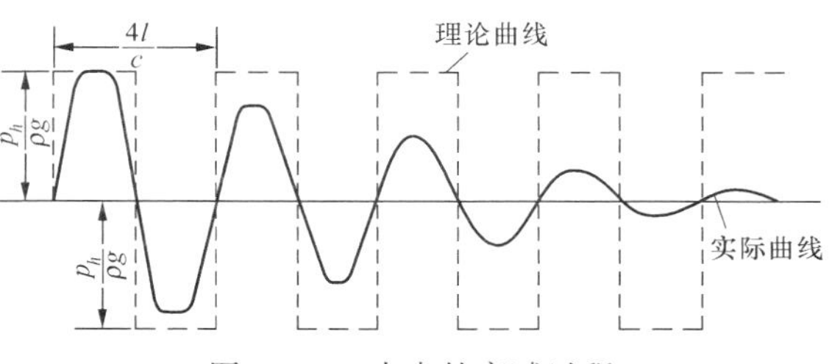

图 5-34　水击的衰减过程

如图 5-34 中的虚线所示，在水击过程中如果没有能量损失，水击将在 $4l/c$ 秒内重复一次全过程，并且这样不停地重复下去。但实际上由于流体的压缩、膨胀变形要消耗能量，管壁的变形也要产生能量消耗，水击压强将不断地衰减，直至在一段时间后消失，其过程如图 5-34 中实线所示。

二、水击压强

了解水击压强的计算，对预防和减轻水击的危害至关重要。如图 5-35 所示，当阀门突然关闭，紧靠阀门的流体首先受到压缩，形成的压缩波以 c 的速度向管道入口传递，经过 dt 的时间后，压缩波向左传播 cdt 的距离，现以 cdt 长度的管段空间为控制体进行分析。在该管段中，原来以速度 v 向右流动的流体的流速变为零；原来为 p 的压强升高到 $p+p_h$，管道的截面积则由 A 扩大到 $A+dA$。作用在该管段内流体上诸力沿管轴的合力为

$$-(p+p_h)A+pA=-p_hA$$

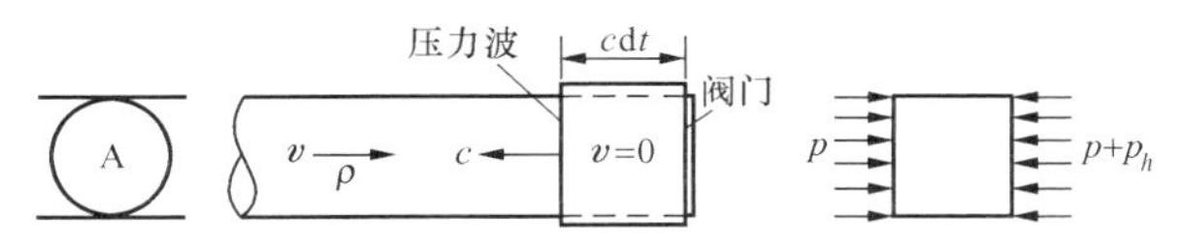

图 5-35　压强波传递

可以认为新增环面上的力是相互平衡的。该管段内流体的质量应等于该管段内原有流体的质量加上上游补充进来的流体质量，即

$$\rho c\,dtA+\rho v\,dtA=\rho A(c+v)dt$$

式中：ρ 为正常流动时流体的密度。

根据动量方程有

$$-p_hA=\rho A(c+v)dt(0-v)/dt=-\rho A(c+v)v$$

即

$$p_h=\rho(c+v)v \tag{5-70}$$

由于 $v\ll c$，故上式简化为

$$p_h=\rho cv \tag{5-70a}$$

若假定压缩波在水管中的传播速度 $c\approx1000\text{m/s}$，管内水的流速 $v=1\text{m/s}$，当阀门突然关闭时，水击压强 $p_h\approx10^6\text{Pa}$，约为大气压强的 10 倍。另外，由式（5-70a）水流正常流动的速度和水击压强成正比，因此，对于高速水流管道中水击，其危害性是相当大的。

在上述讨论中，假设阀门是突然关闭的，但实际关闭阀门时，要经历一个时间过程。若

关闭时间 $t_z<2l/c$，即反射的膨胀波从管道入口返回到阀门之前阀门就已关闭，这时阀门处的压强和阀门突然关闭时的压强相同，称这种水击为直接水击。

阀门关闭的时间 $t_z>2l/c$，即反射的膨胀波到达阀门时阀门还没完全关闭，阀门处的压强将达不到阀门突然关闭时的最大水击压强。这种水击称为间接水击。阀门关闭时间 t_z 比 $2l/c$ 大得越多，阀门处的间接水击压强越低。间接水击的压强常用式（5-71）进行计算：

$$p_h=\rho cv\frac{2l/c}{t_z}=\rho v\frac{2l}{t_z} \tag{5-71}$$

三、水击波的传播速度

无论膨胀波还是压缩波都以声速传播，其传播速度为

$$c=c_0=(K/\rho)^{1/2} \tag{5-72}$$

式中：K 为流体介质的弹性模量。

这是牛顿关于压强波在无界流体中的传播速度。例如在无界的水中压强波的传播速度近似地等于

$$c_0=(2\times10^9/998)^{1/2}\approx1420\text{m/s}$$

对于在管道中传播的水击压强波，由于管内压强变化幅度很大，管壁产生较大的弹性变形，将对压强波的传播速度产生影响，需要对水的体积弹性模量进行修正，用 K'表示修正后的弹性模量，其计算式为

$$K'=\frac{K}{1+Kd/Es} \tag{5-73}$$

式中：d 和 s 分别为管道内径和壁厚；E 为管材的弹性模量。

用 K'替代式（5-72）中的 K，即得到水击波在管道中的传播速度计算式为

$$c=\left[\frac{K/\rho}{1+Kd/(Es)}\right]^{1/2}=\frac{c_0}{[1+Kd/(Es)]^{1/2}} \tag{5-74}$$

由式（5-74）知，若管壁绝对刚硬（无弹性），$E\to\infty$，压强波的传播速度和无界水中的传播速度相同。当考虑管壁的变形时，压强波的传播速度慢了 $[1+Kd/(Es)]^{-1/2}$ 倍。

第十二节　空化和空蚀简介

一、空化

在工程实际中，在管道和其他流体机械中，常有负压效应，如离心水泵的进水口、虹吸管的最高管段和外伸管嘴流束的缩颈处，都会形成一定的真空。而且随着流速的增高，压强将进一步降低。当压强降低到相应温度下饱和蒸汽压强以下时，将出现空化现象。

水在一个大气压的环境下，温度达到 100℃时沸腾，一部分水由液态转化为汽态，形成气泡浮出水面。在 20℃时，如果将水的压强降低到饱和蒸汽压强 2.3kPa 以下时，也会产生沸腾，为了和 100℃时的沸腾加以区分，通常称这种现象为空化。此时，水中的气泡称为空穴或者空泡。

二、空化系数

流体力学中描述空化现象的特征参数为无量纲的空化系数 σ（或称为空泡系数），其定义式为

$$\sigma=\frac{p-p_s}{\rho v^2/2} \tag{5-75}$$

式中：p 为液流的绝对压强；ρ 为密度；v 为截面平均流速；p_s 为液体在其温度下的饱和压强。

由上式可知，σ 越大，越不容易产生空化；其数值越小，越容易产生空化。当 σ 减小到某一数值 σ_i 时，开始出现空化，便称 σ_i 为初生空化系数（也称临界空化系数）。初生空化系数的大小与液体的种类、液体中溶解气体的多少和液体的温度等因素有关，由实验确定。

实验表明空化的初生与液体中存在的气核有关。所谓的气核是液体中含有气体的小水泡，直径在 10^{-5}～10^{-3}cm，肉眼难以观察到。这些气核遇到初生空化条件时将产生膨胀，形成空穴。这样的气核往往存在于粗糙的固体壁面或者边界表面的缝隙中。已经证明，气核在水中的密度相当大，在 1cm^3 的水中包含的颗粒（固体和气体）就有十万个。气核的多少和分布情况与许多因素有关，如液体的种类、含有的杂质情况、含气量、壁面的材料和粗糙度等等。此外，空化的初生还与水的流动情况有关，如边界层分离、自由旋涡的分布等。

三、空蚀

空化现象发生后将产生一些后续效应，如螺旋桨叶梢产生的大量气泡使螺旋桨的推进效率降低，产生宽频噪声，称为空化噪声；空化产生的压强脉动使叶轮机械的桨叶、船体发生振动；最为严重的是空泡溃灭时造成材料表面剥蚀的空蚀现象。

当流场中的压强出现高低压周期性变化时或者低压区的空泡进入高压区时，在高压区将产生空泡溃灭。空泡溃灭时将产生两方面的作用，首先是空泡溃灭时产生微射流，这种微射流象锤击一般连续打击壁面，造成直接损伤；另外，空泡溃灭时产生冲击波对壁面形成冲击，无数溃灭的空泡产生的冲击波连续冲击壁面，造成壁面的疲劳损坏。这两种作用对壁面造成的破坏称为空蚀。有人曾经估算，微射流的直径仅 3μm，射流对壁面冲击压强可达 800MPa，冲击频率近千赫兹。其对壁面的破坏作用相当强，空蚀的初期，固体壁面变得粗糙，继续发展则出现海绵状的蜂窝结构，最后表面出现脱落现象。

空蚀现象常见于水利工程中的大坝、消能池、高速涵洞、大流量水管的窄狭部分和阀门壳体等，水下高速兵器、液体火箭以及电站工程中也常出现空蚀现象。空化现象对工程设备的安全运行十分有害。随着设备的大型化和高速化，这种影响日益严重。有关方面已投入大量的人力和物力进行研究探索，寻求对策。

思考题

5-1　黏性流体总流的伯努利方程和理想流体微元流束的伯努利方程有何不同？应用条件是什么？

5-2　什么是层流？什么是紊流？如何判断？

5-3　试从流动特征、速度分布、切应力分布以及水头损失等方面来比较圆管中的层流和紊流特性。

5-4　输水管道的流量一定时，随着管径增加，雷诺数是增加还是减少？

5-5　沿程阻力损失和局部阻力损失如何计算？

5-6　何谓普朗特混合长理论？根据这一理论紊流中的切应力如何计算？

5-7 什么叫水力光滑管和水力粗糙管？与哪些因素有关？

5-8 按照尼古拉兹实验曲线习惯将流动分成几个区域？各区域有什么特点？如何判别？沿程阻力系数如何确定？

5-9 如何使用莫迪图求圆管内流动的沿程阻力系数？

5-10 串联管路与分支管路的异同是什么？

5-11 管道系统是如何分类的？管道水力计算的任务是什么？

5-12 为什么说要尽量避免发生直接水击？怎样减小水击压强？

5-13 水击现象的本质是什么？

5-14 什么是空化？什么是空蚀？

习题

5-1 用管径 $d=200$mm 的圆管输送石油，质量流量 $q_m=90000$kg/h，密度 $\rho=900$kg/m^3，石油冬季时的运动黏度为 $\nu_1=6\times10^{-4}$m^2/s；在夏季时，$\nu_2=4\times10^{-5}$m^2/s，试求冬、夏季石油流动的流态。 [冬：层流；夏：紊流]

5-2 在半径为 r_0 的管道中，流体做层流流动，流速恰好等于管内平均流速的地方的半径 r 多大？ [$0.707r_0$]

5-3 用直径为 30cm 的水平管道作水的沿程损失实验，在相距 120m 的两点用水银差压计（上面为水）测得的水银柱高度差为 33cm，已知流量为 0.23m^3/s，问沿程损失系数等于多少？ [0.0193]

5-4 喷水泉的喷管为一截头圆锥体，其长度 $L=0.5$m，两端的直径 $d_1=40$mm，$d_2=20$mm，竖直装置。若把计示压强 $p_{e1}=9.807\times10^4$Pa 的水引入喷管，而喷管的能量损失 $h_w=1.6$m（水柱）。如不计空气阻力，试求喷出的流量 q_V 和射流的上升高度 H。

[0.004m^3/s；8.44m]

5-5 输油管的直径 $d=150$mm，长 $L=5000$m，出口端比进口端高 $h=10$m，输送油的质量流量 $q_m=15489$kg/h，油的密度 $\rho=859.4$kg/m^3，进口端的油压 $p_{ei}=49\times10^4$Pa，沿程损失系数 $\lambda=0.03$，求出口端的油压 p_{eo}。 [3.712×10^5Pa]

5-6 水管直径 $d=250$mm，长度 $L=300$m，绝对粗糙度 $\varepsilon=0.25$mm，已知流量 $q_V=0.095$m^3/s，运动黏度 $\nu=0.000001$m^2/s，求沿程损失为多少水柱？ [4.582m 水柱]

5-7 发动机润滑油的流量 $q_V=0.4$cm^3/s，油从压力油箱经一输油管供给（如图 5-36），输油管的直径 $d=6$mm，长度 $L=5$m。油的密度 $\rho=820$kg/m^3，运动黏度 $\nu=0.000015$m^2/s。设输油管终端压强等于大气压强，求压力油箱所需的位置高度 h。 [0.09621m]

5-8 15℃的空气流过直径 $d=1.25$m、长度 $L=200$m、绝对粗糙度 $\varepsilon=1$mm 的管道，已知沿程损失 $h_f=8$cm（水柱），试求空气的流量 q_V。 [25.24m^3/s]

5-9 内径为 6mm 的细管，连接封闭容器 A 及开口容器 B，如图 5-37 所示，容器中有液体，其密度为 $\rho=997$kg/m^3，动力黏度 $\mu=0.0008$Pa·s，容器 A 上部空气计示压强为 $p_A=34.5$kPa。不计进口及弯头损失。试问液体流向及流量 q_V。

[A→B；7.685×10^{-6}m^3/s]

5-10　一直径 $d=12\text{mm}$、长度 $L=15\text{m}$ 的低碳钢管，用来排出油箱中的油。已知油面比管道出口高出 $H=2\text{m}$，油的黏度 $\mu=0.01\text{Pa}\cdot\text{s}$，密度 $\rho=815.8\text{kg/m}^3$，求油的流量 q_V。

[$5.429\times10^{-5}\text{m}^3/\text{s}$]

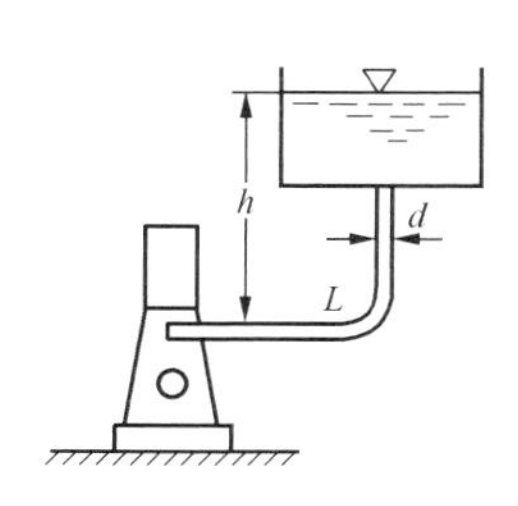

图 5-36　习题 5-7 用图

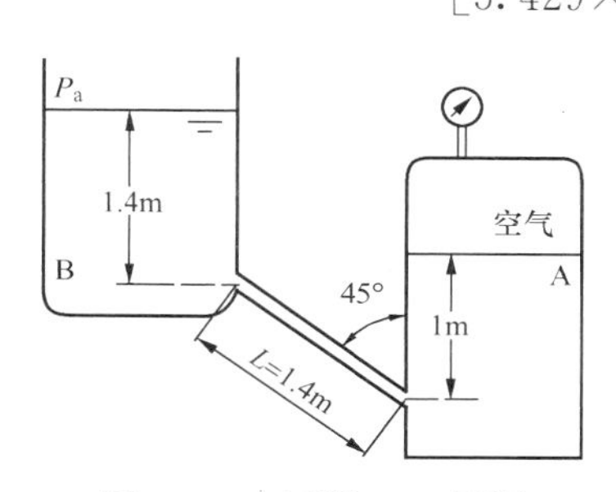

图 5-37　习题 5-9 用图

5-11　在管径 $d=100\text{mm}$、管长 $L=300\text{m}$ 的圆管中流动着 $t=10℃$ 的水，其雷诺数 $Re=8\times10^4$。试求当管内壁为 $\varepsilon=0.15\text{mm}$ 的均匀砂粒的人工粗糙管时，其沿程能量损失。

[$3.97\text{mH}_2\text{O}$]

5-12　管路系统如图 5-38 所示，大水池中水由管道流出，水的 $\nu=0.0113\times10^{-4}\text{m}^2/\text{s}$，$\rho=999\text{kg/m}^3$，外界为大气压，问在图示的条件下，水的流量是多少？已知管径 $d=0.2\text{m}$，工业钢管的粗糙度为 $\varepsilon/d=0.00023$。　[$0.1253\text{m}^3/\text{s}$]

5-13　输油管长度 $l=44\text{m}$，从一敞口油箱向外泄流，油箱中油面比管路出口高 $H=2\text{m}$，油的黏度 $\nu=1\times10^{-4}\text{m}^2/\text{s}$；

(1) 若要求流量 $q_V=1\times10^{-3}\text{m}^3/\text{s}$，求管路直径；

(2) 若 $H=3\text{m}$，为保持管中为层流，直径 d 最大为多少？这时的流量为多少？

[55mm；98.5mm；$0.01547\text{m}^3/\text{s}$]

5-14　一矩形风道，断面为 1200×600mm，通过 45℃的空气，风量为 $42000\text{m}^3/\text{h}$，风道壁面材料的当量绝对粗糙度为 $\varepsilon=0.1\text{mm}$，在 $l=12\text{m}$ 长的管段中，用倾斜 30°的装有酒精的微压计测得斜管中读数 $h=7.5\text{mm}$，酒精密度 $\rho=860\text{kg/m}^3$，求风道的沿程阻力系数 λ。并和用经验公式算得以及用莫迪图查得的值进行比较。

[计算值 0.0145；经验公式值 0.0142；莫迪图值 0.0143]

5-15　大水池与容器之间有管道相连，其中有水泵一台，已知水在 15℃时的 $\nu=0.01141\times10^{-4}\text{m}^2/\text{s}$，$\rho=1000\text{kg/m}^3$，装置如图 5-39 所示，管壁相对粗糙度为 $\varepsilon/d=0.00023$，水泵给予水流的功率为 20kW。已知流量为 $0.14\text{m}^3/\text{s}$，管径为 $d=0.2\text{m}$。试问容器进口 B 处的压强为何值？　[$p_e=264\text{kPa}$]

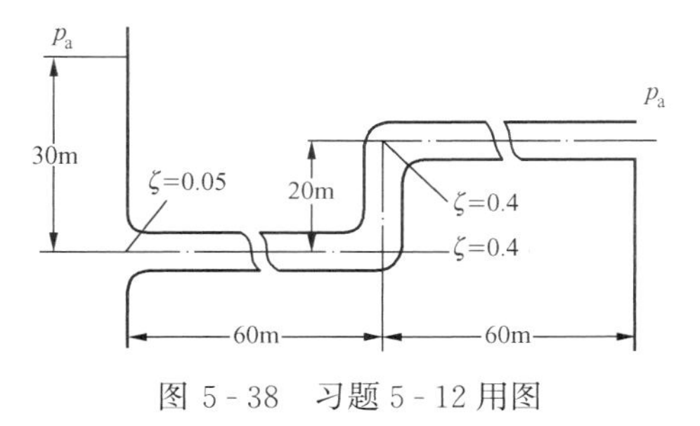

图 5-38　习题 5-12 用图

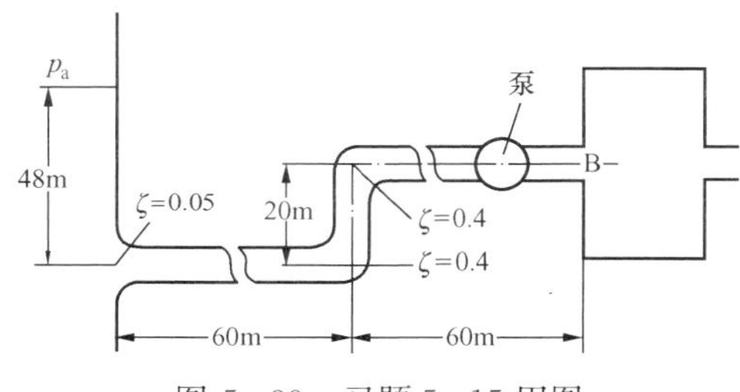

图 5-39　习题 5-15 用图

5-16　已知油的密度 $\rho=800\text{kg/m}^3$，黏度 $\mu=0.069\text{Pa}\cdot\text{s}$，在图 5-40 所示连接两容器的光滑管中流动，已知 $H=3\text{m}$。当计及沿程和局部损失时，管内的体积流量为多少？

[$0.2559\text{m}^3/\text{s}$]

5-17　用新铸铁管输送 25℃的水，流量 $q_V=0.3\text{m}^3/\text{s}$，在 $l=1000\text{m}$ 长的管道上沿程损失为 $h_f=2\text{m}$（水柱），试求必需的管道直径。　[0.5757m]

5-18　一条输水管，长 $l=1000\text{m}$，管径 $d=0.3\text{m}$，设计流量 $q_V=0.055\text{m}^3/\text{s}$，水的运动黏度为 $\nu=10^{-6}\text{m}^2/\text{s}$，如果要求此管段的沿程水头损失为 $h_f=3\text{m}$，试问应选择相对粗糙度 ε/d 为多少的管道。　[4.13×10^{-3}]

5-19　用图 5-41 所示装置测量油的动力黏度。已知管段长度 $l=3.6\text{m}$，管径 $d=0.015\text{m}$，油的密度为 $\rho=850\text{kg/m}^3$，当流量保持为 $q_V=3.5\times10^{-5}\text{m}^3/\text{s}$ 时，测压管液面高差 $\Delta h=27\text{mm}$，试求油的动力黏度 μ。　[$2.2195\times10^{-3}\text{Pa}\cdot\text{s}$]

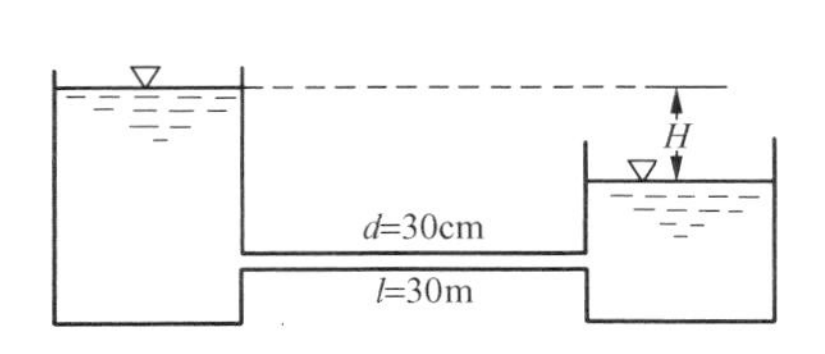

图 5-40　习题 5-16 用图

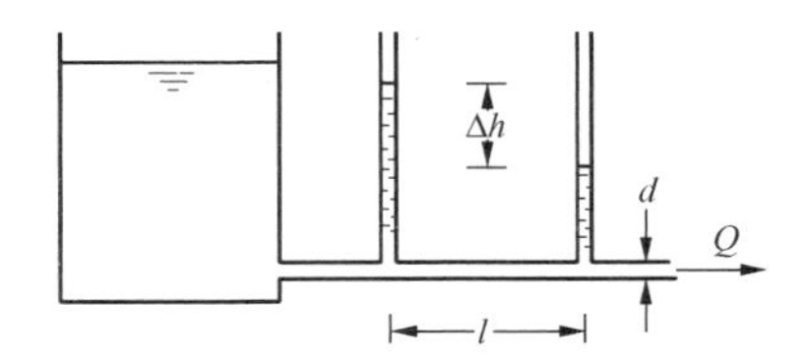

图 5-41　习题 5-19 用图

5-20　如图 5-42 所示，运动黏度 $\nu=0.00000151\text{m}^2/\text{s}$、流量 $q_V=15\text{m}^3/\text{h}$ 的水在 90°弯管中流动，管径 $d=50\text{mm}$，管壁绝对粗糙度 $\varepsilon=0.2\text{mm}$。设水银差压计连接点之间的距离 $L=0.8\text{m}$，差压计水银面高度差 $h=20\text{mm}$，求弯管的损失系数。　[0.618]

5-21　不同管径的两管道的连接处出现截面突然扩大。管道 1 的管径 $d_1=0.2\text{m}$，管道 2 的管径 $d_2=0.3\text{m}$。为了测量管 2 的沿程损失系数 λ 以及截面突然扩大的局部损失系数 ζ，在突扩处前面装一个测压管，在其他地方再装两测压管，如图 5-43 所示。已知 $l_1=1.2\text{m}$，$l_2=3\text{m}$，测压管水柱高度 $h_1=80\text{mm}$，$h_2=162\text{mm}$，$h_3=152\text{mm}$，水流量 $q_V=0.06\text{m}^3/\text{s}$，试求沿程水头损失系数 λ 和局部损失系数 ζ。　[0.02722；1.7225]

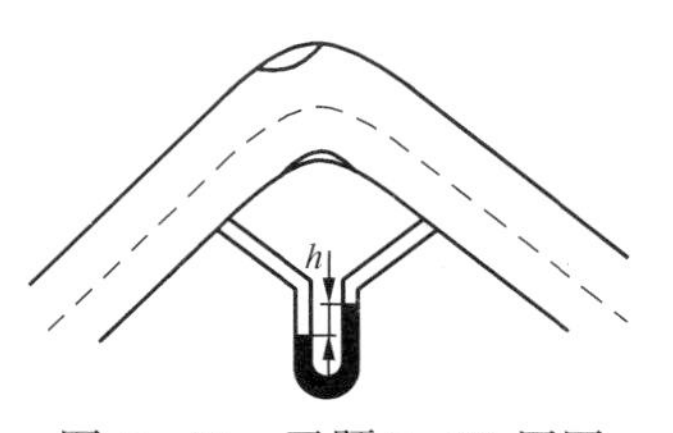

图 5-42　习题 5-20 用图

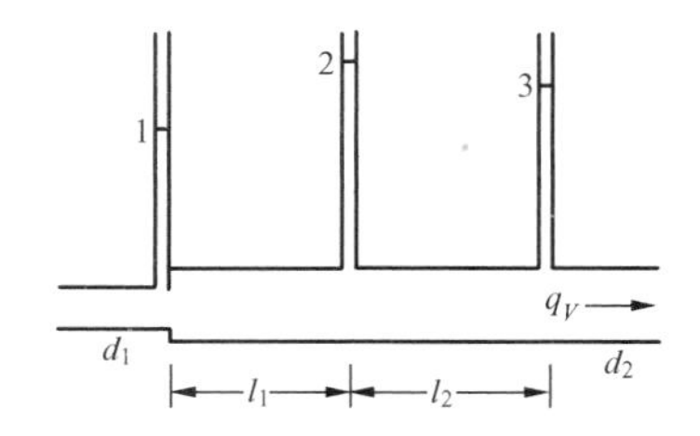

图 5-43　习题 5-21 用图

5-22　图 5-44 所示为一突然扩大的管道，其管径由 $d_1=50\text{mm}$ 突然扩大到 $d_2=100\text{mm}$，管中通过流量 $q_V=16\text{m}^3/\text{h}$ 的水。在截面改变处插入一差压计，其中充以四氯化碳（$\rho=1600\text{kg/m}^3$），读得的液面高度差 $h=173\text{mm}$。试求管径突然扩大处的损失系数，并把求得的结果与理论计算的结果相比较。　[0.5404；理论值 0.5625]

5-23　用图 5-45 所示的 U 形差压计测量弯管的局部损失系数。已知管径 $d=0.25\text{m}$，水流量 $q_V=0.04\text{m}^3/\text{s}$，U 形管的工作液体是四氯化碳，密度为 $\rho=1600\text{kg/m}^3$，U 形管左

右两侧液面高度差 $\Delta h=70\text{mm}$，求局部损失系数 ζ。　[1.2405]

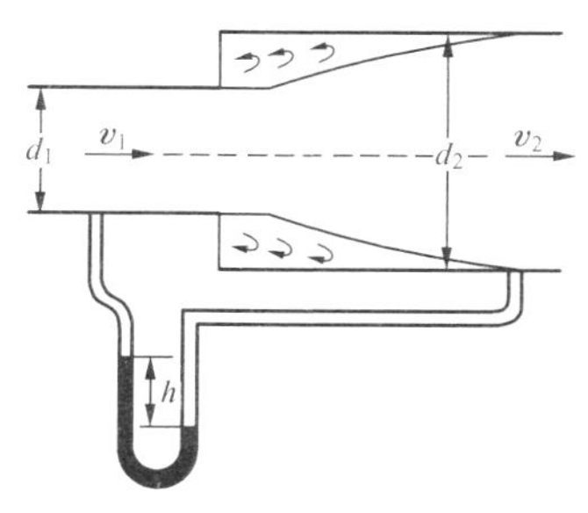

图 5-44　习题 5-22 用图

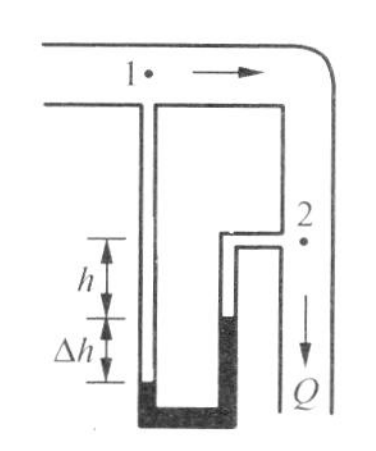

图 5-45　习题 5-23 用图

5-24　如图 5-46 所示，在三路管状空气预热器中，将质量流量 $q_m=5816\text{kg/h}$ 的空气从 $t_1=20℃$ 加热到 $t_2=160℃$。预热器高 $H=4\text{m}$，预热器管系的损失系数 $\zeta=6$，管系的截面积 $A_1=0.4\text{m}^2$，连接箱的截面积 $A_2=0.8\text{m}^2$，拐弯处的曲率半径和管径的比值 $R/d=1$。若沿程损失不计，试按空气的平均温度计算流经空气预热器的总压降 Δp。　[169.7Pa]

5-25　用一条长 $l=12\text{m}$ 的管道将油箱内的油送至车间。油的运动黏度为 $\nu=4\times10^{-5}\text{m}^2/\text{s}$，设计流量为 $q_V=2\times10^{-5}\text{m}^3/\text{s}$，油箱的液面与管道出口的高度差为 $h=1.5\text{m}$，试求管径 d。　[0.01413m]

5-26　容器用两段新的低碳钢管连接起来（见图 5-47），已知 $d_1=20\text{cm}$，$L_1=30\text{m}$，$d_2=30\text{cm}$，$L_2=60\text{m}$，管 1 为锐边入口，管 2 上的阀门的损失系数 $\zeta=3.5$，水的运动黏度 $\nu=1\times10^{-6}\text{m}^2/\text{s}$。当流量 $q_V=0.2\text{m}^3/\text{s}$ 时，求必需的总水头 H。　[11.08m]

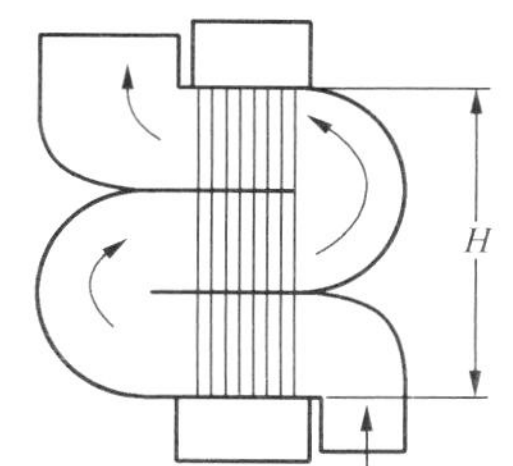

图 5-46　习题 5-24 用图

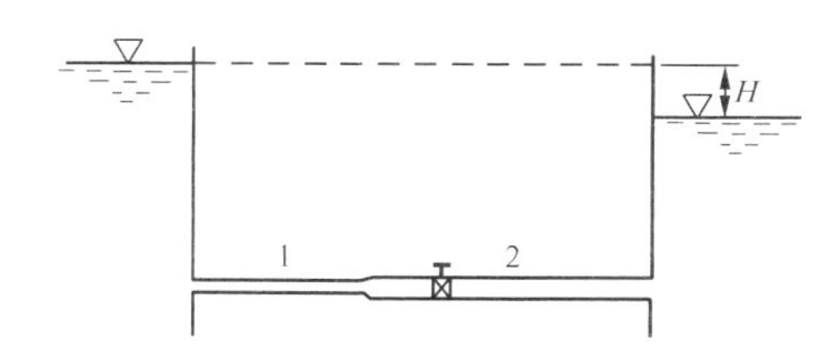

图 5-47　习题 5-26 用图

5-27　水箱的水经两条串联而成的管路流出，水箱的水位保持恒定。两管的管径分别为 $d_1=0.15\text{m}$，$d_2=0.12\text{m}$，管长 $l_1=l_2=7\text{m}$，沿程损失系数 $\lambda_1=\lambda_2=0.03$，有两种连接法粗在前或粗在后，流量分别为 q_{V1} 和 q_{V2}，不计局部损失，求比值 q_{V1}/q_{V2}。　[1.027]

5-28　在图 5-48 所示的分支管道系统中，已知 $L_1=1000\text{m}$，$d_1=1\text{m}$，$\varepsilon_1=0.0002\text{m}$，$z_1=5\text{m}$；$L_2=600\text{m}$，$d_2=0.5\text{m}$，$\varepsilon_2=0.0001\text{m}$，$z_2=30\text{m}$；$L_3=800\text{m}$，$d_3=0.6\text{m}$，$\varepsilon_3=0.0005\text{m}$，$z_3=25\text{m}$；$\nu=1\times10^{-6}\text{m}^2/\text{s}$。水泵的特性数据为，当流量 q_V 为 0、$1\text{m}^3/\text{s}$、$2\text{m}^3/\text{s}$、$3\text{m}^3/\text{s}$ 时，对应的压头 H_p 为 42m、40m、35m、25m，试求分支管道中的流量 q_{V1}、q_{V2}、q_{V3}。　[$1.555\text{m}^3/\text{s}$；$0.6338\text{m}^3/\text{s}$；$0.9213\text{m}^3/\text{s}$]

5-29　图 5-49 所示为由两个环路组成的简单管网，已知 $L_1=1000\text{m}$，$d_1=0.5\text{m}$，$\varepsilon_1=0.00005\text{m}$；$L_2=1000\text{m}$，$d_2=0.4\text{m}$，$\varepsilon_2=0.00004\text{m}$；$L_3=100\text{m}$，$d_3=0.4\text{m}$，$\varepsilon_3=0.000004\text{m}$；$L_4=1000\text{m}$，$d_4=0.5\text{m}$，$\varepsilon_4=0.00005\text{m}$；$L_5=1000\text{m}$，$d_5=0.3\text{m}$，$\varepsilon_5=$

0.000042m；管网进口A和出口B处水的流量为$1m^3/s$。忽略局部损失，并假定全部流动处于紊流粗糙管区，试求经各管道的流量。

[$q_{V1}=0.64m^3/s$；$q_{V2}=0.36m^3/s$；$q_{V3}=0.15m^3/s$；$q_{V4}=0.79m^3/s$；$q_{V5}=0.21m^3/s$]

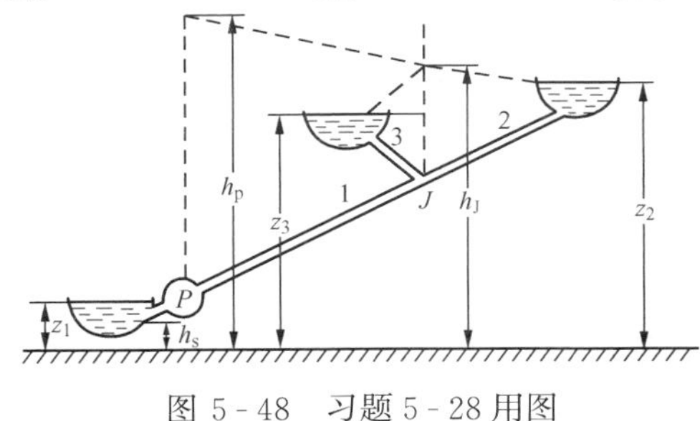

图5-48 习题5-28用图

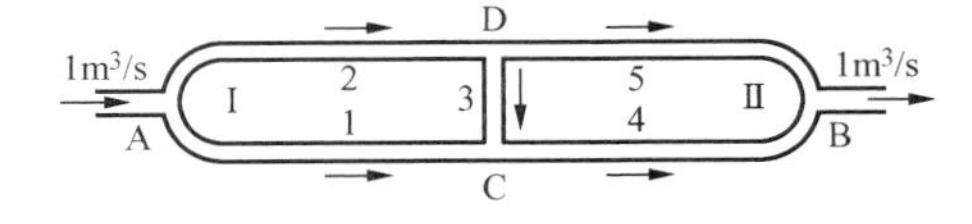

图5-49 习题5-29用图

5-30 在水箱的垂直壁上淹深$h=1.5m$处有一水平安放的圆柱形内伸锐缘短管，其直径$d=40mm$，流速系数$\varphi=0.95$。

(1) 如流动相当于孔口，如图5-50所示。试求其收缩系数和流量。

(2) 如流动充满短管，如图所示。收缩系数同(1)，只计收缩断面以后的扩大损失，试求其流量。 [(1) 0.554，$0.0036m^3/s$；(2) $0.0053m^3/s$]

5-31 如图5-51所示，薄壁容器侧壁上有一直径$d=20mm$的孔口，孔口中心线以上水深$H=5m$。试求孔口的出流流速v_c和流量q_V。倘若在孔口上外接一长$l=8d$的短管，取短管进口损失系数$\zeta=0.5$，沿程损失系数$\lambda=0.02$，试求短管的出流流速v和流量q_V'。

[7.7m/s，$0.0024m^3/s$]

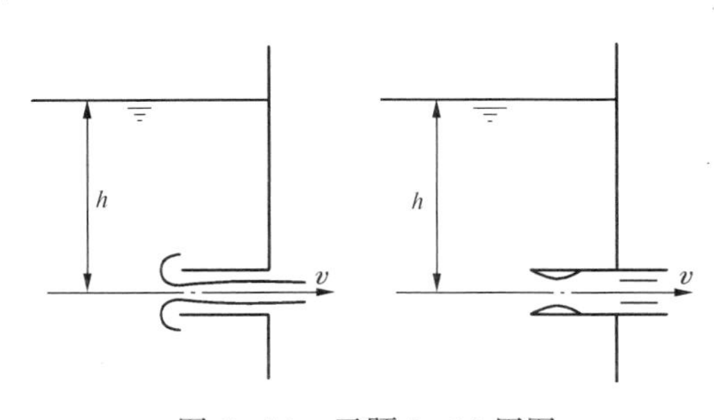

图5-50 习题5-30用图

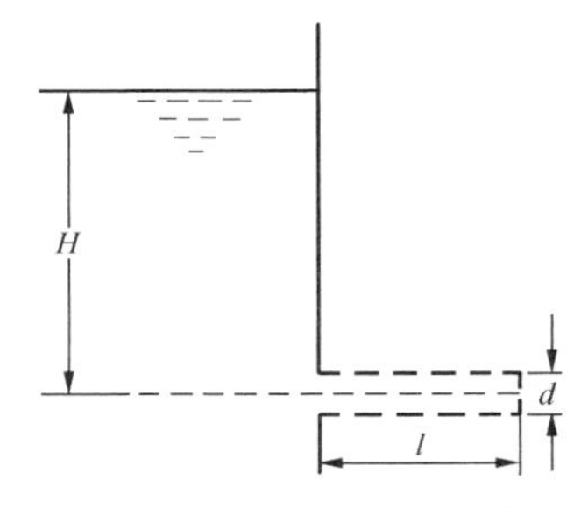

图5-51 习题5-31用图

5-32 图5-52所示两水箱中间的隔板上有一直径$d_0=80mm$的薄壁小孔口，水箱底部装有外伸管嘴，它们的内径分别为$d_1=60mm$，$d_2=70mm$。如果将流量$q_V=0.06m^3/s$的水连续地注入左侧水箱，试求在定常出流时两水箱的液深H_1、H_2和出流流量q_{V1}、q_{V2}。 [8.993m，4.367m；$0.0308m^3/s$，$0.0292m^3/s$]

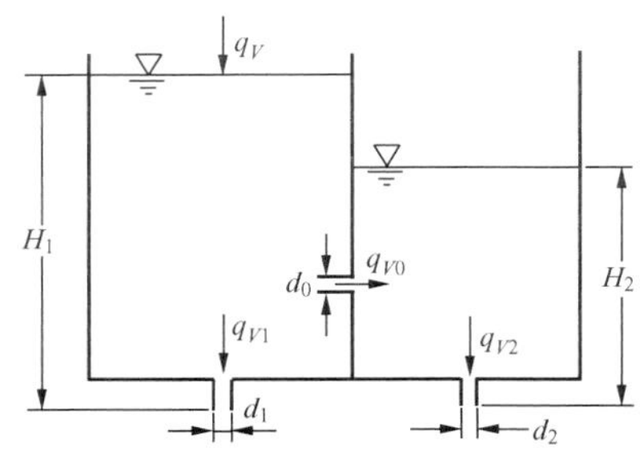

图5-52 习题5-32用图

5-33 如图5-53所示，沉淀水池的截面积$A=40m^2$，水深$H=2.8m$，底部有一个$d=0.3m$的圆形孔口，孔口的流量系数$\mu=0.6$，试求水池的泄空时间。

[712.73s]

5-34 有一封闭大水箱，经直径$d=12.5mm$的薄壁小孔口定常出流，已知水头 $H=1.8\text{m}$，流量 $q_V=1.5\times10^{-3}\text{m}^3/\text{s}$，流量系数 $\mu=0.6$。试求作用在液面上气体的计示压强。 ［$1.899\times10^5\text{Pa}$］

5-35　如图 5-54 所示，密度为 900kg/m^3 的油从直径 2cm 的孔口射出，射到口外挡板上的冲击力为 20N，已知孔口前油液的计示压强为 45000Pa，出流流量为 $2.29\times10^{-3}\text{m}^3/\text{s}$。试求孔口出流的流速系数、流量系数和收缩系数。 ［0.97；0.729；0.752］

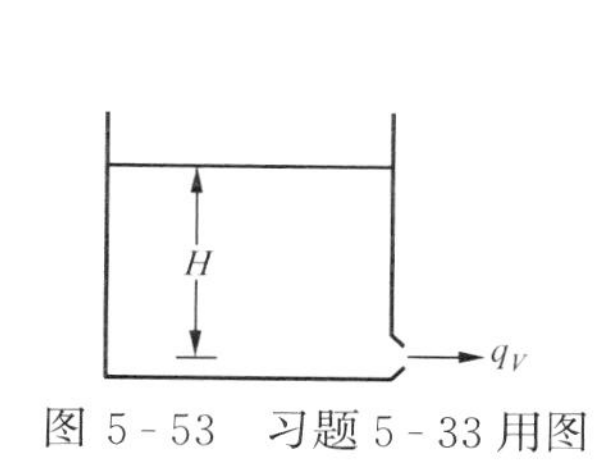

图 5-53　习题 5-33 用图

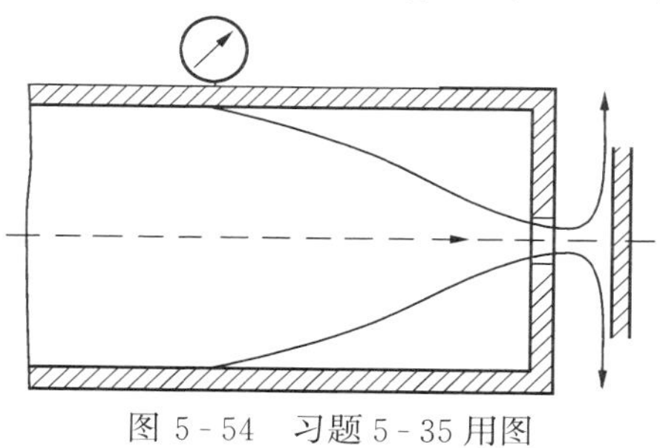

图 5-54　习题 5-35 用图

第六章　气体的一维定常流动

在前述问题中，通常假定流体不可压缩，视流体的密度为常量。这样，大大简化了所研究的问题。

当气体流速接近或超过声速时，其运动参数的变化规律和不可压缩流体有着本质的不同，气体的可压缩性明显地影响着其动力学和热力学特性，若将气体再视为不可压缩流体，将使所研究的问题结论偏差过大或者是荒谬的。此时，必须将气体视为可压缩流体，要考虑温度、密度对流体动力学特性和热力学特性的影响。

本章的任务是讨论完全气体一维定常流动的基本规律。即在所研究的问题中，流动参数在过流截面上均匀分布，仅随一个坐标变量变化，不随时间变化，但要计及压缩性的影响。所涉及的问题包括高速等截面管流、变截面喷管等。根据能源动力类专业及其相近专业的需要，本章除讨论气体一维流的基本概念外，还要讨论一维定常等截面摩擦管流和等截面换热管流。

第一节　气体一维流动的基本概念

一、气体的状态方程

在前述问题的研究中通常涉及流体系统的主要参数有压强 p、运动速度 v、流体的密度 ρ 和体积 V。在考虑流体的压缩性时，还要引入一个新的状态参数，即流体的热力学温度 T。

对气体流动问题的研究，常涉及到与外界环境产生的功和热交换，必然造成流体系统内的能量的变化，涉及到流体的内能问题，用 E 记系统的内能，单位质量流体的内能称为比内能，用 e 表示。要考虑系统状态稳定平衡与否，根据热力学第二定律引入状态参数熵 S，单位质量气体的熵称为比熵，用 s 表示。上述参数之间存在以下关系：

$$p=p(V,\ T)$$
$$E=E(V,\ T)$$
$$S=S(V,\ T)$$

上述方程统称为热状态方程，或简称为状态方程。由分子运动学知，不同的物质状态方程的形式不同。本章主要讨论完全气体的运动规律，其状态方程可由压强 p、温度 T 和密度 ρ 表示为式（1-8）。

凡满足式（1-8）的气体称为完全气体，根据此式可定义一族完全气体，每一种气体有一气体常数 R，常用气体常数见表 6-1。

二、比定容热容和比定压热容

单位质量气体温度升高 1K 时所需的热量称为比热容。在气体状态变化过程中，若体积不变，其比热容为比定容热容，记为 c_V；当气体压强保持不变时，称为比定压热容，记为 c_p。

在气体动力学运动参数的推演过程中，经常用到比定压热容和比定容热容的比值，通常将这一数值称为比热容比，记为

$$\gamma=\frac{c_p}{c_V}$$

对于完全气体，$\gamma=\kappa$，κ 称为等熵指数。常用气体的 c_p、c_V、κ 值列于表 6-1 中。

表 6-1　常用气体常数

气体种类	气体常数 R [J/(kg·K)]	密度 ρ (kg/m^3)	比定压热容 c_p [J/(kg·K)]	比定容热容 c_V [J/(kg·K)]	等熵指数 κ (完全气体)
空气	287	1.205	1003	716	1.40
氮	287	1.16	1040	743	1.40
氧	260	1.33	909	649	1.40
氦	2077	0.166	5220	3143	1.66
氢	4120	0.0839	14450	10330	1.40
甲烷	520	0.688	2250	1730	1.30
二氧化碳	188	1.84	858	670	1.28
水蒸气	462	0.747	1862	1400	1.33

三、热力学过程

气体从一个状态变为另一种状态，中间经历的过程称为热力学过程。通常热力学过程有以下几种。

1. 等温过程

气体状态在变化的过程中，温度保持不变的过程为等温过程。由完全气体的状态方程式知 T=常数，则 pV=常数，由状态 1 变为状态 2 时

$$\frac{p_2}{p_1}=\frac{V_1}{V_2} \tag{6-1}$$

温度保持不变，说明气体状态在变化的过程中，气体的内能不变。

2. 绝热过程

气体状态在变化的过程中和外界没有热交换的热力学过程称为绝热过程，这种流动又称为绝热流动。如果流体系统的热量为 Q，则 $dQ=0$。

3. 等熵过程

热力学中将可逆的绝热过程称为等熵过程，这种流动称为等熵流动。等熵过程是对完全气体而言的。在这种过程中假设流体没有黏性，流体在流动过程中没有能量损失。于是等熵过程方程式可表示为

$$\frac{p}{\rho^{\kappa}}=常数$$

或者

$$pV^{\kappa}=常数 \tag{6-2}$$

四、声速和马赫数

声速是微弱扰动波在弹性介质中的传播速度，用 c 表示，它是气体动力学的一个重要参数，是划分流动状态、衡量流体压缩性大小的一个重要依据。

如图 6-1 (a) 所示，一半无限长的圆管，其左端安装一活塞，活塞右侧充满空气。其压强为 p_1，密度为 ρ_1，温度为 T_1，速度 $v=0$。当活塞以微小的速度 dv 向右运动时，紧靠

活塞的一层气体首先受到压缩，产生一道微弱压缩波 $m-n$，以声速向右传播，使右侧气体不断受到压缩，波后气体的压强 $p_2(=p_1+\mathrm{d}p)$、密度 $\rho_2(=\rho_1+\mathrm{d}\rho)$、温度 $T_2(=T_1+\mathrm{d}T)$ 均较波前气体的有微量升高，并且以和活塞同样的微小速度 $\mathrm{d}v$ 向右运动。下面用上述流动模型推导声速公式。

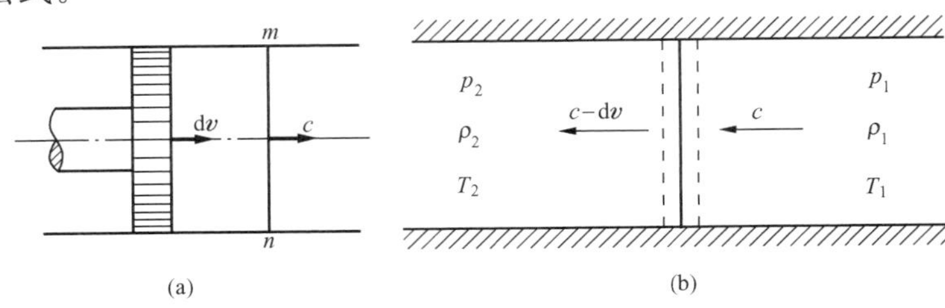

图 6-1　微弱扰动波的传播

选用地球作为惯性坐标系时，管内的流动为非定常流动，为了推导方便，对流动作定常化处理。现选用与微弱扰动波一起运动的相对坐标系作为参考坐标系。对于该坐标系，上述流动便转化为定常的了，如图 6-1（b）所示。取控制面如图中虚线所示，则由连续方程得

$$(\rho_1+\mathrm{d}\rho)(c-\mathrm{d}v)A-\rho_1 cA=0$$

略去二阶微量，得

$$c\,\mathrm{d}\rho=\rho_1\mathrm{d}v \tag{a}$$

由动量方程得

$$\rho_1 cA[(c-\mathrm{d}v)-c]=[p_1-(p_1+\mathrm{d}p)]A$$

$$\rho_1 c\,\mathrm{d}v=\mathrm{d}p \tag{b}$$

由式(a)、式(b) 得

$$c=\left(\sqrt{\frac{\mathrm{d}p}{\mathrm{d}\rho}}\right)_s \tag{6-3}$$

由上述可知，微弱压缩波经过前后，气流的压强、密度、温度和速度的变化都是无穷小量，而且传播过程进行得相当迅速，因而完全可以忽略黏性作用和传热，把微弱扰动波的传播过程视为等熵过程。

当气体有微弱的压强扰动时，由式（1-6）可得流体的体积模量

$$K=-\frac{V\mathrm{d}p}{\mathrm{d}V}=\rho\frac{\mathrm{d}p}{\mathrm{d}\rho}$$

将上式中的 $\mathrm{d}\rho/\mathrm{d}p$ 代入式（6-3），得

$$c=\sqrt{\frac{K}{\rho}} \tag{6-3a}$$

由式（6-3a）知，气体内声速与其压缩性关系密切。

由等熵过程关系式以及状态方程可得

$$\mathrm{d}\rho/\mathrm{d}p=\rho/(\kappa p)=\frac{1}{(\kappa RT)}$$

代入式（6-3），得

$$c=\sqrt{\kappa\frac{p}{\rho}}=\sqrt{\kappa RT} \tag{6-3b}$$

由式（6-3b）可知，可压缩流体中的声速仅决定于该介质的绝对温度。对于空气，$\kappa=1.4$，

$R=287.1\mathrm{J/(kg\cdot K)}$，得空气中的声速

$$c=20.05\sqrt{T} \tag{6-3c}$$

海平面上标准大气的温度为288.2K，对应的声速为340.3m/s。

由上述可知，声速的大小与流动介质的压缩性大小有关，流体越容易压缩，其中的声速越小，反之就越大。水与空气相比不容易压缩，所以水中的声速比空气的声速要大得多；另外，流体的声速随流体参数而变化，流体在流动过程中不同点上有不同的参数，所以不同点上的声速是不同的，通常我们所说的声速是指特定点上的声速，故称为当地声速或者局部声速。

在气体动力学中，常用流体流动速度和当地声速的比值来衡量流体压缩效应。两者的比值可引出无量纲的数马赫数，用 Ma 表示，即

$$Ma=\frac{v}{c} \tag{6-4}$$

对于完全气体

$$Ma^2=\frac{v^2}{\kappa RT} \tag{6-4a}$$

式（6-4a）表明，马赫数表示了气体的宏观运动动能与气体热力学能之比。

在气体动力学的有关研究中，常用马赫数表示飞行器运动速度的大小。如用马赫数表示飞机和火箭的速度等。马赫数通常还用来划分气体的流动状态，$Ma<1$ 为亚声速流；$Ma=1$ 为声速流（在 $Ma=1$ 附近有亚声速流，又有超声速流，称为跨声速流）；$Ma>1$ 为超声速流，而 $Ma^2>10$ 为高超声速流。

第二节　微小扰动在空气中的传播

由上述分析可知，微弱扰动波是以当地声速在气体中传播的。上节分析的半无限长圆管中的扰动波在管道中作一维传播。如果在空间的某一点设置一个扰动源，周围无任何限制，则扰动源发出的扰动波将以球面压强波的形式向四面八方传播，其传播速度为声速。若在空间不动的扰动源，每隔一秒发生一次微弱扰动波，下面分四种情况讨论前四秒钟扰动波在匀态气体的空间中的传播情况，以分析微弱扰动波的传播规律。

1. 气体静止不动

扰动源发出的扰动波以扰动源为中心，以球面波的形式向周围传播，传播情况如图6-2（a）所示。其传播速度是当地的声速 c。假定微弱扰动波在传播过程中没有能量损失，则随着时间的延续，扰动将传遍所能到达的全部空间，即微弱扰动波在静止气体中的传播是无界的。

2. 气流亚声速流动

当扰动源不动，气体自左向右以小于声速的速度流动，扰动波的传播情况如图6-2（b）所示。扰动波传播的绝对速度是气流速度和声速的叠加，如果取气流的方向为正方向，则顺流方向的绝对速度为 $v+c$，而在逆流方向则为 $v-c<0$。这说明，扰动仍能逆流传播。假定微弱扰动波在传播过程中没有能量损失，则随着时间的延续，扰动将传遍所能到达的全部空间，即微弱扰动波在亚声速气流中的传播也是无界的。

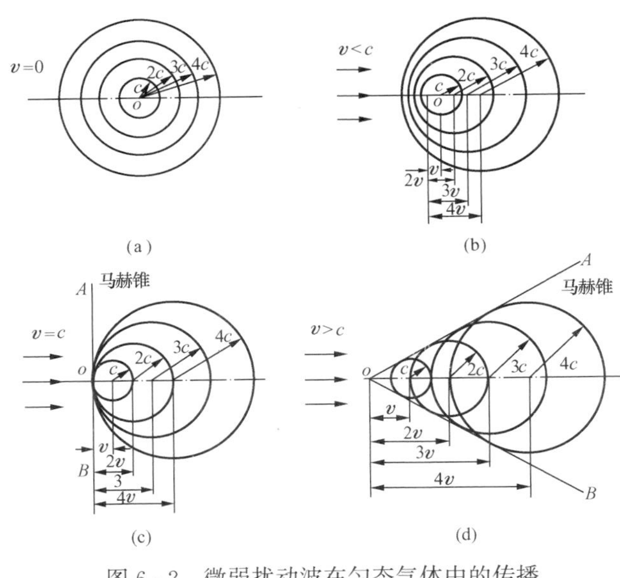

图 6-2　微弱扰动波在匀态气体中的传播

3. 气流以声速流动

扰动波相对气流的传播速度仍然是 c，在顺流方向上的绝对传播速度为 $v+c=2c$，而在逆流方向则为 $v-c=0$，这说明，扰动波已不能逆流向上游传播。随着时间的延续，球面波不断向外扩大，但无论它扩到多么大，也只能局限在下游的半个空间内，其上游的半个空间则始终不受影响。扰动区（又称影响区）与无扰动区（又称寂静区）被以扰动源为公切点的球面波阵的公切面分开，这个面就是分界面，并称它为马赫锥，此时马赫锥的锥角为 90°。所以，在声速流中，微弱扰动波的传播是有界的，界限就是马赫锥。

4. 气流超声速流动

球面扰动波在四秒末的传播情况如图 6-2（d）所示。扰动波在顺流方向上的绝对传播速度为 $v+c>2c$，而在逆流方向上由于 $v-c>0$，不同时刻产生的微弱扰动波被气流带向扰动源的下游。扰动所能影响的区域只局限在球面波阵的包络圆锥面内。马赫锥以内为扰动区，马赫锥以外为无扰动区。由上述分析知，在超声速流中，微弱扰动波传播是有界的，界限就是马赫锥。马赫锥的半顶角，即圆锥母线与来流速度方向之间的夹角，用 α 表示，称马赫角

$$\sin\alpha=\frac{c}{v}=\frac{1}{Ma},\qquad \alpha=\arcsin\frac{1}{Ma} \tag{6-5}$$

其大小决定于气流马赫数。马赫数越大，马赫角就越小；反之就越大。当 $Ma=1$ 时，$\alpha=90°$，达到马赫锥的极限位置，即图 6-2（c）中 AoB 公切面，所以也称它为马赫锥。当 $Ma<1$ 时，微弱扰动波的传播已无界，不存在马赫锥。

以上讨论的是扰动源不动气体运动的情况，如果扰动源以亚声速、声速或超声速在静止的气体中运动，则微弱扰动波相对于扰动源的传播，同样会出现图 6-2（b）、（c）或（d）所示的情况。当扰动源的速度为亚声速时，由于扰动波的传播速度大于扰动源的运动速度，扰动波将超越扰动源向前传播，扰动可以传遍整个流场，扰动波为无界传播。对于以超声速运动的扰动源，由于扰动波的速度小于扰动源的运动速度，扰动波总是在扰动源后面，从而形成以扰动源为顶点的马赫锥，锥内为扰动区，锥外为无扰动区，即扰动的传播有界，界限即为和扰动源一起运动的马赫锥。这一结论也同样适用于以声速运动的扰动源。

第三节　气体一维定常流动的基本方程

气体在流动过程中应遵循流体动力学的基本方程，但考虑到气体的特殊性，又具有一些

带有自身特点的方程形式。本节将给出用于气体动力学分析计算的基本方程。

一、连续性方程

对一维定常流的连续性方程式（3-25a）取对数后微分得

$$\frac{d\rho}{\rho}+\frac{dv}{v}+\frac{dA}{A}=0 \tag{6-6}$$

该式为可压缩流体一维定常流动微分形式的连续性方程。

二、能量方程

由热力学的知识知，单位质量气体的焓可以表示为

$$h=c_pT=\frac{c_p}{R}\frac{p}{\rho}=\frac{c_p}{c_p-c_V}\frac{p}{\rho}=\frac{\kappa}{\kappa-1}\frac{p}{\rho}$$

由式（3-45b）气体一维绝热流动的能量方程有以下几种形式：

$$\frac{\kappa}{\kappa-1}\frac{p}{\rho}+\frac{v^2}{2}=h_0 \tag{6-7}$$

由声速公式（6-3b），式（6-7）又可表示为

$$\frac{c^2}{\kappa-1}+\frac{v^2}{2}=h_0 \tag{6-8}$$

由完全气体状态方程式和式（6-3）得

$$\frac{\kappa}{\kappa-1}RT+\frac{v^2}{2}=h_0 \tag{6-9}$$

第四节　气流的三种状态和速度系数

气体在运动过程中会出现速度为零和以声速运动的状态，为计算分析问题方便起见，往往还假定一种热力学温度为零的极限状态。在这三种不同的状态下，可推导出一些极具应用价值的公式，在进行气体动力学计算中十分有用，本节的主要任务是建立气体在三种特定状态下的有关计算公式，并介绍与此相关的速度系数。

一、滞止状态

在气体动力学中用以描述流场状态的有压强 p、密度 ρ 和温度 T 等参数，这些参数通常称为静参数。如果气流速度按照一定的过程滞止到零，这时的参数称为滞止参数或总参数，滞止状态为实际中存在的状态；另外，为了分析和计算方便，常认为气流速度等熵地滞止到零，并以此作为参考状态。这样的参考状态与气体的实际流动过程无关的。滞止参数常用静参数符号加下标“0”表示，如 p_0、ρ_0、T_0 等。由式（3-45b）可知，气体一维定常绝能流的滞止焓 h_0 是个常数。

对于比热为常数的完全气体，利用式（3-45b）和焓与温度的关系得

$$T+\frac{v^2}{2c_p}=T_0 \tag{6-10}$$

上式为绝能流动时用温度表示的能量方程，不论过程等熵与否，上式都是适用的。

用滞止温度表示的声速为

$$c_0=\sqrt{\kappa RT_0} \tag{6-11}$$

由于滞止温度可以看成常数，所以滞止声速在一维定常绝能流中同样是个常数。利用 $c_p=$

$\kappa R/(\kappa-1)$，$\kappa RT=c^2$，$Ma^2=v^2/c^2$ 的关系可得

$$\frac{T_0}{T}=\frac{c_0^2}{c^2}=1+\frac{\kappa-1}{2}Ma^2 \tag{6-12}$$

由等熵过程关系式、状态方程可以推导出压强比和密度比的关系式

$$\frac{p_0}{p}=\left(1+\frac{\kappa-1}{2}Ma^2\right)^{\frac{\kappa}{\kappa-1}} \tag{6-13}$$

$$\frac{\rho_0}{\rho}=\left(1+\frac{\kappa-1}{2}Ma^2\right)^{\frac{1}{\kappa-1}} \tag{6-14}$$

由以上三式可知，在一维定常绝能等熵流动中，随着马赫数的增大，温度、声速、压强和密度都将降低。

对于研究问题时是否考虑气体的压缩性及会带来多大误差，可由式（6-13）进行分析。用牛顿二项式定理将式（6-13）展开得

$$\frac{p_0}{p}=1+\frac{\kappa}{2}Ma^2+\frac{\kappa}{8}Ma^4+\frac{(2-\kappa)\kappa}{48}Ma^6+\cdots=1+\frac{\kappa}{2}Ma^2\left(1+\frac{1}{4}Ma^2+\frac{2-\kappa}{24}Ma^4+\cdots\right)$$

或

$$p_0-p=\frac{1}{2}\rho v^2\varepsilon_p \tag{6-15}$$

式中

$$\varepsilon_p=1+\frac{1}{4}Ma^2+\frac{2-\kappa}{24}Ma^4+\cdots \tag{6-16}$$

称为压缩性因子，是马赫数的函数，随马赫数的增大而增大，当 $Ma=0$ 时，$\varepsilon_p=1$。此时，式（6-15）表示理想不可压缩流体的动压。对于空气，$\kappa=1.4$，$Ma=0.3$ 时，$\varepsilon_p=1.023$，即不可压缩性假设将给动压带来 2.3%的误差，这在工程上是允许的。所以，一般情况下 $Ma\leqslant 0.3$ 时，气体可以忽略压缩性的影响。

二、极限状态

极限状态是一种假想的状态。由气体的一维定常绝能流动的能量方程可知，随着气体的膨胀、加速，静温和静压逐渐降低，气体的焓逐渐减小。现设想气体的焓全部转化为气体宏观运动的动能，即静压和静温为零，气流速度达到极限速度 v_{max}，这一速度是气流膨胀到完全真空所能达到的最大速度。极限状态也称为最大速度状态。由能量方程得

$$v_{max}=\sqrt{\frac{2\kappa R}{\kappa-1}T_0} \tag{6-17}$$

对于一定的气体，极限速度只决定于总温 T_0，总温是一重要参考温度，所以，极限速度可作为参考速度。在一定条件下，极限速度也是一个常数，可用以得出能量方程的另一种形式：

$$\frac{c^2}{\kappa-1}+\frac{v^2}{2}=\frac{v_{max}^2}{2}=\frac{c_0^2}{\kappa-1} \tag{6-18}$$

上式表示，一维定常绝能流中单位质量气体所具有的总能量等于极限速度的速度头。

三、临界状态

由式（6-18）可知，气流速度和当地声速的变化是相互关联的，气流速度增大，动能增大，对应的当地声速就减小。随着速度的增大，在某一点上会有气流速度等于当地声速的状态，即 $Ma=1$ 的状态，该状态称为临界状态。临界状态的气流参数称为临界参数，出现

临界状态的过流截面称为临界截面。临界状态的参数可用静参数符号加下标 cr 表示。将式（6-18）表示的 c—v 关系画在直角坐标平面上，见图 6-3。由图可以清楚地看出，气流速度滞止到零时，当地声速上升到滞止声速 c_0；气流速度达到极限速度 v_{max} 时，当地声速下降到零。

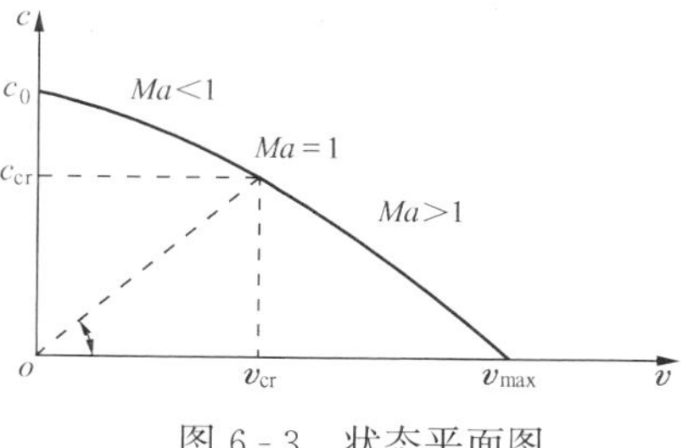

图 6-3　状态平面图

由式（6-18），当气流达到临界状态时，$v_{cr}=c_{cr}$，可得

$$c_{cr}=\sqrt{\frac{2}{\kappa+1}}c_0=\sqrt{\frac{\kappa-1}{\kappa+1}}v_{max} \tag{6-19}$$

或

$$c_{cr}=\sqrt{\kappa RT_{cr}}=\sqrt{\frac{2\kappa R}{\kappa+1}T_0} \tag{6-19a}$$

显然，对于一定的气体，临界声速也决定于总温，在定常绝能流中是个常数，所以，在气体动力学中临界声速也是一个重要的参考速度。

在实际计算中，经常遇到临界参数和滞止参数的比值，利用式（6-12）～式（6-14）可容易地导出临界参数和滞止参数的关系式，令 $Ma=1$，可得

$$\frac{T_{cr}}{T_0}=\frac{c_{cr}^2}{c_0^2}=\frac{2}{\kappa+1} \tag{6-20}$$

$$\frac{p_{cr}}{p_0}=\left(\frac{2}{\kappa+1}\right)^{\frac{\kappa}{\kappa-1}} \tag{6-21}$$

$$\frac{\rho_{cr}}{\rho_0}=\left(\frac{2}{\kappa+1}\right)^{\frac{1}{\kappa-1}} \tag{6-22}$$

由这一组公式可以看出，对于一定的气体，临界参数和滞止参数的比值为常数。对于空气，$\kappa=1.4$，$T_{cr}/T_0=(c_{cr}/c_0)^2=0.8333$，$p_{cr}/p_0=0.5283$，$\rho_{cr}/\rho_0=0.6339$。

四、速度系数

在气体动力学的有关计算中，还常常遇到一个类似马赫数的零量纲系数，即速度系数，将其定义为气流速度与临界声速比值，用 M_* 表示，即

$$M_*=\frac{v}{c_{cr}} \tag{6-23}$$

有了速度系数可给有关计算提供很大的方便。如某问题中，需要求出定常绝能流动中不同点上的气流速度时，因为 c_{cr} 是个常数，这样在由速度系数 M_* 求 v 时，只需用 M_* 乘以常数 c_{cr} 就可以了。如果用 Ma 求 v 时，必须先逐个求出当地声速的 c，才能逐个求出 v。用速度系数 M_* 去求就省却了这些麻烦。另外，在绝能流中，当 $v\rightarrow v_{max}$ 时，$c\rightarrow 0$，$Ma\rightarrow\infty$，在作图时就无法把 $v\rightarrow v_{max}$ 附近的情况描绘出来，如果用 M_* 就克服了这种弊病，当 $v=v_{max}$ 时

$$M_{*max}=\frac{v_{max}}{c_{cr}}=\sqrt{\frac{\kappa+1}{\kappa-1}} \tag{6-24}$$

对于一定的气体，M_{*max} 为一常数，例如空气，$\kappa=1.4$，$M_{*max}=2.4495$。

利用前述的有关公式可以导出 M_* 与 Ma 的关系。将式（6-19）中的 c_0 代入式（6-18），通

除以 v^2，得

$$\frac{1}{\kappa-1}\frac{1}{Ma^2}+\frac{1}{2}=\frac{\kappa+1}{2(\kappa-1)}\frac{1}{M_*}$$

整理得

$$M_*^2=\frac{(\kappa+1)Ma^2}{2+(\kappa-1)Ma^2} \tag{6-25}$$

$$Ma^2=\frac{2M_*^2}{(\kappa+1)-(\kappa-1)M_*^2} \tag{6-26}$$

用式（6-26）绘制的 M_* 与 Ma 的关系曲线如图 6-4 所示（该图是针对 $\kappa=1.4$ 的气体绘制的）。

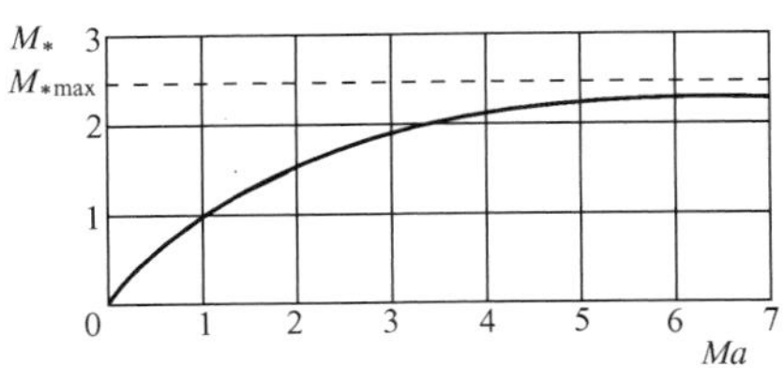

图 6-4　M_* 与 Ma 的关系曲线

由图可以看出，$Ma<1$，$M_*<1$，为亚声速流；$Ma=1$，$M_*=1$，为声速流；$Ma>1$，$M_*>1$，为超声速流。因此，也可以依据速度系数划分气体的流动状态。

利用式（6-25）可将式（6-12）～式（6-14）改写成以下形式：

$$\frac{T}{T_0}=\frac{c^2}{c_0^2}=1-\frac{\kappa-1}{\kappa+1}M_*^2 \tag{6-27}$$

$$\frac{p}{p_0}=\left(1-\frac{\kappa-1}{\kappa+1}M_*^2\right)^{\frac{\kappa}{\kappa-1}} \tag{6-28}$$

$$\frac{\rho}{\rho_0}=\left(1-\frac{\kappa-1}{\kappa+1}M_*^2\right)^{\frac{1}{\kappa-1}} \tag{6-29}$$

由这组公式可以看出，对于定常等熵绝能流动，气流参数随速度系数的变化趋势与随马赫数的变化趋势相同，即随着速度系数的增大，温度、声速、压强和密度都将降低。

第五节　气流参数和通道截面之间的关系

设无黏性的完全气体沿微元流管作定常流动，在该流管的微元距离 dx 上，气体流速由 v 变为 $v+dv$，压强由 p 变为 $p+dp$，质量力可以不计，近似地将微元流管在 dx 微小距离上的微元质量看成质点，应用牛顿第二定律可得

$$\rho v\,dv=-dp$$

将上式同除以压强整理，并引入声速公式，可得

$$\frac{dp}{p}=-\frac{\rho}{p}v\,dv=-\kappa Ma^2\frac{dv}{v} \tag{a}$$

对等熵过程关系式取对数后微分有 $\quad\frac{dp}{p}=\kappa\frac{d\rho}{\rho}$ (b)

对完全气体状态方程取对数后微分有 $\quad\frac{dp}{p}=\frac{d\rho}{\rho}+\frac{dT}{T}$ (c)

联立式（6-6）和式（a）、式（b）、式（c）可得

$$\frac{\mathrm{d}A}{A}=(Ma^2-1)\frac{\mathrm{d}v}{v} \tag{6-30}$$

$$\frac{\mathrm{d}p}{p}=\frac{\kappa Ma^2}{1-Ma^2}\frac{\mathrm{d}A}{A} \tag{6-31}$$

$$\frac{\mathrm{d}\rho}{\rho}=-Ma^2\frac{\mathrm{d}v}{v} \tag{6-32}$$

$$\frac{\mathrm{d}T}{T}=-(\kappa-1)Ma^2\frac{\mathrm{d}v}{v} \tag{6-33}$$

由以上关系式可以看出，对于一维定常绝能等熵流动，不论是亚声速还是超声速，若气流加速流动，压强、密度和温度不断下降，气流经历的是膨胀加速的过程；反之，当气流减速流动时，其经历的将是压缩过程。上述关系式还表明，气流参数的变化都与马赫数有关。

下面根据上述公式分析参数变化和通道截面积之间的关系。

（1）$Ma<1$ 时，气流作亚声速流动。由式（6-30）和式（6-31）知，$\mathrm{d}v$ 与 $\mathrm{d}A$ 正负号相反，$\mathrm{d}p$ 与 $\mathrm{d}A$ 正负号相同。由此可知，对于亚声速变截面的流动，随着流通截面积的增大，气流速度降低，压强增大；截面积减小，则流速增大，压强降低。参数变化规律和不可压缩流体相同。

（2）$Ma>1$ 时，气流作超声速流动。由式（6-30）和式（6-31）知，$\mathrm{d}v$ 与 $\mathrm{d}A$ 正负号相同，$\mathrm{d}p$ 与 $\mathrm{d}A$ 正负号相反。可见，对于超声气流，随着截面积的增大，气流速度增大，压强降低；截面积减小，则气流速度减小，压强增大。参数变化规律和不可压缩流体截然相反。

（3）$Ma=1$ 时，气流跨声速流动。由以上公式可知，$\mathrm{d}A=0$，$\mathrm{d}v=0$，$\mathrm{d}p=0$。根据上述分析可知，气流由亚声速变为超声速时，管道必须先收缩，后扩张，中间必然出现一个最小截面。在这一截面上气流速度实现声速，达到临界状态，最小截面称为喉部。其后随着截面积的增大，气流作超声速流动。

综上所述，不论是亚声速气流转化为超声速气流，还是超声速气流转化为亚声速气流，除要求气流在进出口的参数以外，还必须要求气流在最小截面上达到声速，否则，就不会达到预想的流动速度。在气体动力学中，沿流动方向增压减速的管道称为扩压管，如亚声速气流在渐扩管中的流动、超声速气流在渐缩管中的流动就符合扩压管的流动特征；气流沿流动方向膨胀加速的管道称为喷管，亚声速气流在渐缩管中的流动、超声速气流在渐扩管中的流动就符合喷管的特征。

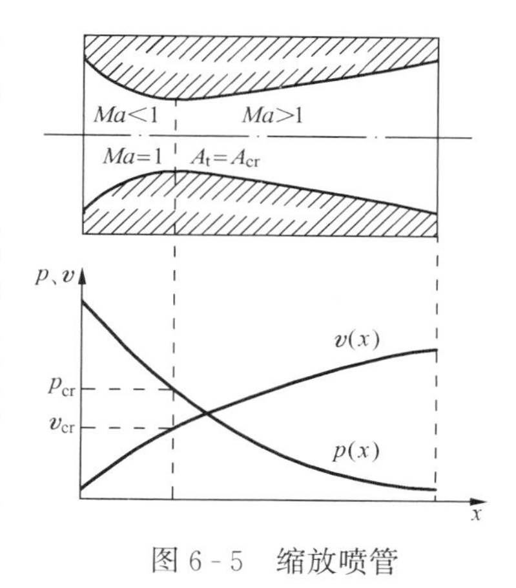

图 6-5　缩放喷管

扩压管的功用是通过减速增压使高速气流的动能转换为气体的压强势能和内能，以满足增压和节能的需要。

瑞典工程师拉瓦尔（C. G. P. de Laval）于19世纪末发明了可使亚声速气流连续地转化为超声速气流的缩放喷管，又称为拉瓦尔喷管。收缩形喷管的出口气流速度最高只能达到当地声速。喷管的功用是使高温高压气体的热能经降压加速转换为高速气流的动能，以便利用它去做功或满足某些特殊需要。图 6-5 为拉瓦尔喷管在设计工况下各过流截面上速度和压强的变化规律。

第六节 喷管流动的计算和分析

喷管常用于一些动力装置，例如汽轮机的叶栅槽道、某些火箭和飞机的发动机等。工程中常用的喷管有两种，一种是可获得亚声速流或声速流的收缩喷管，另一种是能获得超声速流的拉瓦尔喷管。本节将以完全气体为研究对象，研究收缩喷管和拉瓦尔喷管在设计工况下的流动问题。

一、收缩喷管

如图 6-6 所示，某完全气体从一大型容器通过收缩喷管出流，由于容器很大，可以将其中的气流速度看作零，将喷管进口的气流参数都用它们对应的滞止参数表示，分别为 p_0、ρ_0、T_0，喷管出口处的气流参数分别为 p、ρ、T、v。

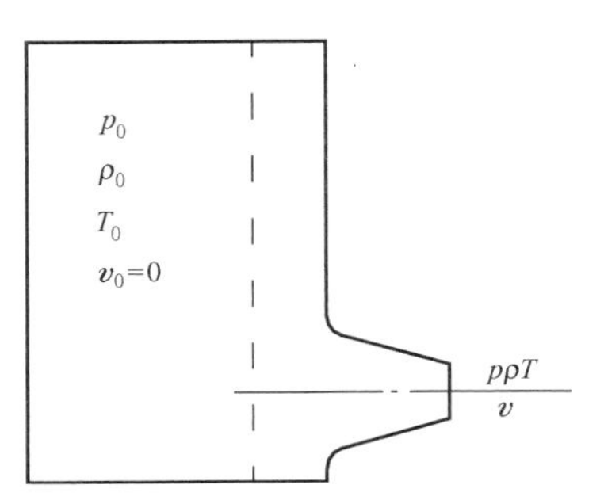

图 6-6 容器经收缩喷管的出流

下面研究收缩喷管的出口速度和流量。列容器内虚线面上和喷管出口的能量方程如下：

$$\frac{\kappa}{\kappa-1}\frac{p}{\rho}+\frac{v^2}{2}=\frac{\kappa}{\kappa-1}\frac{p_0}{\rho_0}$$

由上式解得

$$v=\sqrt{\frac{2\kappa}{\kappa-1}\frac{p_0}{\rho_0}\left(1-\frac{p}{p_0}\frac{\rho_0}{\rho}\right)} \tag{6-34}$$

根据等熵过程方程式和气体状态方程式整理得

$$v=\sqrt{\frac{2\kappa}{\kappa-1}\frac{p_0}{\rho_0}\left[1-\left(\frac{p}{p_0}\right)^{\frac{\kappa-1}{\kappa}}\right]}=\sqrt{\frac{2\kappa}{\kappa-1}RT_0\left[1-\left(\frac{p}{p_0}\right)^{\frac{\kappa-1}{\kappa}}\right]} \tag{6-35}$$

通过喷管的质量流量为

$$q_m=A\rho v=A\rho_0\left(\frac{p}{p_0}\right)^{1/\kappa}v \tag{6-36}$$

将式（6-35）代入整理得

$$q_m=A\rho_0\sqrt{\frac{2\kappa}{\kappa-1}\frac{p_0}{\rho_0}\left[\left(\frac{p}{p_0}\right)^{\frac{2}{\kappa}}-\left(\frac{p}{p_0}\right)^{\frac{\kappa+1}{\kappa}}\right]}=A\sqrt{\frac{2\kappa}{\kappa-1}\frac{p_0^2}{RT_0}\left[\left(\frac{p}{p_0}\right)^{\frac{2}{\kappa}}-\left(\frac{p}{p_0}\right)^{\frac{\kappa+1}{\kappa}}\right]} \tag{6-36a}$$

以上公式表明，对于一定的气体，在收缩喷管出口未达到临界状态前，压强比 p/p_0 越小，出口速度越高，流量就越大。根据以上分析可知，收缩喷管出口气流速度最高可达当地声速，即出口气流处于临界状态。此时出口截面上的压强为

$$p=p_0\left(\frac{2}{\kappa+1}\right)^{\frac{\kappa}{\kappa-1}}=p_{cr}$$

即喷管出口气流达到临界状态 $Ma=M_*=1$ 时，收缩喷管的流速和流量达到最大值。将上式代入式（6-35）、式（6-36a），可得收缩喷管出口气流的临界速度和临界流量分别为

$$v=v_{cr}=\sqrt{\frac{2\kappa}{\kappa+1}\frac{p_0}{\rho_0}}=\sqrt{\frac{2\kappa R}{\kappa+1}T_0}=\sqrt{\frac{2}{\kappa+1}}c_0=c_{cr}$$

$$q_{m,\mathrm{cr}}=A\left(\frac{2}{\kappa+1}\right)^{\frac{\kappa+1}{2(\kappa-1)}}\sqrt{\kappa p_0\rho_0} \tag{6-36b}$$

喷管在设计工况下工作时，气流由入口开始膨胀加速，至出口时达到临界状态。但有些情况下喷管并不按设计工况工作。当上述容器内的气体总压或喷管出口的环境背压发生变化时，喷管将在变动的工况下工作。

由本章第二节已知，微弱扰动波是以当地声速传播的。当喷管出口的气流速度为亚声速时，此时若喷管出口气流静压和环境背压 p_{amb} 不一致，将产生微弱扰动波。由于微弱扰动波的传播速度大于气流速度，扰动波可以逆流向上游传播，使喷管内的气流参数得以调整，当气流参数调整到 $p=p_{\mathrm{amb}}$ 时，喷管将在这一背压下稳定工作。当 $p=p_{\mathrm{amb}}=p_{\mathrm{cr}}$ 时，喷管出口气流处于临界状态，达到收缩喷管的设计工况。如果 p_{amb} 再进一步降低，由于压强波的传播速度等于出口气流的临界速度，压强波已不能逆流上传，喷管出口气流压强保持 $p_1=p_{\mathrm{cr}}$，而不受 p_{amb} 的影响。收缩喷管流量和压强比之间关系如图 6-7 所示。

根据环境压强的变化对收缩喷管的工况作以下分析。

(1) $p_{\mathrm{amb}}/p_0>p_{\mathrm{cr}}/p_0$ 时，这时沿喷管各截面的气流速度都是亚声速，在出口处 Ma (M_*) <1，$p=p_{\mathrm{amb}}$；当 p_{amb} 降低时，速度 v (Ma) 和流量 q_m 都增大，气体在喷管内得以完全膨胀。

(2) $p_{\mathrm{amb}}/p_0=p_{\mathrm{cr}}/p_0$ 时，喷管内为亚声速流，出口截面的气流达临界状态，$Ma=M_*=1$，$p=p_{\mathrm{cr}}=p_{\mathrm{amb}}$，$q_m/q_{m,\max}=1$，气体在喷管内仍可得到完全膨胀。

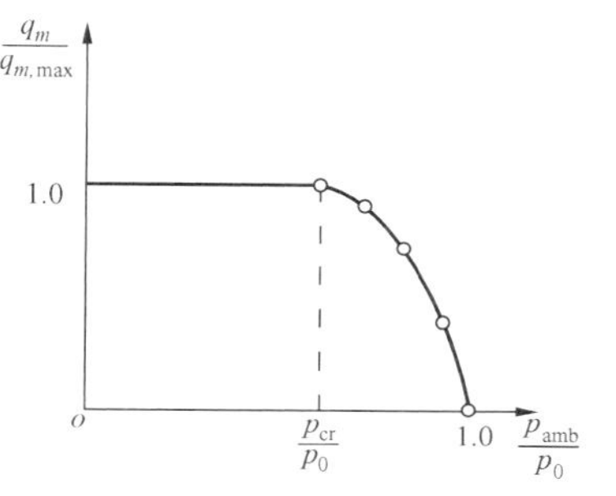

图 6-7　收缩喷管流量和压强比的关系

(3) $p_{\mathrm{amb}}/p_0<p_{\mathrm{cr}}/p_0$ 时，整个喷管的气体流动为亚声速，在出口截面上 $Ma=M_*=1$，$p=p_{\mathrm{cr}}>p_{\mathrm{amb}}$，$q_m/q_{m,\max}=1$。由于出口的气流压强高于环境背压，气体在喷管内没有完全膨胀，气体流出喷管后将继续膨胀，故称膨胀不足。此时，虽然背压小于临界压强，由于微弱扰动波不能逆流上传，流量不再随背压降低而增大，称这种现象为壅塞现象。

【例 6-1】　封闭容器中的氮气 [$\kappa=1.4$，$R=297\mathrm{J/(kg\cdot K)}$] 的滞止参数 $p_0=4\times10^5\mathrm{Pa}$，$T_0=298\mathrm{K}$。气体经过安装于容器壁面上的收缩喷管出流，已知喷管出口直径 $d=50\mathrm{mm}$，出口环境背压 $p_{\mathrm{amb}}=10^5\mathrm{Pa}$，试求喷管的质量流量。

解

$$\frac{T_{\mathrm{cr}}}{T_0}=\frac{2}{\kappa+1}=\frac{2}{1.4+1}=0.8333$$

$$\frac{p_{\mathrm{cr}}}{p_0}=\left(\frac{T_{\mathrm{cr}}}{T_0}\right)^{\frac{\kappa}{\kappa-1}}=0.8333^{\frac{1.4}{1.4-1}}=0.5283$$

根据以上两式可以算得　$T_{\mathrm{cr}}=248.32\mathrm{K}$，$p_{\mathrm{cr}}=2.1132\times10^5\mathrm{Pa}$

由于出口环境背压 $p_{\mathrm{amb}}<p_{\mathrm{cr}}$，喷管出口气流为临界状态，所以

$$\rho_{\mathrm{cr}}=\frac{p_{\mathrm{cr}}}{RT_{\mathrm{cr}}}=\frac{2.1132\times10^5}{297\times248.32}=2.8653\mathrm{kg/m^3}$$

$$v_{\mathrm{cr}}=\sqrt{\kappa RT_{\mathrm{cr}}}=\sqrt{1.4\times297\times248.32}=321.33\mathrm{m/s}$$

$$q_m = \rho_{cr} v_{cr} \frac{\pi d^2}{4} = 2.8653 \times 321.33 \times \frac{\pi \times 0.05^2}{4} = 1.8076 \text{kg/s}$$

二、缩放喷管

缩放喷管广泛应用于蒸汽轮机、燃气轮机、超声速风洞、引射器以及喷气飞机和火箭等动力和试验装置中，在焊接、纺织机械等方面也有所应用。

下面讨论缩放喷管出口流速和流量、面积比公式。

假设缩放喷管内的完全气体作绝能等熵流动，喷管进口的气流处于滞止状态，喷管在设计工况下工作。流动参数在喷管内的变化情况如图 6-5 所示。按照和收缩喷管同样的推导方法，推导出的喷管出口的气流速度同式（6-34）和式（6-35），通过喷管的质量流量可以按式（6-36a）计算，也可按式（6-36b）计算，但其中的截面积必须代之以喉部截面积 $A_t = A_{cr}$。即通过喷管的流量就是喉部能通过的流量的最大值为

$$q_{m,cr} = A_t \left(\frac{2}{\kappa+1}\right)^{\frac{\kappa+1}{2(\kappa-1)}} \sqrt{\kappa p_0 \rho_0} \tag{6-37}$$

由连续方程求得

$$\frac{A}{A_t} = \frac{A}{A_{cr}} = \frac{\rho_{cr} c_{cr}}{\rho v}$$

其中 A 为喷管出口截面积。

将式（6-19b）、式（6-28）、式（6-37）以及等熵过程关系式 $\rho/\rho_0 = (p/p_0)^{1/\kappa}$ 代入上式，得

$$\frac{A}{A_{cr}} = \left(\frac{2}{\kappa+1}\right)^{\frac{1}{\kappa-1}} \left\{\frac{\kappa+1}{\kappa-1}\left[\left(\frac{p}{p_0}\right)^{2/\kappa} - \left(\frac{p}{p_0}\right)^{(\kappa+1)/\kappa}\right]\right\}^{-1/2} \tag{6-38}$$

将式（6-13）代入式（6-38）整理得

$$\frac{A}{A_{cr}} = \frac{1}{Ma}\left(\frac{2}{\kappa+1} + \frac{\kappa-1}{\kappa+1}Ma^2\right)^{\frac{\kappa+1}{2(\kappa-1)}} = \frac{1}{M_*}\left(\frac{\kappa+1}{2} - \frac{\kappa-1}{2}M_*^2\right)^{-\frac{1}{\kappa-1}} \tag{6-38a}$$

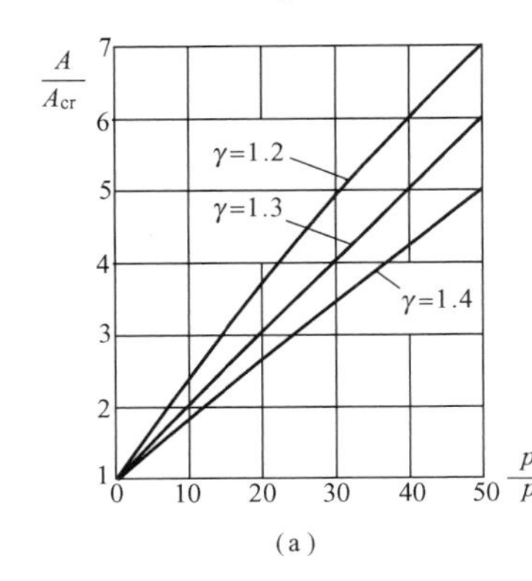

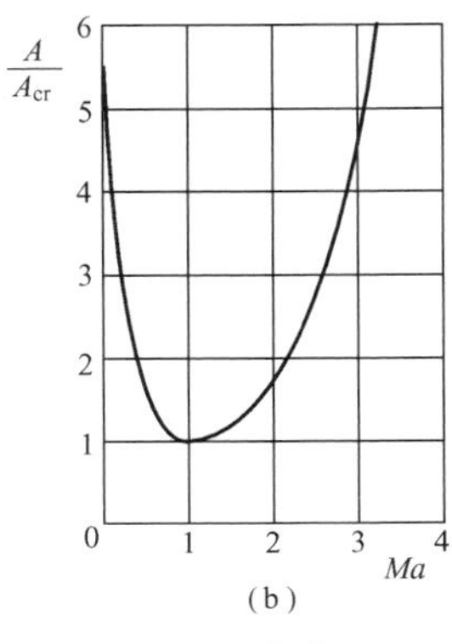

图 6-8 面积比与压强比、马赫数的关系曲线

上式即为缩放喷管的出口面积与喉部面积比公式。由式（6-38）和式（6-38a）作出的面积比与压强比、马赫数的关系曲线如图 6-8 所示。图和公式表明，对于一定的气体来说，一定的压强比对应一定的面积比；一定的马赫数对应一定的面积比。就是说，要利用缩放喷管得到一定马赫数的超声速气流，除具备必要的几何条件外，还必须同时具备物理条件，即必须具备一定的压强比，二者缺一不可。

以上讨论了设计工况下工作的缩放喷管几何参数和气流参数的计算问题，对于非设计工况的有关问题，不再赘述。

【例 6-2】 喷管前蒸汽的滞止参数为 $p_0 = 1180\text{kPa}$，$t_0 = 300℃$，喷管后的压强 $p_{amb} =$

294kPa。试问应采用什么形式的喷管？已知蒸汽流量 $q_m=12\text{kg/s}$，在无摩擦绝热的理想情况下，喷管的截面积应为多大？

解　查表 6-1，水蒸气的 $\kappa=1.33$，$R=462\text{J/(kg}\cdot\text{K)}$ 由温度比和压强比公式计算得

$$\frac{T_{cr}}{T_0}=\frac{2}{\kappa+1}=\frac{2}{1.33+1}=0.8584$$

$$\frac{p_{cr}}{p_0}=\left(\frac{T_{cr}}{T_0}\right)^{\frac{\kappa}{\kappa-1}}=0.8584^{\frac{1.33}{1.33-1}}=0.5404$$

根据上式可以算得 $p_{cr}=6.378\times10^5\text{Pa}$

由于出口环境背压 $p_{amb}<p_{cr}$，故可采用缩放喷管。

由状态方程

$$\rho_0=\frac{p_0}{RT_0}=\frac{1.18\times10^6}{462\times573}=4.457\text{kg/m}^3$$

由式（6-34）可算得喷管喉部面积。

$$A_t=\frac{q_{m,cr}}{\left(\frac{2}{\kappa+1}\right)^{\frac{\kappa+1}{2(\kappa-1)}}\sqrt{\kappa p_0\rho_0}}=\frac{12}{\left(\frac{2}{1.33+1}\right)^{\frac{1.33+1}{2(1.33-1)}}\times\sqrt{1.33\times4.457\times1.18\times10^6}}=0.0078\text{m}^2$$

第七节　实际气体在管道中的定常流动

以上在对有关问题的讨论中，没有考虑气体黏性的影响。以下将引进气体黏性因素，探讨在不同的热力学过程中流动参数的变化规律、计算方法。主要讨论工程中经常遇到的实际气体在绝热和等温条件下的流动规律。

一、有摩擦的一维定常绝热管流

工程实际中很多情况是气体在较短管道中的高速流动，在这种管道中，由于气体速度较快，来不及和周围环境进行热交换，常常将其作为有摩擦的绝热管流来分析。

下面以完全气体的流动为研究对象，研究摩擦作用对流动规律的影响，分析沿管路压强降落的规律。分析方法和不考虑黏性时的方法相同，先建立方程组，然后根据具体条件求解。

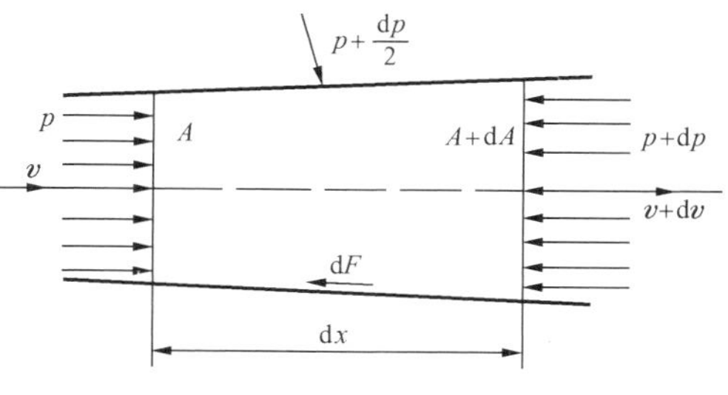

图 6-9　微元绝热管流

为了建立运动微分方程，选取图 6-9 所示的 dx 微元管段上的流体作为研究对象。在定常流动的条件下，作为研究对象的这部分流体在流动方向上的受力是平衡的。表面力包括上、下游断面上的总压力，管子壁面上的切应力的合力和压强的合力，作为气体质量力可以忽略不计。由式（3-29）有

$$q_m[(v+dv)-v]=pA-(p+dp)(A+dA)+\frac{1}{2}(2p+dp)dA-dF$$

整理并略去二阶以上的无穷小量有

$$\rho vA\,dv=-A\,dp-dF$$

两端同除以 ρA 有

$$v\mathrm{d}v+\frac{\mathrm{d}p}{\rho}+\frac{\mathrm{d}F}{\rho A}=0$$

比较上式和无黏性气体的微分关系式可知，$\mathrm{d}F/\rho A$ 为摩擦损失项。比照前述沿程损失的达西公式，此处单位质量流体的损失可以表示为

$$\frac{\mathrm{d}F}{\rho A}=\lambda\frac{\mathrm{d}x}{d}\frac{v^2}{2}$$

式中：d 为管道直径。

因此，黏性气体的绝热流动微分关系式可表示为

$$v\mathrm{d}v+\frac{\mathrm{d}p}{\rho}+\lambda\frac{\mathrm{d}x}{d}\frac{v^2}{2}=0 \tag{6-39}$$

由上式和连续性方程式（6-6）、能量方程式（6-7）及状态方程联立可导出

$$(Ma^2-1)\frac{\mathrm{d}v}{v}=\frac{\mathrm{d}A}{A}-\lambda\frac{\mathrm{d}x}{d}\frac{\kappa Ma^2}{2} \tag{6-40}$$

比较式（6-30）和式（6-40）可知，在变截面管道中，摩擦的作用就相当于沿流动方向的截面变化率发生变化。对于渐缩喷管，截面的减小率会更大，故亚声速气流增速加快；对于渐扩喷管，截面的增大率减小，超声速气流增速减慢。同时可以看出，在缩放喷管中临界截面不在管道的最小截面上，而在

$$\frac{\mathrm{d}A}{A}=\lambda\frac{\kappa}{2}\frac{\mathrm{d}x}{d}$$

处，说明临界截面应出现在扩张段内，其位置与 λ 有关。

对于等截面管道，摩擦的作用就类似于气流在渐缩管中的流动，使得亚声速气流沿流动方向速度加快，超声速气流沿流动方向速度减小。根据前述分析，考虑摩擦作用时，在等截面管道中不能使亚声速气流连续的转变为超声速气流；无论是超声速气流还是亚声速气流，出口的极限状态只能是声速。

下面分析等截面管中压强降落的变化规律。

将等熵关系式取对数后微分有

$$\frac{\mathrm{d}\rho}{\rho}=\frac{1}{\kappa}\frac{\mathrm{d}p}{p}$$

将上式联立状态方程、连续性方程及式（6-39）求解得

$$\mathrm{d}p-\frac{v^2}{\kappa RT}\mathrm{d}p+\lambda\frac{\mathrm{d}x}{d}\frac{\kappa p}{2}Ma^2=0$$

解上式有

$$\frac{\mathrm{d}p}{\mathrm{d}x}=\frac{\dfrac{\lambda}{d}\dfrac{p}{2}\kappa Ma^2}{Ma^2-1} \tag{6-41}$$

由式（6-41）可以看出，当 $Ma=1$ 时，$\mathrm{d}p/\mathrm{d}x$ 无穷大，这与实际情况不符，说明等直管中气流不可能出现临界状态；$Ma<1$ 时，$\mathrm{d}p/\mathrm{d}x$ 表达式的分母为负值，分子恒为正值，则 $\mathrm{d}p/\mathrm{d}x$ 为负值，说明沿流动方向压强逐渐减小，速度不断增大，根据渐缩管的流动特性，气流只有在出口才有可能实现声速；若等直管中流动的是 $Ma>1$ 的超声速气流，根据以上

分析，$\mathrm{d}p/\mathrm{d}x$ 恒为正值，则气流在管中流动压强逐渐增大，速度不断减小，根据渐缩管的气流流动特性，管内的超声速气流有可能在出口实现声速。

由以上分析可知，黏性气体在等直管中绝热流动时，在出口可能实现临界状态。当出口实现临界状态时，由于微弱扰动波不能逆流传播，无论外界压强如何变化，都不能影响管内的流动，管道流动处于壅塞状态，此时流量保持最大流量 $q_{m,\max}$ 不变。

等直管道的流量可用式（6-42）作近似计算：

$$q_m=\sqrt{\frac{p_1^2-p_2^2}{\lambda RT\dfrac{l}{d}}} \tag{6-42}$$

式中：p_1、p_2 分别为管道进出口的压强；l 为管道长度。

该式适用于绝热、等温热力学过程。

由以上分析，等直管道考虑摩擦时可能出现壅塞现象，即在一定条件下有一极限管长，对应这一长度管道出口恰好出现临界状态。工程实际中应对管长加以限制，即管道长度不应超过极限管长，因此，有必要给出管道的极限长度。

对于等截面管道，由于沿管长截面积不变，由式（6-40）得

$$(Ma^2-1)\frac{\mathrm{d}v}{v}=-\lambda\frac{\mathrm{d}x}{d}\frac{\kappa Ma^2}{2} \tag{6-43}$$

由马赫数定义式 $Ma=v/c$ 得

$$v^2=Ma^2c^2=Ma^2\kappa RT$$

将该式微分得

$$2v\mathrm{d}v=2Ma\kappa RT\mathrm{d}Ma+Ma^2\kappa R\mathrm{d}T$$

用 v^2 除上式左端，用 $Ma^2\kappa RT$ 除右端得

$$2\frac{\mathrm{d}v}{v}=2\frac{\mathrm{d}Ma}{Ma}+\frac{\mathrm{d}T}{T}$$

由上式和式（6-33）消去 $\mathrm{d}T/T$ 得

$$\frac{\mathrm{d}v}{v}=\frac{\mathrm{d}Ma/Ma}{(\kappa-1)Ma^2/2+1}$$

代入式（6-43）整理得

$$\lambda\frac{\mathrm{d}x}{d}=\frac{2(1-Ma^2)\mathrm{d}Ma}{\kappa Ma^3[(\kappa-1)Ma^2/2+1]}$$

将上式分离变量，并取 $x=0$，$Ma=Ma_1$；$x=l$，$Ma=Ma$，积分得

$$\lambda\frac{l}{d}=\frac{1}{\kappa}\left(\frac{1}{Ma_1^2}-\frac{1}{Ma^2}\right)+\frac{\kappa+1}{2\kappa}\ln\left[\left(\frac{Ma_1^2}{Ma^2}\right)^2\frac{(\kappa-1)Ma^2+2}{(\kappa-1)Ma_1^2+2}\right]$$

由前述分析可知，取最大管长时管道出口应达到临界状态，将 $Ma=1$ 代入上式，可得最大管长

$$l_{\max}=\frac{d}{\lambda}\left[\frac{1}{\kappa}\left(\frac{1}{Ma_1^2}-1\right)+\frac{\kappa+1}{2\kappa}\ln\frac{(\kappa+1)Ma_1^2}{(\kappa-1)Ma_1^2+2}\right] \tag{6-44}$$

由式（6-44）可知，在亚声速范围最大管长随 Ma_1 的增大而减小，在超声速范围内，最大管长随 Ma_1 的减小而减小；对于 $Ma_1=1$ 的跨声速流动，$l_{\max}=0$。

由式（6-44）还可以看出，管道中的沿程损失系数 λ 也将对最大管长产生影响。对于不可压缩流体 λ 取决于雷诺数 Re 和管道的粗糙度。对于可压缩流体，λ 不仅取决于雷诺数 Re 和管道的粗糙度，还和流体的压缩性有关，即还取决于马赫数 Ma。当 $Ma\leqslant 0.7$ 时，流

体压缩性的影响较小，可以认为 λ 与马赫数 Ma 无关，可近似的按不可压缩流体处理。当 $Ma>0.7$ 时，必须考虑流体压缩性的影响，此时，λ 随马赫数 Ma 的增大而降低，在此区间内，λ 和马赫数 Ma 关系尚缺乏充分的研究资料。

【例 6 - 3】 空气在绝热条件下流入直径 0.1m 的直管，气流在第一点上的马赫数 $Ma_1=0.5$，在第二点上的马赫数是 $Ma_2=0.7$。试计算所需的管子长度。（假设沿程阻力系数为常数，$\lambda=0.02$）

解 分别计算题中所给的两个雷诺数所对应的最大管长，其差值即为所需的管子长度。

计算管长的公式为式（6 - 44）。

当 $Ma_1=0.5$ 时

$$l_{\max1}=\frac{d}{\lambda}\left[\frac{1}{\kappa}\left(\frac{1}{Ma_1^2}-1\right)+\frac{\kappa+1}{2\kappa}\ln\frac{(\kappa+1)Ma_1^2}{(\kappa-1)Ma_1^2+2}\right]$$

$$=\frac{0.1}{0.02}\left[\frac{1}{1.4}\left(\frac{1}{0.5^2}-1\right)+\frac{1.4+1}{2\times1.4}\ln\frac{(1.4+1)\times0.5^2}{(1.4-1)\times0.5^2+2}\right]=5.344\text{m}$$

同理可算得 $l_{\max2}=1.041\text{m}$

所需的管子长度为 $\Delta l=l_{\max1}-l_{\max2}=5.344-1.041=4.301\text{m}$

二、实际气体的等温管流

工程中常常有气体在长管道中作低速流动的情况，这种情况下气体和周围环境能够进行充分的热交换，整个管道的气体温度可以当作常数处理，流动可看作等温流动。

由考虑摩擦的运动微分方程式（6 - 39），按等温过程 $\mathrm{d}\rho/\rho=\mathrm{d}p/p$，仿照绝热流的有关推导过程，可以得到等温管流的压降公式

$$\frac{\mathrm{d}p}{\mathrm{d}x}=\frac{\frac{\lambda}{d}-\frac{p}{2}Ma^2}{Ma^2-\frac{1}{\kappa}} \tag{6-45}$$

由式（6 - 45）可以看出，等温摩擦管流的气流速度应符合 $Ma<\sqrt{1/\kappa}$ 的条件。因为当速度较大时，往往不能保证管路中的气体与外界的充分热交换，难以满足等温流动的条件。

气体在等直管中作等温流动时的流量计算公式仍可采用式（6 - 42）。其他流动参量和管道参数的分析与绝热流动相同，在此不再赘述。

思考题

6 - 1 什么是声速？如何计算气体声速的大小？

6 - 2 为什么声速的大小和流动介质的压缩性大小有关？

6 - 3 什么是马赫数？马赫数的物理意义是什么？

6 - 4 在流场中出现扰动时，亚声速气流和超声速气流的流动状态有什么本质上的区别？

6 - 5 怎样保证气流在降压膨胀时得到所需要的速度？

6 - 6 环境压强从临界压强再继续降低时，为什么渐缩喷管中的流量保持不变，等于最大流量？

6-7　什么叫极限管长？

6-1　飞机在20000m高空（$-56.5℃$）中以2400km/h的速度飞行，试求气流相对于飞机的马赫数。　[2.25]

6-2　过热水蒸气 [$\kappa=1.33$，$R=462J/(kg\cdot K)$] 在管道中作等熵流动，在截面1上的参数为 $t_1=50℃$，$p_1=10^5Pa$，$v_1=50m/s$。如果截面2上的速度为 $v_2=100m/s$，求该处的压强 p_2。　[0.9753×10^5Pa]

6-3　空气 [$\kappa=1.4$，$R=287J/(kg\cdot K)$] 在400K条件下以声速流动，试确定：①气流速度。②对应的滞止声速。③对应的最大可能速度。

[400.899m/s；439.163m/s；981.998m/s]

6-4　输送氩气的管路中装置一皮托管，测得某点的总压为 1.58×10^5Pa，静压为 1.04×10^5Pa，管中气体温度为20℃，求流速。①不计气体的可压缩性；②按绝热压缩计算。　[252m/s；235m/s]

6-5　某气体管流，其进口状态为 $p_1=2.45\times10^5Pa$，$t_1=26.5℃$，$Ma_1=1.4$，若出口状态为 $Ma_2=2.5$，已知管流绝热，试确定：①滞止温度。②进口截面上单位面积的流量。③出口温度及速度 [已知 $\kappa=1.3$，$R=0.469kJ/(kg\cdot K)$]。

[387.55K，$1043.35kg/s\cdot m^2$，200.03K，873.05m/s]

6-6　空气管流 [$\kappa=1.4$，$R=287.43J/(kg\cdot K)$] 在管道进口处 $T_1=300K$，$p_1=3.45\times10^5Pa$，$v_1=150m/s$，$A_1=500cm^2$，在管道出口处 $T_2=277K$，$p_2=2.058\times10^5Pa$，$v_2=260m/s$，试求进出口处气流的各种状态参数：T_0，p_0，ρ_0，T_{cr}，p_{cr}，ρ_{cr}，λ，v_{max}。

[进口：311.18K，3.58×10^5Pa，$5.67kg/m^3$，259.32K，1.89×10^5Pa，$3.59kg/m^3$，0.464，791.26m/s；出口：310.6K，3.073×10^5Pa，$3.44kg/m^3$，258.83K，1.62×10^5Pa，$2.18kg/m^3$，0.75，790.53m/s]

6-7　过热水蒸气 [$\kappa=1.33$，$R=462J/(kg\cdot K)$] 的温度为430℃，压强为 5×10^6Pa，速度为525m/s，求水蒸气的滞止参数。　[770K；7.4848×10^6Pa；$21.04kg/m^3$]

6-8　飞机在10000m高空（$T=223.15K$，$p=0.264\times10^5Pa$）以速度800km/h飞行，燃烧室的进口扩压通道朝向前方，设空气在扩压通道中可逆压缩，若相对于扩压器的出口马赫数为 $Ma=0.36$。试确定：①相对于扩压器的来流马赫数。②相对于扩压器的出口速度、压强、温度。　[(1) 0.74；(2) 230.7m/s，0.342×10^5Pa，241.43K]

6-9　$\kappa=1.4$ 的空气在一渐缩管道中流动，在进口1处的平均流速为152.4m/s，气温为333.3K，气压为 2.086×10^5Pa，在出口2处达到临界状态。如不计摩擦，试求出口气流的平均流速、气温、气压和密度。　[339.9m/s；287.4K；1.231×10^5Pa；$1.492kg/m^3$]

6-10　空气罐中的绝对压强 $p_0=7\times10^5Pa$，$t_0=40℃$，通过一喉部直径 $d=25mm$ 的拉瓦尔喷管向大气中喷射，大气压强 $p_2=0.981\times10^5Pa$，求：①质量流量 q_m；②喷管出口截面直径 d_2；③喷管出口的马赫数 Ma_2。　[0.785kg/s，31.7mm，1.941]

6-11　空气气流在收缩喷管截面1上的参数为 $p_1=3\times10^5Pa$，$T_1=340K$，$v_1=150m/$

s，$d_1=46$mm，在出口截面 2 上马赫数为 $Ma=1$，试求出口的压强、温度和直径。

[1.775×10^5Pa；292.66K；36.7mm]

6-12 空气流过收缩喷管，其进口条件为 $v_1=243.84$m/s；$t_1=60$℃；$p_1=6.9\times10^5$Pa。出口压强为 $p_{amb}=3.73\times10^5$Pa。试确定在出口截面上的压强、温度、速度和马赫数。

[4.91×10^5Pa；302.26K；348.5m/s；1]

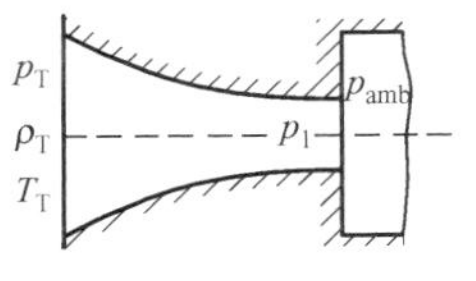

图 6-10 习题 6-13 用图

6-13 如图 6-10 所示收缩喷管从大气中吸气，其出口的环境背压由真空泵抽气形成，当背压 $p_{amb}=8000$Pa 时，通过收缩喷管的流量 $q_m=0.18$kg/s。已知大气压强 $p_a=1.01325\times10^5$Pa，大气温度 $T_a=293$K。试分析喷管内气流处于何种流动状态，并求喷管出口截面直径。

[超临界流动状态；0.03095m]

6-14 已知大容器内的过热蒸汽参数为 $p_0=2.94\times10^6$Pa，$T_0=773$K，$\kappa=1.3$，气体常数 $R=462$J/（kg·K），拟用喷管使过热蒸汽的热能转换成高速气流的动能。如果喷管出口的环境背压 $p_{amb}=9.8\times10^5$Pa，试分析应采用何种形式的喷管？若不计蒸汽流过喷管的损失，试求蒸汽的临界流速、出口流速和马赫数。[缩放喷管，635.4m/s，832.5m/s，1.387]

6-15 $Ma_1=3$ 的空气超声速气流进入一条沿程损失系数 $\lambda=0.02$ 的绝热管道，其直径 $d=200$mm，如果要求出口马赫数 $Ma_2=2$，试求管长 l。 [2.1716m]

6-16 气流参数为 $p_1=2\times10^5$Pa、$T_1=323$K、$v_1=200$m/s 的空气进入一条等截面管道作绝热摩擦流动，已知管径 $d=100$mm，沿程损失系数 $\lambda=0.025$，试求最大管长 l_{max} 及其出口的压强和温度。 [2.7976m；0.9239×10^5Pa；285.76K]

第七章　理想不可压缩流体的有旋流动和无旋流动

前几章重点讨论了流体的一维流动，为解决工程实际中大量的一维流动问题奠定了基础。但在许多工程实际问题中，流动参数不仅在流动方向上发生变化，而且在垂直于流动方向的横截面上也要发生变化。要研究此类问题，就要用多维流的分析方法。本章主要讨论理想流体多维流动的基本规律，为解决工程实际中类似的问题提供理论依据，也为进一步研究黏性流体多维流动奠定必要的基础。

第一节　流体流动的连续性方程

如前所述，当把流体的流动看作是连续介质的流动，它必然遵守质量守恒定律。对于一定的控制体，必须满足式（3-22）。它表示在控制体内由于流体密度变化所引起的流体质量随时间的变化率等于单位时间内通过控制体的流体质量的净通量。

下面首先推导在笛卡尔坐标系中微分形式的连续性方程。

如图7-1所示，在流场中取边长分别为 dx、dy、dz 的微元六面体，分析该微元六面体体积内流体的质量变化可得出三元连续性方程。

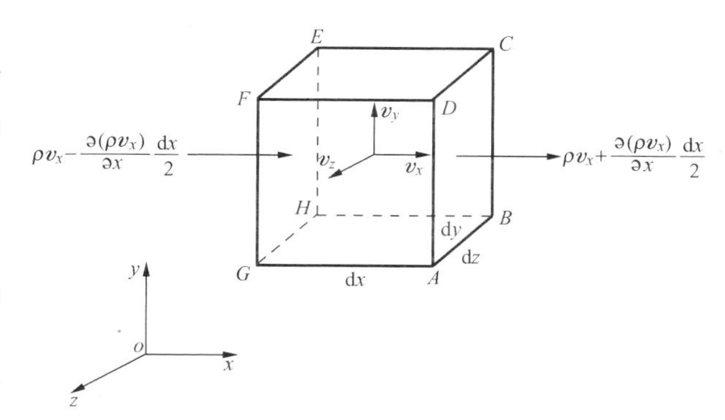

图7-1　微元六面体

设该微元六面体中心点 $O(x, y, z)$ 上流体质点的速度为 v_x、v_y、v_z，密度为 ρ，于是和 x 轴垂直的两个平面上的质量流量如图所示。

在 x 方向上，单位时间通过 $EFGH$ 面流入的流体质量为

$$\left[\rho v_x-\frac{\partial}{\partial x}(\rho v_x)\frac{dx}{2}\right]dydz \quad (a)$$

单位时间通过 $ABCD$ 面流出的流体质量为

$$\left[\rho v_x+\frac{\partial}{\partial x}(\rho v_x)\frac{dx}{2}\right]dydz \quad (b)$$

则在 x 方向单位时间内通过微元体表面的净通量为（b）－（a），即

$$\frac{\partial}{\partial x}(\rho v_x)dxdydz \quad (c1)$$

同理可得 y 和 z 方向单位时间通过微元体表面的净通量分别为

$$\frac{\partial}{\partial y}(\rho v_y)dxdydz \quad (c2)$$

$$\frac{\partial}{\partial z}(\rho v_z)dxdydz \quad (c3)$$

因此，单位时间流过微元体控制面的总净通量为

$$\iint_{CS}\rho v_n \mathrm{d}A=\left[\frac{\partial}{\partial x}(\rho v_x)+\frac{\partial}{\partial y}(\rho v_y)+\frac{\partial}{\partial z}(\rho v_z)\right]\mathrm{d}x\mathrm{d}y\mathrm{d}z \tag{c}$$

微元六面体内由于密度随时间的变化而引起的质量的变化率为

$$\frac{\partial}{\partial t}\iiint_{CV}\rho \mathrm{d}V=\frac{\partial}{\partial t}\iiint_{CV}\rho \mathrm{d}x\mathrm{d}y\mathrm{d}z=\frac{\partial \rho}{\partial t}\mathrm{d}x\mathrm{d}y\mathrm{d}z \tag{d}$$

将式（c）、式（d）代入式（3-22），两端同除以 $\mathrm{d}x\mathrm{d}y\mathrm{d}z$，则可得到微分形式的连续性方程

$$\frac{\partial}{\partial x}(\rho v_x)+\frac{\partial}{\partial y}(\rho v_y)+\frac{\partial}{\partial z}(\rho v_z)+\frac{\partial \rho}{\partial t}=0 \tag{7-1}$$

或

$$\nabla\cdot(\rho \boldsymbol{v})+\frac{\partial \rho}{\partial t}=0 \tag{7-1a}$$

由以上的推导过程可知，连续性方程表示了单位时间内控制体内流体质量的增量等于流体在控制体表面上的净通量。它适用于理想流体和黏性流体、定常流动和非定常流动。

在定常流动中，由于 $\frac{\partial}{\partial t}=0$，则有

$$\frac{\partial}{\partial x}(\rho v_x)+\frac{\partial}{\partial y}(\rho v_y)+\frac{\partial}{\partial z}(\rho v_z)=0 \tag{7-2}$$

即在定常流动的条件下，可压缩流体的连续性方程表示流体在单位时间流经控制体表面的质量净通量为零，或者说在单位时间该空间体积内的流体质量保持不变。

对于不可压缩流体（ρ=常数），则有

$$\frac{\partial v_x}{\partial x}+\frac{\partial v_y}{\partial y}+\frac{\partial v_z}{\partial z}=0 \tag{7-3}$$

或

$$\nabla\cdot\boldsymbol{v}=0 \tag{7-3a}$$

该式表明不可压缩流体流动时，v_x、v_y、v_z 沿各自坐标轴的变化率互相约束，不能随意变化。也可以说流体在 x，y，z 三个方向上的变形速率之和等于零。即在流动过程中不可压缩流体的形状虽有变化，但流体体积保持不变。

在其他正交坐标系中流场中任一点的连续性方程如下：

柱坐标系中的表示式为

$$\frac{\partial \rho}{\partial t}+\frac{1}{r}\frac{\partial}{\partial r}(r\rho v_r)+\frac{1}{r}\frac{\partial}{\partial \theta}(\rho v_\theta)+\frac{\partial}{\partial z}(\rho v_z)=0 \tag{7-4}$$

对于不可压缩流体有

$$\frac{\partial v_r}{\partial r}+\frac{1}{r}\frac{\partial v_\theta}{\partial \theta}+\frac{\partial v_z}{\partial z}+\frac{v_r}{r}=0 \tag{7-4a}$$

式中：r 为极径；θ 为极角。

球坐标系中的表示式为

$$\frac{\partial \rho}{\partial t}+\frac{1}{r^2}\frac{\partial(\rho v_r r^2)}{\partial r}+\frac{1}{r\sin\theta}\frac{\partial(\rho v_\theta\sin\theta)}{\partial \theta}+\frac{1}{r\sin\theta}\frac{\partial(\rho v_\beta)}{\partial \beta}=0 \tag{7-5}$$

$$\frac{\partial v_r}{\partial r}+\frac{1}{r}\frac{\partial v_\theta}{\partial \theta}+\frac{1}{r\sin\theta}\frac{\partial v_\beta}{\partial \beta}+\frac{2v_r}{r}+\frac{v_\theta \mathrm{ctan}\theta}{r}=0 \tag{7-5a}$$

式中：r 为径矩；θ 为纬度；β 为径度。

【例 7-1】　已知不可压缩流体运动速度$\boldsymbol{v}$在x，y两个轴方向的分量为$v_x=2x^2+y$，$v_y=2y^2+z$。且在$z=0$处，有$v_z=0$。试求z轴方向的速度分量v_z。

解　对不可压缩流体连续性方程为

$$\frac{\partial v_x}{\partial x}+\frac{\partial v_y}{\partial y}+\frac{\partial v_z}{\partial z}=0$$

将已知条件代入上式，有

$$4x+4y+\frac{\partial v_z}{\partial z}=0$$

即

$$\frac{\partial v_z}{\partial z}=-4x-4y$$

积分可得

$$v_z=-4(x+y)z+f(x,\ y)$$

又由已知条件对任何x、y，当$z=0$时，$v_z=0$。故有

$$f(x,\ y)=0$$

因此

$$v_z=-4(x+y)z$$

第二节　流体微团的运动分析

流体与刚体的主要不同在于流体具有流动性，极易变形。因此，任一流体微团在运动过程中，不但像刚体那样可以移动和转动，还会发生变形运动。一般情况下，流体微团的运动可以分解为移动、转动和变形运动。

如图 7-2 所示，在流场中任取一微元平行六面体，其边长分别为dx、dy、dz，微元体中心点沿三个坐标轴的速度分量为v_x、v_y、v_z。顶点 E 的速度分量可按照泰勒级数展开，略去二阶以上无穷小项求得，如图。

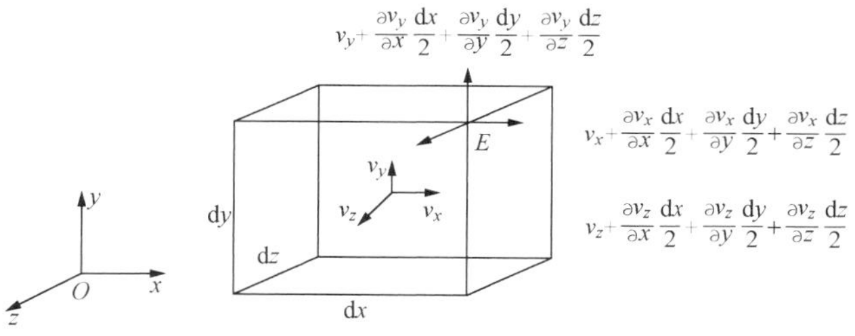

图 7-2　流体微团运动速度分量

为了简化讨论，先分析流体微团的平面运动，如图 7-3 所示。该平面经过微元平行六面体的中心点且平等于xoy面。由于液体微团各个点的速度不一样，在dt时间间隔中经过移动、转动和变形运动（包括角变形运动和线变形运动），流体微团的位置和形状都发生了变化。具体分析下：

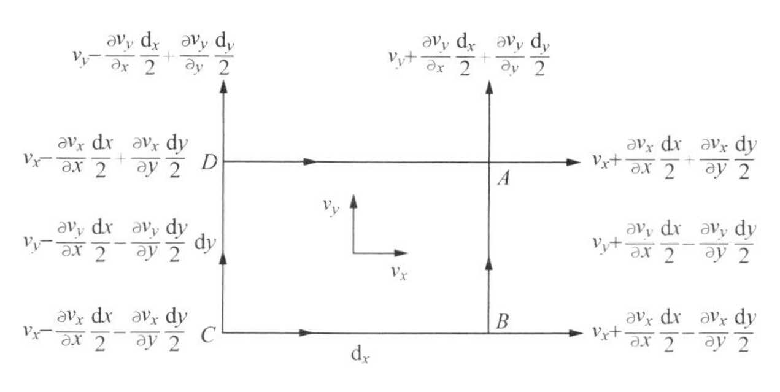

图 7-3　流体微团的平面运动

（1）移动：由图 7-3 看出，A、B、C、D各点速度分量中都含有v_x、v_y项，如果只考虑这两项，则经过时间dt，矩形$ABCD$向右移动$v_x dt$的距离，向上移动$v_y dt$的距离。移动到新位置后，形状保持不变，如图 7-4（a）所示。

（2）线变形运动：如果只考虑AB边和CD边在x轴方向上的速度差

$2\frac{\partial v_x}{\partial x}\frac{dx}{2}$，则经过时间 d$t$，$AD$ 边和 BC 边在 x 轴方向上伸长了 $2\frac{\partial v_x}{\partial x}\frac{dx}{2}dt$ 的距离；如果只考虑 AD 边和 BC 边在 y 轴方向上的速度差 $2\frac{\partial v_y}{\partial y}\frac{dy}{2}$，则经过时间 d$t$，根据连续性条件，$AB$ 边和 CD 边在 y 轴方向上缩短了 $2\frac{\partial v_y}{\partial y}\frac{dy}{2}dt$ 的距离，这就是流体微团的线变形，如图 7-4（b）所示。每秒钟单位长度的伸长或缩短量称为线应变速度，在 x 方向的线应变速度分量为 $2\frac{\partial v_x}{\partial x}\frac{dx}{2}dt\Big/\left(2\frac{dx}{2}dt\right)=\frac{\partial v_x}{\partial x}$，同样可得在 y 轴方向和 z 轴方向的分量分别为$\frac{\partial v_y}{\partial y}$、$\frac{\partial v_z}{\partial z}$。

（3）角变形运动和旋转运动：如图 7-4（c）、（d）所示，取图 7-3 中的 1/4 来分析。如果只考虑 B'点和 A''点在 y 轴方向上的速度差$\frac{\partial v_y}{\partial x}\frac{dx}{2}$，则经过时间 d$t$，$B'$点运动到 B''点，运动距离为$\frac{\partial v_y}{\partial x}\frac{dx}{2}dt$，使 $A''B'$边产生了角变形运动，变形角度为 dα；如果只考虑 D'点和 A''点在 x 轴方向上的速度差$\frac{\partial v_x}{\partial y}\frac{dy}{2}$，则经过时间 d$t$，$D'$点运动到 D''点，运动距离为$\frac{\partial v_x}{\partial y}\frac{dy}{2}dt$，使 $A''D'$边产生了角变形运动，变形角度为 dβ。变形角可按下列公式求得

$$d\alpha\approx\tan d\alpha=\frac{\frac{\partial v_y}{\partial x}\frac{dx}{2}dt}{\frac{dx}{2}}=\frac{\partial v_y}{\partial x}dt$$

$$d\beta\approx\tan d\beta=\frac{\frac{\partial v_x}{\partial y}\frac{dy}{2}dt}{\frac{dy}{2}}=\frac{\partial v_x}{\partial y}dt$$

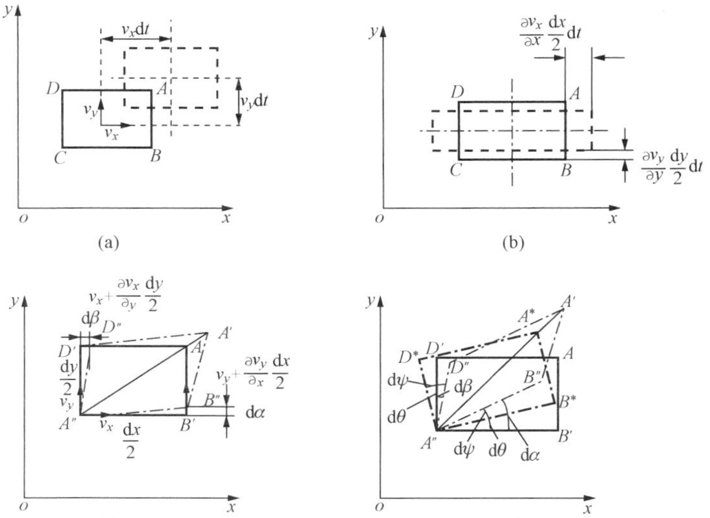

(a) (b) (c) (d)

图 7-4 流体微团平面运动的分析

变形角速度为

$$\frac{d\alpha}{dt}=\frac{\frac{\partial v_y}{\partial x}dt}{dt}=\frac{\partial v_y}{\partial x}$$

$$\frac{d\beta}{dt}=\frac{\frac{\partial v_x}{\partial y}dt}{dt}=\frac{\partial v_x}{\partial y}$$

上面只考虑了角变形运动，实际上流体微团在运动中变形和旋转是同时完成的。设流体微团旋转角度为 $d\theta$，变形角度为 $d\psi$，如图 7-4（d）所示

$$d\alpha=d\psi+d\theta$$

$$d\beta=d\psi-d\theta$$

由上两式可得

$$d\psi=\frac{1}{2}(d\alpha+d\beta)$$

$$d\theta=\frac{1}{2}(d\alpha-d\beta)$$

如果$\frac{\partial v_x}{\partial y}=\frac{\partial v_y}{\partial x}$，则 $d\alpha=d\beta$，$d\theta=0$，也就是只发生了角变形运动，矩形变成了平行四边形。如果$-\frac{\partial v_x}{\partial y}=\frac{\partial v_y}{\partial x}$，则 $d\psi=0$，矩形 $ABCD$ 各边都向逆时针旋转了同一微元角度 $d\theta$，矩形只发生旋转运动，形状不变。一般情况是$-\frac{\partial v_x}{\partial y}\neq\frac{\partial v_y}{\partial x}$，即 $|d\alpha|\neq|d\beta|$，矩形 $ABCD$ 在发生旋转运动的同时，还要发生角变形运动，结果也变成了平行四边形。

在旋转运动中，流体微团的旋转角速度定义为每秒内绕同一转轴的两条互相垂直的微元线段旋转角度的平均值。于是流体微团沿 z 轴的旋转角速度分量

$$\omega_z=\frac{d\theta}{dt}=\frac{1}{2}\left(\frac{d\alpha}{dt}-\frac{d\beta}{dt}\right)=\frac{1}{2}\left(\frac{\partial v_y}{\partial x}-\frac{\partial v_x}{\partial y}\right)$$

同理，可求得流体微团沿 x 轴和 y 轴的旋转角速度分量 ω_x 和 ω_y。于是，流体微团的旋转角速度分量为

$$\left.\begin{aligned}\omega_x&=\frac{1}{2}\left(\frac{\partial v_z}{\partial y}-\frac{\partial v_y}{\partial z}\right)\\ \omega_y&=\frac{1}{2}\left(\frac{\partial v_x}{\partial z}-\frac{\partial v_z}{\partial x}\right)\\ \omega_z&=\frac{1}{2}\left(\frac{\partial v_y}{\partial x}-\frac{\partial v_x}{\partial y}\right)\end{aligned}\right\}\tag{7-6}$$

$$\omega=\sqrt{\omega_x^2+\omega_y^2+\omega_z^2}\tag{7-7}$$

写成矢量形式为

$$\vec{\omega}=\omega_x\vec{i}+\omega_y\vec{j}+\omega_2\vec{k}=\frac{1}{2}\nabla\times\vec{V}$$

$$=\frac{1}{2}\begin{vmatrix}\vec{i} & \vec{j} & \vec{k}\\ \frac{\partial}{\partial x} & \frac{\partial}{\partial y} & \frac{\partial}{\partial z}\\ v_x & v_y & v_z\end{vmatrix}\tag{7-8}$$

在角变形运动中，流体微团的角变形速度定义为每秒内一个直角的角度变化量，则在 xoy 面内的角变形是 $\mathrm{d}\alpha+\mathrm{d}\beta=2\mathrm{d}\psi$。于是流体微团在垂直于 z 轴的平面上的角变形速度分量 $2\kappa_z=\frac{\mathrm{d}\alpha}{\mathrm{d}t}+\frac{\mathrm{d}\beta}{\mathrm{d}t}$，即

$$\kappa_z=\frac{1}{2}\left(\frac{\mathrm{d}\alpha}{\mathrm{d}t}+\frac{\mathrm{d}\beta}{\mathrm{d}t}\right)=\frac{1}{2}\left(\frac{\partial v_y}{\partial x}+\frac{\partial v_x}{\partial y}\right)$$

同样可求得在垂直于 x 轴和 y 轴的平面上的角变形速度分量之半 κ_x 和 κ_y。于是，流体微团的角变形速度之半的分量是

$$\left.\begin{aligned}\kappa_x&=\frac{1}{2}\left(\frac{\partial v_z}{\partial y}+\frac{\partial v_y}{\partial z}\right)\\\kappa_y&=\frac{1}{2}\left(\frac{\partial v_x}{\partial z}+\frac{\partial v_z}{\partial x}\right)\\\kappa_z&=\frac{1}{2}\left(\frac{\partial v_y}{\partial x}+\frac{\partial v_x}{\partial y}\right)\end{aligned}\right\}\tag{7-9}$$

前面在液体微团的运动分析中，已经给出 E 点的速度分量 v_{xE}、v_{yE}、v_{zE} 分别为

$$\left.\begin{aligned}v_{xE}&=v_x+\frac{\partial v_x}{\partial x}\frac{\mathrm{d}x}{2}+\frac{\partial v_x}{\partial y}\frac{\mathrm{d}y}{2}+\frac{\partial v_x}{\partial z}\frac{\mathrm{d}z}{2}\\v_{yE}&=v_y+\frac{\partial v_y}{\partial x}\frac{\mathrm{d}x}{2}+\frac{\partial v_y}{\partial y}\frac{\mathrm{d}y}{2}+\frac{\partial v_y}{\partial z}\frac{\mathrm{d}z}{2}\\v_{zE}&=v_z+\frac{\partial v_z}{\partial x}\frac{\mathrm{d}x}{2}+\frac{\partial v_z}{\partial y}\frac{\mathrm{d}y}{2}+\frac{\partial v_z}{\partial z}\frac{\mathrm{d}z}{2}\end{aligned}\right\}\tag{7-10}$$

如果在式（7-10）的第一式右端加入两组等于零的项 $\pm\frac{1}{2}\frac{\partial v_y}{\partial x}\frac{\mathrm{d}y}{2}$ 和 $\pm\frac{1}{2}\frac{\partial v_z}{\partial x}\frac{\mathrm{d}z}{2}$，其值不变。经过简单组合，可将该式写成

$$\begin{aligned}v_{xE}=v_x&+\frac{\partial v_x}{\partial x}\frac{\mathrm{d}x}{2}+\frac{1}{2}\left(\frac{\partial v_y}{\partial x}+\frac{\partial v_x}{\partial y}\right)\frac{\mathrm{d}y}{2}+\frac{1}{2}\left(\frac{\partial v_x}{\partial z}+\frac{\partial v_z}{\partial x}\right)\frac{\mathrm{d}z}{2}\\&+\frac{1}{2}\left(\frac{\partial v_x}{\partial z}-\frac{\partial v_z}{\partial x}\right)\frac{\mathrm{d}z}{2}-\frac{1}{2}\left(\frac{\partial v_y}{\partial x}-\frac{\partial v_x}{\partial y}\right)\frac{\mathrm{d}y}{2}\end{aligned}$$

同理，有

$$\begin{aligned}v_{yE}=v_y&+\frac{\partial v_y}{\partial y}\frac{\mathrm{d}y}{2}+\frac{1}{2}\left(\frac{\partial v_z}{\partial y}+\frac{\partial v_y}{\partial z}\right)\frac{\mathrm{d}z}{2}+\frac{1}{2}\left(\frac{\partial v_y}{\partial x}+\frac{\partial v_x}{\partial y}\right)\frac{\mathrm{d}x}{2}\\&+\frac{1}{2}\left(\frac{\partial v_y}{\partial x}-\frac{\partial v_x}{\partial y}\right)\frac{\mathrm{d}x}{2}-\frac{1}{2}\left(\frac{\partial v_z}{\partial y}-\frac{\partial v_y}{\partial z}\right)\frac{\mathrm{d}z}{2}\\v_{zE}=v_z&+\frac{\partial v_z}{\partial z}\frac{\mathrm{d}z}{2}+\frac{1}{2}\left(\frac{\partial v_x}{\partial z}+\frac{\partial v_z}{\partial x}\right)\frac{\mathrm{d}x}{2}+\frac{1}{2}\left(\frac{\partial v_z}{\partial y}+\frac{\partial v_z}{\partial z}\right)\frac{\mathrm{d}y}{2}\\&+\frac{1}{2}\left(\frac{\partial v_z}{\partial y}-\frac{\partial v_y}{\partial z}\right)\frac{\mathrm{d}x}{2}-\frac{1}{2}\left(\frac{\partial v_x}{\partial z}-\frac{\partial v_z}{\partial x}\right)\frac{\mathrm{d}x}{2}\end{aligned}$$

将式（7-6）、式（7-9）代入以上三式，得

$$\left.\begin{aligned}v_{xE}&=v_x+\frac{\partial v_x}{\partial x}\frac{\mathrm{d}x}{2}+\left(\kappa_z\frac{\mathrm{d}y}{2}+\kappa_y\frac{\mathrm{d}z}{2}\right)+\left(\omega_y\frac{\mathrm{d}z}{2}-\omega_z\frac{\mathrm{d}y}{2}\right)\\v_{yE}&=v_y+\frac{\partial v_y}{\partial y}\frac{\mathrm{d}y}{2}+\left(\kappa_x\frac{\mathrm{d}z}{2}+\kappa_z\frac{\mathrm{d}x}{2}\right)+\left(\omega_z\frac{\mathrm{d}x}{2}-\omega_x\frac{\mathrm{d}z}{2}\right)\end{aligned}\right\}\tag{7-10a}$$

$$v_{zE}=v_z+\frac{\partial v_z}{\partial z}\frac{\mathrm{d}z}{2}+\left(\kappa_y\frac{\mathrm{d}x}{2}+\kappa_x\frac{\mathrm{d}y}{2}\right)+\left(\omega_x\frac{\mathrm{d}y}{2}-\omega_y\frac{\mathrm{d}x}{2}\right) \tag{7-10b}$$

上式中，各速度分量的第一项是移动速度分量，第二、三、四项分别是由线变形运动、角变形运动和旋转运动所引起的线速度分量。此关系也称为亥姆霍兹（Helmholtz）速度分解定理，该定理可简述为：在某流场 O 点邻近的任意点 A 上的速度可以分成三个部分，与 O 点相同的平移速度（移动）；绕 O 点转动在 A 点引起的速度（旋转运动）；由于变形（包括线变形和角变形）在 A 点引起的速度（变形运动）。

亥姆霍兹速度分解定理对于流体力学的发展有着深远的影响。只有把旋转运动从一般运动中分离出来，才使我们有可能把运动分成无旋运动和有旋运动。正是由于把流体的变形运动从一般运动中分离出来，才使我们有可能将流体变形速度与流体应力联系起来，这对于黏性流体运动规律的研究有重大的影响。

第三节　有旋流动和无旋流动

根据流体微团在流动中是否旋转，可将流体的流动分为两类：有旋流动和无旋流动。流体微团的旋转角速度不等于零的流动称为有旋流动；流体微团的旋转角速度等于零的流动称为无旋流动，无旋流动又称为有势流动。

数学条件：

当 $$\boldsymbol{\omega}=\frac{1}{2}\nabla\times\boldsymbol{V}=0$$ 无旋流动

当 $$\boldsymbol{\omega}=\frac{1}{2}\nabla\times\boldsymbol{V}\neq 0$$ 有旋流动

通常以 $\nabla\times\boldsymbol{V}$ 是否等于零作为判别流动是否有旋或无旋的判别条件。

在笛卡尔坐标系中有

$$\nabla\times\boldsymbol{V}=\left(\frac{\partial v_z}{\partial y}-\frac{\partial v_y}{\partial z}\right)\boldsymbol{i}+\left(\frac{\partial v_x}{\partial z}-\frac{\partial v_z}{\partial x}\right)\boldsymbol{j}+\left(\frac{\partial v_y}{\partial x}-\frac{\partial v_x}{\partial y}\right)\boldsymbol{k} \tag{7-11}$$

即当流场速度同时满足

$$\frac{\partial v_z}{\partial y}=\frac{\partial v_y}{\partial z},\qquad \frac{\partial v_x}{\partial z}=\frac{\partial v_z}{\partial x},\qquad \frac{\partial v_y}{\partial x}=\frac{\partial v_x}{\partial y}$$

时流动无旋。

需要指出的是，有旋流动和无旋流动仅由流体微团本身是否发生旋转来决定，而与流体微团本身的运动轨迹无关。

如图 7-5（a），流体微团的运动为旋转的圆周运动，其微团自身不旋转，流场为无旋流动；如图 7-5（b），流体微团的运动尽管为直线运动，但流体微团在运动过程中自身在旋转，所以，该流动为有旋流动。

【例 7-2】　某一流动速度场为 $v_x=ay$，$v_y=v_z=0$，其中 a 是不为零的常数，流线是平行于 x 轴的直线。试判别该流动是有旋流动还是无旋流动。

解　由于 $$\omega_x=\frac{1}{2}\left(\frac{\partial v_z}{\partial y}-\frac{\partial v_y}{\partial z}\right)=0$$

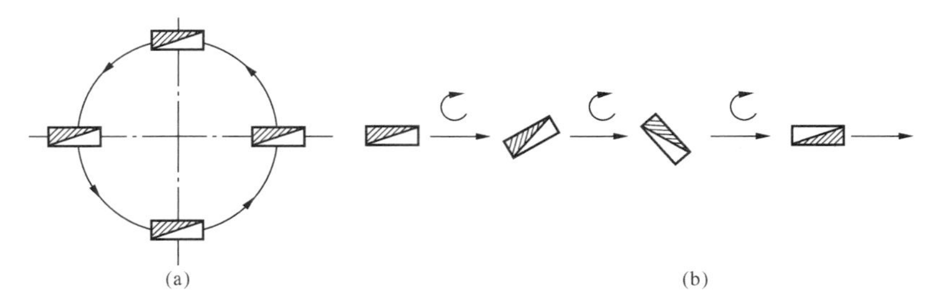

图 7-5　流体微团运动轨迹

$$\omega_y = \frac{1}{2}\left(\frac{\partial v_x}{\partial z} - \frac{\partial v_z}{\partial x}\right) = 0$$

$$\omega_z = \frac{1}{2}\left(\frac{\partial v_y}{\partial x} - \frac{\partial v_x}{\partial y}\right) = -\frac{1}{2}a \neq 0$$

所以该流动是有旋运动。

第四节　理想流体运动微分方程式　欧拉积分和伯努利积分

一、运动微分方程

理想流体运动微分方程式是研究流体运动学的重要理论基础，可以用牛顿第二定律加以推导。

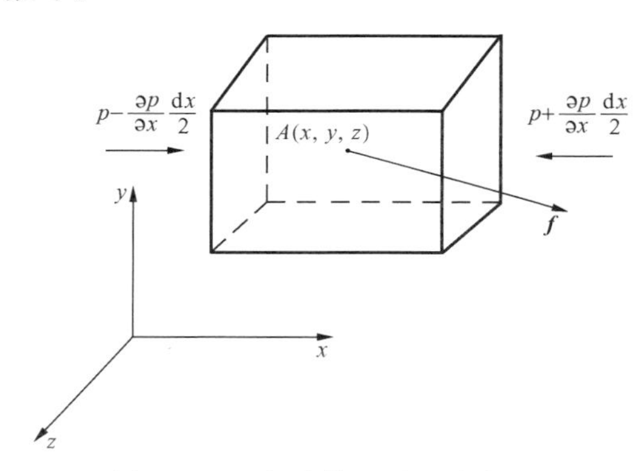

图 7-6　理想流体运动微分方程用图

在流场中取一平行六面体，如图 7-6 所示。其边长分别为 dx、dy、dz，中心点为 $A(x, y, z)$。中心点的压强为 $p=p(x, y, z)$，密度为 $\rho=\rho(x, y, z)$。因为研究的对象为理想流体，作用于六个面上的表面力只有压力，作用于微元体上的单位质量力 $\boldsymbol{f}$ 沿三个坐标轴的分量分别为 f_x、f_y、f_z。

微元体在质量力和表面力的作用下产生的加速度 $\boldsymbol{a}$，根据牛顿第二定律

$$\sum F_x = m\frac{dv_x}{dt}$$

根据上述情况有

$$f_x\rho dx dy dz + \left(p - \frac{\partial p}{\partial x}\frac{dx}{2}\right)dy dz - \left(p + \frac{\partial p}{\partial x}\frac{dx}{2}\right)dy dz = \rho dx dy dz\frac{dv_x}{dt}$$

两端同除以微元体的质量 $\rho dx dy dz$，并整理有

同理

$$\left.\begin{aligned} f_x - \frac{1}{\rho}\frac{\partial p}{\partial x} &= \frac{dv_x}{dt} \\ f_y - \frac{1}{\rho}\frac{\partial p}{\partial y} &= \frac{dv_y}{dt} \\ f_z - \frac{1}{\rho}\frac{\partial p}{\partial z} &= \frac{dv_z}{dt} \end{aligned}\right\} \tag{7-12}$$

写成矢量式有

$$\boldsymbol{f}-\frac{1}{\rho}\operatorname{grad}p=\frac{\mathrm{d}\boldsymbol{v}}{\mathrm{d}t} \tag{7-13}$$

将加速度的表达式代入式（7 - 12）有

$$\left.\begin{aligned}f_x-\frac{1}{\rho}\frac{\partial p}{\partial x}=\frac{\partial v_x}{\partial t}+v_x\frac{\partial v_x}{\partial x}+v_y\frac{\partial v_x}{\partial y}+v_z\frac{\partial v_x}{\partial z}\\ f_y-\frac{1}{\rho}\frac{\partial p}{\partial y}=\frac{\partial v_y}{\partial t}+v_x\frac{\partial v_y}{\partial x}+v_y\frac{\partial v_y}{\partial y}+v_z\frac{\partial v_y}{\partial z}\\ f_z-\frac{1}{\rho}\frac{\partial p}{\partial z}=\frac{\partial v_z}{\partial t}+v_x\frac{\partial v_z}{\partial x}+v_y\frac{\partial v_z}{\partial y}+v_z\frac{\partial v_z}{\partial z}\end{aligned}\right\} \tag{7-14}$$

其矢量式为

$$\boldsymbol{f}-\frac{1}{\rho}\operatorname{grad}p=\frac{\partial\boldsymbol{v}}{\partial t}+(\boldsymbol{v}\nabla)\boldsymbol{v} \tag{7-15}$$

式（7 - 14）为理想流体运动微分方程式，物理上表示了作用在单位质量流体上的质量力、表面力和惯性力相平衡。该式推导过程中对流体的压缩性没加限制，故可适用于理想的可压缩流体和不可压缩流体，适用于有旋流动和无旋流动。

将式（7 - 14）作恒等变形，便可以直接由运动微分方程判定流动是有旋还是无旋流动，在式（7 - 14）的第一式右端同时加减 $v_y\dfrac{\partial v_y}{\partial x}$、$v_z\dfrac{\partial v_z}{\partial x}$，得

$$\frac{\partial v_x}{\partial t}+\left(v_x\frac{\partial v_x}{\partial x}+v_y\frac{\partial v_y}{\partial x}+v_z\frac{\partial v_z}{\partial x}\right)+v_y\left(\frac{\partial v_x}{\partial y}-\frac{\partial v_y}{\partial x}\right)+v_z\left(\frac{\partial v_x}{\partial z}-\frac{\partial v_z}{\partial x}\right)=f_x-\frac{1}{\rho}\frac{\partial p}{\partial x}$$

由式（7 - 8）得

$$\frac{\partial v_x}{\partial t}+\frac{\partial}{\partial x}\left(\frac{v^2}{2}\right)+2(\omega_y v_z-\omega_z v_y)=f_x-\frac{1}{\rho}\frac{\partial p}{\partial x}$$

同理

$$\left.\begin{aligned}\frac{\partial v_y}{\partial t}+\frac{\partial}{\partial y}\left(\frac{v^2}{2}\right)+2(\omega_z v_x-\omega_x v_z)=f_y-\frac{1}{\rho}\frac{\partial p}{\partial y}\\ \frac{\partial v_z}{\partial t}+\frac{\partial}{\partial z}\left(\frac{v^2}{2}\right)+2(\omega_x v_y-\omega_y v_x)=f_z-\frac{1}{\rho}\frac{\partial p}{\partial z}\end{aligned}\right\} \tag{7-16}$$

写成矢量形式有

$$\frac{\partial v}{\partial t}+\nabla\left(\frac{v^2}{2}\right)+2(\boldsymbol{\omega}\times\boldsymbol{v})=f-\frac{1}{\rho}\nabla p \tag{7-17}$$

上式称为兰姆（H. Lamb）运动微分方程。

如果流体是在有势的质量力作用下，流场是正压性的，则

$$f_x=-\frac{\partial\pi}{\partial x},\quad f_y=-\frac{\partial\pi}{\partial y},\quad f_z=-\frac{\partial\pi}{\partial z}$$

此时存在一压强函数

$$P_F=\frac{\int\mathrm{d}p}{\rho} \tag{7-18}$$

压强函数对坐标的偏导数为

$$\frac{\partial P_F}{\partial x}=\frac{1}{\rho}\frac{\partial p}{\partial x},\quad \frac{\partial P_F}{\partial y}=\frac{1}{\rho}\frac{\partial p}{\partial y},\quad \frac{\partial P_F}{\partial z}=\frac{1}{\rho}\frac{\partial p}{\partial z}$$

将上述关系代入式（7 - 16），整理得

$$\left.\begin{aligned}-\frac{\partial}{\partial x}\left(\frac{v^2}{2}+\pi+P_F\right)&=\frac{\partial v_x}{\partial t}+2(\omega_y v_z-\omega_z v_y)\\-\frac{\partial}{\partial y}\left(\frac{v^2}{2}+\pi+P_F\right)&=\frac{\partial v_y}{\partial t}+2(\omega_z v_x-\omega_x v_z)\\-\frac{\partial}{\partial z}\left(\frac{v^2}{2}+\pi+P_F\right)&=\frac{\partial v_z}{\partial t}+2(\omega_x v_y-\omega_y v_x)\end{aligned}\right\}\tag{7-19}$$

写成矢量形关系式有

$$-\nabla\left(\frac{v^2}{2}+\pi+P_F\right)=\frac{\partial v}{\partial t}+2(\boldsymbol{\omega}\times\boldsymbol{v})\tag{7-20}$$

上式即为理想正压性流体在有势的质量力作用下的运动微分关系。

二、欧拉积分

当理想正压性流体在有势的质量力作用下作定常无旋流动时，式（7-19）右端为零。若在流场中任取一有向微元线段 $\mathrm{d}l$，其在三个坐标轴的投影分别为 $\mathrm{d}x$、$\mathrm{d}y$、$\mathrm{d}z$，将它们分别依次乘式（7-19）并相加，得

$$\frac{\partial}{\partial x}\left(\frac{v^2}{2}+\pi+P_F\right)\mathrm{d}x+\frac{\partial}{\partial y}\left(\frac{v^2}{2}+\pi+P_F\right)\mathrm{d}y+\frac{\partial}{\partial z}\left(\frac{v^2}{2}+\pi+P_F\right)\mathrm{d}z=0$$

即

$$\mathrm{d}\left(\frac{v^2}{2}+\pi+P_F\right)=0$$

积分得

$$\frac{v^2}{2}+\pi+P_F=C\tag{7-21}$$

上式为欧拉积分的结果，表明理想正压性流体在有势的质量力作用下作定常无旋流动时，单位质量流体的总机械能在流场中保持不变。

三、伯努利积分

当理想正压性流体在有势的质量力作用下作定常有旋流动时，式（7-19）右端第一项等于零。由流线的特性知，此时流线与迹线重合，在流场中沿流线取一有向微元线段 $\mathrm{d}l$，其在三个坐标轴上的投影分别为 $\mathrm{d}x=v_x\mathrm{d}t$、$\mathrm{d}y=v_y\mathrm{d}t$、$\mathrm{d}z=v_z\mathrm{d}t$，将它们的左、右端分别依次乘式（7-19）的左、右端，相加有

$$\mathrm{d}\left(\frac{v^2}{2}+\pi+P_F\right)=0$$

积分有

$$\frac{v^2}{2}+\pi+P_F=C\tag{7-22}$$

该积分为伯努利积分。表明理想正压性流体在有势的质量力作用下作定常有旋流动时，单位质量流体的总机械能沿流线保持不变。通常沿不同流线积分常数值有所不同。

第五节　理想流体的旋涡运动

一般情况下，流体微团的运动可以分解为平移运动、旋转运动和变形运动三部分。自然界中流体的流动绝大多数是有旋的。有的明显可见，如大气中的旋风、龙卷风、水流过桥墩后的涡旋区、行进中的船舶后的尾涡区等；更多的是肉眼看不见的，如自然界的充满微小旋涡的紊流流动、物体表面的充满微小旋涡的边界层流动、叶轮机械内的流体的涡旋运动等。

本章主要讲述理想流体有旋运动的理论基础，重点是速度环量及其表征环量和旋涡强度间关系的斯托克斯定理。

一、涡线、涡管、涡束和旋涡强度

在流体力学中，常用涡量来描述流体微团的旋转运动。涡量的定义为

$$\boldsymbol{\Omega}=2\boldsymbol{\omega}=\nabla\times\boldsymbol{V} \tag{7-23}$$

涡量是点的坐标和时间的函数。它在直角坐标系中的投影为

$$\Omega_x=\frac{\partial v_z}{\partial y}-\frac{\partial v_y}{\partial z},\quad \Omega_y=\frac{\partial v_x}{\partial z}-\frac{\partial v_z}{\partial x},\quad \Omega_z=\frac{\partial v_y}{\partial x}-\frac{\partial v_x}{\partial y} \tag{7-24}$$

在流场的全部或部分存在角速度 $\boldsymbol{\omega}$ 的场，称为涡量场。如同在速度场中引入了流线、流管、流束和流量一样，在涡量场中同样也引入涡线、涡管、涡束和旋涡强度的概念。

1. 涡线

涡线是在给定瞬时和涡量矢量相切的曲线。也可以说，涡线是这样一条曲线，曲线上任意一点的切线方向与在该点的流体的涡通量（角速度）方向一致，如图 7-7 所示。

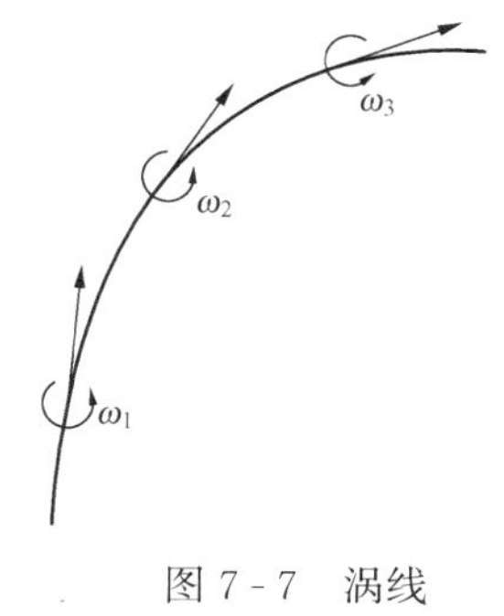

图 7-7　涡线

根据涡通量矢量与涡线相切的条件，涡线的微分方程为

$$\frac{dx}{\Omega_x(x,\ y,\ z,\ t)}=\frac{dy}{\Omega_y(x,\ y,\ z,\ t)}=\frac{dz}{\Omega_z(x,\ y,\ z,\ t)} \tag{7-25}$$

式中：t 为参变量。

所以涡线也可看作流体微团的瞬时转动轴线。涡线是对同一时刻而言的，不同时刻涡线可能不同。涡线和流线一样具有定常流动时涡线不随时间变化，过一点只能作一条涡线的特性。

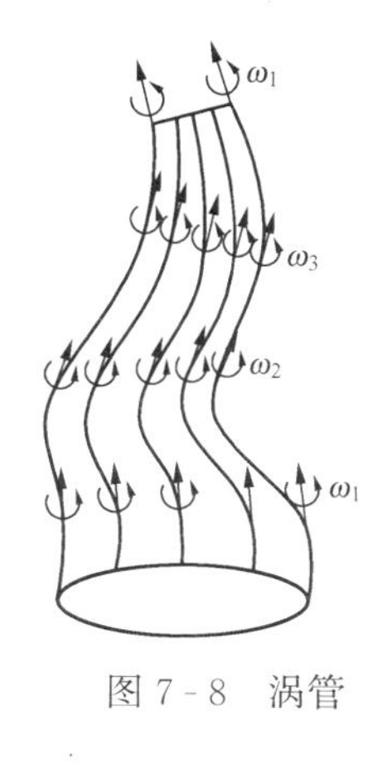

图 7-8　涡管

2. 涡管、涡束

在涡量场中任取一不是涡线的封闭曲线，在同一时刻过该曲线每一点的涡线形成的管状曲面称作涡管，如图 7-8 所示。

截面无限小的涡管称为微元涡管。涡管中充满着的作旋转运动的流体称为涡束，微元涡管中的涡束称为微元涡束或涡丝。

3. 旋涡强度（涡通量）

在涡量场中取一微元面积 dA，见图 7-9（a），其上流体微团的涡通量为 $\boldsymbol{\Omega}=2\boldsymbol{\omega}$，$\boldsymbol{n}$ 为 dA 的外法线方向，定义

$$dJ=\boldsymbol{\Omega}\cdot dA=2\omega\cos(\boldsymbol{\omega}\cdot\boldsymbol{n})dA=2\omega_n dA \tag{7-26}$$

为任意微元面积 dA 上的旋涡强度，也称涡通量。

任意面积 A 上的旋涡强度为

$$J=\iint_A\boldsymbol{\Omega}\cdot dA=2\iint_A\omega_n dA \tag{7-27}$$

如果面积 A 是涡束的某一横截面积，J 就称为涡束旋涡强度，它也是旋转角速度矢量 $\boldsymbol{\omega}$ 的通量。旋涡强度不仅取决于 ω_n，而且取决于面积 A。

二、速度环量、斯托克斯定理

流体质点的旋转角速度矢量无法直接测量，所以旋涡强度不能直接计算。但是，旋涡强

度与它周围的速度密切相关，旋涡强度越大，对周围流体速度的影响也就越大。因此，这里引入与旋涡周围速度场有关的速度环量的概念，建立速度环量与旋涡强度之间的计算关系。这样，通过计算涡束周围的速度场，就可以得到旋涡强度。

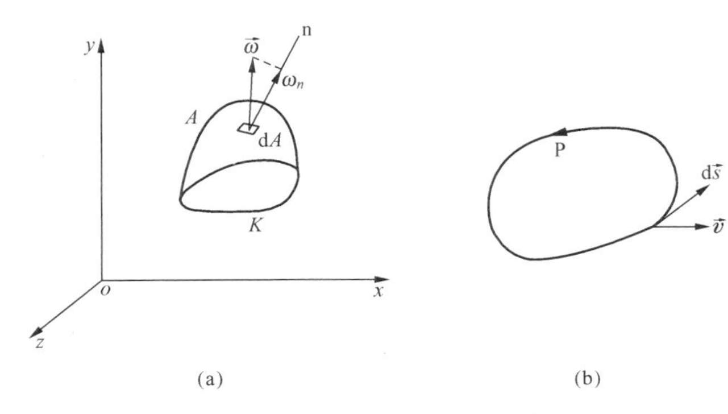

图 7-9 微元面积、微元有向线段

1. 速度环量

在流场的某封闭周线上，如图 7-9（b），流体速度矢量沿周线的线积分，定义为速度环量，用符号 Γ 表示，即

$$\Gamma=\oint \boldsymbol{v}\cdot \mathrm{d}l=\oint(v_x\mathrm{d}x+v_y\mathrm{d}y+v_z\mathrm{d}z) \tag{7-28}$$

速度环量是一代数量，它的正负与速度的方向和线积分的绕行方向有关。通常规定绕行的正方向为逆时针方向，即沿封闭轴线前进时，封闭周线所包围的面积总在绕行前进方向的左侧；封闭周线所包围曲面的法线正方向与绕行的正方向符合右手螺旋系统。

对非定常流动，速度环量是一个瞬时的概念，应根据同一瞬时曲线上各点的速度计算，积分时 t 为参变量。

2. 斯托克斯定理

关于速度环量与旋涡强度的斯托克斯（Stokes）定理：在涡量场中，沿任意封闭周线的速度环量等于通过该周线所包围曲面面积的旋涡强度，即

$$\Gamma=\oint \boldsymbol{v}\cdot \mathrm{d}l=\iint_A \boldsymbol{\Omega}\cdot \mathrm{d}A=2\iint_A \omega_n \mathrm{d}A=J \tag{7-29}$$

这一定理将旋涡强度与速度环量联系起来，给出了通过速度环量计算旋涡强度的方法，定理证明从略。

【例 7-3】 已知二维流场的速度分布为 $v_x=-3y$，$v_y=4x$，试求绕圆 $x^2+y^2=R^2$ 的速度环量。

解 此题用极坐标求解比较方便，坐标变换为

$$x=r\cos\theta,\ y=r\sin\theta$$

速度变换为

$$v_r=v_x\cos\theta+v_y\sin\theta,\ v_\theta=v_y\cos\theta-v_x\sin\theta$$

则

$$v_\theta=4r\cos^2\theta+3r\sin^2\theta$$

$$\begin{aligned}\Gamma&=\int_0^{2\pi}(4r\cos^2\theta+3r\sin^2\theta)r\mathrm{d}\theta=r^2\int_0^{2\pi}(4\cos^2\theta+3\sin^2\theta)\mathrm{d}\theta\\&=6\pi r^2+r^2\int_0^{2\pi}\cos^2\theta\mathrm{d}\theta=7\pi r^2\end{aligned}$$

【例 7-4】 一个二维涡量场，在一圆心在坐标原点、半径 $r=0.1\mathrm{m}$ 的圆区域内，流体的涡通量 $J=0.4\pi\mathrm{m}^2/\mathrm{s}$。若流体微团在半径 r 处的速度分量 v_θ 为常数，它的值是多少？

解 由斯托克斯定理得

$$\int_0^{2\pi} v_\theta r\mathrm{d}\theta=2\pi r v_\theta=J$$

$$v_\theta=\frac{J}{2\pi r}=\frac{0.4\pi}{2\pi\times 0.1}=2\text{m/s}$$

三、汤姆孙定理、亥姆霍兹定理

1. 汤姆孙（Thomson）定理

理想正压性流体在有势的质量力作用下，沿任何封闭流体周线的速度环量不随时间变化，即

$$\frac{\mathrm{d}\Gamma}{\mathrm{d}t}=0 \tag{7-30}$$

下面证明这一定理。在流场中任取一由流体质点组成的封闭周线 K，它随流体的运动而移动变形，但组成该线的流体质点不变。沿该线的速度环量可表示为式（7-28），它随时间的变化率为

$$\begin{aligned}\frac{\mathrm{d}\Gamma}{\mathrm{d}t}&=\frac{\mathrm{d}}{\mathrm{d}t}\oint(v_x\mathrm{d}x+v_y\mathrm{d}y+v_z\mathrm{d}z)\\&=\oint\left[v_x\frac{\mathrm{d}}{\mathrm{d}t}(\mathrm{d}x)+v_y\frac{\mathrm{d}}{\mathrm{d}t}(\mathrm{d}y)+v_z\frac{\mathrm{d}}{\mathrm{d}t}(\mathrm{d}z)\right]+\oint\left(\frac{\mathrm{d}v_x}{\mathrm{d}t}\mathrm{d}x+\frac{\mathrm{d}v_y}{\mathrm{d}t}\mathrm{d}y+\frac{\mathrm{d}v_z}{\mathrm{d}t}\mathrm{d}z\right)\end{aligned} \tag{7-30a}$$

由于质点线 K 始终由同样的流体质点组成，所以有

$$\frac{\mathrm{d}}{\mathrm{d}t}(\mathrm{d}x)=\mathrm{d}v_x,\quad \frac{\mathrm{d}}{\mathrm{d}t}(\mathrm{d}y)=\mathrm{d}v_y,\quad \frac{\mathrm{d}}{\mathrm{d}t}(\mathrm{d}z)=\mathrm{d}v_z$$

将其代入式（7-30a），等号右端第一项积分式得

$$\begin{aligned}&\oint\left[v_x\frac{\mathrm{d}}{\mathrm{d}t}(\mathrm{d}x)+v_y\frac{\mathrm{d}}{\mathrm{d}t}(\mathrm{d}y)+v_z\frac{\mathrm{d}}{\mathrm{d}t}(\mathrm{d}z)\right]\\&=\oint[v_x\mathrm{d}v_x+v_y\mathrm{d}v_y+v_z\mathrm{d}v_z]\\&=\oint\mathrm{d}\left(\frac{v_x^2+v_y^2+v_z^2}{2}\right)=\oint\mathrm{d}\left(\frac{v^2}{2}\right)\end{aligned}$$

由理想流体的欧拉运动微分方程，式（7-30a）等号右端第二项积分式可表示为

$$\begin{aligned}&\oint\left(\frac{\mathrm{d}v_x}{\mathrm{d}t}\mathrm{d}x+\frac{\mathrm{d}v_y}{\mathrm{d}t}\mathrm{d}y+\frac{\mathrm{d}v_z}{\mathrm{d}t}\mathrm{d}z\right)\\&=\oint\left[\left(f_x-\frac{1}{\rho}\frac{\partial p}{\partial x}\right)\mathrm{d}x+\left(f_y-\frac{1}{\rho}\frac{\partial p}{\partial y}\right)\mathrm{d}y+\left(f_z-\frac{1}{\rho}\frac{\partial p}{\partial z}\right)\mathrm{d}z\right]\\&=\oint\left[(f_x\mathrm{d}x+f_y\mathrm{d}y+f_z\mathrm{d}z)-\frac{1}{\rho}\left(\frac{\partial p}{\partial x}\mathrm{d}x+\frac{\partial p}{\partial y}\mathrm{d}y+\frac{\partial p}{\partial z}\mathrm{d}z\right)\right]\\&=\oint(-\mathrm{d}\pi-\mathrm{d}P_F)\end{aligned}$$

将上面的结果代入式（7-30a），并考虑到 v、π、P_F 都是单值连续函数，得

$$\frac{\mathrm{d}\Gamma}{\mathrm{d}t}=\oint\left[\mathrm{d}\left(\frac{v^2}{2}\right)-\mathrm{d}\pi-\mathrm{d}P_F\right]=0 \tag{7-30b}$$

或

$$\Gamma=\text{常数}$$

斯托克斯定理和汤姆孙定理表明，理想正压性流体在有势的质量力作用下，涡旋不会自行产生，也不会自行消失。其原因在于理想流体无黏性，无切应力，不能够传递旋转

运动；因此，原来不旋转的流体微团永远不会旋转，原来旋转的流体微团将永远旋转。这样，流场中原来有涡旋和速度环量的，将永远保持原有涡旋和速度环量；原来没有涡旋和速度环量的，就永远不会新产生涡旋和速度环量。流场中也会出现没有速度环量但有涡旋的情况，此时，旋涡成对出现且旋向相反，在包含着对旋涡的任意封闭周线上的环量为零值。

2. 亥姆霍兹（Helmholtz）定理

亥姆霍兹关于旋涡的三个定理，解释了涡旋的基本性质，是研究理想流体有旋流动的基本定理。

（1）亥姆霍兹第一定理：在理想正压性流体的有旋流场中，同一瞬时涡管各截面上的旋涡强度相同。

如图 7 - 10 所示，在同一涡管上任取两截面 A_1、A_2，在 A_1、A_2 之间的涡管表面上取两条无限靠近的线段 a_1a_2 和 b_1b_2。由于封闭周线 $a_1a_2b_2b_1a_1$ 所围成的涡管表面无涡线通过，旋涡强度为零。根据斯托克斯定理，沿封闭周线的速度环量等于零，即

$$\Gamma_{a_1a_2b_2b_1a_1}=\Gamma_{a_1a_2}+\Gamma_{a_2b_2}+\Gamma_{b_2b_1}+\Gamma_{b_1a_1}=0$$

由于 $\Gamma_{a_1a_2}+\Gamma_{b_2b_1}=0$，而 $\Gamma_{a_2b_2}=-\Gamma_{b_2a_2}$，故得 $\Gamma_{b_1a_1}=\Gamma_{b_2a_2}$。

根据斯托克斯定理可知 $\iint\limits_{A_1}\boldsymbol{\Omega}\cdot \mathrm{d}A=\iint\limits_{A_2}\boldsymbol{\Omega}\cdot \mathrm{d}A=$ 常数。

该定理说明，在理想正压性流体中，涡管既不能开始，也不能终止。但可以自成封闭的环状涡管，或开始于边界、终止于边界。

（2）亥姆霍兹第二定理（涡管守恒定理）：理想正压性流体在有势的质量力作用下，流场中的涡管始终由相同的流体质点组成。

如图 7 - 11 所示，K 为涡管表面上的封闭周线，其包围的面积内涡通量等于零。由斯托克斯定理知，周线 K 上的速度环量应等于零；又由汤姆孙定理，K 上的速度环量将永远为零，即周线 K 上的流体质点将永远在涡管表面上。换言之，涡管上流体质点将永远在涡管上，即涡管是由相同的流体质点组成的，但其形状可能随时变化。

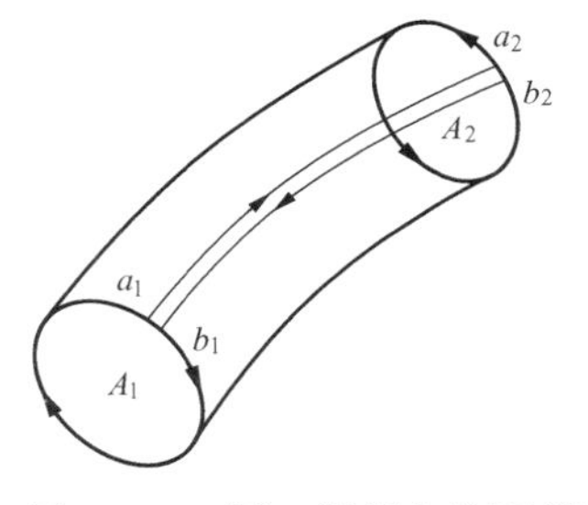

图 7 - 10　同一涡管上的两截面

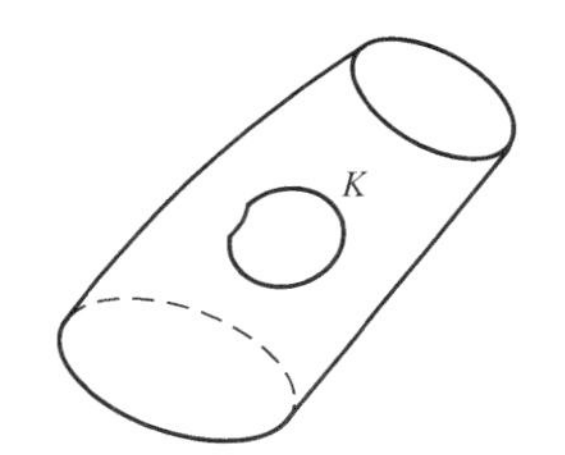

图 7 - 11　涡管上的封闭轴线

（3）亥姆霍兹第三定理（涡管强度守恒定理）：理想正压性流体在有势的质量力作用下，任一涡管强度不随时间变化。

若周线 K 为包围涡管任意截面 A 的边界线。由汤姆孙定理知，该周线上的速度环量为常数。根据斯托克斯定理截面 A 上的旋涡强度为常数。因为 A 为任意截面，所以整个涡管各个截面旋涡强度都不随时间发生变化，即涡管的旋涡强度不随时间变化。

由亥姆霍兹第三定理可知，黏性流体的剪切应力将消耗能量，使涡管旋涡强度逐渐

减弱。

第六节　二维旋涡的速度和压强分布

假设在理想不可压缩的重力流体中，有一像刚体一样以等角速度 ω 绕自身轴旋转的无限长铅垂直涡束，其涡通量为 J。涡束周围的流体在涡束的诱导下绕涡束轴作等速圆周运动，由斯托克斯定理知，$\Gamma=J$。由于直线涡束无限长，该问题可作一个平面问题研究。可以证明：涡束内的流动为有旋流动，称为涡核区，其半径为 r_b；涡束外的流动区域为无旋流动，称为环流区。

在环流区内，速度分布为

$$v_r=0,\ v_\theta=v=\frac{\Gamma}{2\pi r},\ r\geqslant r_b \tag{7-31}$$

在环流区内，压强分布由伯努利方程式导出。列环流区内半径为 r 的点和无穷远处的伯努利方程有

$$p+\frac{\rho v^2}{2}=p_\infty$$

式中：v 为 v_θ；p_∞ 为无穷远处的压强。

将 v_θ 代入上式得

$$p=p_\infty-\frac{\rho v^2}{2}=p_\infty-\frac{\rho\Gamma^2}{8\pi^2r^2} \tag{7-32}$$

由上式可知，在涡束外部的势流区内，随着环流半径的减小，流速上升而压强降低；在涡束边缘上，流速达该区的最高值，而压强则是该区的最低值，即

$$v_b=\frac{\Gamma}{2\pi r_b}$$

$$p_b=p_\infty-\frac{\rho v_b^2}{2}=p_\infty-\frac{\rho\Gamma^2}{8\pi^2r_b^2}$$

涡束内部的速度分布为

$$v_r=0,\ v_\theta=v=r\omega\quad(r\leqslant r_b) \tag{7-33}$$

由于涡束内部为有旋流动，伯努利积分常数随流线变化，故其压强分布可由欧拉运动微分方程导出。对于平面定常流动，欧拉运动微分方程为

$$v_x\frac{\partial v_x}{\partial x}+v_y\frac{\partial v_x}{\partial y}=-\frac{1}{\rho}\frac{\partial p}{\partial x}$$

$$v_x\frac{\partial v_y}{\partial x}+v_y\frac{\partial v_y}{\partial y}=-\frac{1}{\rho}\frac{\partial p}{\partial y}$$

将涡核内任意点的速度投影到直角坐标上，则有 $v_x=-\omega y$，$v_y=\omega x$，代入上式得

$$\omega^2x=\frac{1}{\rho}\frac{\partial p}{\partial x}$$

$$\omega^2y=\frac{1}{\rho}\frac{\partial p}{\partial y}$$

将 $\mathrm{d}x$ 和 $\mathrm{d}y$ 分别乘以以上二式，相加后得

$$\omega^2(x\mathrm{d}x+y\mathrm{d}y)=\frac{1}{\rho}\left(\frac{\partial p}{\partial x}\mathrm{d}x+\frac{\partial p}{\partial y}\mathrm{d}y\right)$$

或

$$\mathrm{d}p=\rho\,\omega^2\mathrm{d}\left(\frac{x^2+y^2}{2}\right)$$

积分得

$$p=\frac{1}{2}\rho\,\omega^2(x^2+y^2)+C=\frac{1}{2}\rho\,\omega^2r^2+C=\frac{1}{2}\rho v^2+C$$

在与环流区交界处，$r=r_b$，$p=p_b$，$v=v_b=r_b\omega$，代入上式，得积分常数：

$$C=p_b-\frac{\rho}{2}v_b^2=p_\infty-\rho v_b^2$$

得涡核区的压强分布为

$$p=p_\infty+\frac{1}{2}\rho v^2-\rho v_b^2=p_\infty+\frac{1}{2}\rho\,\omega^2r^2-\rho\,\omega^2r_b^2 \tag{7-34}$$

由上式可知涡管中心的压强最低，其大小为 $p_c=p_\infty-\rho v_b^2$，涡核区边缘至涡核中心的压强差为

$$p_b-p_c=\frac{1}{2}\rho v_b^2=p_\infty-p_b$$

由以上讨论可知，涡核区和环流区的压强差相等，其数值均为$\frac{1}{2}\rho v_b^2$。涡核区的压强比环流区的低。在涡束内部，半径越小，压强越低，沿径向存在较大的压强梯度，所以产生向涡核中心的抽吸作用，涡旋越强，抽吸作用越大。自然界中的龙卷风和深水旋涡就具有这种流动特征，具有很大的破坏力。在工程实际中有许多利用涡流流动特性装置，如锅炉中的旋风燃烧室、离心式除尘器、离心式超声波发生器、离心式泵和风机、离心式分选机等。

第七节 速度势和流函数

在自然界中无旋流动是很少见的，但有某些区域在很多情况下十分接近于无旋流动，可以近似的视为无旋流动，这样，作了无旋流动的假定后，可以使问题大为简化，有利于解决一些工程实际问题。

无旋流场存在着一系列重要性质。下面着重讨论速度势函数和流函数。

一、速度势函数

对于无旋流场，处处满足：$\nabla\times\boldsymbol{v}=0$，由矢量分析知，任一标量函数梯度的旋度恒为零，所以速度$\boldsymbol{v}$一定是某个标量函数φ的梯度，即

$$\boldsymbol{v}=\nabla\varphi \tag{7-35}$$

因

$$\boldsymbol{v}(x,y,z,t)=v_x\boldsymbol{i}+v_y\boldsymbol{j}+v_z\boldsymbol{k}$$

$$\nabla\varphi(x,y,z,t)=\frac{\partial\varphi}{\partial x}\boldsymbol{i}+\frac{\partial\varphi}{\partial y}\boldsymbol{j}+\frac{\partial\varphi}{\partial z}\boldsymbol{k}$$

则有

$$\left.\begin{aligned}v_x(x,y,z,t)&=\frac{\partial\varphi(x,y,z,t)}{\partial x}\\v_y(x,y,z,t)&=\frac{\partial\varphi(x,y,z,t)}{\partial y}\\v_z(x,y,z,t)&=\frac{\partial\varphi(x,y,z,t)}{\partial z}\end{aligned}\right\}\tag{7-36}$$

即流场的速度等于势函数 φ 的梯度。因此，称 $\varphi(x,y,z,t)$ 为速度势函数，简称速度势；称无旋流动为有势流动，简称势流。这与单位质量有势力和有势力场的势函数的关系相类似。

以下对上述结论作简单的证明。

在笛卡尔坐标系中，$\varphi=\varphi(x,y,z,t)$，由 $\boldsymbol{v}=\nabla\varphi$，则

$$v_x=\frac{\partial\varphi}{\partial x},\quad v_y=\frac{\partial\varphi}{\partial y},\quad v_z=\frac{\partial\varphi}{\partial z}$$

代入 $\nabla\times\boldsymbol{v}=0$ 或 $\frac{\partial v_z}{\partial y}=\frac{\partial v_y}{\partial z}$，$\frac{\partial v_x}{\partial z}=\frac{\partial v_z}{\partial x}$，$\frac{\partial v_y}{\partial x}=\frac{\partial v_x}{\partial y}$ 有

$$\frac{\partial^2\varphi}{\partial y\partial z}=\frac{\partial^2\varphi}{\partial z\partial y},\quad\frac{\partial^2\varphi}{\partial z\partial x}=\frac{\partial^2\varphi}{\partial x\partial z},\quad\frac{\partial^2\varphi}{\partial x\partial y}=\frac{\partial^2\varphi}{\partial y\partial x}$$

所以

$$\nabla^2\varphi=0$$

得证。

结论：无旋条件是速度有势的充要条件。无旋必然有势，有势必须无旋。所以无旋流场又称为有势流场。速度势的存在与流体是否可压缩，流动是否定常无关。

以上给出了在直角坐标系中速度势函数和速度的关系，在柱坐标系中

$$v_r=\frac{\partial\varphi}{\partial r},\quad v_\theta=\frac{1}{r}\frac{\partial\varphi}{\partial\theta},\quad v_z=\frac{\partial\varphi}{\partial z},\quad\varphi=\varphi(r,\theta,z,t)\tag{7-37}$$

有势流动的速度势函数与速度的线积分有密切关系。若势流中有一曲线 AB，速度沿该曲线积分为

$$\Gamma_{AB}=\int_A^B(v_x\mathrm{d}x+v_y\mathrm{d}y+v_z\mathrm{d}z)=\int_A^B\left(\frac{\partial\varphi}{\partial x}\mathrm{d}x+\frac{\partial\varphi}{\partial y}\mathrm{d}y+\frac{\partial\varphi}{\partial z}\mathrm{d}z\right)=\varphi_B-\varphi_A\tag{7-38}$$

上式表明，有势流动中沿 AB 曲线的速度线积分等于终点 B 和起点 A 的速度势之差。由于速度势是单值的，则该线积分与积分路径无关。这与力做的功和位势的关系相类似。当速度沿封闭周线积分时

$$\Gamma=\oint(v_x\mathrm{d}x+v_y\mathrm{d}y+v_z\mathrm{d}z)=\oint\mathrm{d}\varphi=0\tag{7-39}$$

即，周线上的速度环量等于零。

根据无旋条件，速度有势，$\boldsymbol{v}=\nabla\varphi$，代入不可压缩连续性条件 $\nabla\cdot\boldsymbol{v}=0$ 可得

$$\nabla\cdot(\nabla\varphi)=0$$

或

$$\nabla^2\varphi=0\tag{7-40}$$

上述方程称作不可压无旋流动的基本方程。

在笛卡尔坐标系中

$$\frac{\partial^2\varphi}{\partial x^2}+\frac{\partial^2\varphi}{\partial y^2}+\frac{\partial^2\varphi}{\partial z^2}=\nabla^2\varphi=0 \tag{7-41}$$

在柱坐标系中

$$\nabla^2\varphi=\frac{\partial^2\varphi}{\partial r^2}+\frac{1}{r}\frac{\partial\varphi}{\partial r}+\frac{1}{r^2}\frac{\partial^2\varphi}{\partial\theta^2}+\frac{\partial^2\varphi}{\partial z^2}=0 \tag{7-42}$$

拉普拉斯对此方程做了广泛研究，故称它为拉普拉斯（Laplace）方程。式中∇^2为拉普拉斯算子。满足拉普拉斯方程的函数为调和函数，故速度势是调和函数。如前所述，不可压缩理想流体有四个未知量，需要四个方程式联立求解。对于势流，速度势的引入，使求解速度的三个投影速度未知量转化为求解一个未知函数φ，并归结为根据起始条件和边界条件求解拉普拉斯方程，使求解过程大为简化。

二、流函数

在笛卡尔坐标系中，平面、不可压缩流体的连续性方程可写成

$$\nabla\cdot\boldsymbol{v}=\frac{\partial v_x}{\partial x}+\frac{\partial v_y}{\partial y}=0$$

若定义某一个函数$\psi(x,y)$，令

$$v_x=\frac{\partial\psi}{\partial y},\quad v_y=-\frac{\partial\psi}{\partial x} \tag{7-43}$$

称函数$\psi(x,y)$为流函数。

引入流函数的目的在于，可以用一个标量函数$\psi(x,y)$来代替两个标量函数v_x、v_y，可使问题的求解得以简化；流函数的引入依存于平面不可压缩流体的连续性方程，所以流函数的存在，就意味着满足流体的连续性。

平面不可压缩流体流函数具有以下基本性质：

（1）等流函数线为流线。

因为当$\psi=$常数时

$$\mathrm{d}\psi=\frac{\partial\psi}{\partial x}\mathrm{d}x+\frac{\partial\psi}{\partial y}\mathrm{d}y=-v_y\mathrm{d}x+v_x\mathrm{d}y=0$$

即

$$\frac{\mathrm{d}y}{\mathrm{d}x}=-\frac{\partial\psi}{\partial x}\Big/\frac{\partial\psi}{\partial y}=\frac{v_y}{v_x}$$

上式为流线方程，所以等流函数线也就是流线。

（2）流体通过两流线间单位高度的体积流量等于两条流线的流函数之差。

在$x-y$平面上任取A和B点，AB连线如图7-12所示，则

$$\begin{aligned}q_V&=\int_{\mathrm{A}}^{\mathrm{B}}\boldsymbol{v}\cdot\mathrm{d}l\\&=\int_A^B[v_x\cdot\cos(v,\hat{x})+v_y\cdot\cos(v,\hat{y})]\,\mathrm{d}l\\&=\int_A^B\left[\frac{\partial\psi}{\partial y}\frac{\mathrm{d}y}{\mathrm{d}l}+\frac{\partial\psi}{\partial x}\frac{\mathrm{d}x}{\mathrm{d}l}\right]\mathrm{d}l\\&=\int_{\mathrm{A}}^{\mathrm{B}}\mathrm{d}\psi=\psi_{\mathrm{B}}-\psi_{\mathrm{A}}\end{aligned}$$

以上对流函数的讨论表明，不论是理想流体还是黏性流体，不论是有旋的还是无旋的流

动，只要是不可压缩（或定常可压缩）流体的平面（或轴对称）流动，就存在流函数。

由不可压缩流体、平面、无旋流动条件有

$$\frac{\partial v_y}{\partial x}-\frac{\partial v_x}{\partial y}=0$$

将速度和流函数的关系代入上式得

$$\nabla^2\psi=\frac{\partial^2\psi}{\partial x^2}+\frac{\partial^2\psi}{\partial y^2}=0 \qquad (7-44)$$

在极坐标系中有

$$\nabla^2\psi=\frac{\partial^2\psi}{\partial r^2}+\frac{1}{r}\frac{\partial\psi}{\partial r}+\frac{1}{r^2}\frac{\partial^2\psi}{\partial\theta^2}=0 \qquad (7-45)$$

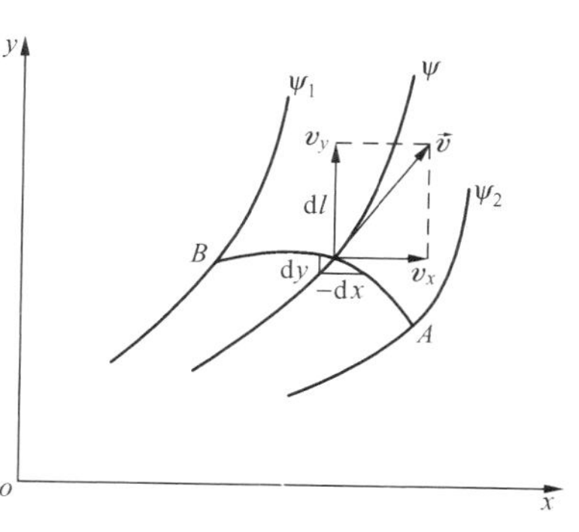

图 7 - 12　流量与流函数的关系

故不可压缩流体的平面无旋流动流函数也满足拉普拉斯方程，也是调和函数。

三、速度势函数和流函数的关系

对于不可压缩流体的平面无旋流动，速度势函数和流函数都是调和函数，且具有以下关系：

$$v_x=\frac{\partial\varphi}{\partial x}=\frac{\partial\psi}{\partial y},\qquad v_y=\frac{\partial\varphi}{\partial y}=-\frac{\partial\psi}{\partial x}$$

这一重要关系式数学上称之为柯西—黎曼（Cauchy-Riemen）条件。在流体力学中，可以利用此条件求解$\boldsymbol{v}$、φ 及 ψ 之间的关系。

由柯西—黎曼（Cauchy-Riemen）得

$$\frac{\partial\varphi}{\partial x}\frac{\partial\psi}{\partial x}+\frac{\partial\varphi}{\partial y}\frac{\partial\psi}{\partial y}=0 \qquad (7-46)$$

这是两簇曲线的正交条件。在平面上它们构成处处正交的网格，称为流网。

【例 7 - 5】　已知不可压缩流体平面势流，其速度势 $\varphi=xy$，试求速度投影和流函数。

解　由速度势可求得速度分量：

$$v_x=\frac{\partial\varphi}{\partial x}=y,\qquad v_y=\frac{\partial\varphi}{\partial y}=x$$

由速度和流函数的关系有

$$v_x=\frac{\partial\psi}{\partial y}=y,\qquad v_y=-\frac{\partial\psi}{\partial x}=x$$

将速度代入流函数的关系式积分得

$$\psi=\frac{1}{2}y^2+f(x)$$

将上式对 x 求偏导数，并考虑速度和流函数的关系则有

$$\frac{\partial\psi}{\partial x}=f'(x)=-x$$

上式对 x 积分，得

$$f(x)=-\frac{1}{2}x^2+C$$

代入原式有

$$\psi=\frac{1}{2}\left(y^2-x^2\right)+C$$

第八节　几种简单的平面势流

很多较复杂的平面势流可以由简单的平面势流叠加组成，由此导出叠加后新的势函数 φ 和流函数 ψ 的解析解，利用解析法求解，因此必须熟悉几种典型的平面势流。

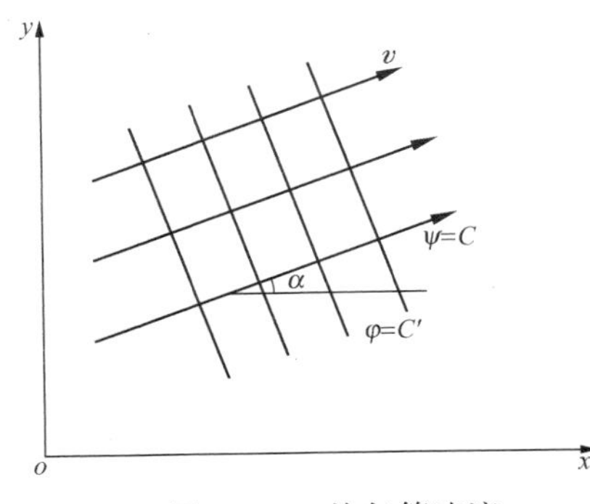

图 7 - 13　均匀等速流

一、均匀等速流

流速的大小和方向沿流线不变的流动为均匀流；若流线平行且流速相等，则称均匀等速流。例如$\boldsymbol{v}=v_{x0}\boldsymbol{i}+v_{y0}\boldsymbol{j}$，其中 v_{x0}、v_{y0} 为常数，便是这样的流动。由于

$$d\varphi=\frac{\partial \varphi}{\partial x}dx+\frac{\partial \varphi}{\partial y}dy=v_{x0}dx+v_{y0}dy$$

积分得

$$\varphi=v_{x0}x+v_{y0}y \tag{7-47a}$$

由于

$$d\psi=\frac{\partial \psi}{\partial x}dx+\frac{\partial \psi}{\partial y}dy=-v_{y0}dx+v_{x0}dy$$

积分得

$$\psi=-v_{y0}x+v_{x0}y \tag{7-47b}$$

在以上二式中均取积分常数为零（下同），这对流动的计算并无影响。显然，等势线 $v_{x0}x+v_{y0}y=C$ 与流线$-v_{y0}x+v_{x0}y=C'$是相互垂直的两簇直线，如图 7 - 13 所示。若已知来流速度 v_∞与 x 轴的夹角α，则有

$$v_{x0}=v_\infty\cos\alpha，\ v_{y0}=v_\infty\sin\alpha$$

$$\left.\begin{aligned}\varphi&=xv_\infty\cos\alpha+yv_\infty\sin\alpha\\ \psi&=-xv_\infty\sin\alpha+yv_\infty\cos\alpha\end{aligned}\right\} \tag{7-47c}$$

$$\left.\begin{aligned}&\alpha=0,\ \varphi=v_\infty x,\ \psi=yv_\infty\\ &\alpha=90^\circ,\ \varphi=v_\infty y,\ \psi=-xv_\infty\end{aligned}\right\} \tag{7-47d}$$

由于流场中各点的速度相同，流动无旋，故处处有 $gz+p/\rho=$常数，即在流场中各点的总势能保持不变。若是水平面上的均匀等势流，或者不计重力的影响（例如大气），则 $p=$常数，即压强在流场中处处相等。

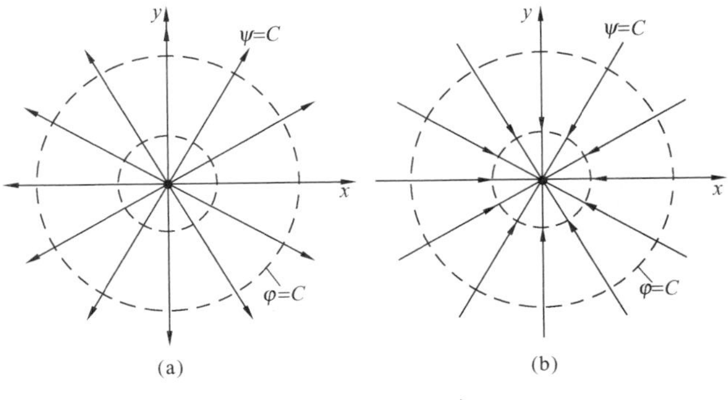

图 7 - 14　点源和点汇

二、点源和点汇

无限大平面上，流体从一点沿径向直线均匀地向外流出的流动，称为点源，这个点称为源点，如图 7 - 14（a）所示；如果流体沿径向均匀的流向一点，称为点汇，这个

点称为汇点，如图 7-14（b）所示。由以上定义可知，不论是点源还是点汇，流场中只有径向速度，即

$$v_\theta=\frac{1}{r}\frac{\partial\varphi}{\partial\theta}=0,\quad v_r=v=\frac{\partial\varphi}{\partial r}$$

根据流体的连续性原理，在极坐标中流体流过任意单位高度圆柱面的体积流量 q_V（也称为点源或点汇的强度）都相等，即

$$v=v_r=\pm\frac{q_V}{2\pi r}$$

上式中点源取正号，点汇取负号。根据上式，φ 只是 r 的函数，所以

$$\mathrm{d}\varphi=v\mathrm{d}r=\pm\frac{q_V}{2\pi r}\mathrm{d}r$$

积分得

$$\varphi=\pm\frac{q_V}{2\pi}\ln r=\pm\frac{q_V}{2\pi}\ln\sqrt{x^2+y^2}\tag{7-48a}$$

以上讨论表明，当 $r\to0$ 时，$v_r\to\infty$，源点和汇点是奇点，以上 φ 和 v_r 只有在 $r>0$ 时才有意义。流函数和速度的关系为

$$v_r=v=\frac{1}{r}\frac{\partial\psi}{\partial\theta},\qquad v_\theta=-\frac{\partial\psi}{\partial r}=0$$

因此，ψ 只是 θ 的函数，故有

$$\mathrm{d}\psi=vr\mathrm{d}\theta=\pm\frac{q_V}{2\pi}\mathrm{d}\theta$$

上式积分得

$$\psi=\pm\frac{q_V}{2\pi}\theta=\pm\frac{q_V}{2\pi}\arctan\frac{y}{x}\tag{7-48b}$$

根据以上得到的流函数和势函数可知，等势线为不同半径的同心圆，即 $r=$常数；流线为不同极角的径线，即 $\theta=$常数。

在水平面 x-y 面上，对半径 r 处和无穷远处列伯努利方程：

$$\frac{p}{\rho}+\frac{v^2}{2}=\frac{p_\infty}{\rho}$$

代入速度值后

$$p=p_\infty-\frac{q_V^2\rho}{8\pi^2r^2}\tag{7-48c}$$

由上式可知，压强随着半径的减小而降低。零压强处的半径为 $r_0=\left(\frac{q_V^2\rho}{8\pi^2p_\infty}\right)^{1/2}$。以上各式仅适用于 $r>r_0$ 的区域。

三、点涡

若直线涡束的半径 $r_b\to0$，则垂直于该涡束的平面内的流动称为点涡或自由涡流，涡流中心称为涡点，如图 7-15 所示。涡点以外势流区的速度分布仍为

$$v_r=\frac{\partial\varphi}{\partial r}=0$$

$$v_\theta=v=\frac{\partial\varphi}{r\partial\theta}=\frac{\Gamma}{2\pi r}$$

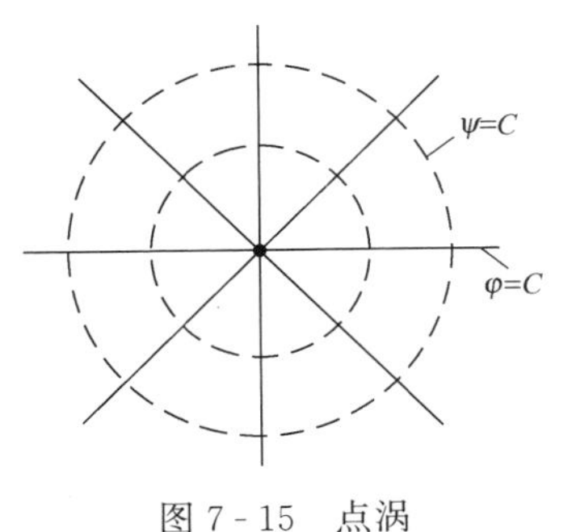

图 7-15　点涡

由以上关系式知，$r\to 0$ 时，$v_\theta\to\infty$，所以涡点为奇点，该式仅适用于 $r>0$ 区域。由此式可见，φ 只是 θ 的函数。

故有

$$d\varphi = vr\,d\theta = \frac{\Gamma}{2\pi}d\theta$$

积分得

$$\varphi = \frac{\Gamma}{2\pi}\theta \tag{7-49a}$$

速度和流函数的关系为

$$v_r = \frac{1}{r}\frac{\partial\psi}{\partial\theta} = 0,\quad v_\theta = v = -\frac{\partial\psi}{\partial r}$$

上式表明 ψ 只是 r 的函数，所以

$$d\psi = -v_\theta\,dr = -\frac{\Gamma}{2\pi r}dr$$

上式积分得

$$\psi = -\frac{\Gamma}{2\pi}\ln r \tag{7-49b}$$

以上讨论表明，点涡流场的等势线为不同极角的径线，即 $\theta=$常数；流线为不同半径的同心圆，即 $r=$常数。与点源（或点汇）相反。点涡的强度即沿围绕点涡周轴线上的环量 $\Gamma>0$ 时，环流为逆时针方向；$\Gamma<0$，环流为顺时针方向。由斯托克斯定理知，点涡的强度 Γ 取决于旋涡的强度。

涡点以外势流区的压强和前述二维涡流流场压强分布相同，其分布关系仍为式（7-32）。零压强处的半径为 $r_0=\left(\dfrac{\rho\Gamma^2}{8\pi^2 p_\infty}\right)^{1/2}$。上述各式的实际适用范围为 $r>r_0$ 的区域。

以上几种简单的平面势流实际中很少应用，但它们是势流的基本单元，若把几种基本单元叠加在一起，可以形成许多有实际意义的复杂流动。

第九节　简单平面势流的叠加

研究势流可以通过求解反映运动特征的速度势函数 φ 和流函数 ψ，获得速度场和压强场。对于流动较为复杂的情况，直接求 φ 或 ψ 往往十分困难，常将简单势流经适当组合叠加得到较复杂流动的势函数和流函数。

设有两个势流，其流函数和势函数分别为 φ_1、ψ_1 和 φ_2、ψ_2，由前述知，它们均满足拉普拉斯方程，具有可叠加的特性，即

$$\frac{\partial^2\varphi_1}{\partial x^2}+\frac{\partial^2\varphi_1}{\partial y^2}=0$$

$$\frac{\partial^2\varphi_2}{\partial x^2}+\frac{\partial^2\varphi_2}{\partial y^2}=0$$

新的势函数为 $\varphi=\varphi_1+\varphi_2$，由拉普拉斯方程有

$$\nabla^2\varphi=\frac{\partial^2(\varphi_1+\varphi_2)}{\partial x^2}+\frac{\partial^2(\varphi_1+\varphi_2)}{\partial y^2}$$

$$=\frac{\partial^2\varphi_1}{\partial x^2}+\frac{\partial^2\varphi_2}{\partial x^2}+\frac{\partial^2\varphi_1}{\partial y^2}+\frac{\partial^2\varphi_2}{\partial y^2}=0$$

同理新的流函数 $\psi=\psi_1+\psi_2$，也满足拉普拉斯方程，即

$$\nabla^2\psi=0$$

φ 和 ψ 都满足拉普拉斯方程，所以叠加得到的流动也是一个有势流动。同理，任意几个势流叠加后的速度势函数和流函数同样满足拉普拉斯方程，即

$$\nabla^2\varphi=\nabla^2\varphi_1+\nabla^2\varphi_2+\nabla^2\varphi_3+\cdots=0 \tag{7-50}$$

$$\nabla^2\psi=\nabla^2\psi_1+\nabla^2\psi_2+\nabla^2\psi_3+\cdots=0 \tag{7-51}$$

对新的流函数和势函数求偏导数，可以得到新流场的速度场。由此可知：几个简单有势流动叠加得到的新的有势流动，其速度势函数和流函数分别等于原有几个有势流动的速度势函数和流函数的代数和，速度分量为原有速度分量的代数和。

研究势流叠加原理的意义在于，将简单的势流叠加起来，得到新的复杂流动的流函数和势函数，可以用来求解复杂流动。

一、点汇和点涡叠加的流动——螺旋流

若点汇和点涡均位于坐标原点，组成一新的流场，其速度势和流函数为

$$\varphi=\varphi_1+\varphi_2=-\frac{1}{2\pi}(q_V\ln r-\Gamma\theta) \tag{7-52}$$

$$\psi=\psi_1+\psi_2=-\frac{1}{2\pi}(q_V\theta+\Gamma\ln r) \tag{7-53}$$

令以上的速度势和流函数为常数，得到的等势线和流线方程分别为

$$r=C_1 e^{\frac{\Gamma}{q_V}\theta},\quad r=C_2 e^{-\frac{q_V}{\Gamma}\theta}$$

其图像如图 7 - 16 所示，等势线和流线是两组相互正交的对数螺旋线，故称点汇和点涡叠加的流动为螺旋流。其速度分布为

$$v_r=\frac{\partial\varphi}{\partial r}=-\frac{q_V}{2\pi r},\quad v_\theta=\frac{1}{r}\frac{\partial\varphi}{\partial\theta}=\frac{\Gamma}{2\pi r} \tag{7-54}$$

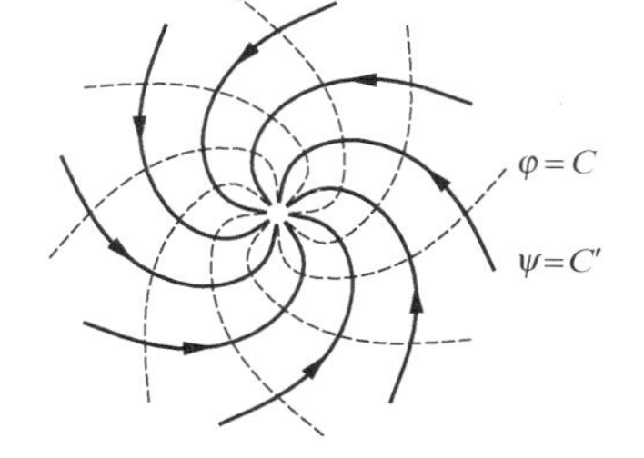

图 7 - 16　螺旋流网

压强分布可用前述方法导出，表达式为

$$p=p_\infty-\frac{\rho(q_V^2+\Gamma^2)}{8\pi^2 r^2} \tag{7-55}$$

其适用范围应为 $r>r_0=\left[\frac{\rho\ (q_V^2+\Gamma^2)}{8\pi^2 p_\infty}\right]^{1/2}$。

前述的工程机械如离心式泵和风机的蜗壳形线，就是依据上述对数螺旋线设计的，其内部流动就类似于点源和点涡叠加的螺旋流。

二、点源和点汇叠加的流动——偶极子流

两个强度 q_V 相等的位于点 A（$-a$，0）的点源和位于点 B（a，0）的点汇叠加，如图 7 - 17 所示。由于

$$\tan(\theta_A-\theta_B)=\frac{\tan\theta_A-\tan\theta_B}{1+\tan\theta_A\tan\theta_B}=\frac{y/(x+a)-y/(x-a)}{1+[y/(x+a)][y/(x-a)]}=\frac{-2ay}{x^2+y^2-a^2}$$

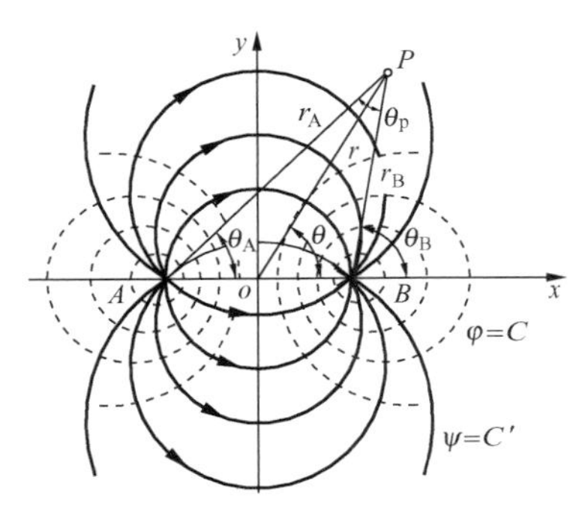

图 7-17 点源和点汇叠加

组合流动的速度势和流函数为

$$\varphi=\frac{q_V}{2\pi}(\ln r_A-\ln r_B)=\frac{q_V}{2\pi}\ln\frac{r_A}{r_B}=\frac{q_V}{4\pi}\ln\frac{(x+a)^2+y^2}{(x-a)^2+y^2} \tag{7-56}$$

$$\psi=\frac{q_V}{2\pi}(\theta_A-\theta_B)=-\frac{q_V}{2\pi}\theta_p=\frac{q_V}{2\pi}\arctan\frac{-2ay}{x^2+y^2-a^2} \tag{7-57}$$

式中：θ_p 为 AP、BP 之间的夹角。

在流线上 ψ=常数，θ_p 为常数。其图像为经过源点和汇点的圆线簇。

$a\to0$ 时，源点和汇点无限接近，流量为无限增大，使得 $\lim\limits_{\substack{a\to0\\q_V\to\infty}} q_V 2a=M$ 取有限值，称这种流动为偶极流。M 为偶极子矩，其方向由源点指向汇点。当 ε 为微量时，

$$\ln(1+\varepsilon)=\varepsilon-\varepsilon^2/2+\varepsilon^3/3-\cdots\approx\varepsilon$$

故由式（7-56）和式（7-57）可得偶极流的速度势和流函数分别为

$$\varphi=\lim_{\substack{a\to0\\q_V\to\infty}}\left\{\frac{q_V}{4\pi}\ln\left[1+\frac{4xa}{(x-a)^2+y^2}\right]\right\}=\lim_{\substack{a\to0\\q_V\to\infty}}\left[\frac{q_V}{4\pi}\frac{4xa}{(x-a)^2+y^2}\right]$$

即

$$\varphi=\frac{M}{2\pi}\frac{x}{(x^2+y^2)}=\frac{M}{2\pi}\frac{\cos\theta}{r} \tag{7-58}$$

$$\psi=\lim_{\substack{a\to0\\q_V\to\infty}}\left(\frac{q_V}{2\pi}\arctan\frac{-2ay}{x^2+y^2-a^2}\right)=\lim_{\substack{a\to0\\q_V\to\infty}}\left(\frac{q_V}{2\pi}\frac{-2ay}{x^2+y^2-a^2}\right)$$

即

$$\psi=-\frac{M}{2\pi}\frac{y}{x^2+y^2}=-\frac{M}{2\pi}\frac{\sin\theta}{r} \tag{7-59}$$

若令式（7-58）等于常数 C_1，则得等势线方程为

$$\left(x-\frac{M}{4\pi C_1}\right)^2+y^2=\left(\frac{M}{4\pi C_1}\right)^2$$

即等势线的图像为圆心在 $\left(\frac{M}{4\pi C_1},\ 0\right)$ 点上，半径为 $\left|\frac{M}{4\pi C_1}\right|$ 并与 y 轴在原点相切的圆簇，如图 7-18 中虚线所示。令式（7-59）等于常数 C_2 时，可得流线方程为

$$x^2+\left(y+\frac{M}{4\pi C_2}\right)^2=\left(\frac{M}{4\pi C_2}\right)^2$$

即流线的图像是圆心为 $\left(0,\ -\frac{M}{4\pi C_2}\right)$，半径为 $\left|\frac{M}{4\pi C_2}\right|$ 并与 x 轴在原点相切的圆簇，如图 7-18 中实线所示。

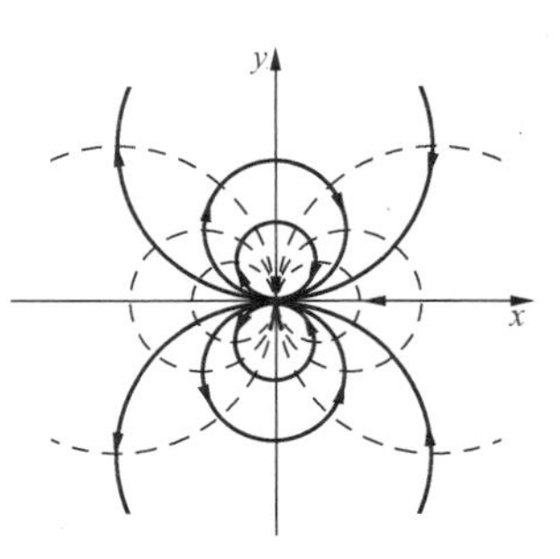

图 7-18 偶极流

对速度势函数求偏导数，得出的偶极流的速度分布为

$$v_r=\frac{\partial \varphi}{\partial r}=-\frac{M}{2\pi}\frac{\cos\theta}{r^2},\quad v_\theta=\frac{\partial \varphi}{r\,\partial \theta}=-\frac{M}{2\pi}\frac{\sin\theta}{r^2} \tag{7-60}$$

第十节　流体绕过圆柱体的流动

均匀等速流和偶极流叠加，可用来描述流体绕过圆柱体无环流的流动。若均匀等速流的速度为 v_∞，沿 x 轴正向流动，偶极流的偶极矩为 M，其叠加情况如图 7-19（a）所示。二者叠加后的速度势和流函数为

$$\varphi=\left(v_\infty+\frac{M}{2\pi r^2}\right)r\cos\theta \tag{7-61}$$

$$\psi=\left(v_\infty-\frac{M}{2\pi r^2}\right)r\sin\theta \tag{7-62}$$

流线方程为

$$\left(v_\infty-\frac{M}{2\pi r^2}\right)r\sin\theta=C$$

当常数值 C 取不同的数值时，可得如图 7-19（b）所示的流谱。常数 $C=0$ 时对应的流线，称为零流线。

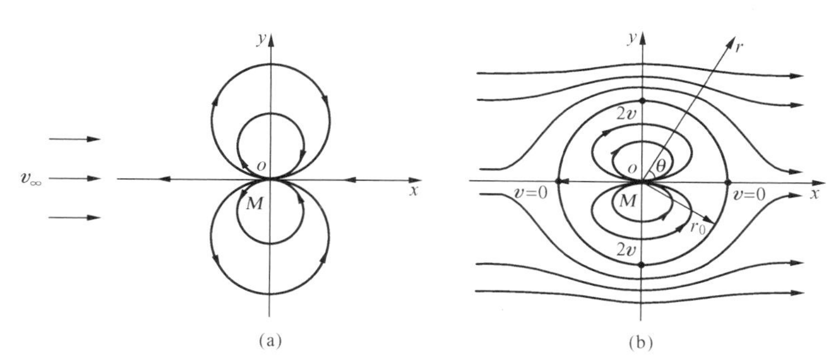

图 7-19　流体对圆柱体的无环量绕流

一、零流线方程

当式（7-62）中的 $\psi=0$ 时

$$\left(v_\infty-\frac{M}{2\pi r_0^2}\right)r_0\sin\theta=0$$

上式即为零流线方程。

由 $\sin\theta=0$，得 $\theta=0$，π。

$$v_\infty r-\frac{M}{2\pi r}=0\text{ 或 }r=\sqrt{\frac{M}{2\pi v_\infty}}$$

所以 $\theta=0$、π，$r=r_0=\sqrt{\dfrac{M}{2\pi v_\infty}}$ 为零流线方程，即

$$y=0\quad r=r_0$$

可见，零流线为以坐标原点为圆心，$r_0=\sqrt{\dfrac{M}{2\pi v_\infty}}$ 为半径的圆和 x 轴。由于流体不能穿

过流线，零流线的圆可以代之以圆柱面。以 $2\pi r_0^2 v_\infty$ 代替式（7-61）和式（7-62）中的 M，可将该平面的流动的速度势和流函数表示为

$$\varphi = v_\infty\left(1+\frac{r_0^2}{r^2}\right) r\cos\theta \qquad (r \geqslant r_0) \tag{7-61a}$$

$$\psi = v_\infty\left(1-\frac{r_0^2}{r^2}\right) r\sin\theta \qquad (r \geqslant r_0) \tag{7-62a}$$

二、相应的外部绕流速度场

将速度势对半径和极角求偏导数，可以得到流场的速度分布：

$$\left.\begin{aligned} v_r &= \frac{\partial \varphi}{\partial r} = v_\infty\left(1-\frac{r_0^2}{r^2}\right)\cos\theta \\ v_\theta &= \frac{\partial \varphi}{r\,\partial \theta} = -v_\infty\left(1+\frac{r_0^2}{r^2}\right)\sin\theta \end{aligned}\right\} \tag{7-63}$$

讨论：

（1）柱面上（$r=r_0$）的速度分布为

$$(v_r)_\mathrm{b}=0,\ (v_\theta)_\mathrm{b}=-2v_\infty\sin\theta$$

（2）驻点位置：$r=r_0$，$\boldsymbol{v}=0$ 得 $\theta=0$，π 时，$r=r_0$ 是驻点位置（与上面讨论其零流线方程的定义相一致）。

（3）柱面上最大速度：当 $\theta=\pm\dfrac{\pi}{2}$ 时，得 $v_{\mathrm{b,max}}=2v_\infty$。

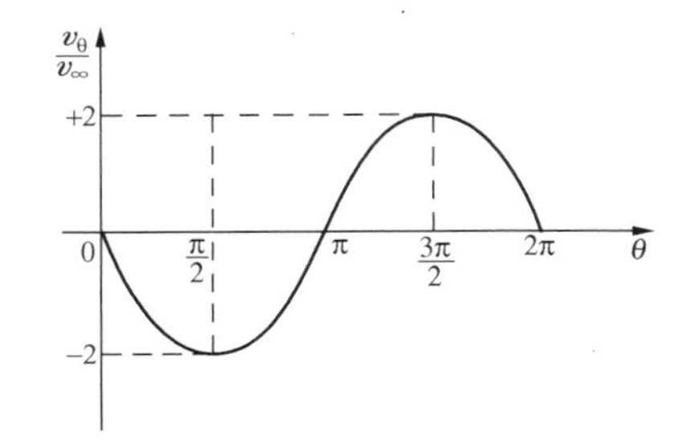

图 7-20 柱面上的速度分布

速度为 v_∞ 的均匀等速流绕流圆柱体，在圆柱面上，$r=r_0$，$v_r=0$，$v_\theta=-2v_\infty\sin\theta$，即流体既不穿入又不脱离圆柱面；由前述知，在 $\theta=180°$ 的点和 $\theta=0°$ 的点，$v_\theta=0$，称它们为前驻点和后驻点，在 $\theta=\pm 90°$ 圆柱面的上下顶点，$|v_\theta|=2v_\infty$，达圆柱面速度的最大值。圆柱面上的速度按正弦规律分布，如图 7-20 所示。

将圆柱面上的速度沿圆柱面积分有

$$\Gamma = \oint \boldsymbol{v}\cdot \mathrm{d}l = \int_0^{2\pi} r_0 (v_\theta) r_0 \mathrm{d}\theta = \int_0^{2\pi} -2v_\infty \sin\theta\,\mathrm{d}\theta = 0 \tag{7-64}$$

所以由偶极子流和均匀等速流叠加的绕流为无环量圆柱绕流。

三、相应的压强场

列无穷远处和圆柱面上某点的伯努利方程可得

$$p = p_\infty + \frac{1}{2}\rho(v_\infty^2 - v^2)$$

（1）在柱面上压强分布。将圆柱面上的速度代入上式，可得圆柱面上的压强分布：

$$p_\mathrm{b} = p_\infty + \frac{1}{2}\rho v_\infty^2 (1-4\sin^2\theta) \tag{7-65}$$

在圆柱面的前驻点 $\theta=180°$ 和后驻点 $\theta=0°$ 上，$p_\mathrm{b}=p_\infty+\dfrac{\rho v_\infty^2}{2}$，其压强达到最高值；在圆柱面的上下顶点 $\theta=\pm 90°$，$p_\mathrm{b}=p_\infty-\dfrac{3\rho v_\infty^2}{2}$，其压强达到最低值；压强分布对称于圆柱面

的中心。压强分布的这种对称性，必然导致流体作用在圆柱面上的总压力等于零。这一结论，可以推广到理想流体均匀等速流绕过任意形状柱体无环流无分离的平面流动。

（2）压强系数。根据式（7-65）定义无量纲压强系数为

$$c_p=\frac{p_b-p_\infty}{\frac{1}{2}\rho v_\infty^2}=1-4\sin^2\theta \tag{7-66}$$

由上式知，压强系数与圆柱体的半径和无穷远处的速度、压强无关，仅是坐标 θ 的函数，这对有关问题的研究带来很大的方便。在圆柱面的前驻点 $\theta=180°$ 和后驻点 $\theta=0°$ 上，$c_p=1$，对应的压强为最高值；在圆柱面的上下顶点上，$\theta=\pm90°$，$c_p=-3$，对应的压强为最低值。具有这样特性的压强系数，也可推广应用到其他形状的物体。

四、圆柱面上的合力

将圆柱面上的压强在圆柱面上积分，得到流体作用在圆柱体上的合力为

$$F=\oint p_b\,\mathrm{d}A=\oint\left[p_\infty+\frac{1}{2}\rho v_\infty^2(1-4\sin^2\theta)\right]\mathrm{d}A=0 \tag{7-67}$$

总压力垂直于来流方向的分力称为升力，用 F_L 表示；平行于来流方向的分力称为阻力，用 F_D 表示。式（7-67）表明，理想流体绕过圆柱体的平面流动作用在圆柱面上既无升力（$F_L=0$），也无阻力（$F_D=0$）。但无阻力作用的理论结果与实际观察出入很大，此即为著名的“达朗贝尔疑题”。实验证明，即使是黏性很小的流体，流动要产生分离，当它们绕过圆柱体或其他物体时，都要产生阻力。

第十一节　均匀等速流绕圆柱体有环流的流动

上一节讨论了偶极流和均匀等速流叠加描述的绕圆柱体的无环流的流动，如果将环流 Γ 叠加在上述流动中，可得到用来描述绕圆柱体有环流的流动，如图 7-21(a)～(e)所示。叠加后的速度势、流函数为

$$\varphi=v_\infty\left(1+\frac{r_0^2}{r^2}\right)r\cos\theta+\frac{\Gamma}{2\pi}\theta \tag{7-68}$$

$$\psi=v_\infty\left(1-\frac{r_0^2}{r^2}\right)r\sin\theta-\frac{\Gamma}{2\pi}\ln r \tag{7-69}$$

由速度势对半径和极角求偏导数得到的速度为

$$\left.\begin{aligned}v_r&=\frac{\partial\varphi}{\partial r}=v_\infty\left(1-\frac{r_0^2}{r^2}\right)\cos\theta\\ v_\theta&=\frac{1}{r}\frac{\partial\varphi}{\partial\theta}=-v_\infty\left(1+\frac{r_0^2}{r^2}\right)\sin\theta+\frac{\Gamma}{2\pi r}\end{aligned}\right\} \tag{7-70}$$

由式（7-69）可以看出，$r=r_0$，$\psi=-\Gamma\ln r_0/(2\pi)$ =常数，此时，流线的图像是一圆形，相当于圆柱面；由速度公式（7-70）得，$r\to\infty$，$v_r=v_\infty\cos\theta$，$v_\theta=-v_\infty\sin\theta$，$v=(v_r^2+v_\theta^2)^{1/2}=v_\infty$，满足无穷远处为均匀等速流的条件；在圆柱面上，其速度分布为

$$\left.\begin{aligned}v_r&=0\\ v_\theta&=-2v_\infty\sin\theta+\frac{\Gamma}{2\pi r_0}\end{aligned}\right\} \tag{7-71}$$

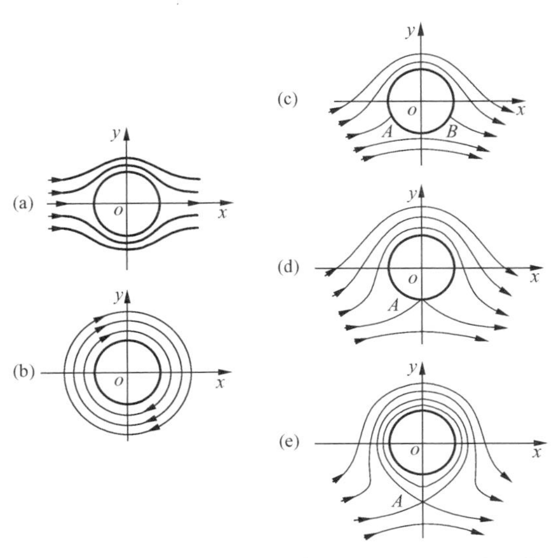

图 7-21 均匀等速流、偶极子流和纯环流叠加

满足流体不能穿入和不能穿出的条件，即圆柱面的绕流条件。用圆柱面上的速度 v_θ 在圆柱面上积分，所得的环量为 Γ。以上分析表明，$r \geqslant r_0$ 的上述组合流动可以描述均匀等速流绕过圆柱体有环流的平面流动。

一、均匀等速流绕圆柱体有环流的流动特性

当叠加环流的 $\Gamma<0$，即环流顺时针旋转时，圆柱体上部速度和环流方向相同，速度增大。圆柱体下部前方来流的速度和环流方向相反，速度减小。这样，使得圆柱体上下流线不对称，驻点 A 和 B 离开了 x 轴，向下偏移。

令式（7-71）中的 $v_\theta=0$，得

$$\sin\theta=\frac{\Gamma}{4\pi r_0 v_\infty} \tag{7-72}$$

可见，若 $|\Gamma|<4\pi r_0 v_\infty$，则 $|\sin\theta|<1$，又 $\sin(-\theta)=\sin[-(\pi-\theta)]$，所以，驻点落在第三和第四象限内圆柱面左右对称的 A、B 点上，如图 7-21（c）所示。当 v_∞ 保持常数，驻点则随 $|\Gamma|$ 值的增加而下移。若 $|\Gamma|=4\pi r_0 v_\infty$，则 $|\sin\theta|=1$，则两个驻点重合成一点，位于圆柱面的最下端，如图7-21（d）所示 A 点。若 $|\Gamma|>4\pi r_0 v_\infty$，则 $|\sin\theta|>1$，在圆柱面上 θ 没有解，说明圆柱面上不存在驻点，而移动到圆柱面以外的 y 轴上。由式（7-70），令 $v_r=0$、$v_\theta=0$，可以求得两个位于 y 轴上的驻点，一个在圆柱体内为无效解，另一个在圆柱体外，如图 7-21（e）中的 A 点。此时，整个流场由经过 A 点的闭合流线划分为内、外两个区域。外部区域是均匀等速流绕过圆柱体有环流的流动，在闭合流线和圆柱体之间的区域则自成闭合环流，但流线不是圆形的。

二、流体作用在圆柱体上的合力

列无穷远处和圆柱面上某点的伯努利方程有

$$p=p_\infty+\frac{1}{2}\rho v_\infty^2-\frac{1}{2}\rho(v_r^2+v_\theta^2)=p_\infty+\frac{1}{2}\rho\left[v_\infty^2-\left(-2v_\infty\sin\theta+\frac{\Gamma}{2\pi r_0}\right)^2\right] \tag{7-73}$$

作用在单位长度圆柱体微元面积 dA 上的总压力在 x 方向的投影为 $pr_0 d\theta\cos\theta$，将其在圆柱面上积分，即可得到流体作用在单位长度圆柱面上的阻力：

$$\begin{aligned}F_D=F_x&=-\int_0^{2\pi}pr_0\cos\theta\,d\theta=-\int_0^{2\pi}\left\{p_\infty+\frac{1}{2}\rho\left[v_\infty^2-\left(-2v_\infty\sin\theta+\frac{\Gamma}{2\pi r_0}\right)^2\right]\right\}r_0\cos\theta\,d\theta\\&=-r_0\left(p_\infty+\frac{1}{2}\rho v_\infty^2-\frac{\rho\Gamma^2}{8\pi^2r_0^2}\right)\int_0^{2\pi}\cos\theta\,d\theta-\frac{\rho v_\infty\Gamma}{\pi}\int_0^{2\pi}\sin\theta\cos\theta\,d\theta\\&\quad+2r_0\rho v_\infty^2\int_0^{2\pi}\sin^2\theta\cos\theta\,d\theta=0\end{aligned} \tag{7-74}$$

作用在单位长度圆柱体微元面积 dA 上的总压力在 y 方向的投影为 $pr_0 d\theta\sin\theta$，将其在圆柱面上积分，即可得到流体作用在单位长度圆柱面上的升力：

$$F_{\mathrm{L}}=F_{y}=-\int_{0}^{2\pi}pr_{0}\sin\theta\,\mathrm{d}\theta=-\int_{0}^{2\pi}\left\{p_{\infty}+\frac{1}{2}\rho\left[v_{\infty}^{2}-\left(-2v_{\infty}\sin\theta+\frac{\Gamma}{2\pi r_{0}}\right)^{2}\right]\right\}r_{0}\sin\theta\,\mathrm{d}\theta$$

$$=-r_{0}\left(p_{\infty}+\frac{1}{2}\rho v_{\infty}^{2}-\frac{\rho\Gamma^{2}}{8\pi^{2}r_{0}^{2}}\right)\int_{0}^{2\pi}\sin\theta\,\mathrm{d}\theta-\frac{\rho v_{\infty}\Gamma}{\pi}\int_{0}^{2\pi}\sin^{2}\theta\,\mathrm{d}\theta$$

$$+2r_{0}\rho v_{\infty}^{2}\int_{0}^{2\pi}\sin^{3}\theta\,\mathrm{d}\theta=-\frac{\rho v_{\infty}\Gamma}{\pi}\left[-\frac{1}{2}\cos\theta\sin\theta+\frac{1}{2}\theta\right]_{0}^{2\pi}=-\rho v_{\infty}\Gamma \quad (7-75)$$

式（7 - 75）就是著名的库塔—儒可夫斯基（Kutta-Zhoukowski）升力公式。该式表明，理想流体均匀等速流绕流圆柱体有环流的流动中，流体作用在单位长度圆柱体上的阻力为零，升力等于流体密度、来流速度和速度环量三者的乘积。升力的方向由前方均匀来流速度矢量$\boldsymbol{v}_{\infty}$沿反环流Γ的方向旋转90°来确定，如图 7 - 22 所示。

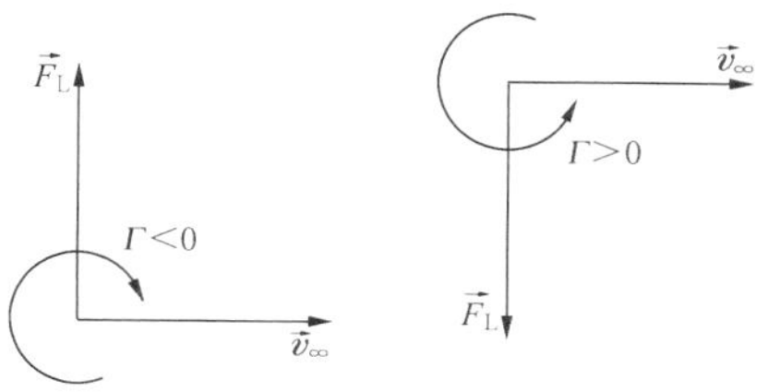

图 7 - 22　升力的方向

库塔—儒可夫斯基升力公式也可推广应用于理想流体均匀等速流绕过任意形状柱体，例如机翼、叶轮机的叶片等。前面的论述表明，有环流无分离的平面流动之所以产生升力，原因在于绕流流动的不对称性。

当在流体中运动的圆柱体旋转时，则产生绕圆柱体的环流，使得圆柱体上下流场不对称，从而产生作用于圆柱体上的侧向力。马格努斯（Magenus. G）于 1852 年由实验发现了这一现象，故这一现象称为马格努斯效应。在日常生活和体育运动中常有这种现象，如乒乓球运动员打出的"弧圈球"、"侧旋球"和排球运动员打出的"上手飘球"，就是利用了马格努斯效应。

第十二节　叶栅的库塔—儒可夫斯基公式

汽轮机和水轮机的叶片在旋转平面内按一定间距排列构成叶栅，如图 7 - 23（a）所示。叶片的形状和机翼形状类似，均按流线型设计，如图 7 - 23（b）所示。叶型和叶栅的几何参数和有关定义如下：

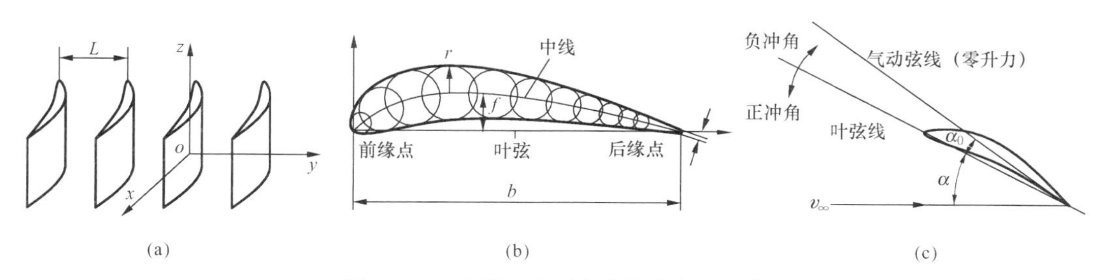

图 7 - 23　叶栅、叶型参数的定义及攻角

叶型的边缘线称为型线；边缘线的内切圆圆心连线为叶型中线；中线与边缘线的两个交点分别称为前缘点和后缘点，前缘点和后缘点的连线为叶弦，其长度b称为弦长；中线与叶弦之间的距离称为弯度，用f表示；前方无穷远处的来流速度v_{∞}与叶弦之间的夹角称为冲角，用α表示，冲角在叶弦以下的为正，在叶弦以上的为负，α_{0}为零升力角，如图 7 - 23（c）所示；叶片间距称为栅距，用L表示；叶栅进口处的气流速度v_{1}与y轴的夹角称为进气角β_{1}，出口速度v_{2}与y轴的夹角称为出气角β_{2}，如图 7 - 24 所示。

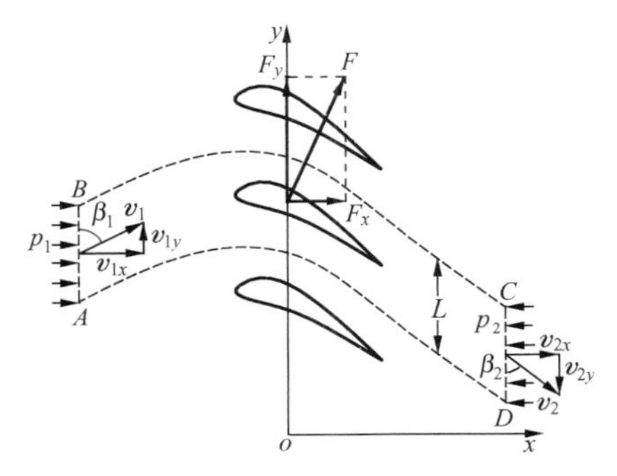

图 7-24 叶栅两侧的流动参数分布

如图 7-24 中的虚线所示，在叶栅的流场中选取控制面 $ABCDA$，两条线段 AB 和 CD 平行于 y 轴，其长度均为 L，且远离叶栅，假设每条线段上流体的速度和压强都是各自均等。AB 上流体的速度为 v_1，与 y 轴的夹角为 β_1，CD 上流体的速度为 v_2，与 y 轴的夹角为 β_2。AD、CB 为相平行的流线，它们在两叶片间的相对位置相同，各对应点上的压强分布完全相同，故不必考虑这两条边上的力对控制体内流体的作用。假设控制体内流体作用于单位高度叶片上的合力为 F，其投影为 F_x、F_y，则由连续方程式可得

$$v_{1x}L=v_{2x}L$$

即

$$v_{1x}=v_{2x}=v_x$$

由动量方程式可得

$$\rho v_x L\ (v_{2x}-v_{1x})\ =-F_x+\ (p_1-p_2)\ L=0$$

$$\rho v_x L\ (v_{2y}-v_{1y})\ =-F_y$$

即

$$\left.\begin{aligned}F_x&=(p_1-p_2)L\\F_y&=\rho v_x L(v_{1y}-v_{2y})\end{aligned}\right\}\tag{a}$$

在流线 AD、CB 上速度环量大小相等、方向相反，所以有

$$\Gamma=\Gamma_{\mathrm{ADCBA}}=\Gamma_{\mathrm{DC}}+\Gamma_{\mathrm{BA}}=(v_{2y}-v_{1y})L\tag{b}$$

由于流体流动的惯性力比重力大得多，可忽略重力的影响，故由伯努利方程式可得

$$p_1-p_2=\frac{1}{2}\rho(v_2^2-v_1^2)=\frac{1}{2}\rho(v_{2y}^2-v_{1y}^2)$$

$$=\frac{1}{2}\rho(v_{2y}-v_{1y})(v_{2y}+v_{1y})\tag{c}$$

设几何平均速度 $v=\ (v_1+v_2)\ /2$，则有

$$\left.\begin{aligned}v_x&=\frac{1}{2}(v_{1x}+v_{2x})=v_{1x}=v_{2x}\\v_y&=\frac{1}{2}(v_{1y}+v_{2y})\end{aligned}\right\}\tag{d}$$

将式（b）、式（d）代入式（c），得 $p_1-p_2=\rho\Gamma v_y/L$ (e)

将式（b）、式（e）代入式（a），得

$$\left.\begin{aligned}F_x&=\rho v_y\Gamma\\F_y&=-\rho v_x\Gamma\end{aligned}\right\}\tag{7-76}$$

$$F=\sqrt{F_x^2+F_y^2}=\rho v\ |\ \Gamma\ |\tag{7-77}$$

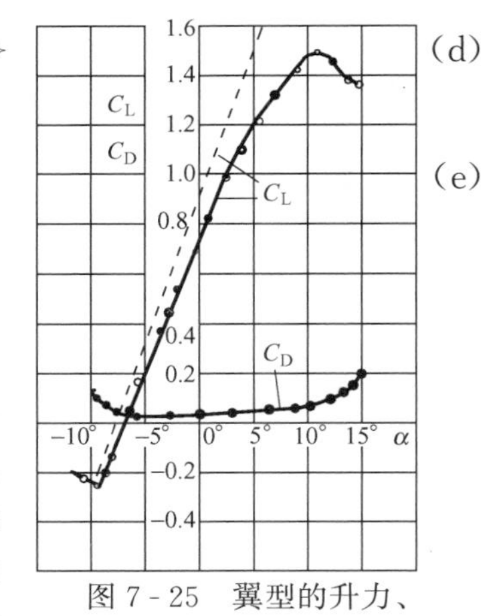

图 7-25 翼型的升力、阻力系数

式（7-76）、式（7-77）就是叶栅的库塔—儒可夫斯基公式。其意义为：理想不可压缩流体绕叶栅作定常无旋流动时，作用在叶片单位高度上的合力等于流体密度、几何平均速度和绕叶片的速度环量三者的乘积，合力的方向为按几何平均速

度方向逆速度环量的方向旋转 90°。

当均匀等速流绕流孤立叶片时，此时 $L\to\infty$，而速度环量 $\Gamma=L(v_{2y}-v_{1y})$ 仍保持有限值；因此，必然有 $(v_{2y}-v_{1y})\to 0$，再由无穷远处的边界条件应为 $v_{1y}=v_{2y}=0$，$v_1=v_2=v_\infty$。故由式（7-76）可得

$$\left.\begin{aligned}F_D&=F_x=0\\F_L&=F_y=-\rho v_\infty\Gamma\end{aligned}\right\}\tag{7-78}$$

这一结论与等速均匀流绕流圆柱体有环流的流动一样。

无量纲升力系数可以用来比较各种不同形体升力大小，定义如下：

$$C_L=\frac{F_L}{A\rho v_\infty^2/2}\tag{7-79}$$

其中 A 为参考面积，对于叶型 $A=b\times 1$。

对于著名的儒可夫斯基翼型，根据理论计算可得

$$C_L=2\pi\sin(\alpha-\alpha_0)\tag{7-80}$$

C_L 与 α 的关系曲线理论上是一条斜率为 2π 的直线，如图 7-25 中的虚线，图中的实线为实际实验数据。由上述可知，只要确定速度环量 Γ，就可以确定翼型的升力和升力系数。

第十三节　库　塔　条　件

由上一节的讨论可知，要确定机翼升力和升力系数，必须知道环量 Γ。而环量的确定，有赖于库塔条件。

研究表明，向上弯曲的机翼在一定的冲角下向前运动时将产生升力，由上节的内容可知，机翼周围产生了环量，对这一环量的产生可作以下分析。

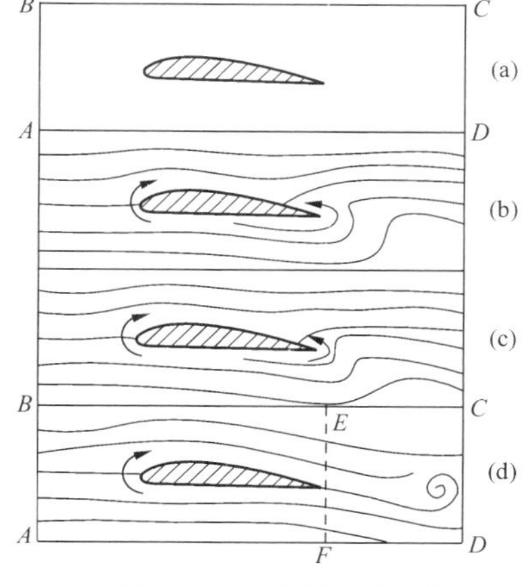

图 7-26　库塔条件用图

当机翼不运动时，机翼周围没有环量，如图 7-26（a）所示。开始运动时，由于机翼上下表面的型线长度不同，使得后驻点位于机翼上表面后缘点的前方。机翼下表面的流体绕过尖锐的后缘向后驻点流动时，产生逆时针旋转的旋涡，根据汤姆孙定理，必定在机翼前部产生涡量大小相等、旋向相反的旋涡，如图 7-26（b）所示。在前部顺时针旋转旋涡的作用下，机翼上表面的后驻点向后缘点移动，如图 7-26（c）所示。随着涡量的不断增强，驻点继续向后移动，直至和后缘点重合，使得机翼上下表面的流体在此平滑连接，如图 7-26（d）所示。此时尾涡被冲向下游，机翼前部的旋涡则保留下来，故在包围机翼的 $ABEF$ 区域内有相应的环量 Γ。

在机翼的实际运动中，上述过程是在瞬间完成的，被流体冲向下游的旋涡称为“起动涡”，机翼前部的旋涡则称为“附着涡”。如果机翼立即停止下来，附着涡也将随即脱落，形成“停止涡”，和起动涡大小相等、方向相反，沿垂直于它们之间的连线的方向运动。由上述分析可知，当沿机翼上下表面流动的流体正好在后缘点汇合时，即后缘点和后驻点重合时，是确定翼型环量的条件，此条件即为库塔—儒可夫斯基条件，简称为库塔条

件。他在此假设的基础上从理论上导出了绕儒可夫斯基翼型的速度环量，其推导过程在此不再赘述。有了绕机翼的环量，可根据库塔—儒可夫斯基公式计算出机翼的升力，进而计算出升力系数。

思考题

7-1 流体微团的运动有几种形式？

7-2 什么是有旋流动？什么是无旋流动？怎样判断流体是有旋流动还是无旋流动？

7-3 什么是涡线？什么是涡管？

7-4 什么是速度环量和旋涡强度？两者之间有什么关系？

7-5 什么是速度势和流函数？它们是如何引入的？具有什么性质？

7-6 说明不可压缩流体平面无旋流动的速度势函数和流函数的关系。

7-7 说明螺旋流、偶极流和绕圆柱体无环流动是由哪些基本势流叠加而成的。

习题

7-1 试证明极坐标中的不可压缩流体平面流动的旋转角速度为

$$\omega_z=\frac{1}{2}\left(\frac{\partial v_\theta}{\partial r}+\frac{v_\theta}{r}-\frac{1}{r}\frac{\partial v_r}{\partial \theta}\right)$$

7-2 判定下列流场是否满足连续性条件，若满足，试确定是有旋流动还是无旋流动？若是有旋流动求出旋转角速度为多少？

（1）$v_x=kx$，$v_y=-ky$

（2）$v_x=k\sin xy$，$v_y=k\cos xy$

（3）$v_x=y+z$，$v_y=z+x$，$v_z=x+y$

（4）$v_x=x+y$，$v_y=y+z$，$v_z=z+x$

[连续、无旋；不连续；连续、无旋；不连续]

7-3 设一平面流动的流函数为 $\psi(x,y,t)=-\sqrt{3}x+y$，试求该流动的速度分量，并求通过点 $A(1,0)$ 和点 $B(2,\sqrt{3})$ 的连接线 AB 的流量 q_{AB}。

[$v_x=1\text{m/s}$，$v_y=\sqrt{3}\text{m/s}$；$q_{AB}=0$]

7-4 不可压缩流体平面势流的速度势为 $\varphi=x^2-y^2+x$，试求其流函数。

[$\psi=2xy+y$]

7-5 已知有旋流动的速度场为 $v_x=2y+3z$，$v_y=2z+3x$，$v_z=2x+3y$，试求旋转角速度、角变形速度和涡线方程。

[$\omega_x=\omega_y=\omega_z=1/2$，$\omega=\frac{\sqrt{3}}{2}$；$\gamma_x=\gamma_y=\gamma_z=5$；$x=y=z$]

7-6 某定常平面流动，$v_x=ax$，$v_y=-ay$，a 为常数。求这一流动的流函数 ψ 及势函数 φ，并绘制流网。

$\left[\psi=axy；\varphi=\frac{a}{2}(x^2-y^2)\right]$

7-7 已知流场的流函数为

(1) $\psi=xy$；

(2) $\psi=x^2-y^2$

试确定：(1) 二流场是否有势，若有势，求出速度势；

(2) 通过点 A (2，3) 和点 B (4，7) 的任意曲线的流量和沿该线的切向速度线积分。

[有势，$\varphi=(x^2-y^2)/2$，$q_V=22\text{m}^3/\text{s}$，$\Gamma_{\overline{AB}}=-14\text{m}^2/\text{s}$；

有势，$\varphi=-2xy$，$q_V=-28\text{m}^3/\text{s}$，$\Gamma_{\overline{AB}}=-44\text{m}^2/\text{s}$]

7-8 有一不可压缩流体平面流动的速度为 $v_x=4x$，$v_y=-4y$，判断流动是否存在流函数和速度势函数，若存在求出其表达式。

[$\psi=4xy$；$\varphi=2(x^2-y^2)$]

7-9 距台风中心 8000m 处的风速为 13.33m/s，相对压强为 98200Pa，试求距台风中心 800m 处的风速和压强，假定流场为点涡诱导的流动（空气的密度取 1.29kg/m³）。

[$v=133.3\text{m/s}$；$p=86853\text{Pa}$]

7-10 一半径 $r=1\text{m}$ 的圆柱置于水流中，中心位于原点 (0，0)，在无穷远处有一平行于 x 轴的均匀流，方向沿 x 轴正方向，$v_\infty=3\text{m/s}$。试求 $x=-2\text{m}$，$y=1.5\text{m}$ 点处的速度分量。

[$v_x=2.87\text{m/s}$；$v_y=0.46\text{m/s}$]

7-11 在 x 轴的 $(a，0)$ 和 $(-a，0)$ 两点上分别放入一个强度为 $-m$ 的点汇和一个强度为 $+m$ 的点源，试证明叠加后组合流动的流函数为

$$\psi=\frac{m}{2\pi}\arctan\frac{-2ay}{x^2+y^2-a^2}$$

7-12 若在一无限大平壁面 1m 处有一个强度为 $q_V=10\text{m}^3/\text{s}$ 的点源，试求该流场的势函数和流函数。

$$\left[\varphi=\frac{5}{2\pi}\ln\{[x^2+(y-1)^2][x^2+(y+1)^2]\}；\ \psi=\frac{5}{\pi}\left(\arctan\frac{y+1}{x}+\arctan\frac{y-1}{x}\right)\right]$$

7-13 求下列流动中的驻点：

(1) $\varphi=\ln r+r\cos\theta$；

(2) $\psi=r^2\sin2\theta+r\cos\theta$。

[1，π；1/2，3π/2]

7-14 一个流体绕 O 点作同心圆的平面流动，流场中各点的圆周速度的大小与该点半径成反比，即 $V=C/r$，其中 C 为常数。试求在流场中沿封闭曲线的速度环量，并分析它的流动情况。

[$\Gamma=2\pi C$]

7-15 速度为 v_∞ 均匀等速与 x 轴的平行流和放置于坐标原点 O，强度为 q_V 的点源叠加成绕平面半体的流动。试求它的速度势和流函数，并证明平面半体的外形方程和宽度各为 $r=q_V(\pi-\theta)/(2\pi v_\infty\sin\theta)$、$\dfrac{q_V}{v_\infty}$。

$$\left[\varphi=v_\infty x+\frac{q_V}{2\pi}\ln\sqrt{x^2+y^2}；\ \psi=v_\infty y+\frac{q_V}{2\pi}\theta\right]$$

第八章　黏性流体绕物体的流动

实际的流体都是有黏性的。黏性流体流动的控制微分方程是运动微分方程，即纳维—斯托科斯（Naver—Stokes）方程，简称N—S方程。该方程建立了黏性流体的受力和速度之间的关系。给定适当的初始条件和边界条件，应该可以通过求解N—S方程，分析各种不同流动问题。然而，到目前为止，人们还仅仅能对极少数简单的流动问题，通过求解N—S方程的解析解进行求解。当然，由于计算技术的飞速发展，从上个世纪后半叶开始，人们已经开始采用数值计算的方法求解N—S方程，并形成了流体力学的一个分支——计算流体动力学（computational fluid dynamics，CFD），目前很多工程问题已可以用数值计算的方法进行求解，数值计算已和理论分析、实验研究并列为流体力学的三种研究方法。在上个世纪刚开始的时候，还没有现代意义的计算机，然而在那个时候，无论是航空业的发展，还是水利工程和动力工程的发展，都提出了许多需要解决的流体力学问题，为了适应这些发展的要求，近代流体力学的鼻祖，德国科学家普朗特教授（Prantle）创造性地提出了边界层的概念，建立了边界层流动理论，不仅解决了大量的工程急需解决的问题，而且推动了流体力学的发展，是流体力学发展的一个最伟大的里程碑。

根据工程的实际情况，流动可以分为两类，即内流和外流。所谓内流是指流体在固体壁面所限定的空间范围内的流动，如发生在管道内或槽道内的流动。而外流是指流体绕物体外部的流动，如气流绕建筑物的流动，水流绕过桥墩的流动。物体在静止流体中的运动也属于外流，如图8-1所示的车辆在大气中的运动，以及飞机在天空中飞行，潜艇在水中航行等。因为如果从固定在物体上的坐标系观察，物体是静止不动的，流体绕物体流过。虽然描述各种流动现象的微分方程是相同的，但由于边界条件不同，因此形成的流动图谱和特性也不同。同时研究内流和外流的着眼点常常是不相同的，研究外流时更多的关心物体附近流场的分布情况，特别是物体在运动过程中所受到的阻力和升力等。在本章内主要讨论绕流问题，即外流问题。首先将介绍黏性流体的运动微分方程，这是描述内外流问题的基本微分方程。然后将给出边界层的概念及其控制方程，最后针对绕流流动现象的一些具体问题进行了讨论。

图8-1　风洞中汽车的绕流图谱显示

第一节　不可压缩黏性流体的运动微分方程

动量守恒是流体运动时所应遵循的普遍规律之一。它的含义是，对于一给定的流体系统，其动量对于时间的变化率等于作用于其上的外力总和。黏性流体的运动方程是物体运动的动量守恒定律应用于黏性流体运动的数学表述，它是根据牛顿第二定律推出的。如果以微元为分析对象，则其可以表述为：在惯性坐标系中，流体微元体的质量与加速度的乘积等于作用在该流体微元上的力的总和。通过第一章的学习已经知道，作用在流体上的力有两类：一类为质量力，它是作用在微元体内所有质量上的力；另一类是表面力，它是作用在微元体表面上的力。

一、微元体的受力分析和运动微分方程的推导

为了推导运动微分方程，我们应首先分析微元体的受力。如图 8-2 所示，选定一直角坐标系，在流场中取一固定不动的微六面体（控制体）。六面体的各边长分别为 dx、dy、dz，微元体的体积为

$$dV = dx\,dy\,dz$$

作用在微元体上的质量力为 $\boldsymbol{f}$。

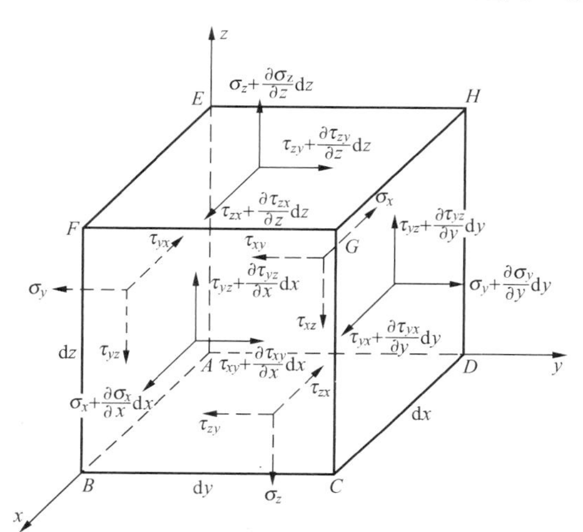

图 8-2　微元体的表面应力分析

下面讨论作用在微元体上的表面力。不同于理想流体，在运动的黏性流体中，除了法向应力以外还有由于流体的黏性引起的切向应力。如图 8-2 所示，将微元体六个面上的应力分别投影到三个坐标方向上。首先考虑作用于微元体每个面上的 x 轴方向的应力，垂直于面 $AEHD$ 的应力为 σ_x，作用在该面上的力就为 $\sigma_x dz\,dy$；垂直于 $BFGC$ 面的应力为 $\sigma_x + \dfrac{\partial \sigma_x}{\partial x}dx$，作用在该面上沿 x 方向的力为 $\left(\sigma_x + \dfrac{\partial \sigma_x}{\partial x}dx\right)dy\,dz$；沿 $ABFE$ 面的应力为 τ_{yx}，所形成的沿 x 方向的力为 $\tau_{yx}dx\,dz$；沿 $DCGH$ 面的应力为 $\tau_{yx} + \dfrac{\partial \tau_{yx}}{\partial y}dy$，在该面上所形成的沿 x 方向的力为 $\left(\tau_{yx} + \dfrac{\partial \tau_{yx}}{\partial y}dy\right)dx\,dz$；沿 $ABCD$ 面的应力为 τ_{zx}，所形成的沿 x 方向的力为 $\tau_{zx}dx\,dy$；沿 $GFEH$ 面的应力为 $\tau_{zx} + \dfrac{\partial \tau_{zx}}{\partial z}dz$，在该面上所形成的沿 x 方向的力为 $\left(\tau_{zx} + \dfrac{\partial \tau_{zx}}{\partial z}dz\right)dx\,dy$。把上述的力叠加起来，得到作用在微元体上的表面力在 x 方向的分量为

$$\begin{aligned}&\frac{\partial \sigma_x}{\partial x}dx\,dy\,dz + \frac{\partial \tau_{yx}}{\partial y}dy\,dx\,dz + \frac{\partial \tau_{zx}}{\partial z}dz\,dx\,dy\\ &= \left(\frac{\partial \sigma_x}{\partial x} + \frac{\partial \tau_{yx}}{\partial y} + \frac{\partial \tau_{zx}}{\partial z}\right)dx\,dy\,dz\end{aligned}$$

同理，表面力在 y 方向的分量为

$$\left(\frac{\partial \sigma_y}{\partial y} + \frac{\partial \tau_{zy}}{\partial z} + \frac{\partial \tau_{xy}}{\partial x}\right)dx\,dy\,dz$$

表面力在 z 方向的分量为

$$\left(\frac{\partial \sigma_z}{\partial z}+\frac{\partial \tau_{xz}}{\partial x}+\frac{\partial \tau_{yz}}{\partial y}\right)\mathrm{d}x\,\mathrm{d}y\,\mathrm{d}z$$

将表面力和质量力应用于牛顿第二定律有

$$\left.\begin{aligned}\frac{\mathrm{d}v_x}{\mathrm{d}t}&=f_x+\frac{1}{\rho}\left(\frac{\partial \sigma_x}{\partial x}+\frac{\partial \tau_{yx}}{\partial y}+\frac{\partial \tau_{zx}}{\partial z}\right)\\\frac{\mathrm{d}v_y}{\mathrm{d}t}&=f_y+\frac{1}{\rho}\left(\frac{\partial \sigma_y}{\partial y}+\frac{\partial \tau_{zy}}{\partial z}+\frac{\partial \tau_{xy}}{\partial x}\right)\\\frac{\mathrm{d}v_z}{\mathrm{d}t}&=f_z+\frac{1}{\rho}\left(\frac{\partial \sigma_z}{\partial z}+\frac{\partial \tau_{xz}}{\partial x}+\frac{\partial \tau_{yz}}{\partial y}\right)\end{aligned}\right\}\tag{8-1}$$

这就是微分形式的运动方程。方程的左端为单位质量流体的惯性力，右端第一项为作用于单位质量流体上的质量力，第二项为作用于单位质量流体上的表面力。该方程是牛顿第二定律的严格表述，在推导过程中没有引入任何假设，对于各种流体均是适用的。方程中质量力为已知，而表面应力各分量是未知的。

二、本构方程

物体的应力与运动学参数之间存在着一定的关系，本构方程指确立应力和应变率之间关系的方程式，在弹性力学中的这种关系是由胡克定律给出的，即弹性固体中应力与应变成正比。由于不同的流体可能有很不相同的性质，这种关系也有不同的内容。对于大多数流体应力与应变变化率成正比，也就是说，应力与应变变化率之间存在着线性关系，服从这种关系的流体称为牛顿流体。建立牛顿流体本构方程的依据就是在第一章已经叙述的牛顿内摩擦定律。牛顿根据对黏性流体作直线层状运动时的实验观察，提出切应力和流层间速度梯度成正比。斯托克斯通过引入假设条件将牛顿内摩擦定律推广到了黏性流体的任意流动情形中，建立了牛顿流体的本构方程：

$$\left.\begin{aligned}\tau_{xy}&=\tau_{yx}=\mu\left(\frac{\partial v_y}{\partial x}+\frac{\partial v_x}{\partial y}\right)\\\tau_{xz}&=\tau_{zx}=\mu\left(\frac{\partial v_x}{\partial z}+\frac{\partial v_z}{\partial x}\right)\\\tau_{zy}&=\tau_{yz}=\mu\left(\frac{\partial v_z}{\partial y}+\frac{\partial v_y}{\partial z}\right)\\\sigma_x&=-p-\frac{2}{3}\mu\nabla\cdot\boldsymbol{v}+2\mu\frac{\partial v_x}{\partial x}\\\sigma_y&=-p-\frac{2}{3}\mu\nabla\cdot\boldsymbol{v}+2\mu\frac{\partial v_y}{\partial y}\\\sigma_z&=-p-\frac{2}{3}\mu\nabla\cdot\boldsymbol{v}+2\mu\frac{\partial v_z}{\partial z}\end{aligned}\right\}\tag{8-2}$$

上式也称为广义牛顿定律。由式（8-2）可知切应力与流体质点的角变形率大小成正比，而流体的法向应力和流体的相当体积膨胀率 ∇V，以及相应方向上的线变形率有关，因此在运动的黏性流体中，和静止的状态不同，法向应力在不同方向上大小可能不相等。p 是压强，这里定义为 3 个法向应力平均值的负值，即 $p=-\frac{1}{3}(\sigma_x+\sigma_y+\sigma_z)$。

三、纳维—斯托克斯方程

将式（8-2）代入式（8-1）可得

$$\left.\begin{aligned}
\frac{\mathrm{d}v_x}{\mathrm{d}t}&=f_x-\frac{1}{\rho}\frac{\partial p}{\partial x}+\frac{\mu}{\rho}\left(\frac{\partial^2 v_x}{\partial x^2}+\frac{\partial^2 v_x}{\partial y^2}+\frac{\partial^2 v_x}{\partial z^2}\right)+\frac{1}{3}\frac{\mu}{\rho}\frac{\partial}{\partial x}\left(\frac{\partial v_x}{\partial x}+\frac{\partial v_y}{\partial y}+\frac{\partial v_z}{\partial z}\right)\\
\frac{\mathrm{d}v_y}{\mathrm{d}t}&=f_y-\frac{1}{\rho}\frac{\partial p}{\partial y}+\frac{\mu}{\rho}\left(\frac{\partial^2 v_y}{\partial x^2}+\frac{\partial^2 v_y}{\partial y^2}+\frac{\partial^2 v_y}{\partial z^2}\right)+\frac{1}{3}\frac{\mu}{\rho}\frac{\partial}{\partial y}\left(\frac{\partial v_x}{\partial x}+\frac{\partial v_y}{\partial y}+\frac{\partial v_z}{\partial z}\right)\\
\frac{\mathrm{d}v_z}{\mathrm{d}t}&=f_z-\frac{1}{\rho}\frac{\partial p}{\partial z}+\frac{\mu}{\rho}\left(\frac{\partial^2 v_z}{\partial x^2}+\frac{\partial^2 v_z}{\partial y^2}+\frac{\partial^2 v_z}{\partial z^2}\right)+\frac{1}{3}\frac{\mu}{\rho}\frac{\partial}{\partial z}\left(\frac{\partial v_x}{\partial x}+\frac{\partial v_y}{\partial y}+\frac{\partial v_z}{\partial z}\right)
\end{aligned}\right\}\tag{8-3}$$

上式称纳维—斯托克斯（Naver—Stokes，简称 N—S）方程，是黏性流体运动微分方程的又一种形式。

对于不可压流体，其连续方程为

$$\frac{\partial v_x}{\partial x}+\frac{\partial v_y}{\partial y}+\frac{\partial v_z}{\partial z}=0$$

所以有

$$\left.\begin{aligned}
\frac{\mathrm{d}v_x}{\mathrm{d}t}&=f_x-\frac{1}{\rho}\frac{\partial p}{\partial x}+\nu\left(\frac{\partial^2 v_x}{\partial x^2}+\frac{\partial^2 v_x}{\partial y^2}+\frac{\partial^2 v_x}{\partial z^2}\right)\\
\frac{\mathrm{d}v_y}{\mathrm{d}t}&=f_y-\frac{1}{\rho}\frac{\partial p}{\partial y}+\nu\left(\frac{\partial^2 v_y}{\partial x^2}+\frac{\partial^2 v_y}{\partial y^2}+\frac{\partial^2 v_y}{\partial z^2}\right)\\
\frac{\mathrm{d}v_z}{\mathrm{d}t}&=f_z-\frac{1}{\rho}\frac{\partial p}{\partial z}+\nu\left(\frac{\partial^2 v_z}{\partial x^2}+\frac{\partial^2 v_z}{\partial y^2}+\frac{\partial^2 v_z}{\partial z^2}\right)
\end{aligned}\right\}\tag{8-4}$$

式中 ν 为流体的运动黏度。考虑到拉普拉斯算子

$$\nabla^2=\frac{\partial^2}{\partial x^2}+\frac{\partial^2}{\partial y^2}+\frac{\partial^2}{\partial z^2}$$

不可压缩黏性流体的运动方程还可写为

$$\left.\begin{aligned}
\frac{\mathrm{d}v_x}{\mathrm{d}t}&=f_x-\frac{1}{\rho}\frac{\partial p}{\partial x}+\nu\nabla^2 v_x\\
\frac{\mathrm{d}v_y}{\mathrm{d}t}&=f_y-\frac{1}{\rho}\frac{\partial p}{\partial y}+\nu\nabla^2 v_y\\
\frac{\mathrm{d}v_z}{\mathrm{d}t}&=f_z-\frac{1}{\rho}\frac{\partial p}{\partial z}+\nu\nabla^2 v_z
\end{aligned}\right\}\tag{8-5}$$

写成矢量形式有

$$\frac{\mathrm{d}\boldsymbol{v}}{\mathrm{d}t}=\boldsymbol{f}-\frac{1}{\rho}\nabla p+\nu\nabla^2\boldsymbol{v}$$

右端第一项表示单位质量的质量力；第二项代表作用于单位质量流体的压强梯度力；第三项代表黏性变形应力，它只与流体的黏性系数和应变率有关。

对于我们已经讨论过的流动现象，如理想流动、静止流体，不可压缩黏性流体的运动微分方程还可得出一些特殊形式。对理想流动，认为流体无黏性，因此 $\nu=0$，这时方程称为欧拉运动微分方程。当流体静止不动时，$v=0$，方程为欧拉平衡微分方程。

对于不可压缩流体的运动，一般而言，需求解的未知数有四个，v_x、v_y、v_z 和 p，而上述运动微分方程虽然包含了这四个未知数，但由于方程个数不够，方程不封闭，需要补充连续方程与上述方程形成一个联立封闭方程组。理论上这四个未知数可由这四个方程解得，但

实际上由于式（8-5）是非线性二阶偏微分方程，目前只在少数的情况下，该方程组才可以求得解析解，而对大多数流动问题，目前还无法通过求解上述方程组获得精确解。

应该指出的是为了求解上述方程，对于一个具体的流动问题，还应该根据流动的具体情况，首先给出其初始和边界条件。所谓初始条件，是对非定常流动而言的，我们需要给出某一时刻，各未知量的函数分布。求解定常流动问题，无初始条件问题。所谓边界条件就是流体力学方程组在求解域的边界上，流体物理量所应满足的条件。这些边界一般包括流体和固体的交接面及流体和流体的交接面。界面又分为运动的和静止的。对于固体界面，由于黏性流体将黏附于固体表面（无滑移），在流固界面上，流体在一点的速度等于固体在该点的速度。

$$\boldsymbol{v}\big|_{\text{流}}=\boldsymbol{v}\big|_{\text{固}}$$

对于两种不同液体的分界面边界条件的一般提法为

$$\boldsymbol{v}_1=\boldsymbol{v}_2,\qquad p_1=p_2$$

下标1和2分别代表两种液体。气液的分界面，最典型的是水与大气的分解面，即自由表面。由于自由表面本身是运动和变形的，需要考虑自由表面的运动学问题。

黏性流体的运动微分方程和连续方程一起，构成了求解各种流动现象的基本的控制微分方程。下面我们首先将讨论当雷诺数很小时等一些特殊情况下，如何简化N－S方程组，使问题通过求解数学方程得到解决。然而由于在大多数实际情况下，不能得到方程的精确解析解，许多工程问题由于数学上的困难而难以解决。如何在抓住本质的情况下，把工程上的问题进行近似处理，是解决问题的办法之一。边界层理论的提出，正是通过对工程问题的近似，推动了流体力学的发展和应用。

第二节　蠕　　流

在工程实际中，常常遇到绕流物体的尺度或流动速度很小的情况。如热电厂锅炉炉膛气流中绕煤粉颗粒、油滴等的流动，滑动轴承间隙中的流动等。这种流动的特点是流动的尺度和流动的速度均很小，因此流动的雷诺数很小。这种雷诺数很低的流动称为蠕动流动。

一、蠕动流动的微分方程

由于流动的雷诺数是惯性力与黏性力的比值，因此在这类流动中黏性力比惯性力大的多，即黏性力占主导地位。换句话说，流动的惯性力可以忽略不计。同时由于流动尺度很小，质量力的影响可以略去。对于定常流动，在直角坐标系下，可把纳维—斯托克斯方程（8-5）组简化成

$$\left.\begin{aligned}\frac{\partial p}{\partial x}&=\mu\left(\frac{\partial^2 v_x}{\partial x^2}+\frac{\partial^2 v_x}{\partial y^2}+\frac{\partial^2 v_x}{\partial z^2}\right)\\\frac{\partial p}{\partial y}&=\mu\left(\frac{\partial^2 v_y}{\partial x^2}+\frac{\partial^2 v_y}{\partial y^2}+\frac{\partial^2 v_y}{\partial z^2}\right)\\\frac{\partial p}{\partial z}&=\mu\left(\frac{\partial^2 v_z}{\partial x^2}+\frac{\partial^2 v_z}{\partial y^2}+\frac{\partial^2 v_z}{\partial z^2}\right)\end{aligned}\right\}\tag{8-6}$$

将式（8-6）依次求$\frac{\partial^2 p}{\partial x^2}$、$\frac{\partial^2 p}{\partial y^2}$、$\frac{\partial^2 p}{\partial z^2}$，然后相加，并结合连续性方程，即得

$$\frac{\partial^2 p}{\partial x^2}+\frac{\partial^2 p}{\partial y^2}+\frac{\partial^2 p}{\partial z^2}=\nabla^2 p=0 \tag{8-7}$$

即蠕动流动的压强场满足拉普拉斯方程。

二、绕球的蠕动流动

1851 年斯托克斯首先解决了流体绕圆球作雷诺数很小的定常流动时圆球所受的阻力问题。在这种情况下，除略去惯性力和质量力外，还假设绕流时在球面上不发生边界层分离。这里我们仅给出结果而不涉及具体的数学推导过程。采用了球坐标系。对于图 8-3 所示的无穷远处具有速度 v_∞ 的均匀平行流沿 x 轴绕半径为 r_0 的静止圆球流动，可得速度与压强分布为

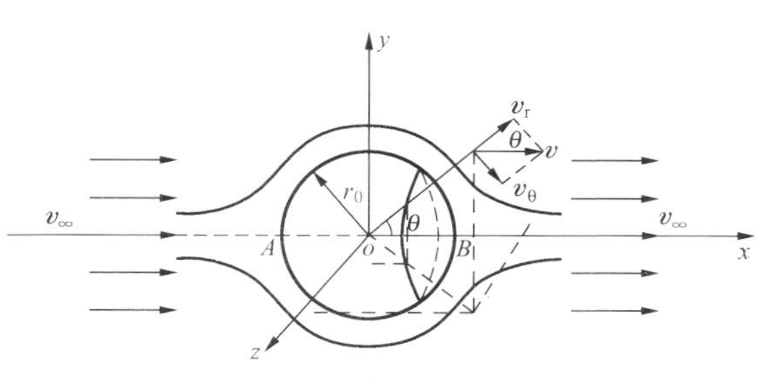

图 8-3　小雷诺数条件下绕圆球的流动

$$\left.\begin{aligned}
v_r(r,\ \theta)&=v_\infty\cos\theta\left(1-\frac{3}{2}\frac{r_0}{r}+\frac{1}{2}\frac{r_0^3}{r^3}\right)\\
v_\theta(r,\ \theta)&=v_\infty\sin\theta\left(1-\frac{3}{4}\frac{r_0}{r}-\frac{1}{4}\frac{r_0^3}{r^3}\right)\\
p(r,\ \theta)&=p_\infty-\frac{3}{2}\mu\frac{r_0 v_\infty}{r^2}\cos\theta
\end{aligned}\right\} \tag{8-8}$$

式中：p_∞ 为在无穷远处流体的压强。

圆球以很小的速度在静止流体中作等速运动时，在流场中通过 x 轴的平面上的流谱如图 8-4 所示。

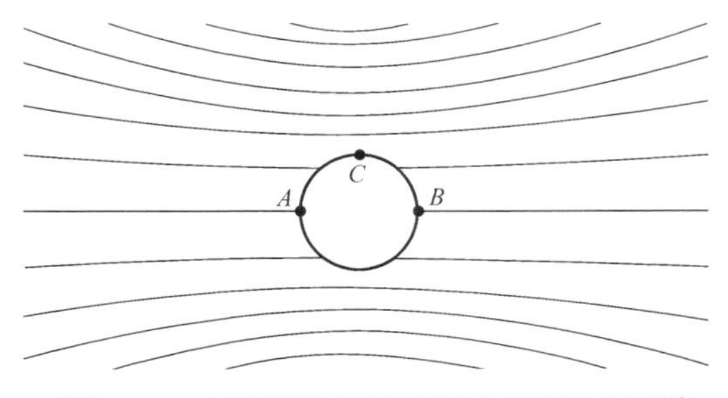

图 8-4　小雷诺数条件下绕圆球的流动图谱

在圆球的前后两驻点 A 和 B 处压强分别为：

前驻点 A（$\theta=180°$）

$$p_A=p_\infty+\frac{3}{2}\frac{\mu v_\infty}{r_0} \tag{8-9}$$

后驻点 B（$\theta=0°$）

$$p_B=p_\infty-\frac{3}{2}\frac{\mu v_\infty}{r_0} \tag{8-10}$$

而切应力的最大值，发生在 C（$\theta=90°$）点，为

$$\tau_C=\frac{3\mu v_\infty}{2r_0} \tag{8-11}$$

等于 A、B 点处的压强与无穷远处的压强 p_∞ 之差的绝对值。

球面上的压强和剪切应力也可根据速度分布公式算出，为

$$\left.\begin{aligned}
(p_{r,r})_{r\infty r_0}&=-p+2\mu\frac{\partial v_r}{\partial r}=-p_\infty+\frac{3}{2}\mu\frac{v_\infty}{r_0}\cos\theta\\
(\tau_{r,\theta})_{r\infty r_0}&=\mu\left(\frac{1}{r}\frac{\partial v_r}{\partial\theta}+\frac{\partial v_0}{\partial r}-\frac{v_\theta}{r}\right)=\mu\frac{\partial v_\theta}{\partial r}=-\frac{3}{2}\mu\frac{v_\infty}{r_0}\sin\theta
\end{aligned}\right\} \tag{8-12}$$

对上述两式积分，可分别得到作用在球面上的压强和切应力的合力。将这两个合力在流动方向的分量相加，可得到流体作用在圆球上的阻力为

$$F_D=6\pi\mu r_0 v_\infty=3\pi\mu d v_\infty \tag{8-13}$$

这就是圆球的斯托克斯阻力公式。式中 $d=2r_0$ 为圆球的直径。从积分过程可以发现，总阻力的 1/3 来自压强分布，即压差阻力，其余 2/3 来自表面黏性切应力。引入阻力系数

$$C_D=\frac{F_D}{\frac{1}{2}\rho v_\infty^2\times\pi r_0^2} \tag{8-14}$$

则由上面两式可得

$$C_D=\frac{24}{Re} \tag{8-15}$$

图 8-5 对比了应用式(8-15)计算的圆球的理论阻力系数和实验值的比较。当 $Re<1$ 时，根据理论求得的阻力系数与实验结果很符合；然而当 $Re>1$ 时，由蠕流理论预估的 C_D 值与实验值的偏离越来越大。这是因为在离开圆球的区域，惯性力与黏性力之比不断的增加，惯性力是不能忽略的。奥森（Oseen）对上述的斯托克斯解进行了改进，部分地考虑了惯性力的作用，得到阻力系数为

$$C_D=\frac{24}{Re}\left(1+\frac{3}{16}Re\right) \tag{8-16}$$

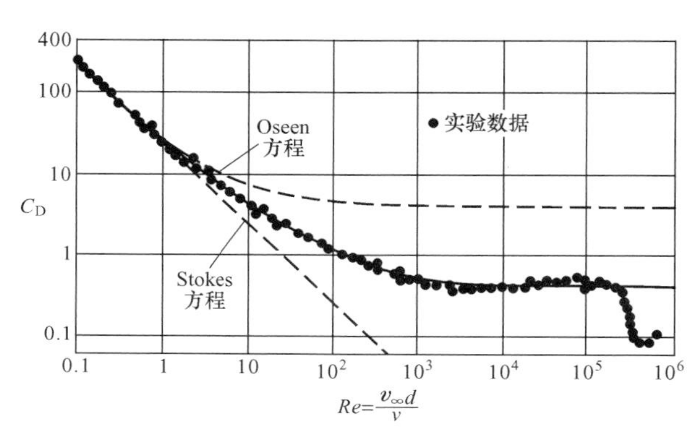

图 8-5　绕圆球流动的理论阻力系数与实验值的比较

由图 8-5 可知，式（8-16）所得的奥森的结果可在 $Re<5$ 的范围内应用，这比斯托克斯解有一定的改进。

根据上述的阻力分析结果，可以研究圆球在静止流体中的运动情况，得到圆球的自由沉降速度。考虑直径为 d 的圆球从静止开始在静止流体中自由下落，由于重力的作用下降速度逐渐增大，同时圆球受到的流体阻力也逐渐增大。当圆球的重量 W 与作用在圆球上的流体的浮力 F_B、流体的阻力 F_D 达到平衡时，即

$$W=F_B+F_D \tag{8-17}$$

这时圆球在流体中将以等速度自由沉降。这一临界速度称为圆球的自由沉降速度 v_f。

如果组成小球的物质的密度为 ρ_s，流体的密度为 ρ，则

$$W=\frac{1}{6}\pi d^3\rho_s g$$

$$F_B=\frac{1}{6}\pi d^3\rho g$$

$$F_D=C_D\times\frac{1}{4}\pi d^2\times\frac{\rho v_f^2}{2}$$

代入式（8-17），得

$$v_f=\sqrt{\frac{4}{3}\frac{gd}{C_D}\frac{\rho_s-\rho}{\rho}} \tag{8-18}$$

式中圆球的阻力系数 C_D 随着雷诺数的增加而减小，如图 8-5 所示。在 $Re\leqslant1$ 时，$C_D=24/Re$；在 $Re=10\sim1000$ 区域中，$C_D=13/\sqrt{Re}$；在 $Re=1000\sim2\times10^5$ 区域中，C_D 几乎与雷诺数无关，它的平均值 $C_D=0.48$。因此在实际应用中，对圆球颗粒的沉降速度，可以根据雷诺数的范围用下列三个公式求得。

（1）当 $Re\leqslant1$，将 $C_D=24/Re$ 带入式（8-18），得

$$v_f=\frac{1}{18}\frac{g}{\nu}\frac{\rho_s-\rho}{\rho}d^2 \tag{8-19}$$

（2）当 $Re=10\sim1000$ 时，将 $C_D=13/\sqrt{Re}$ 带入式（8-18），得

$$v_f=\left(\frac{4}{39}\frac{g}{\nu^{0.5}}\frac{\rho_s-\rho}{\rho}\right)^{\frac{2}{3}}d \tag{8-20}$$

（3）当 $Re=1000\sim2\times10^5$ 时，将 $C_D=0.48$ 代入式（8-18），得

$$v_f=\left(2.8gd\frac{\rho_s-\rho}{\rho}\right)^{\frac{1}{2}} \tag{8-21}$$

当圆球在气体中运动时，由于气体的密度 ρ 远小于小球的密度 ρ_s，利用上面的公式计算自由沉降速度时，可以忽略公式中分子上的气体密度 ρ。

三、滑动轴承内的流动

滑动轴承中的流动现象是黏性力起支配作用的另一个例子。当轴径与外环高速相对运动时，可使在它们之间间隙中流动的润滑油产生很大的压差，于是转动的轴径被油膜举起，避免了高速转动部件与静止部件的直接接触。这种流动现象的流动机理可以用图 8-6 来表示。上部的滑块表示运动部件，下部的导面表示静止部件，二者之间具有很小的夹角为 δ。如果在与图垂直的方向上滑块足够长，即转动的轴径足够大，则流动可按二维流动处理。为了得到定常流动，如图所示，设滑块静止，而平面相对滑块以速度 v 移动。建立图示的坐标系。上述的流动显然满足蠕动流的运动微分方程（8-6）和连续性方程。同时由于 v_y 比 v_x 小得多，y 方向的动量变化可以忽略。此外，在 x 方向的动量方程中，与 $\partial^2 v_x/\partial y^2$ 相比 $\partial^2 v_x/\partial x^2$ 是$(h/l)^2$ 级的小量，因而可以略去。如果略去 v_y，则 y 方向的压强梯度 $\partial p/\partial y$ 也可略去。这样微分方程（8-6）可简化为

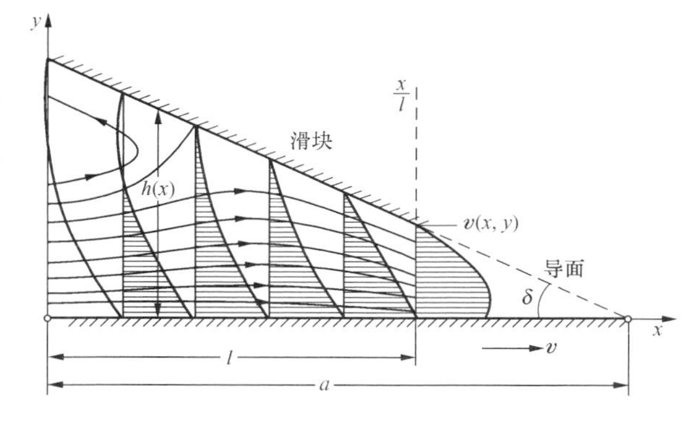

图 8-6　滑动轴承内的流动

$$\frac{dp}{dx}=\mu\frac{\partial^2 v_x}{\partial y^2} \tag{8-22}$$

连续方程可代之以每个截面上的体积流量 q_V 为常数的条件：

$$q_V = \int_0^{h(x)} v_x \mathrm{d}y \tag{8-23}$$

边界条件为

$$\left.\begin{array}{ll} y=0, & v_x=v \\ y=h, & v_x=0 \\ x=0, & p=p_0 \\ x=l, & p=p_0 \end{array}\right\} \tag{8-24}$$

由此可得

$$v_x = v\left(1-\frac{y}{h}\right) - \frac{h^2 y}{2\mu} \times \frac{y}{h}\left(1-\frac{y}{h}\right)\frac{\mathrm{d}p}{\mathrm{d}y} \tag{8-25}$$

将式（8-25）代入式（8-22）可得

$$\frac{\mathrm{d}p}{\mathrm{d}x} = 12\mu\left(\frac{v}{2h^2} - \frac{q_V}{h^3}\right)$$

积分上式可得

$$p(x) = p_0 + 6\mu v\int_0^x \frac{\mathrm{d}x}{h^2(x)} - 12\mu q_V\int_0^x \frac{\mathrm{d}x}{h^3(x)} \tag{8-26}$$

利用 $x=l$ 时 $p=p_0$ 的条件，可得流量 q_V 为

$$q_V = \frac{1}{2}v\int_0^l \frac{\mathrm{d}x}{h^2(x)} \Big/ \int_0^l \frac{\mathrm{d}x}{h^3(x)} \tag{8-27}$$

可见，如果给定几何参数 $h(x)$，则流量 q_V 和压强分布 $p(x)$ 都可算出。

例如当 $h(x)$ 为线性分布时，即设

$$h(x) = \delta(a-x) \tag{8-28}$$

其中，如图 8-6 所示，δ 和 a 均为常数，则可得

$$q_V = v\delta\frac{a(a-l)}{2a-l} \tag{8-29}$$

和

$$p(x) = p_0 + 6\mu v\frac{x(l-x)}{h^2(2a-l)} \tag{8-30}$$

图 8-6 为根据上述式子分析计算的平面滑块条件下的速度和流线分布。当滑块和导面之间的夹角很小时，式（8-30）给出的压强分布接近抛物线特征厚度 h_m 与压强中心都在 $x=0.5l$ 位置附近。这时特征压差为

$$p_m = \mu v\frac{l^2}{(2a-l)h_m^2} \tag{8-31}$$

这里 $h_m = h(0.5l)$。

第三节 边界层的概念

如上所述，采用 N—S 方程只有某些特殊问题可得到其解析解，大多数的工程实际问题无法采用直接求解 N—S 方程的方法，使问题得到解决。在上个世纪初，航空、船舶等行业

的迅速发展，有大量的问题急需解决。当时的计算机还没有出现，正是因为边界层理论的提出，使得大量的问题得到了解决，同时也推动了流体力学学科本身的发展。

边界层理论是通过对流动现象的实验观察建立起来的。1904 年德国著名科学家普朗特，通过实验发现，在大雷诺数绕流流动情况下，流体黏性的影响仅局限在物体壁面附近的薄层以及物体绕流物体后部的尾迹区域中，在流场的其他区域速度基本是均匀的，速度梯度很小，说明在这些区域内，黏性的影响很小，也就是说可以按理想流体来处理。物体壁面附近存在大的速度梯度的薄层，称为边界层。可以用图 8-7 所示的绕平板的流动情况说明边界层的概念。设平板固定不动，来流的速度为 v_∞，方向与板面方向一致。当流体流过平板时，根据固壁无滑移条件，板面上流体质点的速度为零，在与板面垂直的方向上存在很大的速度梯度，因此存在很大的摩擦应力，它将阻滞邻近的流体质点的运动。在边界层区域以外，速度基本均匀，保持和来流速度基本相同的大小和方向。绕流边界层在平板的前缘开始形成，随着流动向下游发展，受摩擦应力的影响，越来越多的流体质点受到阻滞，边界层的厚度也随之增加。在平板的前部边界层呈层流状态，随着流程的增加，边界层的厚度也在增加，层流变为不稳定状态，流体的质点运动变得不规则，最终发展为紊流，这一变化发生在一段很短的长度范围，称之为过渡区，过渡区的开始点称为转捩点。过渡区下游边界层内的流动为紊流状态。如图所示，由于紊流边界层内的流体质点更容易和外部主流区的流动进行动量交换，因此紊流区域边界层厚度的增加比层流增加的更快。在过渡区和紊流区的壁面附近，由于流体的质点的随机脉动受到平板壁面的限制，因此在靠近壁面的更薄的区域内，流动仍保持为层流状态，称为层流底层或黏性底层。

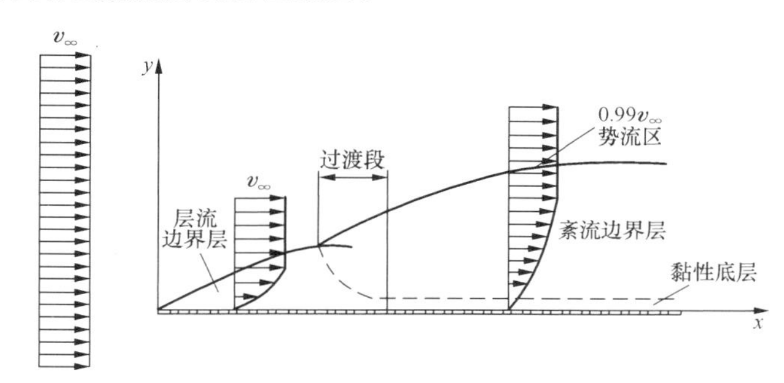

图 8-7　绕平板的边界层示意

当边界层流动离开物体而流入下游时，在物体的后面形成尾迹流。图 8-8 表示了流体绕翼型的流动图谱。边界层内的流体离开绕流物体后在物体后部形成了尾涡区。尾涡是由于边界层内流动的黏性紊流特性所决定的。在尾涡区靠近翼型尾部的区域，速度梯度还比较明显，随着远离翼型，固体壁面的影响越来越弱，速度分布逐渐趋于均匀，在无穷远处尾涡区完全消失。

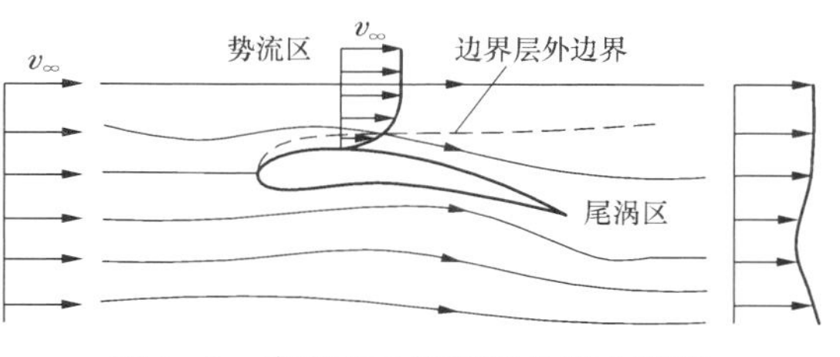

图 8-8　真实流动绕翼型的流动图谱

这样就可将绕物体的流场分为两个区域，在靠近壁面的区域是边界层和尾迹区域，在该区域内，流动的黏性影响非常明显，是黏性流动。在边界层和尾迹区域以外，速度梯度非常小，黏性的影响很小，可视为理想流体的势流。边界层概念提出的意义正是在这里，从而将绕流问题归结为两个区域的流动问题，边界层和尾涡区的黏性流和在这以外区域的势流，分别求解两种不同性质的流动，并考虑两个解的耦合，就可以获得整个流场的解。

应该指出的是，上述的分区是人为认定的，两个流动区域之间并没有明显的分界线。沿壁面的外法线方向，速度梯度是逐渐减小的，只是在边界层内部速度梯度的变化比较剧烈。通常，取壁面到沿壁面外法线上速度达到势流区速度的 99%处的距离作为边界层的厚度，以 δ 表示，这一厚度也称边界层的名义厚度。边界层的厚度取决于惯性和黏性作用之间的关系，即取决于雷诺数的大小。雷诺数越大，边界层就越薄；反之，随着黏性作用的增长，边界层就变厚。沿着流动方向由绕流物体的前缘点开始，边界层逐渐变厚。在边界层流动问题中，经常用雷诺数来确定其流动特征。有两种不同定义的雷诺数：

$$Re_x=\frac{v_\infty x}{\nu}\text{ 或 }Re_\delta=\frac{v_\infty\delta}{\nu}$$

式中：v_∞为来流速度，x 为物面上一点到前缘或前驻点的距离；δ 为对应的边界层厚度；ν 为流体的运动黏性系数；下标 x 或δ 分别代表特征长度x 或δ。

对于平板而言，层流转变为紊流的临界雷诺数为 $Re_x=5\times10^5\sim3\times10^6$。边界层由层流转变为紊流的临界雷诺数的大小决定于许多因素，如边界层外部流动的紊流度、物体壁面的粗糙度等。研究表明，若增加紊流度或粗糙度都会使临界雷诺数的数值降低，即提早使层流转变为紊流。

第四节　平面层流边界层的微分方程

在这一节里，将利用边界层流动的特点，如流体的黏度大小、速度梯度大小和边界层的厚度与物体的特征长度相比为一小量等，对 N—S 方程进行简化，从而导出层流边界层微分方程。在简化过程中，假定流动为二维不可压缩流体的定常流动，不考虑质量力，则流动的控制方程 N—S 方程变为

$$\left.\begin{aligned}&v_x\frac{\partial v_x}{\partial x}+v_y\frac{\partial v_x}{\partial y}=-\frac{1}{\rho}\frac{\partial p}{\partial x}+\nu\left(\frac{\partial^2 v_x}{\partial x^2}+\frac{\partial^2 v_x}{\partial y^2}\right)\\&v_x\frac{\partial v_y}{\partial x}+v_y\frac{\partial v_y}{\partial y}=-\frac{1}{\rho}\frac{\partial p}{\partial y}+\nu\left(\frac{\partial^2 v_y}{\partial x^2}+\frac{\partial^2 v_y}{\partial y^2}\right)\\&\frac{\partial v_x}{\partial x}+\frac{\partial v_y}{\partial y}=0\end{aligned}\right\}\tag{8-32}$$

应当指出的是，如果简单地认为流体的黏度小而将上式中动量方程右边的黏性完全忽略不计，则 N—S 方程将变为欧拉方程，这意味着认为流体是理想流体，从而使得固体壁面处的无滑移条件无法满足。同时如果认为速度梯度很大，而对它们本身以及它们的偏微商的相对大小缺乏了解，也很难对以上方程进行合理的简化。普朗特认为边界层的厚度与物体的特征长度相比均为小量，采用量级比较法来比较上述方程组中各项的数量级，并将其中的高阶小量略去。

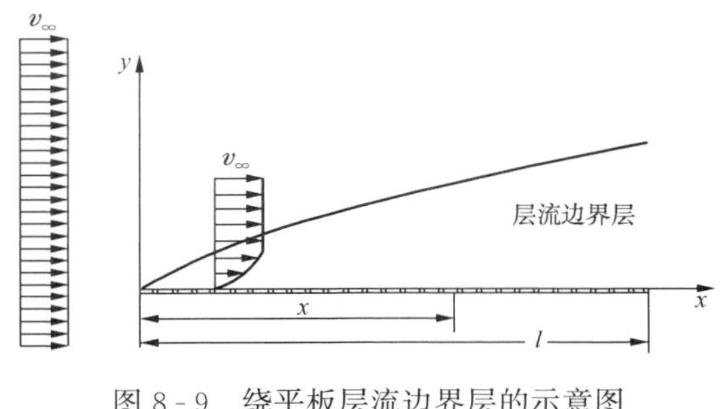

图 8-9　绕平板层流边界层的示意图

首先将上述方程组无量纲化。为此考虑图 8-9 所示的绕流平板，假定无穷远来流的速度 v_∞，流动绕过平板时在平板附近形成边界层，其厚度为 δ，平板前缘至某点的距离为 x。取 v_∞ 和 l 为特征量，可定义如下的无量纲量：

$$x'=\frac{x}{l},\quad y'=\frac{y}{l},\quad \delta'=\frac{\delta}{l}$$

$$v'_x=\frac{v_x}{v_\infty},\quad v'_y=\frac{v_y}{v_\infty}$$

$$p'=\frac{p}{\rho v_\infty^2}$$

代入方程组（8-32），整理后得

$$\left.\begin{array}{llllll}
v'_x\dfrac{\partial v'_x}{\partial x'} & + \quad v'_y\dfrac{\partial v'_x}{\partial y'} & = & -\dfrac{\partial p'}{\partial x'}+\dfrac{1}{Re_l} & \left(\dfrac{\partial^2 v'_x}{\partial x'^2}+\dfrac{\partial^2 v'_x}{\partial y'^2}\right) & \\
1\cdot 1 \quad \delta'\cdot\dfrac{1}{\delta'} & 1 & (\delta')^2 & 1 & \dfrac{1}{\delta'^2} & \\
v'_y\dfrac{\partial v'_y}{\partial x'} & + \quad v'_y\dfrac{\partial v'_y}{\partial y'} & = & -\dfrac{\partial p'}{\partial y'} & + & \dfrac{1}{Re_l}\left(\dfrac{\partial^2 v'_y}{\partial x'^2}+\dfrac{\partial^2 v'_y}{\partial y'^2}\right) \\
1\cdot\delta' \quad \delta'\cdot 1 & \dfrac{1}{\delta'} & (\delta')^2 & \delta' & \dfrac{1}{\delta'} & \\
\dfrac{\partial v'_x}{\partial x'} & + \quad \dfrac{\partial v'_y}{\partial y'} & = & 0 & & \\
1 & 1 & & & &
\end{array}\right\}\tag{8-33}$$

式中，雷诺数 $Re_l=\dfrac{v_\infty l}{\nu}$。边界层的厚度 δ 与平板的长度 l 相比较是很小的，即 $\delta\ll l$ 或 $\delta'=\delta/l\ll 1$，同时注意到，v_x 与 v_∞、x 与 l、y 与 δ 是同一数量级，认为 p 和 ρv_∞^2 具有同一数量级，于是 v'_x、x'、y' 和 p' 的量级均为 1，并可以得到

$$\frac{\partial v'_x}{\partial x'}\sim 1,\quad \frac{\partial^2 v'_x}{\partial x'^2}\sim 1,\quad \frac{\partial v'_x}{\partial y'}\sim\frac{1}{\delta'},\quad \frac{\partial^2 v'_x}{\partial y'^2}\sim\frac{1}{\delta'^2}$$

为了估计其他各量的数量级，由连续性方程可得

$$\frac{\partial v'_y}{\partial y'}=-\frac{\partial v'_x}{\partial x'}\sim 1$$

因此 $v'_y\sim\delta'$，于是又得到

$$\frac{\partial v'_y}{\partial x'}\sim\delta',\quad \frac{\partial^2 v'_y}{\partial x'^2}\sim\delta',\quad \frac{\partial v'_y}{\partial y'}\sim 1,\quad \frac{\partial^2 v'_y}{\partial y'^2}\sim\frac{1}{\delta'}$$

为了便于讨论，我们将各项的数量级记在方程组（8-33）相应项的下面。现在来分析方程组（8-33）各项的数量级，以达到简化方程的目的。

惯性项 $v'_x\dfrac{\partial v'_x}{\partial x'}$ 和 $v'_y\dfrac{\partial v'_x}{\partial y'}$，具有相同的数量级 1，而惯性项 $v'_x\dfrac{\partial v'_y}{\partial x'}$ 和 $v'_y\dfrac{\partial v'_y}{\partial y'}$ 也具有另一个相同的数量级 δ'，比较这两个惯性项的数量级，方程组（8-33）中第二式中各惯性项可以忽略掉。另外，比较各黏性项的数量级，可知 $\dfrac{\partial^2 v'_x}{\partial x'^2}$ 与 $\dfrac{\partial^2 v'_x}{\partial y'^2}$ 比较，$\dfrac{\partial^2 v'_x}{\partial x'^2}$ 可以略

去；又$\frac{\partial^2 v'_y}{\partial x'^2}$与$\frac{\partial^2 v'_y}{\partial y'^2}$比较，$\frac{\partial^2 v'_y}{\partial x'^2}$可以略去；最后，比较$\frac{\partial^2 v'_x}{\partial y'^2}$和$\frac{\partial^2 v'_y}{\partial y'^2}$的数量级，$\frac{\partial^2 v'_y}{\partial y'^2}$也可以略去。于是在方程组（8-33）的黏性项中只剩第一式中的一项$\frac{\partial^2 v'_x}{\partial y'^2}$。

在边界层内惯性项和黏性项具有同样的数量级，因此$1/Re_l \sim \delta'^2$，也就是$\delta/l \sim 1/\sqrt{Re_l}$，即$\delta$反比于$\sqrt{Re_l}$。这表明，雷诺数越大，边界层厚度越小。如果仅保留数量级为1的项，而将数量级比1小的各项全部略去，再恢复到有量纲的形式，便可以得到层流边界层的微分方程组为

$$\left.\begin{aligned} &v_x \frac{\partial v_x}{\partial x} + v_y \frac{\partial v_x}{\partial y} = -\frac{1}{\rho}\frac{\partial p}{\partial x} + \nu \frac{\partial^2 v_x}{\partial y^2} \\ &\frac{\partial p}{\partial y} = 0 \\ &\frac{\partial v_x}{\partial x} + \frac{\partial v_y}{\partial y} = 0 \end{aligned}\right\} \tag{8-34}$$

由该方程组的第二式知，边界层内的压强仅近似地依赖于x，而与y无关，即在边界层的厚度方向上压强保持不变。如果进一步假定边界层的存在并不影响主流的无黏流场，于是边界层内的压强p可用主流流场的压强去置换。沿边界层上缘由伯努利方程可知

$$p_b + \frac{\rho v_b^2}{2} = 常数$$

这里，p_b和v_b分别为沿边界层边缘的压强和速度。上式对x求导，得

$$\frac{dp_b}{dx} = -\rho v_b \frac{dv_b}{dx}$$

式（8-34）中的压强项可以近似地用上式去置换，这样，层流边界层的微分方程又可写为

$$\left.\begin{aligned} &v_x \frac{\partial v_x}{\partial x} + v_y \frac{\partial v_x}{\partial y} = v_b \frac{dv_b}{dx} + \nu \frac{\partial^2 v_x}{\partial y^2} \\ &\frac{\partial v_x}{\partial x} + \frac{\partial v_y}{\partial y} = 0 \end{aligned}\right\} \tag{8-35}$$

如果所考虑问题的无黏性流动解$v_b(x)$为已知，则求解边界层时压强就是已知函数了。对于绕流物体，边界层微分方程组的边界条件为

$$y=0 \quad 0 \leqslant x \leqslant l, \quad v_x=0 \quad v_y=0$$

$y=\delta \quad 0 \leqslant x \leqslant l$，$v_x = v_b$，对于绕平板的流动$v_b = v_\infty$。

边界层微分方程组（8-35）是在物体壁面为平面的假设下得到的，但是，对于曲面的物体，只要壁面上任何点的曲率半径远大于该处的边界层厚度，该方程组仍然是适用，并有足够的准确度。这时，应采用曲线坐标，x轴沿着物体的曲面，y轴垂直与曲面。

虽然层流边界层的微分方程（8-35）比一般的黏性流体运动微分方程要简单些，但是，即使是对最简单的物体外形，这一方程的求解仍是十分复杂的。由于这个缘故，解决边界层问题的近似法便具有很大的实际意义。所谓边界层的动量积分关系式即为近似解法提供了基础。

第五节　边界层的动量积分关系式

尽管通过量级比较，对N-S方程进行了简化，得到了边界层的控制方程，然而要精确

研究边界层内的流动所涉及的数学知识还很复杂，工程上常常采用一种近似方法，这种近似方法以边界层的动量积分方程为基础，再补充若干近似关系式，从而求解边界层的流动问题。建立边界层的动量积分关系式通常有两种方法：一种是沿边界层厚度方向积分边界层的方程组，一种是在边界层内直接应用动量守恒原理。这里我们采用后一种方法。

考虑图 8-10 所示的不可压缩流体的定常二维边界层流动，并设物体表面型线的曲率很小。在边界层内取一个单位厚度的微小控制体，它的投影面 $ABDC$，由作为 x 轴的物体表面上的一微元距离 BD、边界层的外边界 AC 和彼此相距 $\mathrm{d}x$ 的两直线 AB 和 CD 所围成。下面应用动量定理来建立该控制体内的流体在单位时间内沿 x 方向的动量变化和外力之间的关系。

如图所示，设壁面上的摩擦应力为 τ_w，根据边界层的控制方程组，边界层内的压强仅近似地依赖于 x，而与 y 无关，设 AB 面上的压强 p，DC 上的压强为 $p+\frac{\partial p}{\partial x}\mathrm{d}x$，控制面 AC 为边界层的外边界，其外部为理想流体的势流，故认为 AC 上没有切向的黏性力作用，只有与之垂直的压强，设 AC 上的压强为 A、C 两点压强的平均值 $p+\frac{1}{2}\frac{\partial p}{\partial x}\mathrm{d}x$，则作用在控制体上的表面力沿 x 方向的合力为

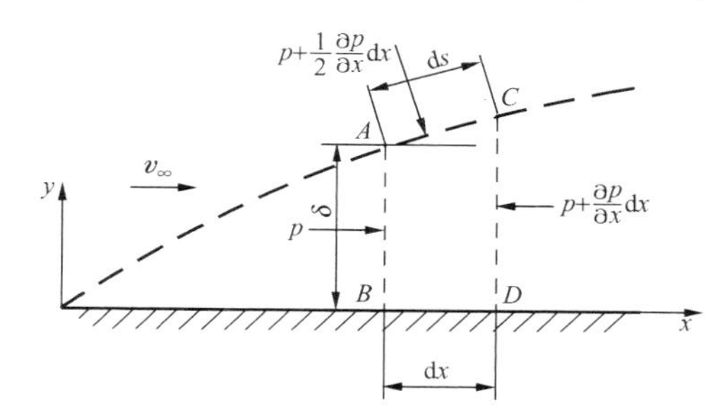

图 8-10　推导动量积分方程用图

$$F_x = p\delta + \left(p+\frac{1}{2}\frac{\partial p}{\partial x}\mathrm{d}x\right)\mathrm{d}s\sin\alpha - \left(p+\frac{\partial p}{\partial x}\mathrm{d}x\right)(\delta+\mathrm{d}\delta) - \tau_w\mathrm{d}x$$

式中 α 为边界层外边界 AC 与 x 方向的夹角，由几何关系可知：$\mathrm{d}s\sin\alpha=\mathrm{d}\delta$，上式经整理并略去高阶小量，得

$$F_x = -\delta\frac{\partial p}{\partial x}\mathrm{d}x - \tau_w\mathrm{d}x$$

单位时间内沿 x 方向经过 AB 流入控制体的质量和动量分别为

$$m_{AB}=\int_0^\delta \rho v_x\mathrm{d}y \qquad k_{AB}=\int_0^\delta \rho v_x^2\mathrm{d}y$$

经过 CD 面流出的质量和动量分别为

$$m_{CD}=\int_0^\delta\left[\rho v_x+\frac{\partial(\rho v_x)}{\partial x}\mathrm{d}x\right]\mathrm{d}y,\qquad k_{CD}=\int_0^\delta\rho v_x^2\mathrm{d}y+\mathrm{d}x\frac{\partial}{\partial x}\int_0^\delta\rho v_x^2\mathrm{d}y$$

定常流动条件下，控制体内流体的质量不随时间变化，故可知从控制面 AC 流入控制体中的流量为

$$m_{CD}-m_{AB}=\frac{\mathrm{d}}{\mathrm{d}x}\left(\int_0^\delta\rho v_x\mathrm{d}y\right)\mathrm{d}x$$

由此引起流入的动量为

$$k_{AC}=v_b\mathrm{d}x\frac{\mathrm{d}}{\mathrm{d}x}\int_0^\delta\rho v_x\mathrm{d}y$$

式中：v_b 为边界层外边界上的速度，由于 AC 很短，式中假定边界外缘的速度为常数。

这样，可得单位时间内该控制体内沿 x 方向的动量变化 k_x 为

$$k_x = k_{CD} - k_{AB} - k_{AC} = \left[\frac{\mathrm{d}}{\mathrm{d}x}\int_0^\delta \rho v_x^2 \mathrm{d}y - v_\mathrm{b}\frac{\mathrm{d}}{\mathrm{d}x}\int_0^\delta \rho v_x \mathrm{d}y\right]\mathrm{d}x$$

根据动量定理，$F_x = k_x$，则可得边界层的动量积分方程为

$$-\delta\frac{\mathrm{d}p}{\mathrm{d}x} - \tau_\mathrm{w} = \frac{\mathrm{d}}{\mathrm{d}x}\int_0^\delta \rho v_x^2 \mathrm{d}y - v_\mathrm{b}\frac{\mathrm{d}}{\mathrm{d}x}\int_0^\delta \rho v_x \mathrm{d}y \tag{8-36}$$

上式也称为卡门动量积分关系式，该式是针对边界层流动在二维定常流动条件下导出的，并没有涉及边界层的流态，所以其对层流和紊流边界层都能适用。

边界层外边界上的速度 v_b，可以用实验或解势流问题的办法求得，并可根据伯努利方程求出 $\mathrm{d}p/\mathrm{d}x$ 的数值。所以，在边界层的动量积分方程（8-36）中，实际上可以把 v_b、$\mathrm{d}p/\mathrm{d}x$ 和 ρ 看作已知数，而未知数只有 v_x、τ_w 和 δ 三个。因此，要解这个关系式，还需要两个补充关系式。通常把沿边界层厚度的速度分布 $v_x = v_x(y)$ 以及切向应力与边界层厚度的关系式 $\tau = \tau(\delta)$ 作为两个补充关系式。一般在应用边界层的动量积分关系式（8-36）来求解边界层问题时，边界层内的速度分布是按照已有的经验来假定的。假定的 $v_x = v_x(y)$ 越接近实际，则所得到的结果越正确。所以，选择边界层内的速度分布函数 $v_x(y)$，是求解边界层问题的关键。

第六节　边界层的位移厚度和动量损失厚度

以上定义的边界层的厚度 δ，表示了黏性影响的范围。在实际计算中，如在解决和计算曲面边界层的问题时还常用到所谓位移厚度 δ_1 和动量损失厚度 δ_2 这两种假定厚度作为边界层的特征，来表示黏性对流动的其他影响。

根据伯努利方程可知

$$\frac{\mathrm{d}p}{\mathrm{d}x} = -\rho v_\mathrm{b}\frac{\mathrm{d}v_\mathrm{b}}{\mathrm{d}x}$$

又由于

$$\delta\frac{\mathrm{d}p}{\mathrm{d}x} = -\rho v_\mathrm{b}\frac{\mathrm{d}v_\mathrm{b}}{\mathrm{d}x}\int_0^\delta \mathrm{d}y = -\rho\frac{\mathrm{d}v_\mathrm{b}}{\mathrm{d}x}\int_0^\delta v_\mathrm{b}\mathrm{d}y$$

$$v_\mathrm{b}\frac{\mathrm{d}}{\mathrm{d}x}\int_0^\delta \rho v_x \mathrm{d}y = \frac{\mathrm{d}}{\mathrm{d}x}\int_0^\delta \rho v_\mathrm{b} v_x \mathrm{d}y - \frac{\mathrm{d}v_\mathrm{b}}{\mathrm{d}x}\int_0^\delta \rho v_x \mathrm{d}y$$

代入式（8-36），得

$$\frac{\mathrm{d}}{\mathrm{d}x}\int_0^\delta \rho v_x^2 \mathrm{d}y - \frac{\mathrm{d}}{\mathrm{d}x}\int_0^\delta \rho v_x v_\mathrm{b} \mathrm{d}y + \frac{\mathrm{d}v_\mathrm{b}}{\mathrm{d}x}\int_0^\delta \rho v_x \mathrm{d}y = \rho\frac{\mathrm{d}v_\mathrm{b}}{\mathrm{d}x}\int_0^\delta v_\mathrm{b}\mathrm{d}y - \tau_\mathrm{w}$$

或

$$\rho\frac{\mathrm{d}v_\mathrm{b}}{\mathrm{d}x}\int_0^\delta (v_\mathrm{b} - v_x)\mathrm{d}y + \rho\frac{\mathrm{d}}{\mathrm{d}x}\int_0^\delta v_x(v_\mathrm{b} - v_x)\mathrm{d}y = \tau_\mathrm{w} \tag{8-37}$$

为了讨论式中积分项的物理意义，来看如图 8-11 所示的边界层流动情况。在边界层中通过微元面积 $\mathrm{d}y\times 1$（二维流动情况，垂直纸面方向取单位高度）的体积流量为 $v_x\mathrm{d}y$，假如为边界层外的理想流体，则通过的体积流量应该为 $v_\mathrm{b}\mathrm{d}y$，因此在边界层内由于黏性影响使体积流量的减小量为 $\int_0^\delta (v_\mathrm{b} - v_x)\mathrm{d}y$，即上式中第一项积分。其值即图中的阴影部分。如果以等值矩形面积 $\delta_1 v_\mathrm{b}$ 代替图中的阴影面积得

$$\delta_1=\frac{1}{v_b}\int_0^\delta (v_b-v_x)\mathrm{d}y=\int_0^\delta\left(1-\frac{v_x}{v_b}\right)\mathrm{d}y \tag{8-38}$$

式中：δ_1 为位移厚度或排挤厚度。

也就是说，边界层黏性影响减少的体积流量，相当于理想流体以速度 v_b 流过壁面时物体表面向外移动了距离 δ_1 所减小的流量。

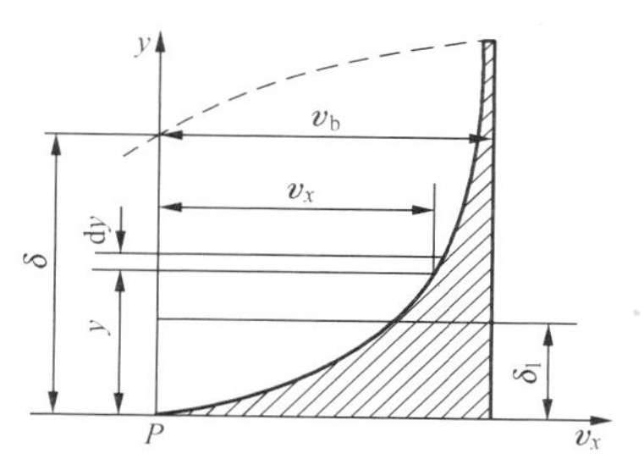

图 8-11　边界层的位移厚度

同理，可以知道，上式中第二项积分 $\int_0^\delta v_x(v_b-v_x)\mathrm{d}y$ 是边界层内由于黏性影响而减少的动量。而由式（8-39）定义的 δ_2，称为动量损失厚度：

$$\delta_2=\frac{1}{\rho v_b^2}\int_0^\infty \rho v_x(v_b-v_x)\mathrm{d}y=\int_0^\infty\frac{v_x}{v_b}\left(1-\frac{v_x}{v_b}\right)\mathrm{d}y \tag{8-39}$$

将 δ_1 和 δ_2 代入式（8-36），得

$$\rho\frac{\mathrm{d}}{\mathrm{d}x}(v_b^2\delta_2)+\rho\delta_1 v_b\frac{\mathrm{d}v_b}{\mathrm{d}x}=\tau_w \tag{8-40}$$

这是另一种形式的平面不可压缩黏性流体边界层动量积分关系式。式中势流速度 v_b 是已知数，δ_1、δ_2 和 τ_w 都是未知数，它们决定于边界层内速度的分布规律。

为了将式（8-40）化为无因次形式，两端同除以 ρv_b^2，得

$$\frac{\mathrm{d}\delta_2}{\mathrm{d}x}+(2\delta_2+\delta_1)\frac{1}{v_b}\frac{\mathrm{d}v_b}{\mathrm{d}x}=\frac{\tau_w}{\rho v_b^2}$$

或

$$\frac{\mathrm{d}\delta_2}{\mathrm{d}x}+(2+H_{12})\frac{\delta_2}{v_b}\frac{\mathrm{d}v_b}{\mathrm{d}x}=\frac{\tau_w}{\rho v_b^2} \tag{8-41}$$

式中 $H_{12}=\delta_1/\delta_2$。计算曲面边界层时，用上式较为方便。

第七节　平板边界层流动的近似计算

一、平板层流边界层的近似计算

对于方程（8-36），如果边界层外部的压强梯度为零（因此 v_b 为常数），方程变为

$$\tau_w=\rho\frac{\mathrm{d}}{\mathrm{d}x}\int_0^\delta v_x(v_b-v_x)\mathrm{d}y \tag{8-42}$$

考虑绕一平板的流动，并认为平板非常薄，从而不会引起流动的改变，因此在边界层的外边界上的流动速度等于无穷远来流的速度，$v_b=v_\infty$，这样式（8-42）也可写为

$$\tau_w=\rho\frac{\mathrm{d}}{\mathrm{d}x}\int_0^\delta v_x(v_\infty-v_x)\mathrm{d}y \tag{8-43}$$

由于在上式中有三个未知数 v_x、τ_w 和 δ，要求解上述方程，需要补充两个关系式。为此冯卡门假定：在不可压层流流动中，v_x 可用一多项式表示，这样就可以假设一任意方次的多项式，并用边界条件来求得多项式中的各个系数。

假如，选择一个三次方多项式速度分布

$$v_x=a_0+a_1y+a_2y^2+a_3y^3 \tag{8-44}$$

根据下列边界条件来确定待定系数 a_0、a_1、a_2 和 a_3：

（1）在平板壁面上的速度为零，即在 $y=0$ 处，$v_x=0$；

（2）在边界层外边界上的速度近似取流速 v_∞，即在 $y=\delta$ 处，$v_x=v_\infty$；

（3）在边界层边界上，剪切应力 $\tau=\mu\dfrac{\partial v_x}{\partial y}$ 为零，即在 $y=\delta$ 处，$\left(\dfrac{\partial v_x}{\partial y}\right)_{y=\delta}=0$；

（4）由于在平板壁面上的速度为零，即 $v_x=v_y=0$，由方程组（8-35）的第一式得 $\left(\dfrac{\partial^2 v_x}{\partial y^2}\right)_{y=0}=\dfrac{1}{\mu}\dfrac{\mathrm{d}p}{\mathrm{d}x}=0$。

这样速度分布的四个系数可确定为

$$a_0=0,\quad a_1=\frac{3}{2}\frac{v_\infty}{\delta},\quad a_2=0,\quad a_3=-\frac{v_\infty}{2\delta^3}$$

于是，层流边界层中速度的分布规律为

$$v_x(y)=v_\infty\left[\frac{3}{2}\frac{y}{\delta}-\frac{1}{2}\left(\frac{y}{\delta}\right)^3\right] \tag{8-45}$$

利用层流满足牛顿内摩擦定律来建立第二个补充关系式：

由牛顿内摩擦定律和式（8-45）得出

$$\tau_\mathrm{w}=\mu\left(\frac{\mathrm{d}v_x}{\mathrm{d}y}\right)_{y=0}=\frac{3}{2}\mu\frac{v_\infty}{\delta} \tag{8-46}$$

将速度分布方程（8-45）带入方程（8-36）得

$$\frac{3}{2}\mu\left(\frac{v_\infty}{\delta}\right)=\frac{39}{280}\rho v_\infty^2\frac{\mathrm{d}\delta}{\mathrm{d}x}$$

分离变量，并积分得

$$\frac{\delta}{x}=\frac{4.64}{\sqrt{v_\infty x/\nu}}=\frac{4.64}{\sqrt{Re_x}} \tag{8-47}$$

式中 Re_x 为基于长度 x 的雷诺数。合并方程（8-46）和式（8-47）得到

$$\tau_w=\frac{0.323\rho v_\infty^2}{\sqrt{Re_x}} \tag{8-48}$$

如果定义表面摩擦系数 C_f 为

$$C_\mathrm{f}=\frac{\tau_\mathrm{w}}{\frac{1}{2}\rho v_\infty^2} \tag{8-49}$$

将式（8-48）代入式（8-49）得

$$C_\mathrm{f}=\frac{0.646}{\sqrt{Re_x}} \tag{8-50}$$

根据动量损失厚度的定义式（8-43），并考虑式（8-47），可得动量损失厚度为

$$\delta_2=\frac{0.646x}{\sqrt{Re_x}} \tag{8-51}$$

同理，位移厚度为

$$\delta_1=\frac{1.740x}{\sqrt{Re_x}} \tag{8-52}$$

应该指出的是，上述计算结果是依赖于所假设的速度分布规律的，不同阶次的速度分布，可以得出不同的结果，表 8-1 对比了不同阶次的速度分布情况下对应的边界层厚度、位移厚度、动量损失厚度和壁面摩擦应力。

表 8-1　　**不同阶次的速度分布所得结果比较**

$\frac{v_x}{v}$	$\delta\sqrt{Re_x}/x$	$\delta_1\sqrt{Re_x}/x$	$\delta_2\sqrt{Re_x}/x$	$\tau_w\sqrt{Re_x}/\rho v_\infty^2$
$2\frac{\delta}{y}-\left(\frac{\delta}{y}\right)^2$	5.48	1.826	0.730	0.365
$\frac{3}{2}\frac{y}{\delta}-\frac{1}{2}\left(\frac{y}{\delta}\right)^3$	4.64	1.740	0.646	0.323
$2\frac{y}{\delta}-2\left(\frac{y}{\delta}\right)^2+\left(\frac{y}{\delta}\right)^4$	5.84	1.752	0.686	0.343

二、平板紊流边界层的近似计算

在工程实际中遇到的边界层问题中，所涉及到的大部分属于紊流边界层，研究紊流边界层具有特别重要的意义。就流动现象而言，由于紊流流动掺混，与层流边界层相比，紊流边界层的厚度较大，沿流线的增长比较快，时均速度比较均匀，靠近壁面处的速度分布更陡。上一节所取的两个补充关系式是建立在层流的牛顿内摩擦定律和层流边界层的微分方程的基础上，不能应用于紊流边界层。对于紊流，必须用另外的方法去找两个补充关系式。这个问题，目前还不能从理论上解决，人们采用了将边界层内的速度分布与圆管内充分发展紊流的速度分布规律进行类比的方法，认为边界层内沿厚度方向的速度分布与圆管内沿半径方向的速度分布相类似，即认为边界层外边界上的速度相当于圆管中心线上的最大速度，圆管的半径 r 相当于边界层的厚度 δ。并且假定平板边界层从前缘开始就是紊流。普朗特建议，当边界层雷诺数 $Re_x\leqslant 10^7$ 时，边界层内的速度分布可采用$\frac{1}{7}$次方规律，即

$$v_x=v_\infty\left(\frac{y}{\delta}\right)^{\frac{1}{7}} \tag{8-53}$$

在紊流边界层的大部分区域内，该关系式所描述的速度分布均是令人满意的，但是，因据该式所得 $\left(\frac{\partial v_x}{\partial y}\right)_{y=0}\to\infty$，故该式不能直接应用于边界层的内边界。在边界层紧靠壁面的区域存在黏性底层，由于这一层非常薄，通常认为黏性底层内的速度分布为线性分布。

在圆管中，壁面摩擦应力为

$$\tau_w=\frac{\lambda}{8}\rho v^2 \tag{8-54}$$

这里 v 是圆管内的平均速度，其大小约为圆管轴线上最大速度的 0.8 倍。λ 是阻力系数，在 $4000\leqslant Re_d\leqslant 10^5$ 的范围内，λ 可由勃拉休斯公式计算，即

$$\lambda=\frac{0.3164}{Re^{0.25}}=\frac{0.3164}{\left(\frac{vd}{\nu}\right)^{\frac{1}{4}}} \tag{8-55}$$

因此

$$\tau_w = 0.0225\rho v_{max}^{\frac{7}{4}}\left(\frac{\nu}{R}\right)^{\frac{1}{4}} \tag{8-56}$$

现在将圆管中心线上的 v_{max} 和圆管的半径 R 分布用边界层外边界上的速度 v_∞ 和边界层的厚度 δ 代替，则得

$$\tau_w = 0.0225\rho v_\infty^{\frac{7}{4}}\left(\frac{\nu}{\delta}\right)^{\frac{1}{4}} \tag{8-57}$$

如上节所述，对于平板绕流边界层，$\mathrm{d}p/\mathrm{d}x=0$，同时考虑到黏性底层的厚度很小，将紊流边界层中，从 0 到 δ 的范围均以 $\frac{1}{7}$ 次方的速度分布近似，将式（8-53）和式（8-57）代入边界层的动量积分关系式（8-36），得

$$\frac{\mathrm{d}}{\mathrm{d}x}\int_0^\delta \left[v_\infty\left(\frac{y}{\delta}\right)^{\frac{1}{7}}\right]^2 \mathrm{d}y - v_\infty \frac{\mathrm{d}}{\mathrm{d}x}\int_0^\delta v_\infty\left(\frac{y}{\delta}\right)^{\frac{1}{7}} \mathrm{d}y = -\frac{1}{\rho}\times 0.0225\rho v_\infty^2\left(\frac{\nu}{v_\infty\delta}\right)^{\frac{1}{4}}$$

由于

$$\int_0^\delta \left(\frac{y}{\delta}\right)^{\frac{2}{7}} \mathrm{d}y = \frac{7}{9}\delta \qquad \int_0^\delta \left(\frac{y}{\delta}\right)^{\frac{1}{7}} \mathrm{d}y = \frac{7}{8}\delta$$

代入上式，得

$$\frac{7}{72}\frac{\mathrm{d}\delta}{\mathrm{d}x} = 0.0225\left(\frac{\nu}{v_\infty\delta}\right)^{\frac{1}{4}}$$

或

$$\delta^{\frac{1}{4}}\mathrm{d}\delta = 0.0225\times\frac{72}{7}\left(\frac{\nu}{v_\infty}\right)^{\frac{1}{4}}\mathrm{d}x$$

积分后得

$$\delta = 0.37\left(\frac{\nu}{v_\infty x}\right)^{\frac{1}{5}} x + C$$

式中：C 为积分常数。

由于紊流边界层是由层流经转捩后而形成的，其发生位置和初始厚度均为未知。为此普朗特假定从平板前缘形成的边界层一开始就是层流边界层。这样就有 $x=0$，$\delta=0$，所以积分常数 $C=0$，因此

$$\delta = 0.37\left(\frac{\nu}{v_\infty x}\right)^{\frac{1}{5}} x = 0.37 x Re_x^{-\frac{1}{5}} \tag{8-58}$$

另外，还可以得到

$$\delta_1 = \int_0^\delta \left(1-\frac{v_x}{v_\infty}\right)\mathrm{d}y = \int_0^\delta \left[1-\left(\frac{y}{\delta}\right)^{\frac{1}{7}}\right]\mathrm{d}y = 0.125\delta = 0.0462 x Re_x^{-\frac{1}{5}} \tag{8-59}$$

$$\delta_2 = \int_0^\delta \frac{v_x}{v_\infty}\left(1-\frac{v_x}{v_\infty}\right)\mathrm{d}y = \int_0^\delta \left(\frac{y}{\delta}\right)^{\frac{1}{7}}\left[1-\left(\frac{y}{\delta}\right)^{\frac{1}{7}}\right]\mathrm{d}y = \frac{7}{72}\delta = 0.036 x Re_x^{-\frac{1}{5}} \tag{8-60}$$

将式（8-58）代入式（8-57），得剪切向应力

$$\tau_w = 0.0289\rho v_\infty^2\left(\frac{\nu}{v_\infty x}\right)^{\frac{1}{5}} = 0.0289\rho v_\infty^2 Re_x^{-\frac{1}{5}} \tag{8-61}$$

对于宽度为 b 长度为 l 的平板，在紊流情况下在平板一个壁面上所受的摩擦阻力为

$$F_D = b\int_0^l \tau_w \mathrm{d}x = 0.0289\rho v_\infty^2\left(\frac{\nu}{v_\infty}\right)^{\frac{1}{5}} b\int_0^l x^{-\frac{1}{5}}\mathrm{d}x$$

$$=0.036bl\rho v_{\infty}^{2}\left(\frac{\nu}{v_{\infty}l}\right)^{\frac{1}{5}}=0.036bl\rho v_{\infty}^{2}Re_{l}^{-\frac{1}{5}} \tag{8-62}$$

摩擦阻力系数为

$$C_{f}=\frac{F_{D}}{\frac{1}{2}\rho v_{\infty}^{2}bl}=0.072Re_{l}^{-\frac{1}{5}} \tag{8-63}$$

根据实验测量 C_f 的系数比较精确的数值是 0.074，则

$$C_{f}=0.074Re_{l}^{-\frac{1}{5}} \tag{8-64}$$

实验证明，式（8-64）适用于 $5\times10^5\leqslant Re_l\leqslant10^7$；当 $Re_l>10^7$ 时，这公式就不准确。因为这时紊流边界层内的速度近似对数分布，普朗特和施利希廷（H. Schlichting）采用对数速度分布，得到如下的半经验公式：

$$C_{f}=\frac{0.455}{(\lg Re_{l})^{2.58}} \tag{8-65}$$

这公式的适用范围可以达到 $Re=10^9$。后来，舒尔兹—格鲁诺（F. Schultz—Gnunow）根据大量实测结果提出，平板紊流边界层的摩擦阻力系数的内插公式为

$$C_{f}=\frac{0.427}{(\lg Re_{l}-0.407)^{2.64}} \tag{8-66}$$

现将平板层流边界层和紊流边界层的各近似计算公式列于表 8-2 中。

表 8-2　层流与紊流边界层的近似计算公式汇总

边界层的基本特性	边界层内的流态	
	层　流	紊　流
速度分布规律	$\frac{v_x}{v_\infty}=2\frac{y}{\delta}-2\left(\frac{y}{\delta}\right)^3+\left(\frac{y}{\delta}\right)^4$	$\frac{v_x}{v_\infty}=\left(\frac{y}{\delta}\right)^{\frac{1}{7}}$
边界层厚度 δ	$4.64\sqrt{\frac{\nu x}{v_\infty}}=4.64xRe_x^{-\frac{1}{2}}$	$0.37x\left(\frac{\nu}{v_\infty x}\right)^{\frac{1}{5}}=0.37xRe_x^{-\frac{1}{5}}$
位移厚度 δ_1	$0.3\delta=1.752xRe_x^{-\frac{1}{2}}$	$0.125\delta=0.0462xRe_x^{-\frac{1}{5}}$
动量损失厚度 δ_2	$0.1175\delta=0.686xRe_x^{-\frac{1}{2}}$	$0.1\delta=0.036xRe_x^{-\frac{1}{5}}$
切向应力 τ_w	$0.343v_\infty^2\sqrt{\frac{\nu}{v_\infty x}}=0.343\rho v_\infty^2Re_x^{-\frac{1}{2}}$	$0.0289\rho v_\infty^2\left(\frac{\nu}{v_\infty x}\right)^{\frac{1}{5}}=0.0289\rho v_\infty^2Re_x^{-\frac{1}{5}}$
总摩擦力 F_D	$0.686bl\rho v_\infty^2Re_l^{-\frac{1}{2}}$	$0.036bl\rho v_\infty^2Re_l^{-\frac{1}{5}}$
摩擦阻力系数 C_f	$1.372Re_l^{-\frac{1}{2}}$	$0.074Re_l^{-\frac{1}{5}}$

从表中可以看出，平板的层流边界层和紊流边界层的重大差别如下：

（1）沿平板法线方向，紊流边界层内的速度比层流边界层的速度增加得快，也就是说，紊流边界层的速度分布曲线比层流边界层的速度分布曲线要饱满得多，这与圆管中的情况相似。

（2）紊流边界层的厚度比层流边界层的厚度增加得快，因为紊流的 δ 与 $x^{\frac{4}{5}}$ 成比例，而层流的 δ 与 $x^{\frac{1}{2}}$ 成比例。这是由于在紊流边界层内流体微团发生横向运动，容易促使厚度迅

速增加。

（3）在其他条件相同的情况下，平板壁面上的切向应力 τ_w 沿着壁面的减小在紊流边界层中要比层流边界层减小得慢。

（4）在同一 Re_x 下，紊流边界层的摩擦阻力系数比层流边界层的大得多。这是因为，在层流中摩擦阻力只是由于不同流层之间发生相对运动而引起的；在紊流中还要包括流体微团剧烈的横向掺混引起的动量交换，因而产生更大的摩擦阻力。

实际情况下，边界层是层流和紊流同时存在的混合边界层，有关的计算方法可以在有关的力学手册中找到。

第八节　边界层的分离与卡门涡街

一、边界层的分离

平板边界层，是边界层流动中最简单的一种。如前所述，当不可压缩黏性流体纵向流过平板时，在边界层外边界上沿流动方向的速度是相同的，整个势流流场中压强及流速均保持为常数。由于边界层内压强决定于边界层外缘的势流压强，因此整个边界层内的压强也保持不变。但当黏性流体流经曲面物体时，压强将沿流程变化。逆压梯度区域将有可能产生边界层分离现象，并在边界层分离后形成的尾流中产生旋涡，导致很大的能量损失并增加了流动的阻力。

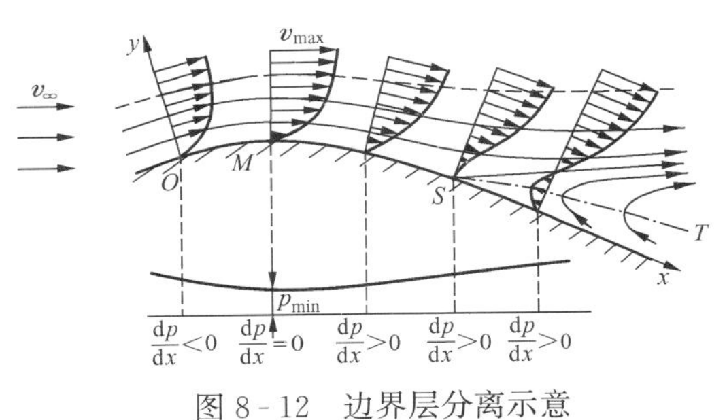

图 8-12　边界层分离示意

如图 8-12 所示，黏性流体流过曲面物体，前方来流速度为 v_∞。流体质点从 O 到 M 是加速的，M 点之后是减速的。由伯努利方程可知，压强由 M 之前顺流逐渐减小，即 $\frac{dp}{dx}<0$，为顺压强梯度；而 M 之后压强顺流递增，$\frac{dp}{dx}>0$，为逆压强梯度。

边界层内的流体微团被黏性力所阻滞，损耗能量。越靠近物体壁面的流体微团，受黏性力的阻滞作用越大，能量损耗越大。流体质点由 O 到 M 压强势能降低，一部分转化为动能，一部分则因克服黏性阻力而消耗。在降压加速段中，由于流体的部分压强势能转变为流体的动能，流体微团虽然受到黏性力的阻滞作用，但仍有足够的动能，能够继续加速前进。但是，在减速段中，流体的部分动能不仅要转变为压强势能，而且黏性力的阻滞作用也要继续损耗动能，这就使流体微团的动能损耗更大，流速迅速降低，从而使边界层不断增厚。当流到某一点 S 时，靠近物体壁面的流体微团的动能已被消耗尽，这部分流体微团就停滞不前。跟着而来的流体微团也将同样停滞下来，以致越来越多的被停滞的流体微团在物体壁面和主流之间堆积起来。与此同时，在 S 点之后，压强的继续升高将使这部分流体微团被迫反方向逆流，并迅速向外扩展，主流便被挤得离开了物体壁面，造成边界层的分离，S 点称为边界层的分离点。在 ST 线上一系列流体微团的速度等于零，成为主流和逆流之间的间断面。由于间断面的不稳定性，很小的扰动就会引起间断面的波动，进而发展并破裂成旋涡。分离时形成的旋涡，不断地被主流带走，在物体后部形成尾涡区。

如图 8-12 所示，在分离点的上游，所有断面上沿 y 轴的速度均为正值，且在壁面处 $\frac{\partial v_x}{\partial y}>0$。在分离点的下游，壁面附近产生回流，回流区的流速为负值，因此在壁面附近，$\frac{\partial v_x}{\partial y}<0$。在分离点处，则 $\frac{\partial v_x}{\partial y}=0$。

从以上的分析中可得如下结论：黏性流体在压强降低区内流动（加速流动），决不会出现边界层的分离，只有在压强升高区内流动（减速流动），才有可能出现分离，形成尾涡区。尤其是在主流减速足够大的情况下，边界层的分离就一定会发生。例如，在圆柱体和球体这样的钝头体的后半部分上，当流速足够大时，便会发生边界层的分离。这是由于，在钝头体的后半部分有急剧的压强升高区，而引起主流减速加剧的缘故。若将钝头体的后半部分改为充分细长形的尾部，成为圆头尖尾的所谓流线型物体（如叶片叶型和机翼翼型），就可使主流的减速大为降低，便足以防止边界层内逆流的发生，从而几乎可以避免边界层的分离。

二、卡门涡街

如图 8-13（a）所示，黏性流体均匀等速流定常地绕过圆柱体，当雷诺数 $Re<1$，称低雷诺数流动。由于圆柱体后部流体的速度减小和压强增加均很小，边界层无明显的流动分离，流动图谱和理想流体几乎相同。随着雷诺数的增加，开始有分离现象产生，当 $Re>4$ 时，圆柱的后部出现一对驻涡［见图 8-13（b）］。随着雷诺数的继续增加，分离点随之逐渐前移，分离区域逐渐增大，尾涡不断的增大和摆动，当 $Re>60$ 时，从圆柱后部交替释放出旋涡，形成两列几乎稳定的、非对称性的、交替脱落的、旋转方向相反的旋涡，并随主流向下游运动，这就是卡门涡街，如图 8-13（c）所示。图 8-14 是圆柱后面卡门涡街的瞬间照片。研究表明，有规则的卡门涡街可以在 $Re=60\sim5000$ 的范围内形成。卡门采用理想流体复势理论对涡街的诱导速度、稳定性和阻力等特性进行了分析。指出涡街的移动速度比来流速度小得多；涡街的排列规则有多种可能，但仅当两涡街间的垂直距离 h 与同一涡列中相邻涡间的距离 l 之比 $h/l=0.2806$ 时才相对稳定；涡街对圆柱单位长度上引起的阻力为

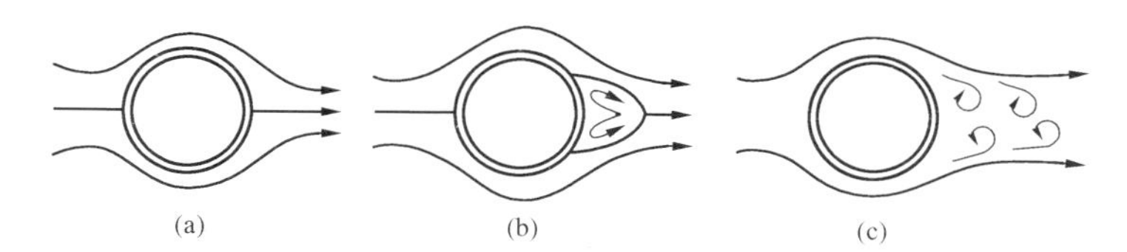

图 8-13　不同雷诺数条件下绕圆柱的流动图谱

$$F_D=\rho v^2 h\left[2.83\frac{v_x}{v}-1.12\left(\frac{v_x}{v}\right)^2\right] \tag{8-67}$$

式中：v 为来流速度；v_x 为涡街速度。

在圆柱体后尾流的卡门涡街中，两列旋转方向相反的旋涡周期性地均匀交替脱落，圆柱表面的压强分布也以一定的频率发生有规则的变化，使圆柱受到周期性变化的合力作用，其频率与涡的释放频率相同。早在 19 世纪，捷克人斯特劳哈尔就提出了计算涡释

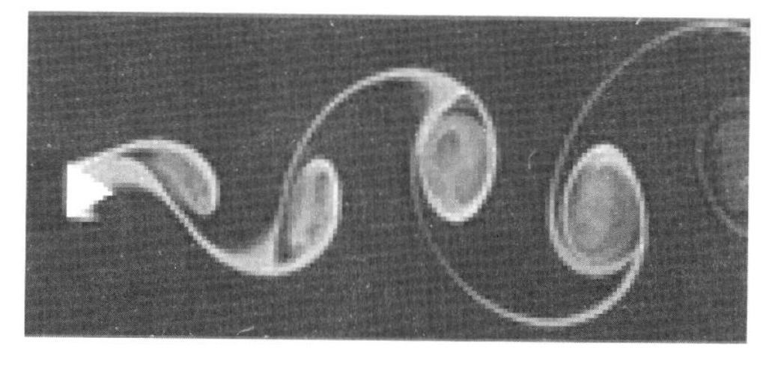
图 8-14　卡门涡街的瞬间照片

放频率 f 的经验公式。

$$f = Sr\frac{v}{d} \tag{8-68}$$

式中：d 为圆柱直径。

Sr 称为斯特劳哈尔数，仅和雷诺数有关：

$$Sr = 0.1989\left(1-\frac{19.7}{Re}\right) \tag{8-69}$$

根据罗施柯的实验结果，当 $Re > 1000$ 时，斯特劳哈尔数 Sr 近似等于 0.21。

旋涡自圆柱体后部周期性地交替脱落过程中，旋涡形成一侧，边界层分离点前移，分离区域增大，致使这一侧的总压力降低；而旋涡脱落的一侧分离点后移，沿圆柱表面的压力增大，形成周期性的合力作用，合力的方向总是由旋涡脱离的一侧指向旋涡形成的一侧。交变的作用会使圆柱体发生振动，特别是当作用力的交变频率与圆柱体的固有频率相一致时，会使物体产生共振，造成声响。例如当刮风时，电线会产生风鸣声。共振时大的振动幅度和频率也会影响绕流体的正常工作，甚至破坏。在管式空气预热器中，当气流横向绕流管束时，卡门涡街的交替脱落的旋涡也会引起声响效应。这是由于，旋涡的交替脱落会引起空气预热器管箱（可以看作声学上的气室）中气柱的振动。特别是，当旋涡的脱落频率与管箱的声学驻波振动频率相重合（共振）时，就会诱发强烈的管箱声学驻波振动，产生很大的噪声，造成空气预热器管箱的激烈振动。严重时，会产生巨大的震耳欲聋的噪声，常使厚钢板制成的空气预热器管箱振鼓，甚至破裂。管箱的振动又会引起涡街的振动，使整个锅炉结构都振动，破坏性很大。共振也会使得潜水艇的潜望镜不能正常工作。美国华盛顿州塔可马吊桥（Tacoma，1940）因设计不当，在一次暴风雨中由桥体诱发的卡门涡街在几分钟内就将大桥摧毁。

卡门涡街也可应用于流量测量。根据在一定的雷诺数范围内，斯特罗哈数 Sr 近似等于常数的性质，制成了应用广泛的卡门涡街流量计。在管道内以与流体流动相垂直的方向插入一根圆柱体验测杆，在验测杆下游产生卡门涡街。在 $Re=10^3 \sim 1.5\times10^5$ 范围内，由于斯特罗哈数基本上等于常数。这样，便把测定流量的问题归结为测定卡门涡街脱落频率的问题。根据测量的脱落频率，由式（8-68）便可计算来流的流速，进而计算出流量。

第九节　物体的阻力与减阻

当一个物体被置于运动流体中（或在流体中运动）时，物体均会受到流体的力的作用。沿流动方向上流体对物体的作用力称为阻力。在垂直流动方向上流体对物体所施加的力称为升力。

升力和阻力是由于作用在物体表面的切应力和法向应力之和产生的。作用在物体表面的切向应力在来流方向上的投影的总和称摩擦阻力、表面摩擦阻力或黏性阻力。摩擦阻力是指黏性直接作用的结果。当平行于来流的方向的表面积大于垂直于流动方向的投影面积时，这种阻力最为重要。例如，表面摩擦阻力是造成与流体流动方向平行的平板所受阻力的主要因素。作用在物体表面的法向应力在来流方向上的投影的总和称压差阻力，也称为形状阻力。压差阻力是黏性间接作用的结果。当黏性流体绕物体流动时，如果流体是理想流体，在物体的表面就不会产生边界层流动，也就没有摩擦切应力和流动分离，因此没有阻力产生。在黏性流动的条件下，在物体的表面存在边界层，如果边界层在压强升高的区域内发生分离，形成旋涡，则在从分离点开始的物体后部所受到的流体压强，大致接近于分离点的压强，而不能恢复到理想流体绕流时应有的压强数值，使绕流物体后部的压强比无摩擦流动时低。这一物体后部压强的降低产生一个来流方向的净力从而形成压差阻力。而旋涡所携带的能量也将在整个尾涡区中被消耗而变成热，最后散逸掉。所以，压差阻力的大小与物体形状有很大的关系。摩擦阻力与压差阻力之和称为物体阻力。虽然物体阻力的形成过程，从物理观点看完全清楚。可是，要从理论上来确定一个任意形状物体的阻力，至今还是十分困难的，物体阻力目前都是用实验测得。

由于层流边界层产生的物体表面上的切向应力比紊流的要小得多，为了减少摩擦阻力，应该使物体上的层流边界层尽可能长，即使层流边界层转变为紊流边界层的转捩点尽可能往后推移，而流体绕流物体的最大速度（也就是最小压强）点位置对层流向紊流的转换点位置起着决定性的作用。我们知道，加速流动比减速流动容易使边界层保持层流。因此，为了减少高速飞机机翼上的摩擦阻力，在航空工业上采用一种“层流型”的翼型，就是将翼型的最大速度点尽可能向后移。这可以通过将翼型的最大厚度点尽可能向后移来实现。但是，对这种翼型的机翼表面光滑度的要求很高，否则粗糙表面会使边界层保持不了层流。

要减少压差阻力，必须采用使在流体中运动的物体后面产生的尾涡区尽可能小的外形，也就是使边界层的分离点尽可能向后推移。

圆头尖尾的细长外形，即所谓流线型的物体，在其他条件相同的情况下，引起的压差阻力比尾部钝粗的要小。由于边界层分离点的位置与边界层内的压强梯度的大小有直接关系，所以必须使物体具有这样一种外形，即使流经物体表面压强升高区内的流体的压强梯度尽可能地小些。而圆头尖尾流线型的物体就具有这个特点，例如涡轮机的叶片叶型和机翼翼型都是这样。对具有流线型物体的绕流，在小冲角大雷诺数的情况下，实际上可以认为，不发生边界层分离时，物体的阻力主要是摩擦阻力。

对于某些理论翼型，例如儒可夫斯基翼型，可以计算出作用在翼型上的阻力。但对任意的实际翼型，目前还只能在风洞中用实验方法测定。为了便于比较，工程上习惯用无因次的阻力系数 C_D 来代替阻力 F_D，即

$$C_D = \frac{F_D}{\frac{1}{2}\rho v_\infty^2 A} \tag{8-70}$$

式中：A 为机翼面积，对每单位机翼长度（单位翼展）而言，$A = l \times 1$，l 是弦长。

对于任意形状物体的阻力系数，同样适用式（8-70），其中 A 是物体在垂直于运动方向或来流方向的正投影面积。

物体阻力的大小与雷诺数有密切的关系。按相似定律可知，对于不同的不可压缩流体中的几何相似的物体，如果雷诺数相同，则它们的阻力系数也相同。例如平板的层流和紊流边界层的摩擦阻力系数公式（见表 8-2）都指出，无因次阻力系数只与雷诺数有关。因此，在不可压缩黏性流体中，对于与来流方向具有相同方位角的几何相似体，其阻力系数为

$$C_D = f(Re)$$

图 8-5 和图 8-15 分别给出了圆球和圆柱体的阻力系数与雷诺数的关系曲线。图中指出，对于直径不同的圆球和圆柱体，在不同雷诺数下测得的阻力系数都排在各自的一条曲线上。在小 Re 数的情况下，边界层是层流，边界层的分离点在物体最大截面的附近，并且在物体后

面形成较宽的尾涡区，从而产生很大的压差阻力。当 Re 数增加到在边界层分离以前边界层已由层流变为紊流时，由于在紊流中流体微团相互掺混，发生强烈的动量交换，使分离点向后移动一大段，尾涡区大大变窄，从而使阻力系数显著降低。这种现象可把流动划分为亚临界和超临界。对于圆球（见图 8-5）在 $Re\approx3\times10^5$ 时，阻力系数从大约 0.4 突然急剧下降到 0.1 以下。对于圆柱体（见图 8-15），从 $Re\approx2\times10^5$ 开始，到 $Re\approx5\times10^5$，阻力系数从大约 1.2 急剧下降到 0.3。这种阻力的突然降低确实是由于边界层内层流转变为紊流的结果。普朗特曾用下面的实验证实了这一现象。他在紧靠圆球面层流分离点稍前的面套位置上一圈金属丝，人工地把层流边界层转变为紊流边界层，则在 Re 数小于 3×10^5 的亚临界时，阻力就显著降低。这时，分离点从原来在圆球前驻点后约 80°处向后移到约 110°～120°。在超临界范围内，由于阻力系数大大减小，物体表面上的压强分布更加接近于理想流体的压强分布。

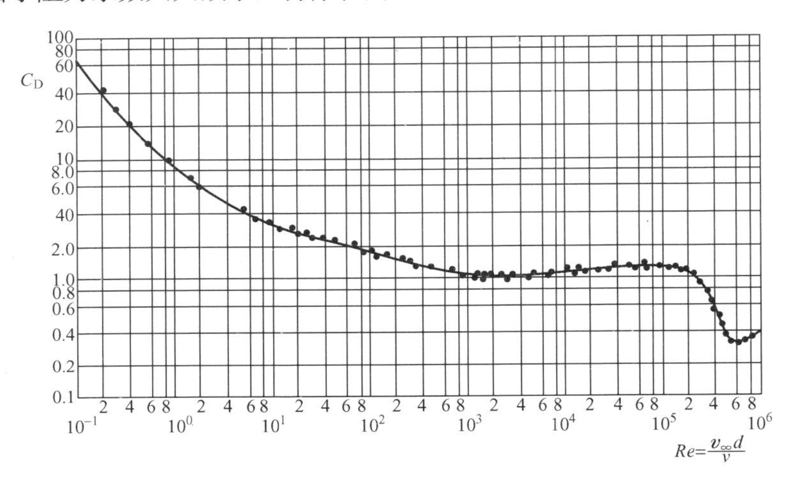

图 8-15　绕圆柱流动的阻力系数与雷诺数的关系

第十节　自由淹没射流

一、自由射流的基本流动特性

边界层流动，除了前面所述的沿壁面的流动外，还存在另一类流动形式：一股速度很大的流动射入周围流体时所形成的流动，称之为射流。射流是日常生活和生产中常遇到的流动现象，例如，自来水龙头射出的一束水，火箭和喷气式飞机尾部喷管中喷出的高速气流，从烟囱冒出的烟气以及锅炉喷燃器喷到炉膛的燃料气流，化工冶金设备混合器中的射流，水力采煤、消防水龙和农业喷灌等领域也广泛应用射流。分析射流速度、流量、温度和浓度等参数沿射程的变化规律有重要的理论和实际意义。

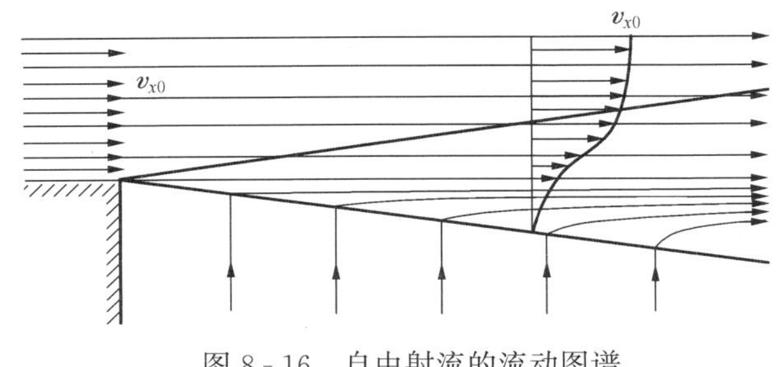

图 8-16　自由射流的流动图谱

当射流周围的流体本身具有速度时称为伴随射流，当周围流体处于静止状态时，则称为自由射流。这里仅讨论自由射流。图 8-16 表示一股自由射流以速度 v_{x0} 从固壁处喷出，在下方与静止流体的交界面上形成放射状边界区域。从速度分布图可以看出，该区域界面上的速度从均匀流逐步减小为零，形成流动剪切层。实验结果表明这种剪切射流符合边界层的特点：射流边界层的宽度小于射流的长度，即横向尺度远小于纵向尺度；在射流边界层的任何横截面上，横向速度远小于纵向速度；沿射流边界层横截面上的压强是近似不变的，又由于周围静止流体内的压强各处都相等，所以可以认为，整个射流区内的压强都是一样的；射流边界层的内、外边界线都是直线。

自由射流一般都是紊流。当流体从喷管喷射到温度和密度均与射流相同的静止流体时，由于射流的流态是紊流，流体不但沿喷管轴线方向运动，而且还发生剧烈的横向运动，使得射流与静止流体不断地互相掺混，进行质量和动量交换，从而带动着周围原来静止的流体一起向前运动。离喷口越远，被射流带动的质量越多，结果使射流的宽度逐渐增大（横截面积逐渐增大），而呈喇叭形的扩散状，如图 8-16 所示。同时，射流将一部分动量传递给带入的流体，因而射流的速度逐渐降低。最后射流的动量全部消失在空间流体中，射流也在静止流体中淹没了，所以又称它为自由淹没射流。

二、平面紊流射流的结构

根据自由淹没射流的特性，可把整个射流划分为若干个区域，一般分为初始段和基本段两部分。图 8-17 所示为自由射流的结构示意。喷口的宽度为 $2R_0$，喷口速度为均匀分布的 v_{x0}。假定 v_{x0} 超过由层流向紊流转化的临界速度，那么射流流动区域均为紊流流动。在流动中由于外边界处的流动不断与静止流体的动量交换，射流的宽度逐渐增大，而在射流中还保持射流初速 v_{x0} 的区域（成为射流核心区）则逐渐缩小。在离开喷口出口一段距离以后，保持初速 v_{x0} 的射流核心区就消失了。射流核心区完全消失的横断面称为转折截面。其离开喷管出口的距离为 S_T。从喷管出口到转折面之间的射流段称为初始段。很显然射流核心区就在初始段内。初始段的长度随喷口的宽度减小而缩短，当喷口缩小为一点时，初始段消失。在转折截面以后的射流段称为基本段。如图所示的平面内基本段是由上下两个边界层组成的。在基本段中轴向流速逐渐减小，最后到零。在这一区域内，由于射流与周围流体的混掺所引起的动量交换，射流边界继续扩张。运动与静止流体的交界面（或线）称为射流的外边界面（或线），轴向流速还保持初速 v_{x0} 的边界面（射流核心区的边界面）称为内边界面（或线）。射流外边界线的交点 o 称为射流极点，它的位置在喷管内。外边界线之间的夹角 θ 称为射流极角，也称射流扩散角。

如果是在图示以极点为原点的坐标系中，在图示的射流平面内射流边界层厚度随 x 的变化为 $R(x)$，则外边界线的方程为

$$R(x)=\pm cx \tag{8-71}$$

式中：常数 c 为与喷口形状有关的常数，其由实验测定。

由于在整个射流中各处的压强都是相等的，且在整个射流区域，无外力作用，根据动量定律，单位时间内射流各横截面沿 x 方向的动量保持不变，等于射流在喷管出口处的动量，于是

$$\iint_A \rho v_x^2 \mathrm{d}A=\rho_0 v_{x0}^2 A_0=\text{常数} \tag{8-72}$$

式中：ρ_0、v_{x0} 和 A_0 分别为喷管出口的流体密度、初速和截面积。

随着射流外边界的扩张，射流截面上的速度发生变化，但实验测量表明基本段每一截面

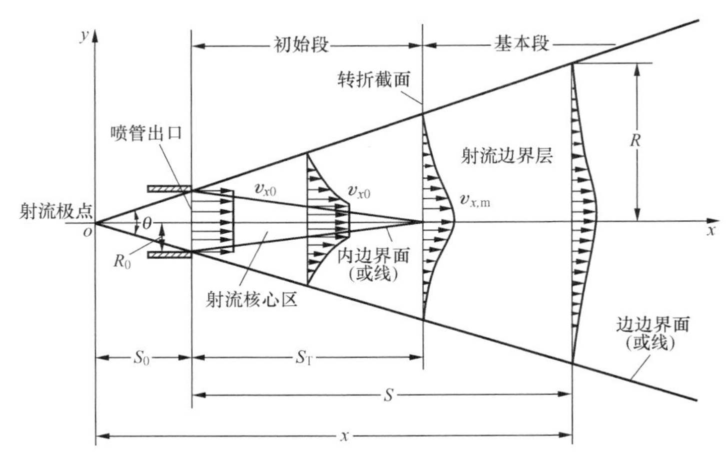

图 8-17　自由射流的流动结构与速度分布

上的速度分布具有相似性。设任一截面上沿轴线速度为 $v_{x,m}$，截面上的速度分布为 v_x，当用无量纲速度 $v_x/v_{x,m}$ 和无量纲坐标 y/R 表示速度剖面时，所有截面的速度剖面均重合，称为射流的自模性，这是自由射流的重要特性。

三、两种工程上常见射流的分析

1. 轴向对称射流

由圆形截面喷管或孔口喷出的射流，可认为是轴对称的。如图 8-17 所示，设射流从半径为 R_0 的喷口中以速度 v_{x0} 喷出，形成圆锥形的自由射流。则对于该射流，式（8-72）可写成

$$2\pi\int_0^R \rho v_x^2 y\,\mathrm{d}y = \pi\rho_0 v_{x0}^2 R_0^2 \tag{8-73}$$

设射流区域内流体的温度和密度相同，即 $\rho=\rho_0$，并将上式写成零量纲形式有

$$2\int_0^{\frac{R}{R_0}}\left(\frac{v_x}{v_{x0}}\right)^2\frac{y}{R_0}\mathrm{d}\frac{y}{R_0}=1 \tag{8-74}$$

上式中的零量纲纵坐标 $\frac{y}{R_0}$ 可改写成$\frac{y}{R}\frac{R}{R_0}$，其中 $\frac{R}{R_0}$ 只决定于该横截面至射流极点的距离 x，而与该点在横截面上的位置（y）无关。另外，零量纲速度 $\frac{v_x}{v_{x0}}$ 也可改写成$\frac{v_x}{v_{x,\mathrm{m}}}\frac{v_{x,\mathrm{m}}}{v_{x0}}$，其中 $\frac{v_{x,\mathrm{m}}}{v_{x0}}$ 也与该点在横截面的位置无关。因此，上式可写成

$$2\left(\frac{v_{x,\mathrm{m}}}{v_{x0}}\right)^2\left(\frac{R}{R_0}\right)^2\int_0^1\left(\frac{v_x}{v_{x,\mathrm{m}}}\right)^2\frac{y}{R}\mathrm{d}\left(\frac{y}{R}\right)=1 \tag{8-75}$$

根据射流理论的计算，$\int_0^1\left(\frac{v_x}{v_{x,\mathrm{m}}}\right)^2\frac{y}{R}\mathrm{d}\frac{y}{R}=0.0464$，代入式（8-75），得

$$\frac{R}{R_0}=3.28\frac{v_{x0}}{v_{x,\mathrm{m}}} \tag{8-76}$$

在转折截面上 $v_{x,\mathrm{m}}=v_{x0}$，因此，转折截面的无因次半径永远为

$$\frac{R}{R_0}=3.28 \tag{8-77}$$

即在转折截面上射流宽度等于喷管出口直径的 3.28 倍。

由于射流的外界线是一条直线，也就是说，射流宽度正比于 x 距离，即$\frac{R}{x}=\tan\frac{\theta}{2}$。而射流扩散角 θ 对于不同的喷管形式有不同的数值，因此$\frac{R}{x}$具有不同的常数值。现在引入反映喷管形式的系数 a，使$\frac{R}{ax}$成为一个定值。根据实验结果进行理论分析，对于轴向对称的射流有

$$\frac{R}{ax}=3.4$$

或

$$R=3.4ax$$

对于圆形截面喷管，a 的平均值等于 0.07～0.08。所以 $\tan\frac{\theta}{2}=0.238\sim0.272$，即$\frac{\theta}{2}\approx$ 13°30′～15°15′，也即射流扩散角 θ 为 27°～30°30′。

将 $R=3.4ax$ 代入式（8-76），得

$$\frac{v_{x,\mathrm{m}}}{v_{x0}}=3.28\frac{R_0}{R}=\frac{3.28R_0}{3.4ax}=\frac{0.966}{ax/R_0} \tag{8-78}$$

在转折截面上 $v_{x,\mathrm{m}}=v_{x0}$，得转折截面至射流极点的距离为

$$x_{\mathrm{T}}=0.966\frac{R_0}{a} \tag{8-79}$$

由图 8-17 可得 $\frac{ax}{R_0}=\frac{a(S+S_0)}{R_0}=\frac{aS}{R_0}+\frac{aS_0}{R_0}=\frac{aS}{R_0}+\frac{ax}{R}=\frac{aS}{R_0}+0.294$，代入式（8-78）得

$$\frac{v_{x,\mathrm{m}}}{v_{x,\theta}}=\frac{0.966}{\frac{aS}{R_0}+0.294} \tag{8-80}$$

2. 平面射流

从扁长方形截面的缝隙或孔口喷出的射流，可按平面射流分析。如图 8-18 所示，如果流体以速度 v_{x0} 从高为 $2b_0$ 的喷口中喷出。取平面射流的厚度为 1，则式（8-72）成为

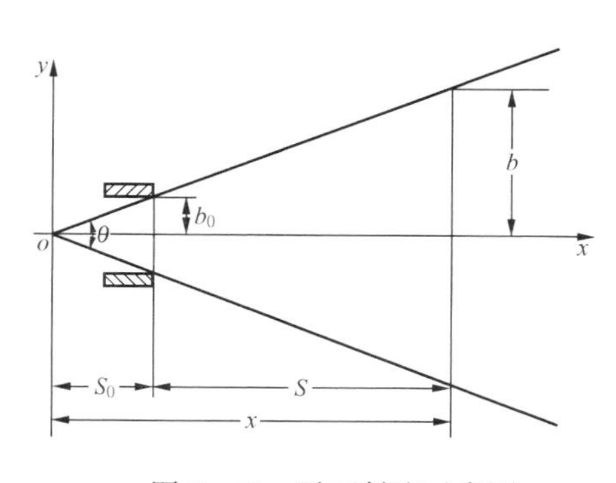

图 8-18　平面射流示意图

$$2\int_a^b \rho v_x^2\,\mathrm{d}y=2\rho_0 v_{x0}^2 b_0$$

由于 $\rho=\rho_0$，将上式写成零量纲形式为

$$\left(\frac{v_{x,\mathrm{m}}}{v_{x0}}\right)^2\frac{b}{b_0}\int_0^1\left(\frac{v_x}{v_{x,\mathrm{m}}}\right)^2\mathrm{d}\left(\frac{y}{b}\right)=1$$

根据射流理论的计算，$\int_0^1\left(\frac{v_x}{v_{x,\mathrm{m}}}\right)^2\mathrm{d}\left(\frac{y}{b}\right)=0.2847$，代入上式，得

$$\frac{v_{x,\mathrm{m}}}{v_{x0}}=\frac{1.875}{\sqrt{b/b_0}}$$

在转折截面上 $v_{x,\mathrm{m}}=v_{x0}$，则 $b=3.51b_0$。

对于平面射流，$b=2.4ax$，代入上式，得

$$\frac{v_{x,\mathrm{m}}}{v_{x0}}=\frac{1.21}{\sqrt{ax/b_0}} \tag{8-81}$$

由上式，并根据在转折截面上 $v_{x,\mathrm{m}}=v_{x0}$，得转折截面至射流极点的距离为

$$x_{\mathrm{T}}=1.46\frac{b_0}{a} \tag{8-82}$$

由于 $\frac{ax}{b_0}=\frac{a(S+S_0)}{b_0}=\frac{aS}{b_0}+\frac{ax}{b}=\frac{aS}{b_0}+0.417$，代入式（8-81），得

$$\frac{v_{x,\mathrm{m}}}{v_{x0}}=\frac{1.21}{\sqrt{\frac{aS}{b_0}+0.417}} \tag{8-83}$$

对于平面射流，$a=0.1\sim0.11$，射流扩散角 θ 约为 27°～30°。

比较圆形截面轴向对称射流和扁形截面平面射流中心线的轴向流速 $v_{x,\mathrm{m}}$ 的公式（8-78）和式（8-81）以及式（8-80）和式（8-83），可得以下三点结论：

（1）射流的喷射能力与射流的初速 v_{x0} 和喷管出口尺寸（R_0 或 b_0）有关。所谓喷射能力即为射流离开喷管出口后，在一定距离内还保持较大的速度 $v_{x,\mathrm{m}}$ 的一种能力。由式（8-78）～式（8-83）可知，无论哪一种射流，当射流的初速 v_{x0} 和喷管出口尺寸（R_0 或 b_0）增加时，都会使射流的射出能力即 $v_{x,\mathrm{m}}$ 增加。

（2）在射流初速 v_{x0} 和喷管出口尺寸相同条件下，扁形截面射流要比圆形截面射流具有较大的射出能力。这是由于，在扁形截面射流中，其轴向速度 $v_{x,\mathrm{m}}$ 的减小与距离 x（或 S）的平方根成正比，而在圆形截面射流中，$v_{x,\mathrm{m}}$ 的减小则与 x（或 S）成反比。

（3）在射流初速 v_{x0} 和喷管出口尺寸相同条件下，要达到同样的射出能力（即 $v_{x,\mathrm{m}}$ 相等），则扁形截面射流射出的距离 x（或 S）要比圆形截面射流的远。

上述的结论对于某些工程问题有一定的指导意义。当需要射出距离较远的场合，可以考虑应用具有扁平截面的喷口形成平面射流；在需要增加混掺的场合，喷口可选用圆形的截面。

思考题

8-1　N—S 方程的根据是什么？其各项物理意义和性质是什么？

8-2　使微小固体或液体颗粒处于悬浮状态的条件是什么？

8-3　黏性流体中应力与速度的关系如何？

8-4　什么叫边界层？其厚度是如何定义的？边界层有哪些基本特征？

8-5　如果雷诺数增大，边界层厚度如何变化？

8-6　二维平板层流边界层与紊流边界层的剖面速度分布与切应力分布有何不同？

8-7　求解边界层动量积分方程，原则上需要补充哪几个方程？

8-8　边界层分离现象是怎样产生的？

8-9　试述卡门涡街的概念和如何防止卡门涡街的危害。

8-10　黏性流体绕流物体时有哪几种阻力？如何减少这些阻力？

8-11　什么是压差阻力？引起压差阻力的因素有哪些？

习　题

8-1　两无限长同心圆筒，半径分别为 R_1 与 R_2，各以等角速度 ω_1 与 ω_2 绕中心轴旋转，两筒间充满不可压缩黏性液体，重力影响忽略不计。试证明环形空间液体的角速度为

$$\omega=\frac{R_1^2(R_2^2-r^2)\omega_1+R_2^2(r^2-R_1^2)\omega_2}{r^2(R_2^2-R_1^2)}$$

8-2　黏性流体在两块无限大平板间作定常运动，上板移动速度为 v_1，下板移动速度为 v_2，试求流体的速度分布。$\left[v=-\frac{h^2}{2\mu}\frac{\partial p}{\partial x}\left[1-\left(\frac{y}{h}\right)^2\right]+\frac{v_1-v_2}{2}\left(\frac{y}{h}\right)+\frac{v_1+v_2}{2}\right]$

8-3　液体的黏度系数为 μ，密度为 ρ，在重力场作用下沿一斜板流动，斜板与水平面的夹角为 θ，宽度为无限大，液层厚度为 h，流动是稳定的，并平行于板面。与液面接触的空气的黏度可以忽略不计。试推导液层内平行斜面的速度分布函数，并推导板面的切应力和平均速度的计算式。

$\left[\frac{\rho g\sin\theta}{2\mu}(2hy-y^2)；\rho gh\sin\theta；\frac{\rho gh^2\sin\theta}{3\mu}\right]$

8-4　流体在两平板缝隙间作定常层流流动，两平板相互间的倾角为 θ（θ 很小），缝隙的长度为 l，缝隙两端的高度分别为 h_1 与 h_2，两端的压强分别为 p_1 和 p_2，上板固定，下板水平放置并以速度 v 做匀速运动，试证明缝隙间的压强分布为

$$p=p_1-\frac{h_2^2(h_1+h)x}{h^2(h_1+h_2)l}(p_1-p_2)+\frac{6\mu v(h_2-h)x}{h^2(h_1+h_2)}$$

8-5　一直径为 1mm、密度为 $\rho=1.1\times10^3\text{kg/m}^3$ 的质点自静止开始在密度为 $\rho=0.9\text{kg/m}^3$，黏度为 $0.03\text{N}\cdot\text{s/m}^3$ 的油中自由下落。试求当小球达到自由沉降速度的 99%时所用的时间，此时的雷诺数是多少？　[0.0094s；0.1089]

8-6　沿平板流动的两种介质，一种是标准状态的空气，其流速为 30m/s，另一种是 20℃的水，其流速为 1.5m/s，求二者在同一位置处的层流边界层的厚度之比。　[0.91]

8-7　求平板绕流层流边界层的总阻力系数 C_D，以及 δ，δ_1 和 δ_2。设边界层中的速度分布为 $\frac{v_x}{v}=\alpha\frac{y}{\delta}+\beta\left(\frac{y}{\delta}\right)^3$。　$\left[\frac{1.295}{Re^{0.5}}；\frac{4.64}{Re^{0.5}}x；\frac{3}{8}\delta；\frac{39}{280}\delta\right]$

8-8　光滑薄平板平行放置在空气流中，空气的流速为 60m/s，空气的压强为 10N/cm^2，温度为 25℃，平板宽为 3m，长为 1.5m/s。

（1）设整个平板都是层流边界层，计算后端的边界层厚度和总阻力；

（2）设整个平板都是紊流边界层，计算后端的边界层厚度和总阻力。

[0.288cm，10.92N；0.025m，61.32N]

8-9　假设沿平板的边界层内的速度呈抛物线分布，根据边界层的边界条件确定速度分布的方程并计算边界层的厚度和壁面摩擦应力沿流动方向的分布。

$\left[\delta=5.48\sqrt{\frac{\nu x}{v_\infty}}；\tau_0=0.365\rho v_\infty^2\sqrt{\frac{\nu}{xv_\infty}}\right]$

8-10　在零压梯度边界层中，假设 $v_x=v_\infty\sin(\pi y/2\delta)$，计算边界层的厚度 $\delta(x)$ 和壁

面摩擦应力 $\tau_0(x)$ 。 $\left[\delta=4.8\sqrt{\dfrac{\nu x}{v_\infty}}\ \tau_0=0.328\mu v_\infty\sqrt{\dfrac{v_\infty}{\nu x}}\right]$

8-11 一潜没在 20℃ 水中的平板以 $v_0=9\text{m/s}$ 的速度运动，如果板长 $l=20\text{m}$，宽为 3m，试求边界层由层流转捩为紊流的位置以及板所受的总阻力。 [0.34m；8.146kN]

8-12 一长和宽分别为 a 和 b 的光滑平板在静止的水中拖动。设在板上形成的边界层为层流边界层，试证明当分别以 a 边和 b 边迎向流动方向的两种情况下，如果要使板所受到的拖力相同，则应有关系式

$$v_a/v_b=\sqrt[3]{a/b}$$

式中：v_a、v_b 为 a、b 边迎向流动方向时板的运动速度。如设边界层为紊流边界层，其他条件不变，试证明此时应有

$$v_a/v_b=\sqrt[9]{a/b}$$

8-13 飞机以速度 100m/s 飞行，设机翼可作为平板看待，边界层为紊流边界层，试计算机翼尾部的 δ 和 δ_1，并计算机翼的阻力。已知机翼长为 2m，宽为 15m，气温为 10℃。

[2.751cm；0.344cm；1631N]

8-14 直径为 0.5m 的管道，通过 30℃的空气，在垂直于管道的轴线方向插入直径为 0.01m 的卡门涡街流量计，测得旋涡的脱落频率为 105Hz，求管道中的流量。 [0.98m/s]

8-15 汽车以 60km/h 的速度行驶，它的迎风面积为 2m^2，阻力系数为 0.3，静止空气的温度为 0℃，试求汽车克服空气阻力所需的功率。 [1.797kW]

8-16 一流线型的机车长为 110m，宽为 2.75m，高为 2.75m。假定车辆两侧和顶部的摩擦阻力等效于一长为 110m、宽为 8.25m 的矩形平板的摩擦阻力。空气的密度为 $\rho=1.22\text{kg/m}^3$，黏性系数为 $\mu=1.79\times10^5\text{Pa}\cdot\text{s}$，当机车以 160km/h 的速度行驶时，用于克服摩擦阻力的功率为多大？机车尾部的边界层厚度为多大？ [87.83kW；0.8036m]

8-17 一辆汽车以 120km/h 的速度行驶在高速公路上，求克服空气阻力所需的功率。汽车垂直于运动方向的投影面积为 2m^2，阻力系数为 0.3，静止空气温度为 20℃。

[13.45kW]

第九章　膨胀波和激波

第六章讨论了可压缩流体的基本方程组、声速、一维等熵流动的基本方程等问题。当流动的速度超过声速时，常出现膨胀波和激波，这是超声速气流的基本流动特征。在激波的发生处，流体的主要参数有显著、突跃的变化（流体的压强、密度和温度增高而速度减小）。本章将介绍各种形式激波的概念和性质，分析激波产生的条件，建立激波波前波后的参数关系，并研究拉瓦尔喷管内流动。

第一节　膨　胀　波

超声速流遇有扰动就会产生波的运动。最常见的扰动情况如飞机、炮弹、火箭、导弹等的超声速飞行，超声速气流在管道中的流动，以及爆炸对空气的强烈压缩而产生的激波波阵面等。在超声速流动情况下，由于流动的速度 v 大于扰动传播速度 c，扰动只能被限制在以扰动源为顶点的马赫锥范围内向下游传播。表示扰动传播的马赫锥的母线就是马赫波线。扰动波中，声波和马赫波是一种微弱扰动波。气流通过微弱扰动波后，流动参数（压强、密度、温度和速度等）仅发生非常微小的变化。

超声速气流沿内折壁面或外折壁面流动时，受壁面的影响将产生两种性质不同的流动现象。当超声速流流过凸曲面或凸折面时，如图 9-1 所示，由于通道面积加大，气流发生膨胀，而在膨胀伊始因受扰动而产生马赫波，这种气流受扰后压强将下降，速度将增大情况下的马赫波称为膨胀波。下面将首先详细讨论这种膨胀波。

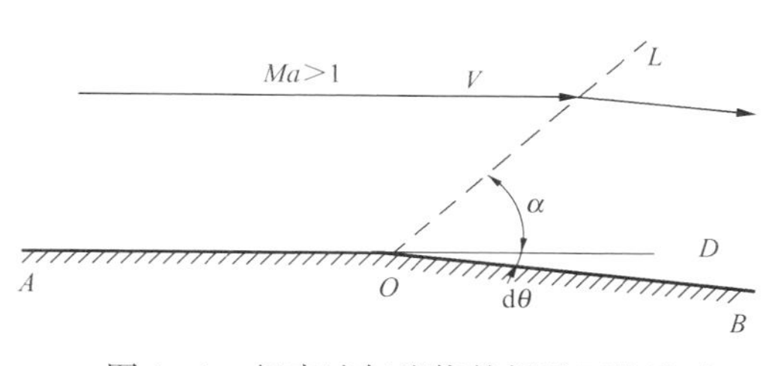

图 9-1　超声速气流绕外折壁面的流动

假设超声速气流沿着图 9-1 所示壁面 AOB 流动，壁面在点 O 向外折转一微元角度 $d\theta$。设流动介质为完全气体，流动是无摩擦、绝热的均匀流动。点 O 就是扰动源。若设想气流过 O 点后仍按原来的方向流出去，那么，在 O 点之后的 OD 与 OB 之间，将会产生一个低压真空区。这对超声速气流而言，相当于一个微弱的负压强扰动，也就是说，宛如在 O 点设置了一个连续不断发出负压强扰动的扰动源，产生扰动波。由于扰动波的传播速度为声速 c，而作为牵连速度的气流速度大于声速，这样扰动波在顺流方向的绝对传播速度方向与气流方向相同，绝对传播速度为 $v+c>2c$。在逆流方向绝对传播速度为 $v-c>0$，即扰动波在逆流方向的绝对传播速度与气流方向相同。所以相对于气流传播的扰动波被气流带向扰动源下游。而且，随时间的延续，无论扰动波如何扩展，扰动所能影响的区域，仅限于扰动波所形成的扰动圆波阵包络线 OL 的后部。于是气流在 O 点必然形成一道微弱扰动波即马赫波 OL。由于壁面折射所产生的扰动，只能传播到波 OL 以后的区域，而不能传到波 OL 之前，因此波前的气流参数保持不变，而在气流流经扰动波 OL 之后，参数值将发生一个微小的变化。马赫波与来流方向之间的夹角为 $\alpha=\arcsin(1/Ma)$。气流经过马赫波 OL 也将向外折转一微元角度 $\mathrm{d}\theta$，以适应平行于壁面 OB 流动的边界条件要求。折转后气流的通流截面比原先的通流截面加大了。由第六章的讨论知，随着流通截面有微量增大，超声速气流将加速，而静压强、密度和温度都将有微量的降低。可见，气流经过马赫波的变化过程是膨胀过程，所以称它为膨胀波。

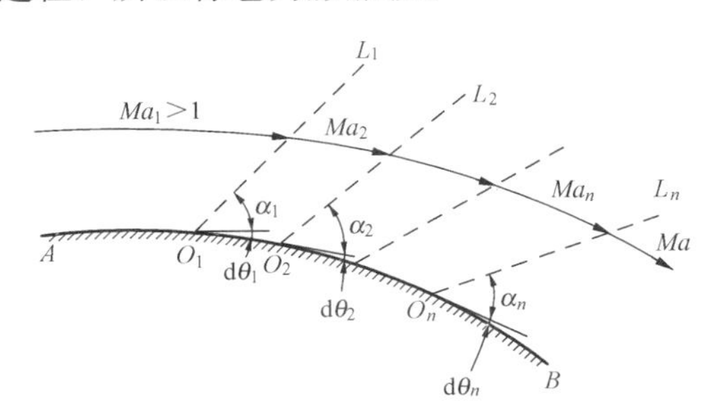

图 9-2　超声速流绕多次外折壁面的流动

如果超声速均匀等速流沿多次外转折的壁面流动，如图 9-2 所示，在每一折转处都要产生一道膨胀波，这些膨胀波分别以 O_1L_1、O_2L_2、…、O_nL_n 表示，气流通过膨胀波后，马赫数都有所增加，马赫角逐渐减小，因此后面的膨胀波对原来流方向的倾角都比前面的倾角小，即这些膨胀波既不相互平行，也不会彼此相交，而是呈发散形的，超声速气流绕外凸曲壁面的流动可以视为沿无数微元外折转壁面的流动，就会产生无数道向外发散的膨胀波。经过这无数道膨胀波，流动参数将连续地变化达一定的量值，气流也将折转一有限的角度。在极限情况下，设想让曲壁面缩短成一条线（图 9-3 中的点 O），则绕外凸曲壁面的流动就变成了绕有一定外折角的凸壁面的流动，发自曲壁面的那无数道膨胀波也集中于壁面折转处，组成一扇形膨胀波区，如图 9-3 所示。原先沿 AO 壁面流动的超声速等速均匀流经过扇形膨胀波区，逐渐折转加速，成为沿 OB 壁面流动的超声速等速均匀流，流动参数也随之连续地变化达一定的量值。常称这样的平面流动为绕凸钝角（外钝角）的超声速流动或普朗特—迈耶流动；称这种扇形膨胀波为普朗特—迈耶波。

综合上述，完全气体无摩擦地绝热超声速气流绕外折角的流动具有如下的特点：①超声速来流为平行于 AO 壁面（图 9-3）的定常二维流动，在壁面折转处必定产生一扇形膨胀波组，此扇形膨胀波是有无限多的马赫波所组成的；②气流每经过一道马赫波，波后气流参数只有无限小的变化，而经过所有膨胀波组时，气流参数是连续变化的，其速度增大，压强、密度和温度相应减小。显然，在不考虑气体的黏性和与外界的热交换时，气流通过膨胀波组的流动过程为绝热等熵的膨胀过程；③气流通过膨胀波组后，将平行于壁面 OB 流动；④沿膨胀波束的任一条马赫线，气流参数不变，故每条马赫线也是等压线，而且马赫线是一条直线。⑤对于给定的起始条件，膨胀波束中的任一点的速度大小仅与该点的气流方向有关。

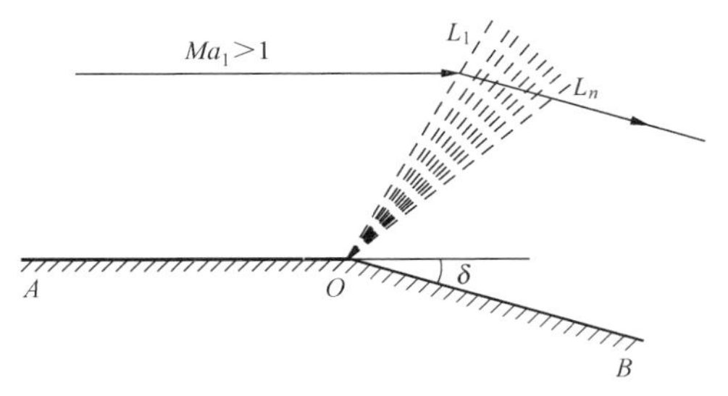

图 9-3　超声速流绕外折角的膨胀波

在实际的有摩擦流动中，等压线是曲线，且还有放射形的膨胀波和固体壁面相交、产生反射波、反射波与入射波相交等复杂现象。

第二节 激 波

前面讨论了超声速流流过凸壁面形成膨胀波的情况，当气流通过这种膨胀波时，速度连续地增加，而压强则连续地下降，这时的扰动源是一个低压扰动源。下面是超声速流流过一个凹壁面时的情况，如图 9-4 所示，在 AB 段，流向与壁面平行，不会产生扰动。从 B 开始，由于壁面弯曲，流动也逐渐转向。由于气流通过此凹面时从 B 开始通道面积逐渐减小，在超声速流情况下，速度就会逐渐减小，压强就会逐渐增大。在这同时，气流的方向也逐渐转向，产生一系列的微弱扰动，从而产生一系列的马赫波，这种马赫波称为压缩波。气流经过这些马赫波后，速度减小，马赫数减小，而马赫角 α 则会逐渐增大，这就产生了后面的波与前面的波相交的情况。气流沿整个凹曲面的流动，实际上是由这一系列的马赫波汇成一个突跃面，见图 9-4。气流经过这个突跃面后，流动参数要发生突跃变化：速度会突跃减小；而压强和密度会突跃增大。这个突跃面是个强间断面，即是激波面。

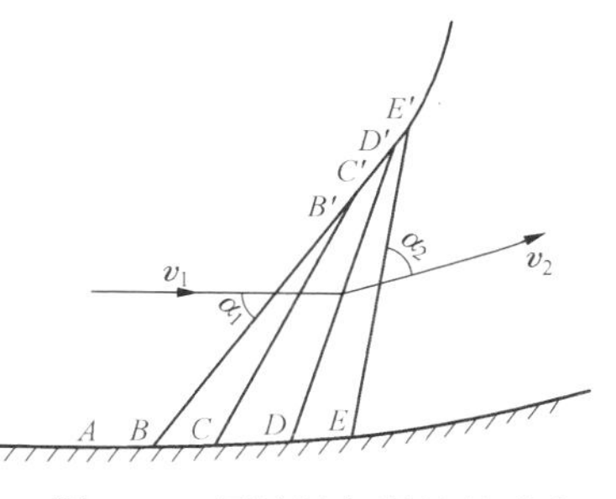

图 9-4 压缩波与激波的形成

由上可知，激波发生在超声速气流的压缩过程中。而在超声速气流的膨胀过程中，这些膨胀波是互不相交的，也就不会产生激波了。

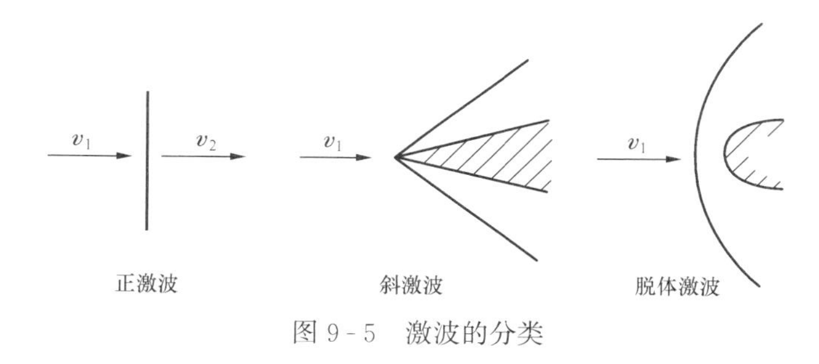

图 9-5 激波的分类

激波通常分为三种类型。如图 9-5 所示。气流速度和波面垂直的激波称为正激波。气流速度和波面不垂直，而且波后气流速度方向改变的称为斜激波。另外一种称为脱体激波，也称曲线激波，是正激波和斜激波的组合。当超声速气流流过钝头物体时，在物体前面产生的激波，就是脱体激波。

激波的厚度是很薄的，它只有分子自由行程大小（0.1μm）的量级。在激波的薄层中，流动的物理量（如速度、压强、密度、温度等）从激波前的数值很快变成激波后的数值，速度梯度和温度梯度都很大。这使得通过激波时的摩擦和热传导问题很明显。通过激波，因摩擦机械能被大量地耗损而转化为热能，因此熵值将增加。由质量守恒定理，要维持流体质量在激波后不变，而通过激波后速度又是减小的，可见，通过激波后流体的密度应该是增加的。而且，流体通过激波后的动量要小于激波前所具有的动量，由动量定理可知，通过激波后流体的压强值将增大。综上所述，通过激波，流体运动学要素速度减小，而热力学要素压强、密度、温度以及焓、熵的数值都将增大。由于激波的厚度以分子自由行程计，因此，一般情况下可忽略激波层的厚度。我们把激波看成是数学上的间断面，通过它，物理量要发生突变。对激波前和激波后的流动，我们仍可把它作为理想绝热的完全气体看待，在没有与外界热交换的情况下，激波前和激波后的流动都是满足质量守恒、动量守恒、能量守恒、状态方程以及流体力学和热力学的一些基本定律的。

必须注意到，气流通过激波时，流动参数和热力参数都是突跃变化的，因此通过激波的流动不能作为等熵流动处理。但是，气流经过激波是受激烈压缩的，其压缩过程是很迅速的，因此，通过激波的流动，可以看作是绝热过程。

正激波也是由于小扰动波的叠加形成的。考虑图 9-6 所示的一种简单气流的压缩过程：假设直圆管在活塞右侧是无限延伸的，开始时管道中充满静止气体，其初始状态为：$v=0$，$p=p_0$，$\rho=\rho_0$，$T=T_0$。如图 9-6（a）所示，活塞向右突然作加速运动，在一段时间内速度逐步加大到 v，然后以等速 v 运动。设想活塞的加速过程可以分为无数个无穷小的时间间隔，对应的时刻分别为 t_1，t_2，…，t_n，所对应的速度增量分别为 dv_1，dv_2，…，dv_n。在这些时间间隔中，与活塞表面靠近的气体依次引起微弱的扰动，这些扰动波一个个向右传播。如图 9-6（b）所示，第一个波以声速 c_0 向右传播，并使波后气体产生一个微小的速度 dv_1（等于当地当时的活塞速度），而且气体由于受到压缩，温度、压强和密度都略有增加，波后受压缩气体的声速 c_1 大于原静止气体的声速 c_0。活塞继续加速而引起第二个小扰动波时，它在以 dv_1 运动的气体中以声速 c_1 向右传播，故第二道波的绝对传播速度是 $dv_1+c_1>c_0$；第二道波过后，流体继续向右加速速度变为 dv_1+dv_2，同时温度变为 $T_2>T_1$，气体的声速也变为 c_2，且 $c_2>c_1>c_0$，因此后续波速 $dv_1+dv_2+c_2>dv_1+c_1>c_0$。依次类推，当活塞不断向右加速时，第四道波、第五道波、……一道接一道的扰动波向右传播，而且后续波的波速总是大于前行波的波速，所以后面的波一定能追上前面的波。经过一定的时间后，如图 9-6（c）所示，无数个小扰动弱波叠加在一起形成一个垂直面的压缩波，这就是正激波。

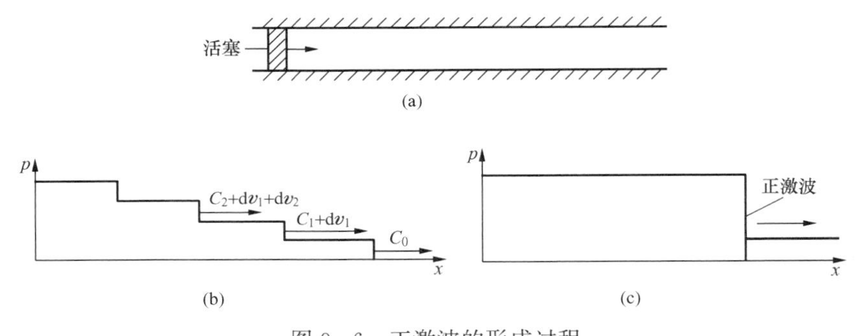

图 9-6　正激波的形成过程

当上述圆筒中的活塞突然向右以速度 v 急剧移动，管内就产生了激波，并向右推进。用 v_s 代表激波向右的传播速度，激波后气体的运动速度则为活塞向右移动的速度 v，如图 9-7（a）所示。当把坐标系建立在激波面上时，激波前的气体以速度 $v_1=v_s$ 向左流向激波，经过激波后气体速度为 v_s-v，如图 9-7（b）所示。对图中虚线所示的控制体应用动量方程，可得

$$A(p_1-p_2)=A\rho_1 v_s[(v_s-v)-v_s]$$

则

$$v_s v=\frac{p_2-p_1}{\rho_1}$$

式中：A 为圆管横截面的面积。

对所取控制体应用连续性方程得

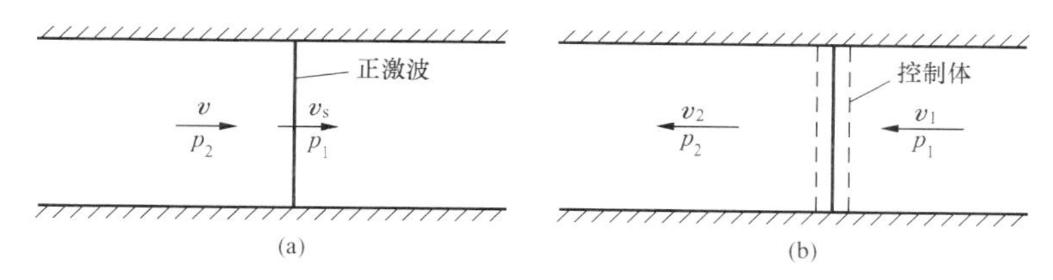

图 9-7　正激波的传播

$$A\rho_1 v_s = A\rho_2 (v_s - v) \tag{a}$$

即

$$v = \frac{\rho_2 - \rho_1}{\rho_2} v_s \tag{b}$$

在式（a）和式（b）中消去 v，即得正激波的传播速度：

$$v_s = \sqrt{\frac{p_2 - p_1}{\rho_2 - \rho_1}\frac{\rho_2}{\rho_1}} = \sqrt{\frac{p_1}{\rho_1}\frac{\frac{p_2}{p_1} - 1}{1 - \frac{\rho_1}{\rho_2}}} \tag{9-1}$$

由式（9-1）可见，随着激波强度的增大（p_2/p_1、ρ_2/ρ_1 增大），激波的传播速度也增大。若激波强度很弱，即 $p_2/p_1 \to 1$，$\rho_2/\rho_1 \to 1$。此时激波已成为微弱压缩波，则式（9-1）可写成

$$v_s = \sqrt{\frac{p_2 - p_1}{\rho_2 - \rho_1}} = \sqrt{\frac{\mathrm{d}p}{\mathrm{d}\rho}} = c$$

表示微弱压缩波是以声速传播的。

将式（9-1）代入式（b）得波面后的气流速度：

$$v = \sqrt{\frac{(p_2 - p_1)(\rho_2 - \rho_1)}{\rho_1 \rho_2}} = \sqrt{\frac{p_1}{\rho_1}\left(\frac{p_2}{p_1} - 1\right)\left(1 - \frac{\rho_1}{\rho_2}\right)} \tag{9-2}$$

由此式可见，激波的强度越弱，气体的流速越低。如果是微弱的扰动波，波面后的气体是没有运动的，即 $p_2/p_1 \to 1$，$\rho_2/\rho_1 \to 1$，$v=0$。

第三节　正激波前后的参数关系

在实际超声速流动中，管道内发生的平面激波和在均匀静止气体中强爆炸所产生的球形激波都是正激波。下面以发生在管道中的正激波为例，研究正激波前后的参数关系。

如图 9-8 所示，气体在绝热的管内流动，在途中发生正激波。激波上游（波前）和下游（波后）的参数分别以下脚标“1”、“2”表示。图中虚线所围成的是所取的控制体，并用 q_m 表示过流的质量流量。若激波是等速移动的，为了方便起见，把坐标系固连在激波上，这样无论激波运动与否，均可将激波视为静止的。通常把这种激波称为定常运动的正激波或驻址正激波。若激波面的面积为 A，并设正激波前后的气流参数分别为 p_1、ρ_1、T_1、v_1 和 p_2、ρ_2、T_2、v_2，则可以根据以下四个方程——连续性方程、动量方程、能量方程和状态方程来建立正激波前后各参数之间的关系式，从而求得正激波前（下游）的各参数值。当然，若下游参数值已知，也可通过这些关系式来获得上游的参数值。

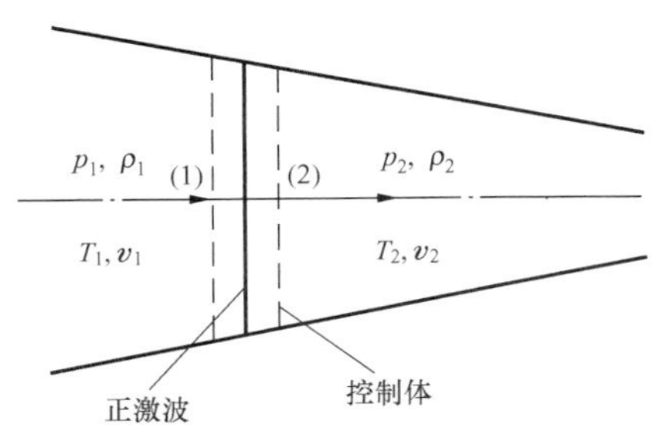

图 9-8　正激波前后的参数

一、基本控制方程

对图 9-8 所示的控制体，由质量守恒定律可得

$$q_{m1}=\rho_1 v_1 A_1=\rho_2 v_2 A_2=q_{m2}$$

因为控制体的厚度取得很小，可以认为 $A_1 \approx A_2$，因而可得

$$\rho_1 v_1=\rho_2 v_2 \tag{9-3}$$

式（9-3）就是通过激波的连续性方程。

通过激波，流体动量的变化是由于波前、波后作用于此控制体上的压差所引起的，故

$$p_1 A_1-p_2 A_2=(\rho_2 v_2 A_2)v_2-(\rho_1 v_1 A_1)v_1$$

同样，因 $A_1 \approx A_2$，上式可写成

$$p_2-p_1=\rho_1 v_1^2-\rho_2 v_2^2 \tag{9-4}$$

式（9-4）为通过激波的动量方程。

激波层内的气体被压缩可以认为是绝热的，故对图示控制体的能量方程可写为

$$\frac{v_1^2}{2}+\frac{\kappa}{\kappa-1}\frac{p_1}{\rho_1}=\frac{v_2^2}{2}+\frac{\kappa}{\kappa-1}\frac{p_2}{\rho_2} \tag{9-5}$$

或写成

$$\frac{v_1^2}{2}+\frac{c_1^2}{\kappa-1}=\frac{v_2^2}{2}+\frac{c_2^2}{\kappa-1}=\frac{\kappa+1}{\kappa-1}\frac{c_{cr}^2}{2} \tag{9-6}$$

式中：c_1、c_2、c_{cr} 分别为波后、波前与临界断面上的声速。

状态方程在此表示为

$$\frac{p_1}{\rho_1 T_1}=\frac{p_2}{\rho_2 T_2} \tag{9-7}$$

通过以上这几个方程，可建立起波前和波后各参数之间的关系式。在这之前，先建立起波前和波后的马赫数之间的关系式。

二、普朗特关系式

由上边的连续方程和动量方程可写出

$$v_1-v_2=\frac{p_2}{\rho_2 v_2}-\frac{p_1}{\rho_1 v_1}=\frac{c_2^2}{\kappa v_2}-\frac{c_1^2}{\kappa v_1} \tag{9-8}$$

而

$$c_1^2=\frac{\kappa+1}{2}c_{cr}^2-\frac{\kappa-1}{2}v_1^2,\qquad c_2^2=\frac{\kappa+1}{2}c_{cr}^2-\frac{\kappa-1}{2}v_2^2$$

将上两式代入式（9-8）中，有

$$v_1-v_2=\frac{\kappa+1}{2\kappa}c_{cr}^2\left(\frac{1}{v_2}-\frac{1}{v_1}\right)+\frac{\kappa-1}{2\kappa}(v_1-v_2)$$

于是得

$$\frac{\kappa+1}{2\kappa}(v_1-v_2)=\frac{\kappa+1}{2\kappa}c_{cr}^2\frac{v_1-v_2}{v_1 v_2}$$

因上式中 $v_1 \neq v_2$，因而有

$$c_{cr}^2=v_1 v_2 \tag{9-9}$$

说明正激波前、后速度的乘积的数值是一定的，等于临界声速值的平方，此式称为普朗特（Prandtl）关系式，此式也可写成

$$M_{*1}M_{*2}=1 \tag{9-10}$$

上式表明，超声速气流穿过正激波以后必定降为亚声速流，并且波前的速度越大，正激波越强，而波后的速度越低。

三、正激波前、后参数的关系式

由以上四个基本方程和普朗特关系式可建立起正激波前、后参数之间的关系式。

1. 速度比

由 $Ma_1=v_1/c_1$，$c_1^2=\kappa p_1/\rho_1$，以及式（9-4），可知

$$\frac{v_2}{v_1}=1-\frac{1}{\kappa Ma_1^2}\left(\frac{p_2}{p_1}-1\right) \tag{9-11}$$

即

$$v_2=\left[1-\frac{1}{\kappa Ma_1^2}\left(\frac{p_2}{p_1}-1\right)\right]v_1 \tag{9-12}$$

上式给出了正激波前后的速度关系。说明气体通过正激波后流速大小不仅取决于激波前的速度，还取决于是什么流体以及波后和波前的压强比。

2. 压强比

利用以上的关系式以及式（9-3），可将式（9-5）改写成

$$\frac{\kappa-1}{2}Ma_1^2+1=\left(\frac{v_2}{v_1}\right)^2\frac{\kappa-1}{2}Ma_1^2+\frac{v_2 p_2}{v_1 p_1} \tag{9-13}$$

再由式（9-11）将式（9-13）中消去 v_2/v_1，可得

$$\left(\frac{p_2}{p_1}\right)^2-\frac{2}{\kappa+1}(1+\kappa Ma_1^2)\frac{p_2}{p_1}+\left(\frac{2\kappa Ma_1^2-\kappa+1}{\kappa+1}\right)=0$$

由此二次方程可解得两个根为

$$\frac{p_2}{p_1}=\frac{2\kappa}{\kappa+1}Ma_1^2-\frac{\kappa-1}{\kappa+1} \tag{9-14}$$

以及

$$\frac{p_2}{p_1}=1$$

第二个解在物理上是无意义的，因此，只有式（9-14）表示了正激波前后的压强比。从式中我们可以看到，正激波后的压强与波前的压强之比值，取决于波前的马赫数以及流体的物性。

3. 密度比

把式（9-14）代回到正激波后和波前的速度比的式子中，就可以整理出

$$\frac{v_2}{v_1}=\frac{\kappa-1}{\kappa+1}+\frac{2}{(1+\kappa)Ma_1^2}=\frac{\dfrac{2}{\kappa-1}+Ma_1^2}{\dfrac{\kappa+1}{\kappa-1}Ma_1^2} \tag{9-15}$$

上式也给出了正激波前后的速度比。

根据连续性方程式（9-3），上式又可表示成

$$\frac{\rho_2}{\rho_1}=\frac{\dfrac{\kappa+1}{\kappa-1}Ma_1^2}{\dfrac{2}{\kappa-1}+Ma_1^2} \tag{9-16}$$

4. 温度比、声速比、马赫数比

从以上两式比较中可以看出

$$\frac{v_2}{v_1}=\frac{\rho_1}{\rho_2}$$

再由状态方程式和式（9-14）、式（9-16）可整理出波后与波前的温度比为

$$\frac{T_2}{T_1}=\frac{2\kappa Ma_1^2-(\kappa-1)}{\kappa+1}\,\frac{2+(\kappa-1)Ma_1^2}{(\kappa+1)Ma_1^2} \tag{9-17}$$

将上式开方，又可得波后与波前的声速比为

$$\frac{c_2}{c_1}=\left[\frac{2\kappa Ma_1^2-(\kappa-1)}{\kappa+1}\,\frac{2+(\kappa-1)Ma_1^2}{(\kappa+1)Ma_1^2}\right]^{0.5} \tag{9-18}$$

由速度比、声速比进而可得马赫数比为

$$\frac{Ma_2}{Ma_1}=\sqrt{\frac{Ma_1^{-2}+(\kappa-1)/2}{\kappa Ma_1^2-(\kappa-1)/2}} \tag{9-19}$$

由以上这些参数比的表达式可以发现，气流通过正激波时，速度和马赫数均会减小，流动由超声速变为亚声速；气流通过正激波时，压强、密度和温度均会增大，而且，密度的增大值就等于速度的减小值；各参数变化的程度取决于气体的等熵指数 κ 和波前的马赫数 Ma_1。

第四节 斜 激 波

前面在第二节中介绍了激波的形成，知道了当超声速气流流过凹壁面时将产生斜激波。不同于正激波，当气流通过斜激波时，不仅气流的速度要降低，而且流动的方向也将发生变化。下面应用连续方程和动量方程来讨论斜激波前后的速度关系。如图 9-9 所示，如果壁面的转折角为 δ，用角标 1 和 2 分别表示波前和波后的参数，n 和 τ 分别表示速度与激波面垂直和平行的分量，激波与波前壁面的夹角称激波角，如图中 β。激波前的气流参数为 v_1、p_1、ρ_1 和 T_1，激波后的参数为 v_2、p_2、ρ_2 和 T_2。将激波前后的气流速度分别分解为与波面垂直的分速 v_{1n} 和 v_{2n}，以及与波面平行的分速度 $v_{1\tau}$ 和 $v_{2\tau}$。取图示的控制体，可以写出气流通过激波时的基本方程，连续方程为

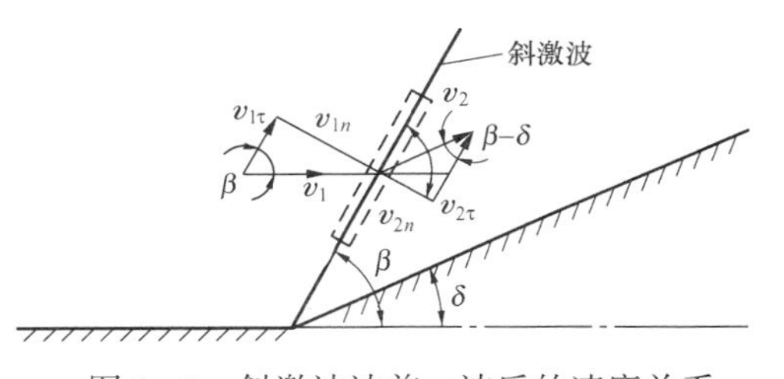

图 9-9 斜激波波前、波后的速度关系

$$\rho_1 v_{1n}=\rho_2 v_{2n}$$

沿激波面法线的动量方程为

$$p_2-p_1=\rho_1 v_{1n}(v_{1n}-v_{2n})$$

由于沿波面方向压强没有发生变化，因此，在波面切线方向的动量方程为

$$\rho_1 v_{1n}(v_{2\tau}-v_{1\tau})=0$$

由上式可得

$$v_{1\tau}=v_{2\tau}$$

如果将气流通过斜激波的压缩过程视为绝热过程，则气流的总能量应该没有变化，能量

方程可写为

$$h_1+\frac{v_1^2}{2}=h_2+\frac{v_2^2}{2}=h_0$$

式中：h_0 为气流的总焓。

上式表示气流通过斜激波时总焓没有发生变化。由

$$v_1^2=v_{1n}^2+v_{1\tau}^2$$
$$v_2^2=v_{2n}^2+v_{2\tau}^2$$

于是有

$$h_1+\frac{v_{1n}^2}{2}=h_2+\frac{v_{2n}^2}{2}=h_0-\frac{v_{2\tau}^2}{2}=h_0^{\oplus}$$

式中：$h_0^{\oplus}$ 为气流的法向总焓。

由上面的分析我们可以知道，气流通过斜激波时，只有法向速度分量减小，而切向速度不变。同时气流通过斜激波时，法向总焓的值没有变化。因此，可以将斜激波视为以法向分速度为波前速度的正激波。也可以讲，就速度场而言，完全可以把斜激波视为法向速度的正激波与切向速度的叠加。因此，在建立斜激波波前、波后的参数关系时，我们可以注意到，正激波和斜激波的基本方程有表 9-1 所示的对应关系。

表 9-1　　正激波和斜激波基本方程的对照表

	正 激 波	斜 激 波
速度下脚标	1，2	1n，2n
总　焓	h_0	$h_0^{\oplus}=h_0-\frac{v_\tau^2}{2}$
连续方程	$\rho_1 v_1=\rho_2 v_2$	$\rho_1 v_{1n}=\rho_2 v_{2n}$
动量方程	$p_2-p_1=\rho_1 v_1^2-\rho_2 v_2^2$	$p_2-p_1=\rho_1 v_{1n}^2-\rho_2 v_{2n}^2$
能量方程	$h_1+\frac{v_1^2}{2}=h_2+\frac{v_2^2}{2}=h_0$	$h_1+\frac{v_{1n}^2}{2}=h_2+\frac{v_{2n}^2}{2}=h_0^{\oplus}$

注意到以法向速度表示的马赫数为

$$Ma_{1n}=\frac{v_{1n}}{c_1}=\frac{v_1\sin\beta}{c_1}=Ma_1\sin\beta \tag{9-20}$$

以其代替式（9-16）～式（9-19）中的 Ma_1，便可以得到斜激波前后的气流参数比为

密度比

$$\frac{\rho_2}{\rho_1}=\frac{\frac{\kappa+1}{\kappa-1}Ma_1^2\sin^2\beta}{\frac{2}{\kappa-1}+Ma_1^2\sin^2\beta} \tag{9-21}$$

压强比

$$\frac{p_2}{p_1}=\frac{2\kappa}{\kappa+1}Ma_1^2\sin^2\beta-\frac{\kappa-1}{\kappa+1} \tag{9-22}$$

温度比

$$\frac{T_2}{T_1}=\frac{2\kappa Ma_1^2\sin^2\beta-(\kappa-1)}{\kappa+1}\,\frac{2+(\kappa-1)Ma_1^2\sin^2\beta}{(\kappa+1)Ma_1^2\sin^2\beta} \tag{9-23}$$

声速比

$$\frac{c_2}{c_1}=\left[\frac{2\kappa Ma_1^2\sin^2\beta-(\kappa-1)}{\kappa+1}\frac{2+(\kappa-1)Ma_1^2\sin^2\beta}{(\kappa+1)Ma_1^2\sin^2\beta}\right]^{0.5} \tag{9-24}$$

斜激波后的马赫数可以用

$$\frac{v_{2n}}{c_2}=\frac{v_2\sin(\beta-\delta)}{c_2}=Ma_2\sin(\beta-\delta) \tag{9-25}$$

代入式（9-19），则波前后的马赫数的关系为

$$\frac{Ma_2\sin(\beta-\delta)}{Ma_1\sin\beta}=\sqrt{\frac{Ma_1^{-2}\sin^{-2}\beta+(\kappa-1)/2}{\kappa Ma_1^2\sin^2\beta-(\kappa-1)/2}} \tag{9-26}$$

和正激波相同，斜激波前气流的法向分速度必定是超声速，斜激波后的法向分速度必定是亚声速。至于斜激波后的气流的速度，则根据切向气流的分速度大小的不同，可能大于声速也可能小于声速。

第五节 激波的反射与相交

实际情况下的超声速流动，无论是叶轮机械内的流动，还是管道内或其他流道内的流动往往发生在有壁面限定的空间内流动。这里的壁面包括固体表面和自由边界面。激波遇到壁面，会发生反射，激波与激波也会相交，下面我们分别讨论激波在自由表面上以及固体表面上的反射和激波的相交。

一、自由界面上的反射

图9-10所示为有自由界面的一个超声速流动，当流到 A 处时，遇到下壁面有一个转折，转了 α 角。上壁面是等压的自由界面（$p=C$）。这样，在 A 处就会产生一个激波，此激波与自由界面交于 B 处。气流由（1）区经激波 AB 后进入（2）区，压强提高了（$p_2>p_1$），而（3）区气流的压强应等于自由界面上的压强，即应等于（1）区的压强。所以，气流由（2）区流向（3）区时，必然要发生膨胀，即从等压自由界面发生出来的应是膨胀波。

若图9-10中上边不是等压自由边界面，而是平直的固壁，见图9-11所示。此时 A 处产生的激波与固壁相交于 B，并反射出一条激波。从（1）区来的气流经过激波到（2）区要转折 α 角，而（3）区的气流方向必须与（1）区的气流方向平行（平行于壁面），因此气流从（2）区流向（3）区时只有经过激波 BC 才能折回此 α 角，使（3）区的气流流向保持与平直壁面一致。由于 $Ma_2<Ma_1$，所以，反射斜激波的激波角 β_2 会大于入射斜激波的激波角 β_1。

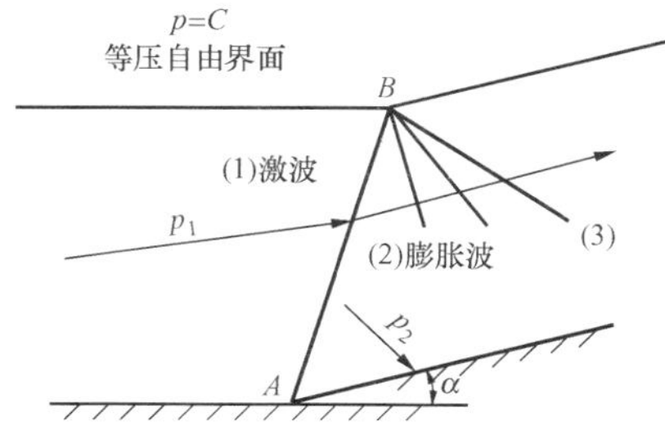

图9-10 激波在自由界面上的反射

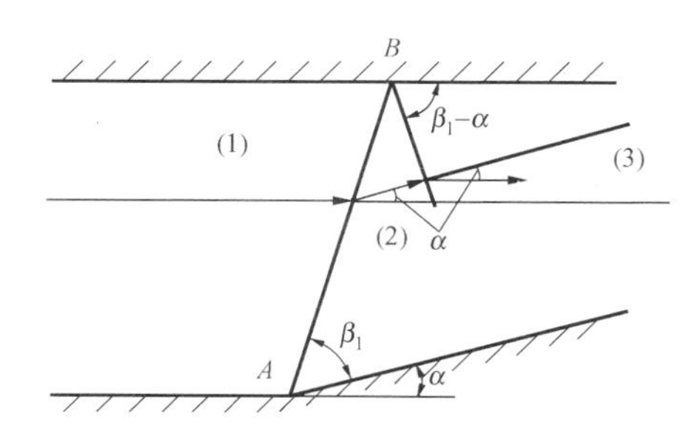

图9-11 激波在固体壁面上的反射

若转折角 α 大于该来流马赫数下的最大转折角 α_{max}，此时入射激波与反射激波就会如图 9-12 所示的那样，形成 λ 型的激波系。反射波段的开始的一段（BC 段）成为与壁面相垂直的正激波，CD 段是曲线斜激波。正激波 BC 后应是亚声速气流，而斜激波 CD 后的气流可能是超声速气流。于是，在（3）区内的气流，除了压强值相同外，其他参数都不同。图中自 C 引出的流线 CE 是一条间断线。在这条线的两侧压强相等，而速度、密度、温度等都是不相等的。

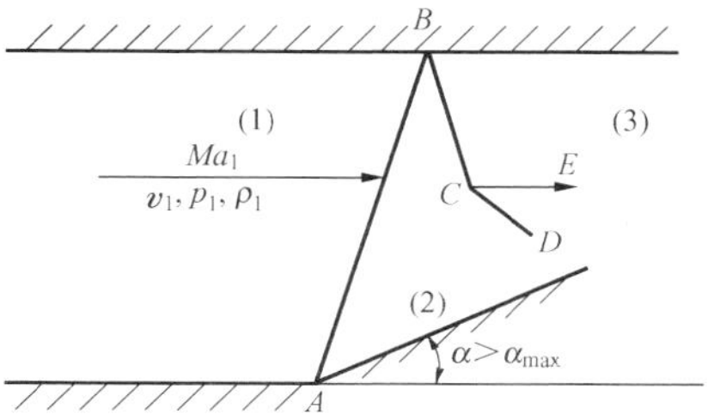

图 9-12　λ 型激波系

二、激波的相交

图 9-13 表示在壁面的同一侧先后有两次转折，产生两条斜激波 AC 和 BC，这两条斜激波相交于 C 后合成一条较强的斜激波 CD。斜激波 AC 和 BC 在 A、B 处分别转折了 α_1 和 α_2 角。由 C 引一条流线 CG，CG 以上为（5）区，CG 以下为（4）区。在 CG 线以下，气流由（1）区经 AC 斜激波进入到（2）区，再经过 BC 斜激波进入到（3）区。与（1）区相比，流动方向偏转了 $\alpha=\alpha_1+\alpha_2$ 角，压强由 p_1 升到 p_2 又升到 p_3。在 CG 线以上，气流经过强度较强的合成斜激波 CD 进入（5）区，气流方向转折了 α_5 角，压强值则直接由 p_1 升高到 p_5。（1）区的气流不管是从上部经 CD 波进入（5）区，还是由下部先后经 AC 波和 BC 波进入（3）区，应当具有相等的压强值和相同的流动方向。但上部气流通过 CD 波是按和 Ma_1 转折了 α_5 角后进入（5）区的，压强值由 $p_1\rightarrow p_5$；而下部气流则是先通过 AC 波按 Ma_1 转折了 α_1 角进入（2）区后，再通过 BC 波按 Ma_2（$Ma_2<Ma_1$）转折了 α_2 角进入（3）区，压强值由 $p_1\rightarrow p_2\rightarrow p_3$。显然，$p_3\neq p_5$。因此，$AC$ 波和 BC 波相交以后不只是两条波合成一条较强波，同时在 C 处还要产生一组膨胀波（或压缩波）ECF，使（3）区的气流通过这组弱波后到达（4）区时，其流动方向和压强值均与（4）区的气流方向和压强值相同。CD 波是 AC 波和 BC 波的合成波，是强波；ECF 波束相交后的反射波，是弱波。可见，在 CG 线的上、下的（5）区和（4）区中，虽气流方向相同，压强值也相等，但这两个区上的流速大小还是不等的。因此，CG 线是一条速度间断线（面），沿此流线会产生旋涡。

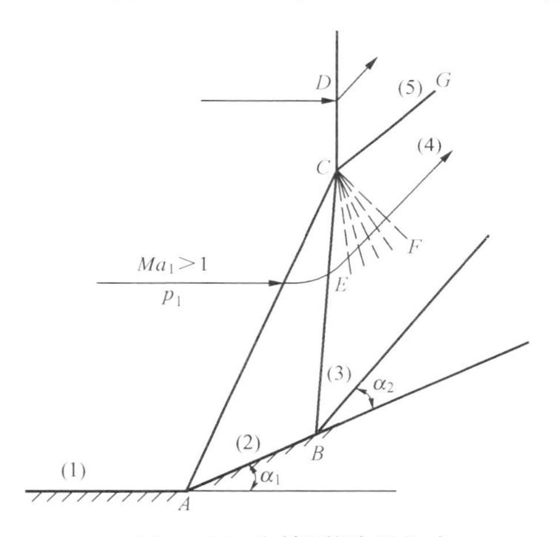

图 9-13　同侧激波的相交

图 9-14 表示超声速气流通过的管道时，上、下壁分别在 A_1、A_2 处转折了 α_1、α_2 角。A_1 处发出的斜激波和 A_2 发出的斜激波相交于 B 处。（2）区内的气流方向和（3）区内的气流方向相差了（$\alpha_1+\alpha_2$）角。B 处又发出两条斜

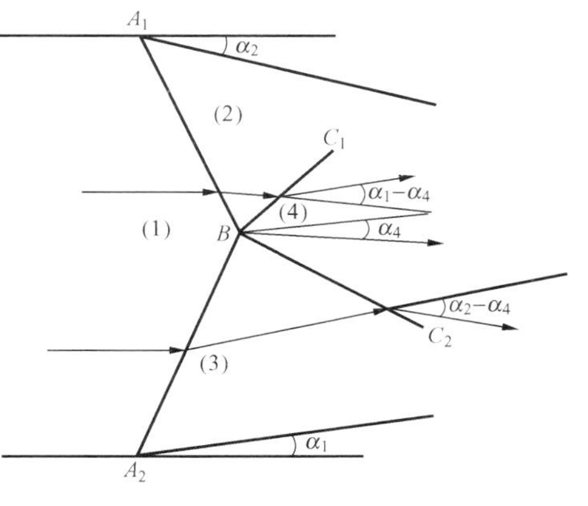

图 9-14　异向转折两斜激波的相交

激波 BC_1 和 BC_2，使（2）区的气流经 BC_1 波进入（4）区，使（3）区的气流经 BC_2 波也进入（4）区。同样，这两股气流进入（4）区后应该是气流方向相同，压强值相等。若（4）区的气流方向相对于（1）区的气流方向转折角为 α_4，则（2）区的气流经 BC_1 波到（4）区转折角为 $\alpha_1-\alpha_4$，而（3）区的气流经 BC_2 波到（4）区转折角为 $\alpha_2-\alpha_4$。

以上介绍了激波的反射与相交中的典型情况。分析激波的反射与相交在工程中是有其实际意义的，例如，流体动力机械中的超声速喷管在变工况下工作时，又如，超声速风洞、激波管、拉瓦尔管内的流动，还有超声速飞行器的飞行等，都要用到这种流动分析。

第六节 拉瓦尔喷管内的正激波

拉瓦尔喷管是一个渐缩—渐扩的管道，两端连接两个具有不同压强的空间，目的在于获得超声速流动，它在工程和科研方面应用得十分广泛，因此分析拉瓦尔管内的流动和根据一定参量要求来设计拉瓦尔喷管是气动力学研究的一个重要课题。在一定的压强比下，拉瓦尔喷管中会产生静止的正激波。

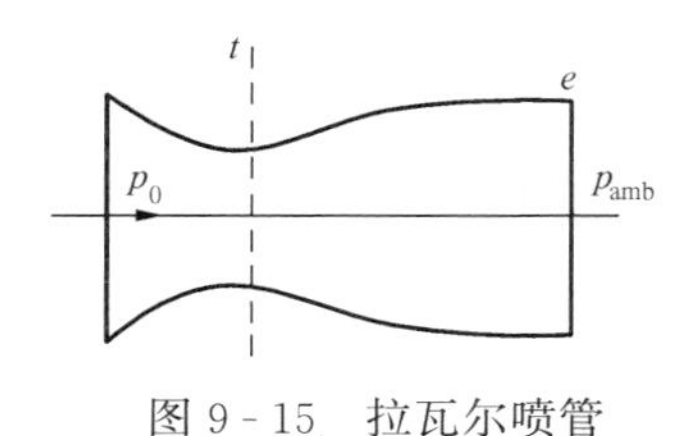

图 9-15 拉瓦尔喷管

图 9-15 是一个拉瓦尔喷管。喷管前部进口处是滞止压 p_0，出口以后环境压强通常称为背压，记以 p_{amb}。喉部的流动参量计以下标“cr”。一般来说，拉瓦尔喷管截面几何变化规律是已知的，由于压强比的不同，在喷管中就形成了各种流动状态。为了讨论的方便，假设滞止压强 p_0 保持不变来看背压 p_{amb} 变化而引起的喷管内流动的变化。

当 $p_{amb}/p_0=1$ 时，管内无流动。

当 $p_{amb}/p_0<1$ 时，管内发生流动。随着 p_{amb} 的减小，速度逐渐增加，当降低 p_{amb} 至一定的值，喉道处将达到声速。在收缩段，气体是等熵的亚声速流动状态，根据可压缩流动的性质，即使 p_{amb} 再下降，这里仍将保持亚声速流动，不会产生超声速流。

在扩张段，流动的情况就比较复杂，假设收缩段内的流动是连续地等熵流动。在确定的几何截面情况下，式（6-38a）有两个解。其中一个解 $Ma_1<1$，另一个解 $Ma_2>1$。由 Ma_1 与 Ma_2，根据等熵关系式，可求得相对应的出口压强 p_1 和 p_2。下面我们讨论 p_1 和 p_2 在背压下降过程中，对应的流动状态。

（1）$\dfrac{p_1}{p_0}<\dfrac{p_{amb}}{p_0}<1$。在喷管上下游压强差的作用下，气体流过喷管。在收缩段内是亚声速流，流动速度越来越快，压强不断下降。在喉部，马赫数最大，但小于 1，压强最低。在扩张段内也是亚声速流，速度逐渐减慢，压强逐步上升，在出口处，出口压 $p=p_{amb}$。

（2）$\dfrac{p_{amb}}{p_0}=\dfrac{p_1}{p_0}$。此时喉部达声速，$Ma_t=1$，在收缩段和扩张段均为亚声速流。

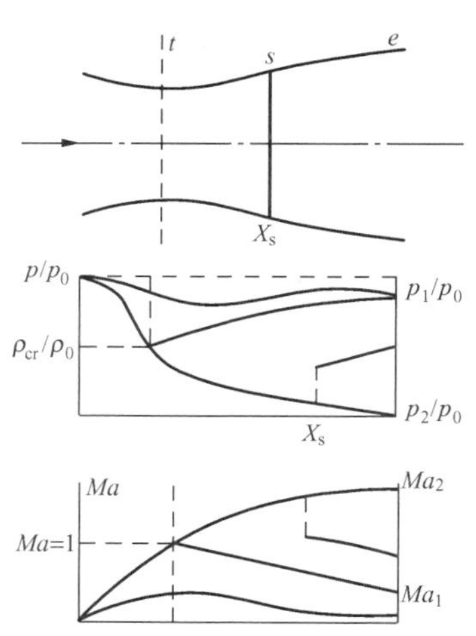

图 9-16 拉瓦尔喷管内的流动

(3) $\frac{p_2}{p_0}<\frac{p_{amb}}{p_0}<\frac{p_1}{p_0}$。在收缩段内的流动和（2）所述情况完全一样，在扩张段中，由于不存在既要满足等熵条件同时又要满足所给不等式条件的流动，所以情况很复杂，在此将产生激波现象。喉部处的声速流进入扩张段后成为超声速流，而在某处截面产生正激波，超声速流通过正激波后成为亚声速流，压强升高，直到出口处达到了背压 p_{amb}。激波的位置是和压强比有关的，随着背压 p_{amb} 的降低，激波逐渐从喉道移向出口处。当 p_{amb} 小于一定值后，激波移出管道成为斜激波，整个扩张段为超声速流，并且不再随背压 p_{amb} 的变化而变化。

思考题

9-1　什么是普朗特-迈耶流动、普朗特-迈耶波？

9-2　如何正确理解激波这个突跃压缩的物理过程？为什么工程上通常可以把它视作流动参数的间断面？

9-3　普朗特关系式表征的是怎样的流动规律？

9-4　在应用正激波前后气流参数进行斜激波的计算时，应注意哪些问题？

9-5　激波在边界上形成反射的原因是什么？

习　题

9-1　空气稳定地流过一等截面管，在某截面处，气流的参数 $p_1=68930\text{Pa}$，$T_1=670\text{K}$，$v_1=915\text{m/s}$，求发生在状态1处的正激波后的压强、温度和速度。

[237620Pa；1050K；399m/s]

9-2　气体在管道中作绝热流动并产生一个正激波。已知在激波上游截面处，$T_1=278\text{K}$，$v_1=668\text{m/s}$，$p_1=65\text{kPa}$；激波下游截面处，$T_2=469\text{K}$。试求激波下游截面处的 v_2、ρ_2、p_2，并与上游截面处的值进行比较。

[250m/s；2.117kg/m³；366.57kPa]

9-3　气流通过一正激波。设波前物理参数为 p_1、Ma_1；波后物理参数为 p_2、Ma_2，试证明：$\frac{p_2}{p_1}=\frac{1+\kappa Ma_1^2}{1+\kappa Ma_2^2}=\frac{2\kappa}{\kappa+1}Ma_1^2-\frac{\kappa-1}{\kappa+1}$。

9-4　压强为 p_1、温度为 $T_1=293\text{K}$、密度为 ρ_1 的空气通过一正激波后，其密度变为 $\rho_2=3.1\rho_1$。试求：①来流空气的速度 v_1；②激波后的气流速度 v_2；③激波前后的压强比 p_1/p_2。

[793m/s；256m/s；0.1803]

9-5　空气流在管道中发生正激波。已知波前的马赫数 $Ma_1=2.5$，压强 $p_1=30\text{kPa}$，温度 $T_1=298\text{K}$。试求波后的马赫数 Ma_2、压强 p_2、温度 T_2 和速度 v_2。

[0.513；170.24kPa；424.26K；212m/s]

9-6　一火箭发动机喷管，其喉部直径 $d_1=4\text{cm}$、出口直径 $d_e=8\text{cm}$、扩张半角 $\theta=15°$，入口处的气流的滞止压强 $p_0=250\text{kPa}$，背压 $p_b=100\text{kPa}$。试求：

（1）发生激波处的截面积与喉部截面积之比；

（2）激波发生处到喉部的距离 x。 ［0.326；5.6cm］

9-7　一拉瓦尔喷管出口面积与喉部面积之比 $A_1/A_{cr}=4$。空气通过喷管并在 $A_1/A_{cr}=2$ 处产生一正激波。已知波前的滞止压强 $p_0=100\text{kPa}$，试求出口处的压强。

［603kPa］

9-8　有一特殊的拉瓦尔喷管设计用于 $Ma=2$ 的可逆绝热流。当排气压强 p_b 和进气压强 p_0 之比上升到远大于设计值时，在喷管中出现正激波，激波前后的压强分别以 p_1、p_2 记之。设激波前后都是可逆的绝热流。试求：

（1）激波位于出口截面时，p_b/p_0 的值的大小；

（2）当 $p_b/p_0=0.714$ 时管内正激波的位置。

［0.575；$A_1/A_*=1.4$］

参　考　文　献

[1] 孔珑．工程流体力学．4 版．北京：中国电力出版社，2014.

[2] 陈卓如．工程流体力学．2 版．北京：高等教育出版社，2004.

[3] 丁祖荣．流体力学．2 版．北京：高等教育出版社，2013.

[4] 江宏俊．流体力学．北京：高等教育出版社，1985.

[5] Richard H. F. Pao. 流体力学详解．陈昆生，译．台北：晓图出版社，1990.

[6] 闻德荪．工程流体力学（水力学）．2 版．北京：高等教育出版社，2004.

[7] 禹华谦．工程流体力学．北京：高等教育出版社，2004.

[8] 李玉柱，苑名顺．流体力学．北京：高等教育出版社，1998.

[9] 张也影．流体力学．北京：高等教育出版社，1999.

[10] 归柯庭，汪军，王秋颖．工程流体力学．北京：科学出版社，2003.

[11] 普朗特．L，奥斯瓦提奇 K. 流体力学概论．郭永怀，陆士嘉，译．北京：科学出版社，1981.

[12] 易家训．流体力学．章克本，等译．北京：高等教育出版社，1982.

[13] Massey B S. Mechanics of Fluid. 5th ed. New York：van Nostrand Reinhold（UK）Co. Ltd.，1983.

[14] Vannard J K，Street R L. Elementary Fluid Mechanics. Sixth ed. New York：Wiley，1982.

[15] Fox R W，Medonald A T. Introduction To Fluid Mechanics. Second ed. New York：Wiley，1973.

[16] Schlichting H. Boundary Layer Theory. Sevebth ed. New York：McGraw-Hill BK. Co.，1979.

[17] Streeter VL，Wylie E B. Fluid Mechanics. Eighth ed. New York：McGraw-Hill BK. Co.，1985.